西门子工业自动化系列教材

西门子人机界面（触摸屏）组态与应用技术
第4版

廖常初　主编

机械工业出版社

本书通过大量的例程和视频教程，深入浅出地介绍了西门子人机界面组态和调试的方法和技巧、人机界面与 PLC 和计算机通信的方法，以及人机界面应用的工程实例，详细介绍了仿真调试 PLC 和人机界面组成的控制系统的方法。本书具有很强的可操作性，读者用例程在计算机上做仿真实验，可以较快地掌握人机界面组态和使用的方法。

本书（第 4 版）根据 TIA 博途 V18 和 WinCC flexible SMART V4 改写，例程中的 PLC 全部改为 S7-1200。通过实例，介绍了支持新一代的 Unified 精智面板的全新可视化系统 SIMATIC WinCC Unified 的组态方法和 S7-1500 与 Unified 精智面板的集成仿真的实现方法。

本书的网上配套资源提供了 70 多个视频教程、40 多个例程、20 多本用户手册和相关软件，扫描正文中的二维码，可以观看指定的视频教程。各章有适量的习题，附录有 20 多个实验的指导书。

本书可以用作高校电类与机电类各专业的教材，也可供工程技术人员自学和参考。

图书在版编目（CIP）数据

西门子人机界面（触摸屏）组态与应用技术 / 廖常初主编. -- 4 版. -- 北京：机械工业出版社，2025.4（2025.7 重印）.（西门子工业自动化系列教材）. -- ISBN 978-7-111-77006-0

Ⅰ.TP311.1

中国国家版本馆 CIP 数据核字第 2024SB2468 号

机械工业出版社（北京市百万庄大街 22 号　邮政编码 100037）
策划编辑：李馨馨　　　　　　　责任编辑：李馨馨
责任校对：张爱妮　张昕妍　　　责任印制：郜　敏
三河市骏杰印刷有限公司印刷
2025 年 7 月第 4 版第 2 次印刷
184mm×260mm・16.25 印张・408 千字
标准书号：ISBN 978-7-111-77006-0
定价：69.00 元

电话服务　　　　　　　　　　网络服务
客服电话：010-88361066　　　机　工　官　网：www.cmpbook.com
　　　　　010-88379833　　　机　工　官　博：weibo.com/cmp1952
　　　　　010-68326294　　　金　书　网：www.golden-book.com
封底无防伪标均为盗版　　　　机工教育服务网：www.cmpedu.com

前　　言

本书是第一本全面介绍西门子人机界面（HMI）组态和应用的教材。自 2018 年本书第 3 版出版以来，西门子推出了 Unified 精智面板和新型的可视化系统 SIMATIC WinCC Unified，西门子的软件平台 TIA 博途已从本书第 3 版采用的 V13 版升级到了 V19 版，精彩面板的硬件和组态软件 WinCC flexible SMART 也从 V3 版升级到了 V4 版。

本书（第 4 版）根据西门子 HMI 产品最新的用户手册、TIA 博途 V18 和 WinCC flexible SMART V4 做了全面的改写。目前，S7-1200/1500 已成为主流的 PLC，很多学校开设了 S7-1200 的相关课程，所以本书（第 4 版）的例程用 S7-1200 取代了第 3 版例程中的 S7-300。

本书分 11 章，第 1 章介绍了液晶显示器、触摸屏和人机界面的工作原理，以及西门子的人机界面产品；第 2 章通过一个简单的例子，介绍了 HMI 组态与调试的入门知识；第 3 章介绍了 HMI 组态的方法和技巧；第 4 章介绍了各种画面对象的组态方法；第 5~8 章详细介绍了报警、系统诊断、用户管理、数据记录、报警记录、趋势视图、配方、报表、运行脚本的组态和调试的方法，以及用 ProSave 传送数据的方法；第 9 章综合前面各章的内容，介绍了 PLC 和人机界面应用的工程实例；第 10 章介绍了精彩面板的组态和应用；第 11 章通过实例详细介绍了 Unified 精智面板的画面组态方法，以及 S7-1500 与 Unified 精智面板集成仿真的实现方法。

PLC 的仿真软件 S7-PLCSIM 和 HMI 的运行系统软件可以分别对 PLC 和 HMI 仿真，还可以对 PLC 和 HMI 组成的控制系统仿真。本书具有很强的可操作性，通过大量的实例，详细介绍了使用多种仿真方法调试 PLC 和人机界面组成的控制系统的方法。读者一边阅读一边在计算机上用例程做仿真实验，可以较快地掌握人机界面组态和应用的方法。

为了方便教学，本书各章有适量的习题，附录中有 20 多个实验的指导书。只用计算机就可以用仿真的方法做实验指导书中的绝大多数实验。

读者扫描本书封底有"工控有得聊"字样的二维码，输入本书书号中的 5 位数字（77006），可以获取链接，下载本书的配套资源（包括 70 多个视频教程、与正文配套的 40 多个例程和 20 多本用户手册），还可以下载 TIA 博途 V18 版的 STEP 7、WinCC Unified、S7-PLCSIM，以及 WinCC flexible SMART V4 等软件。扫描正文中的二维码，可以观看指定的视频教程。

本书配有电子课件和实验用的例程，需要的教师可登录 www.cmpedu.com 免费注册，审核通过后即可下载，或联系编辑索取（微信：18515977506/电话：010-88379753）。

本书可以用作高校电类与机电类各专业的教材，也可以供工程技术人员自学和参考。

本书由廖常初主编，参与编写工作的还有廖亮、孙明渝、文家学。

因作者水平有限，书中难免有错漏之处，恳请读者批评指正。

重庆大学电气工程学院　廖常初

目 录

前言
第1章 人机界面的硬件与工作原理 ……… 1
1.1 人机界面概述 …………………… 1
1.1.1 人机界面 ………………… 1
1.1.2 液晶显示器 ……………… 2
1.1.3 人机界面的工作原理 …… 3
1.2 触摸屏的工作原理 ……………… 5
1.3 西门子的人机界面 ……………… 8
1.4 习题 …………………………… 11
第2章 HMI组态与调试入门 …………… 12
2.1 软件的安装与使用入门 ………… 12
2.1.1 安装软件 ………………… 12
2.1.2 TIA 博途使用入门 ……… 14
2.1.3 工具箱与帮助功能的使用 …… 17
2.1.4 鼠标的使用方法 ………… 20
2.1.5 以太网基础知识 ………… 21
2.2 一个简单的例子 ………………… 22
2.2.1 创建项目与组态连接 …… 22
2.2.2 变量与画面的生成与组态 …… 25
2.2.3 组态指示灯与按钮 ……… 27
2.2.4 组态文本域与 I/O 域 …… 32
2.3 HMI的仿真运行 ………………… 34
2.3.1 HMI仿真调试的方法 …… 34
2.3.2 使用变量仿真器的仿真 … 35
2.3.3 PLC 与 HMI 的集成仿真 … 37
2.3.4 连接硬件 PLC 的 HMI 仿真 …… 42
2.4 HMI 与 PLC 通信的组态与运行 … 45
2.5 习题 …………………………… 47
第3章 HMI组态的方法与技巧 ………… 48
3.1 组态画面 ………………………… 48
3.1.1 使用 HMI 设备向导创建画面 …… 48
3.1.2 画面的分类与层的应用 … 50
3.1.3 组态滑入画面和弹出画面 …… 53
3.2 HMI 的变量组态 ………………… 55
3.3 库的使用 ………………………… 58
3.4 组态的技巧 ……………………… 60
3.4.1 表格编辑器的操作与使用技巧 …… 60
3.4.2 鼠标的使用技巧 ………… 61
3.4.3 组态的其他技巧 ………… 62
3.4.4 动画功能的实现 ………… 63
3.5 习题 …………………………… 65
第4章 画面对象组态 …………………… 66
4.1 按钮组态 ………………………… 66
4.1.1 用按钮修改变量的值 …… 66
4.1.2 不可见按钮与图形模式按钮的组态 …… 67
4.1.3 使用文本列表和图形列表的按钮组态 …… 69
4.2 开关组态 ………………………… 72
4.3 I/O 域组态 ……………………… 75
4.4 图形输入输出对象组态 ………… 76
4.4.1 棒图组态 ………………… 76
4.4.2 量表组态 ………………… 80
4.4.3 滚动条组态 ……………… 81
4.4.4 集成仿真运行 …………… 83
4.5 日期时间域、时钟与符号 I/O 域组态 …… 84
4.5.1 日期时间域与时钟组态 … 84
4.5.2 符号 I/O 域组态 ………… 86
4.6 图形 I/O 域组态 ………………… 88
4.6.1 多幅画面切换的动画显示 …… 88
4.6.2 旋转物体的动画显示 …… 90
4.7 面板的组态与应用 ……………… 91
4.7.1 创建面板 ………………… 91
4.7.2 定义面板的属性 ………… 92
4.7.3 面板的应用 ……………… 93
4.8 习题 …………………………… 94

目录

第 5 章 报警、系统诊断与用户管理 …… 96
- 5.1 报警的组态与仿真 …………………… 96
  - 5.1.1 报警的基本概念 ………………… 96
  - 5.1.2 组态报警 ………………………… 99
  - 5.1.3 组态报警视图 ………………… 102
  - 5.1.4 组态报警窗口与报警指示器 … 103
  - 5.1.5 报警功能的仿真 ……………… 105
  - 5.1.6 精简面板报警的组态与仿真 … 106
- 5.2 系统诊断的组态与仿真 …………… 107
- 5.3 用户管理的组态与仿真 …………… 112
- 5.4 习题 ………………………………… 116

第 6 章 数据记录与趋势视图 ………… 118
- 6.1 数据记录的组态与仿真 …………… 118
  - 6.1.1 组态数据记录 ………………… 118
  - 6.1.2 数据记录的仿真 ……………… 121
- 6.2 报警记录的组态与仿真 …………… 124
- 6.3 趋势视图的组态与仿真 …………… 127
  - 6.3.1 f(t)趋势视图的组态 ………… 127
  - 6.3.2 f(t)趋势视图的仿真 ………… 131
  - 6.3.3 f(x)趋势视图的组态与仿真 … 133
- 6.4 习题 ………………………………… 137

第 7 章 配方管理系统 ………………… 139
- 7.1 配方的组态与数据传送 …………… 139
  - 7.1.1 配方概述 ……………………… 139
  - 7.1.2 配方组态 ……………………… 140
  - 7.1.3 配方的数据传送 ……………… 141
- 7.2 配方视图的组态与仿真 …………… 143
  - 7.2.1 配方视图的组态 ……………… 143
  - 7.2.2 配方视图的仿真 ……………… 145
- 7.3 配方画面的组态与仿真 …………… 148
  - 7.3.1 配方画面的组态 ……………… 148
  - 7.3.2 配方画面的仿真 ……………… 150
- 7.4 习题 ………………………………… 152

第 8 章 HMI 应用的其他问题 ………… 153
- 8.1 报表系统 …………………………… 153
  - 8.1.1 报表系统概述 ………………… 153
  - 8.1.2 组态配方报表 ………………… 156
  - 8.1.3 组态报警报表 ………………… 158
- 8.2 运行脚本 …………………………… 160
  - 8.2.1 创建与调用运行脚本 ………… 160
  - 8.2.2 脚本组态与应用的深入讨论 … 164
- 8.3 用 ProSave 传送数据 ……………… 166
- 8.4 习题 ………………………………… 169

第 9 章 人机界面应用实例 …………… 170
- 9.1 控制系统功能简介与 PLC 程序设计 ……………………………… 170
- 9.2 触摸屏画面组态 …………………… 174
  - 9.2.1 画面的总体规划 ……………… 174
  - 9.2.2 画面组态 ……………………… 176
- 9.3 系统的仿真调试 …………………… 179
  - 9.3.1 使用变量仿真器调试 ………… 179
  - 9.3.2 集成仿真调试 ………………… 180
- 9.4 习题 ………………………………… 183

第 10 章 精彩面板的组态与应用 …… 184
- 10.1 精彩面板 …………………………… 184
- 10.2 精彩面板使用入门 ………………… 185
  - 10.2.1 WinCC flexible SMART 的用户界面 …………………………… 185
  - 10.2.2 生成项目与组态变量 ………… 188
  - 10.2.3 组态指示灯与按钮 …………… 189
  - 10.2.4 组态文本域与 IO 域 ………… 191
- 10.3 精彩面板与 PLC 通信的组态与实验 ……………………………… 193
  - 10.3.1 用精彩面板的控制面板设置通信参数 …………………………… 193
  - 10.3.2 PLC 与精彩面板通信的实验 … 194
- 10.4 报警的组态与仿真 ………………… 196
- 10.5 用户管理的组态与仿真 …………… 201
- 10.6 配方的组态与仿真 ………………… 205
- 10.7 数据记录、报警记录与趋势视图的组态与仿真 …………………… 208
  - 10.7.1 数据记录 ……………………… 208
  - 10.7.2 报警记录 ……………………… 212
  - 10.7.3 趋势视图 ……………………… 213
- 10.8 习题 ………………………………… 216

第 11 章 Unified 精智面板的组态与仿真 ……………………………… 218
- 11.1 Unified 精智面板 ………………… 218
- 11.2 生成项目与组态画面 ……………… 219
  - 11.2.1 生成项目 ……………………… 219

11.2.2 组态画面 ………………………… 220
11.3 WinCC Unified PC 与 Unified 精智面板的仿真 ………………… 222
11.3.1 仿真运行的准备工作 ………… 222
11.3.2 下载程序与下载组态文件 …… 225
11.3.3 S7-1500 与 WinCC Unified PC 的集成仿真 …………………… 227
11.3.4 S7-1500 与 Unified 精智面板的集成仿真 …………………… 229
11.4 习题 ………………………………… 230
附录 ……………………………………… 231
附录A 实验指导书 ………………… 231
A.1 TIA 博途入门实验 …………… 231
A.2 使用变量仿真器的仿真实验 …… 231
A.3 集成仿真实验 ………………… 232
A.4 画面组态实验 ………………… 233
A.5 I/O 域、按钮和开关的组态实验 …… 234
A.6 棒图和日期时间域的组态实验 …… 235
A.7 符号 I/O 域和图形 I/O 域的组态实验 ……………………… 236
A.8 报警的仿真实验 ……………… 237
A.9 报警的组态与仿真实验 ……… 238
A.10 故障诊断的实验 ……………… 239
A.11 用户管理的仿真实验 ………… 239
A.12 数据记录的仿真实验 ………… 240
A.13 报警记录的仿真实验 ………… 240
A.14 f(t)趋势视图的仿真实验 …… 241
A.15 f(x)趋势视图的仿真实验 …… 241
A.16 配方视图的仿真实验 ………… 242
A.17 配方画面的仿真实验 ………… 243
A.18 精彩面板的画面组态实验 …… 244
A.19 精彩面板的报警仿真实验 …… 245
A.20 精彩面板的用户管理仿真实验 …… 245
A.21 精彩面板的数据记录仿真实验 …… 246
A.22 精彩面板的趋势视图仿真实验 …… 247
A.23 PLC 与 WinCC Unified PC 集成仿真的准备工作 …………… 247
A.24 PLC 与 WinCC Unified PC 的集成仿真实验 ………………… 247
A.25 PLC 与 Unified 精智面板的集成仿真实验 …………………… 248
附录B 随书资源简介 ……………… 249
参考文献 ………………………………… 251

第 1 章　人机界面的硬件与工作原理

1.1 人机界面概述

1.1.1 人机界面

PLC 是一种以微处理器为基础的通用工业自动控制装置，它融合了现代计算机技术、自动控制技术和通信技术，具有体积小、功能强、程序设计简单、维护方便、可靠性高等优点，被称为现代工业自动化的三大支柱之一（另外两个是机器人和计算机辅助设计与制造，分别简称为 ROBOT 和 CAD/CAM）。

人机界面装置是操作人员与 PLC 之间双向沟通的桥梁，很多工业被控对象要求控制系统具有很强的人机界面功能，用来实现操作人员与计算机控制系统之间的对话和相互作用。它们用来显示 PLC 的开关量的 0、1 状态和各种数据，接收操作人员发出的各种命令和设置的参数。人机界面装置一般安装在控制屏上，必须适应恶劣的现场环境，其可靠性应与 PLC 的可靠性相同。

如果用按钮、开关和指示灯等作人机界面装置，它们提供的信息量少，需要熟练的操作人员来操作，而且操作困难。如果用七段数字显示器来显示数字，用拨码开关来输入参数，它们占用 PLC 的 I/O 点数多，硬件成本高。

在环境条件较好的控制室内，可以用计算机做人机界面装置。早期的工业控制计算机用 CRT 显示器和薄膜键盘做工业现场的人机界面，它们的体积大，安装困难，对现场环境的适应能力差。现在使用的几乎都是基于液晶显示器（LCD）的操作员面板和触摸屏。

人机界面（Human Machine Interface）简称为 HMI。从广义上说，HMI 泛指计算机（包括 PLC）与操作人员交换信息的设备。在控制领域，HMI 一般特指用于操作人员与控制系统之间进行对话和相互作用的专用设备。西门子公司的手册将人机界面装置称为 HMI 设备，本书同样将它们称为 HMI 设备。

人机界面是按工业现场环境应用来设计的，正面的防护等级为 IP65，背面的防护等级为 IP20，坚固耐用，其稳定性和可靠性与 PLC 相当，非常适合在恶劣的工业环境中长时间连续运行，因此人机界面是 PLC 的最佳搭档。

人机界面用于承担下列任务。
- 过程可视化：在人机界面上动态显示过程数据（即 PLC 采集的现场数据）。
- 操作员对过程的控制：操作员通过图形界面来控制过程。例如，操作员可以用触摸屏画面中的输入域来修改控制系统的参数，或者用画面中的按钮来起动电动机。
- 显示报警：过程的临界状态会自动触发报警，例如当变量超出设定值时。
- 记录（归档）功能：顺序记录过程值和报警信息，用户可以检索以前的生产数据。
- 输出过程值和报警记录：例如可以在某一轮班结束时打印输出生产报表。
- 配方管理：将过程和设备的参数存储在配方中，可以一次性将这些参数从人机界面下载到 PLC，以便改变产品的品种。

在使用人机界面时，需要解决画面设计和与 PLC 通信的问题。人机界面生产厂家用组态软件很好地解决了这两个问题。组态软件使用方便、易学易用。使用组态软件可以很容易地生成人机界面的画面，还可以实现某些动画功能。人机界面用文字或图形动态地显示 PLC 中开关量的状态和数字量的数值。通过各种输入方式，将操作人员的开关量命令和数字量设定值传送到 PLC。

各种品牌的人机界面一般都可以和各主要生产厂家的 PLC 通信。用户不用编写 PLC 和人机界面的通信程序，只需要在 PLC 的编程软件和人机界面的组态软件中对通信参数进行简单的设置，就可以实现人机界面与 PLC 的通信。

各主要的控制设备生产厂商，例如西门子、AB、施耐德和三菱等公司，均有它们的人机界面系列产品，此外还有一些专门生产人机界面的厂家。不同厂家的人机界面（包括它们的组态软件）之间互不兼容。

过去应用人机界面的主要障碍是它的价格较高，随着技术的发展和应用的普及，近年来，人机界面的价格已经大幅下降，一个大规模应用人机界面的时代正在到来，人机界面已经成为现代工业控制系统必不可少的设备之一。

1.1.2 液晶显示器

液晶是一种介于固态和液态之间的物质，是具有规则性分子排列的有机化合物，加热后会呈现透明的液体状态，冷却后则会出现结晶颗粒的混浊固体状态。它的这种特性使其被称之为液晶（Liquid Crystal）。用于液晶显示器的液晶分子结构排列类似细火柴棒，称为向列型（Nematic）液晶。采用液晶制造的液晶显示器（Liquid Crystal Display）简称为 LCD。

1. TN-LCD

TN 型液晶显示器也叫扭曲向列型 LCD（Twisted Nematic LCD，TN-LCD），其他种类的液晶显示器是在 TN 型液晶显示器的基础上改进的。图 1-1 是 TN 型液晶显示器的结构示意图，它由竖直方向与水平方向的偏光板、具有细纹沟槽的配向膜、液晶材料以及导电的玻璃基板等组成。

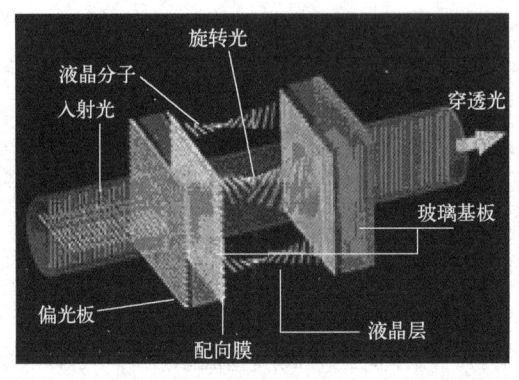

图 1-1 TN 型液晶显示器的结构示意图（亮的情况）

TN 型液晶显示器无法显示细腻的字符，通常用于电子表和计算器。

2. STN-LCD

STN 型液晶显示器也称超扭曲向列型 LCD（Super Twisted Nematic LCD，STN-LCD），

其显示原理与 TN 型液晶显示器类似。TN-LCD 的液晶分子将入射光旋转 90°，而 STN-LCD 将入射光旋转 180°～270°。由于扭转角度较大，STN-LCD 的字符显示比 TN-LCD 细腻。

STN-LCD 属于被动矩阵式 LCD 器件，反应时间较长。传统单色 STN-LCD 加上彩色滤光片，并将单色显示矩阵中的每个像素分成 3 个子像素，分别通过彩色滤光片显示红、绿、蓝三原色，就可以显示出彩色画面。由于 STN-LCD 支持的色彩数有限（例如 8 色或 16 色），因此也称为"伪彩"显示器。

STN-LCD 的图像质量较差，在较暗的环境中清晰度很差，需要配备外部光源，但是具有功耗小、价格低的优点。

3．TFT-LCD

TFT 型液晶显示器（薄膜晶体管型 LCD，Thin Film Transistor LCD，TFT-LCD）又称为"真彩"显示器。TFT-LCD 采用与 TN-LCD 截然不同的显示方式，但是在构造上和 TN-LCD 有相似之处，同样采用两夹层间填充液晶分子的设计，只不过把 TN-LCD 上部夹层的电极改为 FET（场效应晶体管），而下层改为共同电极。

TFT-LCD 为每个像素设有一个半导体开关，属于有源矩阵液晶显示器。它可以"主动地"对屏幕上的各个独立的像素进行控制，每一个液晶像素点都用集成在其后的薄膜晶体管来驱动，每个像素都可以通过脉冲直接控制，因为每个像素都可以相对独立地控制，不仅提高了显示屏的反应速度，而且可以精确控制显示色阶，所以 TFT-LCD 显示的色彩逼真。

TFT-LCD 较为复杂，主要是由荧光管、导光板、偏光板、滤光板、玻璃基板、配向膜、液晶材料、薄膜晶体管等构成。

在光源设计上，TFT 的显示采用"背透式"照射方式，即在液晶的背部设置类似荧光灯的光源。光源先经过一个偏光板，然后经过液晶。液晶分子的排列方式会改变穿透液晶的光线角度，通过遮光和透光来达到显示信息的目的。这些光线还必须经过前方的彩色滤光膜与另外一块偏光板。因此只要改变加在液晶上的电压值，就可以控制最后出现的光线强度与色彩，这样就能在液晶面板上显示出有不同色调的颜色组合。

由于 FET 具有电容效应，能够保持电位状态，先前透光的液晶分子会一直保持这种状态，直到 FET 电极下一次再加电改变其排列方式。相对而言，TN-LCD 就没有这个特性，其液晶分子一旦没有施压，立刻就会返回原始状态，这是 TFT-LCD 和 TN-LCD 的最大不同之处。

TFT-LCD 的特点是亮度好、对比度高、层次感强、颜色鲜艳、反应时间较短，且其可视角度大，可达 170°。与 STN-LCD 相比，TFT-LCD 有出色的色彩饱和度、还原能力和更高的对比度，但是也有耗电较多和成本较高的缺点。

西门子现在的 HMI 产品已经全部使用彩色的 TFT-LCD。

1.1.3 人机界面的工作原理

人机界面最基本的功能是显示现场设备（通常是 PLC）中的开关量的状态和存储器中数字变量的值，用监控画面向 PLC 发出开关量命令以及修改 PLC 存储器中的参数。

1．对画面组态

"组态"（Configuration）一词有配置和参数设置的意思。人机界面用个人计算机上运行的组态软件来生成满足用户要求的监控画面，用画面中的图形对象来实现其功能，用项目来管理这些画面。

使用组态软件可以很容易地生成人机界面的画面，用文字或图形动态地显示 PLC 中的开关量的状态和数字量的数值。通过各种输入方式，将操作人员的开关量命令和数字量设定值传送到 PLC。画面的生成是可视化的，一般不需要用户编程，组态软件的使用简单方便，很容易掌握。

在画面中生成图形对象后，只需要将图形对象与 PLC 中的存储器地址联系起来，就可以实现控制系统运行时 PLC 与人机界面之间的自动数据交换。

画面由组成背景的静态对象和动态对象组成。静态对象包括静态文字、数字、符号和静态图形，图形可以在组态软件中生成，也可以用其他绘图软件生成。

动态对象用与 PLC 内的变量相连的数字、图形符号、条形图或趋势图等方式显示出来。在运行时，可以用功能键来切换画面，还可以组态人机界面监视 PLC 的报警条件和报警画面，以及报警发生时需要打印的信息。

2．人机界面的通信功能

人机界面具有很强的通信功能，有的配备有多个通信接口。使用各种通信接口和通信协议，人机界面能与各主要生产厂家的 PLC 通信，以及与运行组态软件的计算机通信。通信接口的个数和种类与人机界面的型号有关。西门子现在的人机界面设备基本上都有以太网接口，此外有的还有 RS-485 串行通信接口（简称串口）和 USB 接口。串口可以使用 MPI/PROFIBUS-DP 通信协议。可以实现一台触摸屏与多台 PLC 通信，或者多台触摸屏与一台 PLC 通信。

3．编译和下载项目文件

编译项目文件是指将建立的画面和组态的参数转换成人机界面可以执行的文件。编译成功后，需要将组态计算机中的可执行文件下载到人机界面的 Flash EPROM（闪存）中，这种数据传送称为下载（见图 1-2）。为此，首先应在组态软件中选择通信协议，设置计算机侧的通信参数，同时还应通过人机界面的控制面板设置人机界面的通信参数。

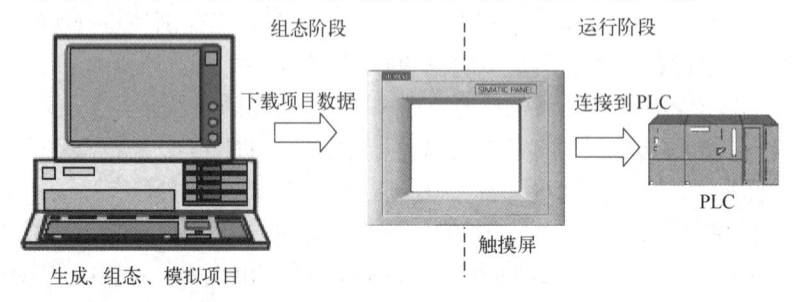

图 1-2 人机界面的工作原理

4．运行阶段

在控制系统运行时，人机界面和 PLC 之间通过通信来交换信息，从而实现人机界面的各种功能。不用为 PLC 或人机界面的通信编程，只需要在组态软件和人机界面中设置通信参数，就可以实现人机界面与 PLC 之间的通信。

5．人机界面的操作与维护

只能用手指或触摸笔触摸 HMI 设备的触摸屏，只能使用手指操作 HMI 设备的薄膜按键。使用坚硬、锋利或尖锐的东西，或采取粗重的方式操作触摸屏和按键，可能大大降低其使用寿命，甚至导致其完全毁坏。

HMI 设备是为免维护操作设计的。尽管如此，触摸屏或键盘保护膜和显示器都必须定期清洁。在清洁前，应关闭 HMI 设备，以避免意外触发功能。

可以使用蘸有清洁剂的布来清洁设备，只能使用少量液体皂水或屏幕清洁剂，不要将清洁剂直接喷在 HMI 设备上。不要使用有腐蚀性的溶剂或去污粉，清洁时不要使用压缩空气或喷气鼓风机。

为了在 HMI 设备通电和运行项目时也可进行清洁，组态工程师可以组态一个操作员控制对象（例如按钮），来调用"清洁屏幕"功能。"清洁屏幕"功能被激活之后，在组态的时段内，将锁定触摸屏操作和功能键操作。组态工程师可以将操作锁定在 5～30s 内。用进度条指示到操作锁定结束时剩余的时间。

HMI 设备本身一般不提供屏幕使用的保护膜，可以订购 HMI 设备的保护膜。保护膜是一种自粘膜，可以防止刮擦和弄脏屏幕，取下保护膜时屏幕上不会留下任何粘留物。

禁止使用锋利或尖锐的工具（例如刀等）取下保护膜，这可能会损坏触摸屏。

1.2 触摸屏的工作原理

随着计算机技术的普及，在 20 世纪 90 年代初出现了一种新的人机交互技术——触摸屏技术。触摸屏是一种最直观的操作设备，只要用手指触摸屏幕上的图形对象，计算机便会执行相应的操作。人的行为和机器的行为变得简单、直接、自然，达到完美的统一。用户可以用触摸屏上的文字、按钮、图形和数字信息等，来处理或监控不断变化的信息。此外，触摸屏还具有坚固耐用和节省空间等优点。

触摸屏是人机界面发展的主流方向，几乎成了人机界面的代名词，现在有的专业人机界面生产厂家甚至只生产使用触摸屏的产品。本书以触摸屏为主要讲述对象。

1. 触摸屏的基本工作原理

触摸屏是一种透明的绝对定位系统，首先必须保证它是透明的，透明问题是通过材料科技来解决的。

其次是它能给出手指触摸处的绝对坐标，而鼠标属于相对定位系统。绝对坐标系统的特点是每一次定位的坐标与上一次定位的坐标没有关系，触摸屏在物理上是一套独立的坐标定位系统，每次触摸的位置被转换为屏幕上的坐标。要求不管在什么情况下，同一点输出的坐标数据是稳定的，坐标值的漂移值应在允许范围内。

触摸屏的基本原理如下：用户用手指或其他物体触摸安装在显示器上的触摸屏时，被触摸位置的坐标被触摸屏控制器检测，并通过通信接口将触摸信息传送到 PLC，从而得到输入的信息。

触摸屏系统一般包括两个部分：触摸检测装置和触摸屏控制器。触摸检测装置安装在显示器的显示表面，用于检测用户的触摸位置，再将该处的信息传送给触摸屏控制器。触摸屏控制器的主要作用是接收来自触摸检测装置的触摸信息，并将它转换成触摸点的坐标，判断出触摸的意义后送给 PLC。它同时能接收 PLC 发来的命令并加以执行，例如动态地显示开关量和模拟量。

2. 四线电阻式触摸屏

电阻式触摸屏利用压力感应检测触摸点的位置，能承受恶劣的环境因素的干扰，但手感和透光性较差。

电阻式触摸屏的主要部分是一块与显示器表面配合得很好的 4 层透明复合薄膜，最下面是玻璃或有机玻璃构成的基层，最上面是一层外表面经过硬化处理、光滑防刮的塑料层。中间是两层称为 ITO 的透明的金属氧化物（如氧化铟锡）导电层，它们之间有许多细小的透明绝缘的隔离点把它们隔开。当手指触摸屏幕时，两层导电层在触摸点处接触（见图 1-3）。

触摸屏的两个金属导电层是它的工作面，在每个工作面的两端各涂有一条银胶，作为该工作面的一对电极。分别在两个工作面的竖直方向和水平方向上施加 5V 的直流电压，在工作面上就会形成均匀连续平行分布的电场。

当手指触摸屏幕时，平常相互绝缘的两层导电层在触摸点处接触，使得侦测层的电压由零变为非零，这种状态被控制器侦测到后，进行 A/D 转换，并将得到的电压值与 5V 相比，就能计算出触摸点的 Y 轴坐标，同理可以得出 X 轴的坐标。这就是所有电阻式触摸屏共同的基本原理。

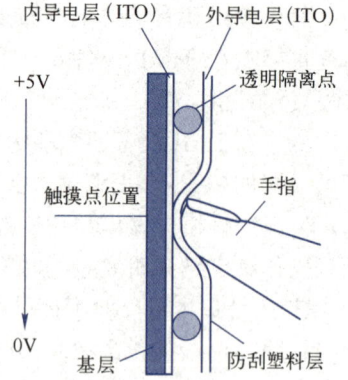

图 1-3　电阻式触摸屏工作原理

根据引出线数的多少，电阻式触摸屏分为四线电阻式触摸屏和五线电阻式触摸屏两种。四线电阻式触摸屏的 X 工作面和 Y 工作面分别加在两个导电层上，共有 4 根引出线，分别连到触摸屏的 X 电极对和 Y 电极对上。从实用和经济两方面考虑，西门子大多数 HMI 使用电阻式触摸屏。

3．五线电阻式触摸屏

四线电阻式触摸屏的基层大多数是有机玻璃，存在透光率低和易老化的问题，ITO 是无机物，有机玻璃是有机物，它们不能很好地结合，时间一长容易剥落。

第二代电阻式触摸屏——五线电阻式触摸屏的基层使用 ITO 与玻璃复合的导电玻璃，通过精密电阻网络，把两个方向的电压场都加在玻璃的导电工作面上，可以理解为两个方向的电压场分时加在同一个工作面上，而延展性好的外层镍金导电层仅仅用来作纯导体，触摸后用既检测内层 ITO 接触点的电压又检测导通电流的方法，测得触摸点的位置。五线电阻式触摸屏的内层 ITO 需要 4 条引线，外层作为导体仅需 1 条线，因此总共需要 5 根引线。

五线电阻式触摸屏的使用寿命和透光率与四线电阻式触摸屏相比有了一个飞跃，触摸寿命提高了 10 多倍。五线电阻式触摸屏没有安装风险，其 ITO 层能做得更薄，因此透光率和清晰度更高，几乎没有色彩失真。

不管是四线电阻式触摸屏还是五线电阻式触摸屏，它们都不怕灰尘、水汽和油污，可以用各种物体来触摸它，或者在它的表面上写字画画，比较适合工业控制领域及办公室内有限的人员使用。因为复合薄膜的外层采用塑胶材料，其缺点是太用力或使用锐器触摸可能划伤触摸屏。在一定限度内，划伤只会伤及外导电层，对于五线电阻式触摸屏来说没有关系，但是对四线电阻式触摸屏来说是却是致命的。

4．表面声波触摸屏

表面声波是超声波的一种，它是在介质（例如玻璃）表面进行浅层传播的机械能量波。表面声波性能稳定、易于分析，并且在横波传递过程中具有非常尖锐的频率特性。

表面声波触摸屏的触摸屏部分可以是一块平面、球面或柱面的玻璃屏，安装在 CRT、LED、LCD 或等离子显示器屏幕的前面。这块玻璃屏只是一块纯粹的强化玻璃，没有任何贴膜和覆盖层。

玻璃屏的左上角和右下角分别固定了水平（X轴）和竖直（Y轴）方向的超声波发射换能器，右上角则固定了两个相应的超声波接收换能器，玻璃屏的四边刻有 45°角、由疏到密间隔非常精密的反射条纹（见图1-4）。

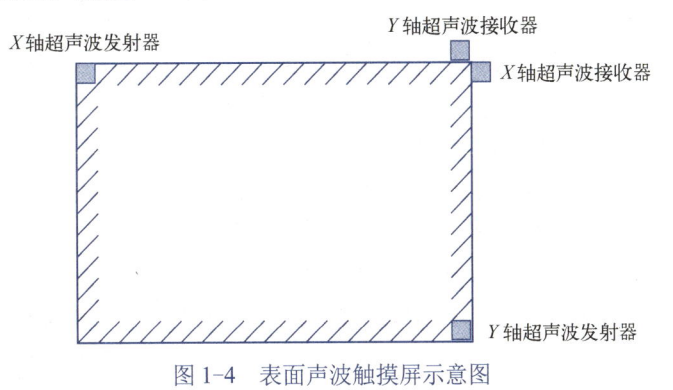

图1-4　表面声波触摸屏示意图

在没有触摸的时候，接收信号的波形与参照波形完全一样。当手指触摸屏幕时，手指吸收了一部分声波能量，控制器侦测到接收信号在某一时刻的衰减，由此可以计算出触摸点的位置。

除了一般触摸屏都能响应的 X、Y 轴坐标外，表面声波触摸屏独一无二的特点是它能感知第三轴（Z 轴）的坐标，用户触摸屏幕的力量越大，接收信号波形上的衰减缺口也就越宽越深，可以由接收信号衰减处的衰减量计算出用户触摸压力的大小。其分辨率、精度和稳定性非常高。

表面声波触摸屏非常稳定，不受温度、湿度等环境因素的影响，寿命长（可达 5000 万次无故障），透光率和清晰度高，没有色彩失真和漂移，安装后无须再进行校准，有极好的防刮性，能承受各种粗暴的触摸，最适合公共场所使用。

表面声波触摸屏直接采用直角坐标系，数据转换无失真，精度极高，可达 4096×4096 像素。

受其工作原理的限制，表面声波触摸屏的表面必须保持清洁，使用时会受尘埃和油污的影响，需要定期进行清洁维护工作。

5．电容式触摸屏

电容式触摸屏是一块四层复合玻璃屏，用真空金属镀膜技术在玻璃屏的内表面和夹层各镀有一层 ITO，玻璃四周再镀上银质电极，最外层是只有 0.0015mm 厚的玻璃保护层，夹层 ITO 涂层作为工作面，4 个角引出 4 个电极，内层 ITO 为屏蔽层，以保证良好的工作环境。

在玻璃的四周加上电压，经过均匀分布的电极的传播，使玻璃表面形成一个均匀电场，当用户触摸电容屏时，由于人是一个大的带电体，用户手指头和工作面形成一个耦合电容，因为工作面上接有高频信号，手指头吸收走一个很小的电流。这个电流分别从触摸屏 4 个角上的电极流出，流经这 4 个电极的电流与手指到 4 个角的距离成比例，控制器通过对这 4 个电流比例的精密计算，得出触摸点的位置。

电容式触摸屏具有分辨率高、反应灵敏、触感好、防水、防尘、防晒等特点。

电容式触摸屏把人体当作电容器元件的一个电极使用。电容值虽然与极间距离成反比，却与相对面积成正比，并且还与介质的绝缘系数有关。因此，当较大面积的手掌或手持的导体靠近电容式触摸屏而不是触摸时,就能引起电容式触摸屏的误动作,在潮湿的天气,这种情况尤为严重。

如果用戴手套的手或手持不导电的物体触摸电容式触摸屏,因为增加了绝缘的介质,可能没有反应。

环境温度和湿度的变化、开机后显示器温度的上升、操作人员体重的差异、用户触摸屏幕的同时另一只手或身体一侧靠近显示器、触摸屏附近较大物体的移动,都会使环境电场发生改变,引起电容式触摸屏的漂移,造成较大的检测误差,导致定位不准。

电容式触摸屏的透光率和清晰度优于四线电阻屏,但是比表面声波屏和五线电阻屏差。

电容式触摸屏的 4 层复合触摸屏对各波长的光的透光率不均匀,存在色彩失真的问题;由于光线在各层间的反射,使图像字符模糊。

西门子的 Comfort PRO 面板和 Unified 精智面板使用多点电容式触摸屏。

6. 红外线触摸屏

红外线触摸屏在显示器的前面安装一个外框,藏在外框中的电路板在屏幕四边排布红外线发射管和红外线接收管,形成横竖交叉的红外线矩阵(见图 1-5)。用户在触摸屏幕时,手指会挡住经过该位置的横竖两条红外线,因而可以判断出触摸点在屏幕的位置。

红外线触摸屏不受电流、电压和静电干扰,适宜恶劣的环境条件,但是分辨率较低,易受外界光线变化的影响。

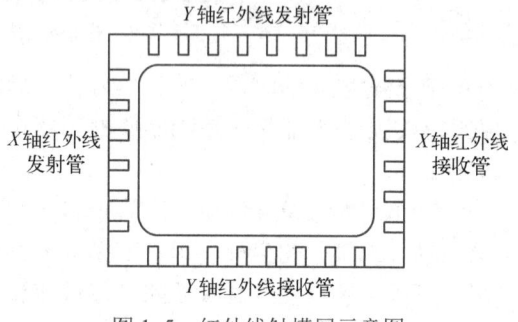

图 1-5 红外线触摸屏示意图

1.3 西门子的人机界面

西门子的手册将人机界面设备简称为 HMI 设备,有时也将它们简称为面板(Panel)。型号中的 KP 表示按键面板、TP 表示触摸面板、KTP 是有少量按键的触摸面板。

1. 西门子各系列人机界面的简要特点

西门子当前的人机界面产品有下述 5 种系列,它们均有以太网接口,有的还有串行通信接口和 USB 接口,可以连接各主要生产厂家的 PLC,支持多种语言。它们的可靠性高,正面的防护等级为 IP65 或更高。

1)精智面板可满足最高性能和功能的要求。近年来,西门子推出了增强型 Unified 精智面板。

2)精简面板具有基本的功能,有较高的性价比,适合与 S7-1200 配合使用。

3)移动面板便于携带、易于操作与监控,分为有线和无线两种,集成了故障安全功能。

4)按键面板结构小巧、价格低廉,集成了故障安全功能,但在实际中使用较少。

5)精彩面板适合与 S7-200 和 S7-200 SMART 配套使用,性价比高,其相关内容将在第 10 章介绍。

2. 精智面板

高性能的精智面板采用高分辨率宽屏 1600 万色 TFT 显示器,LED 背光,可以显示 PDF 文档和 Internet 页面。有显示器对角线分别为 4in、7in、9in、12in 和 15in(1in=25.4mm)的按键型和触摸型面板，还有 19in 和 22in 的触摸型面板（见图 1-6）。显示屏的视角为 170°，触摸型面板均支持垂直安装。精智面板最适合与 S7-1500 配合使用。

精智面板支持多种通信协议，4in 的产品有一个 PROFINET 以太网接口，其余产品集成有两个端口的交换机。15in 及以上的产品还有一个千兆位 PROFINET 接口。A 型 4in 的产品有一个 USB 主机接口，其余产品有两个 USB 主机接口。所有型号都有一个只能用于调试和维护的迷你 B 型 USB 设备接口。各种型号均有一个 MPI/PROFIBUS-DP 接口。可以用以太网接口或迷你 B 型 USB 接口来下载 HMI 项目。

图 1-6 不同尺寸的按键型和触摸型精智面板

按键型设备采用手机的按键模式来输入文本和数字。所有可以自由组态的功能键均有 LED。所有按键都有清晰的按压点，以此确保操作安全。

精智面板有两个存储卡插槽，一个是数据存储卡插槽，另一个是系统存储卡插槽。其中，数据存储卡可以用来保存用户数据、项目数据、设备参数等，而系统存储卡可以用来将项目传输到其他设备。精智面板可以显示 PDF、Excel、Word 文档和网页文件，有媒体播放器和 Web 服务器，可以归档过程数据和报表，可用作 OPC UA 客户端或服务器。

精智面板集成了电源管理功能和基于 PROFINET 的节能技术 PROFIenergy，显示屏的亮度可在 0%～100% 范围调节。发生电源故障时，可以确保数据安全。

可以通过精智面板和系统诊断功能直接读取 S7-300/400/1200/1500 的诊断信息。

7in 及以上的精智面板均配备有坚固的铝制框架，所有的精智面板均可以用于易爆区域。户外型面板的环境温度范围为-30～60℃，最大 90%的环境湿度。

Comfort PRO 1200/1500/1900/2200 可以直接在机器上或恶劣环境条件下使用，配置了耐刮擦的透明玻璃前板，抗化学性良好，可以自动识别由手掌或脏污造成的误触摸和误操作。投射电容触摸技术（PCT）可以实现单独手势和单手操作，即使戴纤薄的工作手套也不受影响。

Comfort INOX 面板用于有更高安全和卫生要求的领域，例如食品饮料工业，制药行业和精细化工行业。该面板具有 IP69 防护等级，适合在承受高压清洗的环境中使用。

7in 和 15in 户外型精智面板是专门针对恶劣环境的户外应用设计的，甚至可以在阳光下显示，其前面板可防紫外线和抗烟雾。

Unified 精智面板的特点、组态与仿真将在第 11 章介绍。

3．精简面板

精简面板具有基本的功能，适用于简单应用，有很高的性能价格比，大多数型号同时有触摸屏和功能可以自由定义的按键，最适合与 S7-1200 配合使用。

第一代精简面板有 3.6in、4.3in、5.7in、10.4in 和 15.1in 的 256 色显示器，小屏幕面板还有 4 级灰度的单色显示器。3.6in、4.3in 的只有 RJ45 以太网接口，其他型号有一个 RS-422/RS-485 接口和一个以太网接口。

第二代精简面板（见图 1-7）有 4.3in、7in、9in 和 12in 的高分辨率 64K 色宽屏显示器，支持垂直安装。有一个 RS-422/RS-485 接口或一个 RJ45 以太网接口，还有一个 USB 2.0 接口。

USB 接口可以连接键盘、鼠标或条形码扫描仪，可以用 U 盘实现数据记录。

4．移动面板

移动面板可以在不同的地点灵活应用。第二代移动面板（见图 1-8）有 4in、7in 和 9in 的 1600 万色宽屏显示器。型号中带 F 的为故障安全型面板。防护等级 IP65，防尘防水。操作画面可以组态成固定站操作和移动操作。可组态移动应用的特定功能，例如针对位置决定操作功能的连接点侦测。

图 1-7　第二代精简面板

图 1-8　第二代移动面板与高级连接盒

无线移动面板 Mobile Panel 277F IWLAN V2（见图 1-9）的显示器为 7.5in，64K 色，有 18 个带 LED 的功能键，用无线以太网通信，有一个 USB 接口，一个 MMC/SD 卡插槽。

5．按键面板

KP8、KP8F 和 KP32F 按键面板结构小巧（见图 1-10），安装方便，节省安装时间和成本，可以直接安装在开关柜中，也可以安装在支撑臂或支架系统中。按键面板直接连接电源和总线电缆，无须使用单独的接线端子。

图 1-9　无线移动面板

图 1-10　按键面板

按键面板采用大号机械按钮和阳光下可以清晰显示的 5 色 LED 背光灯，可通过组态设置多种选项，集成了包含交换机的两个 PROFINET 端口，支持总线型和环形拓扑结构。面板的后背板集成有数字量 I/O，可连接按键开关和指示灯等。按键面板兼容所有标准的 PROFINET 主控 CPU（包括第三方产品），型号中带 F 的故障安全型面板还可以直接连接急停设备或安全型传感器。

打开 TIA 博途软件中的网络视图，可用硬件目录窗口的文件夹"HMI\SIMATIC Key Panel"中的对象组态按键面板。

6. 精彩面板

精彩面板 Smart Panel V4 是专门与 S7-200 和 S7-200 SMART 配套的触摸屏，Smart 700 IE V4 和 Smart 1000 IE V4 的显示器分别为 7in 和 10in，集成了以太网接口、RS-422/485 接口和 USB 2.0 接口。Smart 700 IE V4 的价格较低，具有很高的性能价格比。

7. HMI 的组态软件

TIA 博途（TIA Portal）是西门子全新的全集成自动化软件。TIA 博途中的 STEP 7 用于 S7-1200/1500、S7-300/400 和 WinAC 的组态和编程。TIA 博途中的 WinCC（Windows Control Center）是用于精智面板、精简面板、移动面板、工业 PC 和标准 PC 的组态软件。精彩面板使用专用的 HMI 组态软件 WinCC flexible SMART V4 组态。

TIA 博途中的 WinCC 简单、高效，易于上手，功能强大。在创建工程时，通过单击鼠标便可以生成 HMI 项目的基本结构。基于表格的编辑器简化了对象（例如变量、文本和信息）的生成和编辑。通过图形化配置，简化了复杂的配置任务。它带有丰富的图库，提供大量的图形对象供用户使用，支持多语言组态和多语言运行。

1.4 习题

1. 什么是人机界面？它的英文缩写是什么？
2. 人机界面有什么功能？
3. 触摸屏有什么优点？
4. STN 和 TFT 液晶显示器各有什么特点？
5. 简述人机界面的工作原理。
6. 西门子当前的人机界面产品有哪些系列？各有什么特点？
7. 西门子人机界面产品型号中的 KP、TP 和 KTP 分别表示什么面板？
8. 哪些系列的面板用 TIA 博途中的 WinCC 组态？精彩面板用什么软件组态？

第 2 章　HMI 组态与调试入门

2.1　软件的安装与使用入门

2.1.1　安装软件

1．TIA 博途中的软件

TIA 博途（TIA Portal）是西门子自动化的全新工程设计软件平台，它将所有自动化软件工具集成在统一的开发环境中，是世界上第一款将所有自动化任务整合在一个工程设计环境下的软件。

TIA 博途中的 SIMATIC STEP 7 控制器软件用于 PLC 编程。STEP 7 Professional（专业版）用于 S7-1200/1500、S7-300/400 和 WinAC 的组态和编程。S7-PLCSIM 是 S7-1200/1500 和 S7-300/400 的仿真软件。

TIA 博途中的 SIMATIC STEP 7 Safety 适用于故障安全控制器。

TIA 博途中的 SINAMICS Startdrive 是适用于所有西门子驱动装置和控制器的工程组态平台，集成了硬件组态、参数设置以及调试和诊断功能。

TIA 博途结合面向运动控制的 SCOUT 软件，可以实现对 SIMOTION 运动控制系统的编程、组态和调试。

2．TIA 博途中的 WinCC

TIA 博途中的 WinCC 是用于组态西门子面板、工业 PC 和标准 PC 的软件，有 HMI 的仿真功能。WinCC 有下述 4 种版本。

1）WinCC Basic（基本版）用于组态精简面板，STEP 7 集成了 WinCC 的基本版。

2）WinCC Comfort（精智版）用于组态精简面板、精智面板和移动面板。

3）WinCC Advanced（高级版）用于组态上述 3 种面板和 PC 单站系统，将 PC 作为功能强大的 HMI 设备使用。

4）WinCC Professional（专业版）用于组态上述 3 种面板和基于 PC 的单站到多站的 SCADA（Supervisory Control And Data Acquisition，监控与数据采集）系统。

WinCC 由工程系统和运行系统组成。工程系统（Engineering System，ES）是用于处理组态任务的软件。运行（Runtime，RT）系统是用于过程可视化的软件。运行系统在过程模式下执行项目，实现与自动化系统之间的通信、图像在屏幕上的可视化、各种过程操作、过程值记录和事件报警。

WinCC 的高级版和专业版如果用于 PC 监控系统，需要购买具有不同点数的外部变量的高级版和专业版的运行系统，例如 WinCC RT Advanced。本书主要介绍用 WinCC 组态各种面板的方法。

3．西门子 HMI 的其他组态软件

当前最高版本为 V8.0 的 WinCC（Windows Control Center）是西门子的过程监视系统，

是用于上位计算机的组态软件。它与 TIA 博途中的 WinCC 是两个不同的软件。

精彩面板 Smart Panel V4 主要与 S7-200 和 S7-200 SMART PLC 配套使用，其组态软件为 WinCC flexible SMART V4。

本书主要介绍 TIA 博途中的 WinCC V18，在第 10 章介绍 WinCC flexible SMART V4。

4．安装 TIA 博途 V18

TIA 博途 V18 要求计算机的操作系统为 64 位的 Windows 10 或 Windows 11 的专业版、企业版，或 Windows 11 的家用版，或 Windows 的服务器。

建议在安装 TIA 博途软件之前关闭或卸载杀毒软件和 360 卫士之类的软件。

本书配套资源中的"TIA_Portal_STEP7_Prof_Safety_WINCC_Adv_Unified_V18.iso"也可以用于 Unified 精智面板。双击该软件，单击"打开文件"对话框中的"打开"按钮，镜像文件被打开。双击其中的可执行文件"Start.exe"，开始安装软件。如果弹出对话框提示"必须重新启动计算机，然后才能运行安装程序。要立即重新启动计算机吗？"，重新启动计算机后再安装软件，还是会出现上述信息，解决的方法如下。

按〈Windows+R〉组合键，打开"运行"对话框，键入命令"regedit"，单击"确定"按钮，打开注册表编辑器。在左侧窗口中依次展开"HKEY_LOCAL_MACHINE\SYSTEM\ControlSet001\Control"，选中其中的"Session Manager"，按〈Delete〉键删除右边窗口中的条目"PendingFileRenameOperations"。不用重新启动计算机，就可以安装软件了。可能每安装一个软件都需要做上述的操作。

进入安装程序后，在"安装语言"界面中，采用默认的安装语言中文。在"产品语言"界面中，选择安装英语和简体中文。依次单击"下一步"按钮，进入下一个界面。

在"产品配置"界面（见图 2-1）中，选择"SIMATIC WinCC Engineering System"复选框，使其变成☑（上述操作简称为"勾选"）。其他软件组件是否安装均采用默认的设置，不要修改。下一个界面出现"需要单独安装 SIMATIC WINCC Unified PC Runtime V18"的提示信息。

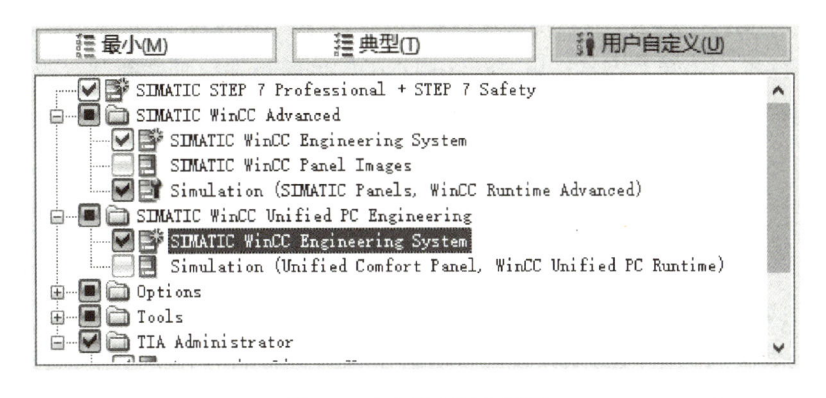

图 2-1 "产品配置"界面

在"许可证条款"界面中，勾选窗口下面的两个复选框，接受所列出的许可证协议的条款。在"安全控制"界面中，勾选"我接受此计算机上的安全和权限设置"复选框。

"概览"界面中列出了前面设置的产品配置、产品语言和安装路径。单击"安装"按钮，开始安装软件。安装完成后，单击"重新启动"按钮，立即重启计算机。

5. 安装其他软件

安装完上述软件后，可以安装它的更新软件"Totally_Integrated_Automation_Portal_V18_Upd2.iso"。在安装用于 Unified 精智面板仿真的 SIMATIC_WinCC_Unified_PC_V18 的过程中，出现"WinCC Unified Configuration"对话框，依次单击"下一步"按钮，全部采用默认的设置，以后可以按第 11 章中的要求来组态 WinCC Unified 的参数。此外还需要安装 PLC 的仿真软件 S7-PLCSIM_V18_SP2，它包含软件 SIMATIC_PLCSIM_Advanced_V5_Upd2，后者用于与 Unified 精智面板配套的 S7-1500 的仿真。各软件的安装过程基本相同。

如果没有软件的许可证密钥，第一次打开 STEP 7 时，将会出现图 2-2 所示的对话框。选中其中的"STEP 7 Professional Combo"，单击"Activate"（激活）按钮，激活试用许可证密钥，将获得 21 天的试用时间。

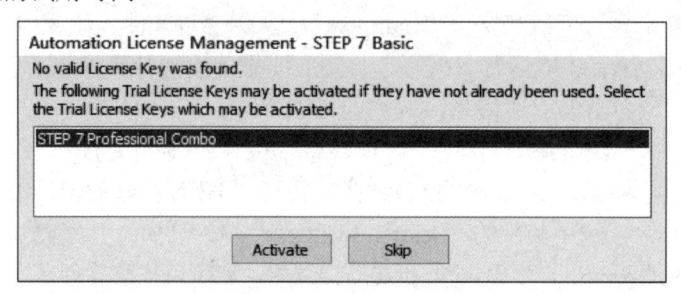

图 2-2 激活试用许可证密钥

6. 学习 WinCC 的建议

TIA 博途是一种大型软件，功能非常强大，使用也很方便，但是需要花较多的时间来学习，才能掌握它的使用方法。

学习大型软件时一定要动手使用软件，如果只限于阅读手册和书籍，不可能掌握软件的使用方法，只有边学边练习，才能在短时间内学好、用好软件。

PLC 的仿真软件 S7-PLCSIM 和 HMI 的运行系统可以分别对 PLC 和 HMI 仿真，它们还可以对 PLC 和 HMI 组成的控制系统仿真。本书配套资源中的压缩文件"Project"提供了各章配套的例程，读者安装好上述软件后，在阅读本书的同时，建议打开配套资源中与正在阅读的章节有关的例程，一边看书一边对例程进行仿真操作，这样做可以收到事半功倍的效果。在此基础上，读者可以根据本书附录中实验指导书有关实验的要求创建项目，对项目进行组态和仿真调试，这样可以进一步提高组态和使用 HMI 的能力。

2.1.2 TIA 博途使用入门

1. Portal 视图与项目视图

TIA 博途提供两种不同的工具视图，即基于项目的项目视图和基于任务的 Portal（门户）视图。在 Portal 视图中，可以概览自动化项目的所有任务。初学者可以借助面向任务的用户指南，以及最适合其自动化任务的编辑器来进行工程组态。

安装好 TIA 博途后，双击桌面上的 图标，打开 TIA 博途的启动画面（即图 2-3 中的 Portal 视图）。在 Portal 视图中，可以打开现有的项目，创建新项目，打开项目视图中的"设备与网络"视图、程序编辑器和 HMI 的画面编辑器等。因为具体的操作都是在项目视图中完成的，本书主要使用项目视图。单击图 2-3 左下角的"项目视图"，将会切换到项目视图。

图 2-3 Portal 视图

项目视图的菜单中浅灰色的命令和工具栏上浅灰色的按钮表示在当前条件下不能使用该命令和该按钮。例如在执行了"编辑"菜单中的"复制"命令后，"粘贴"命令才会由浅灰色变为黑色，表示可以执行该命令。下面介绍项目视图各组成部分的功能。

2. 项目树

图 2-4 中左上角的窗口是项目树，可以用项目树访问所有的设备和项目数据，添加新的设备，编辑已有的设备，打开处理项目数据的编辑器。

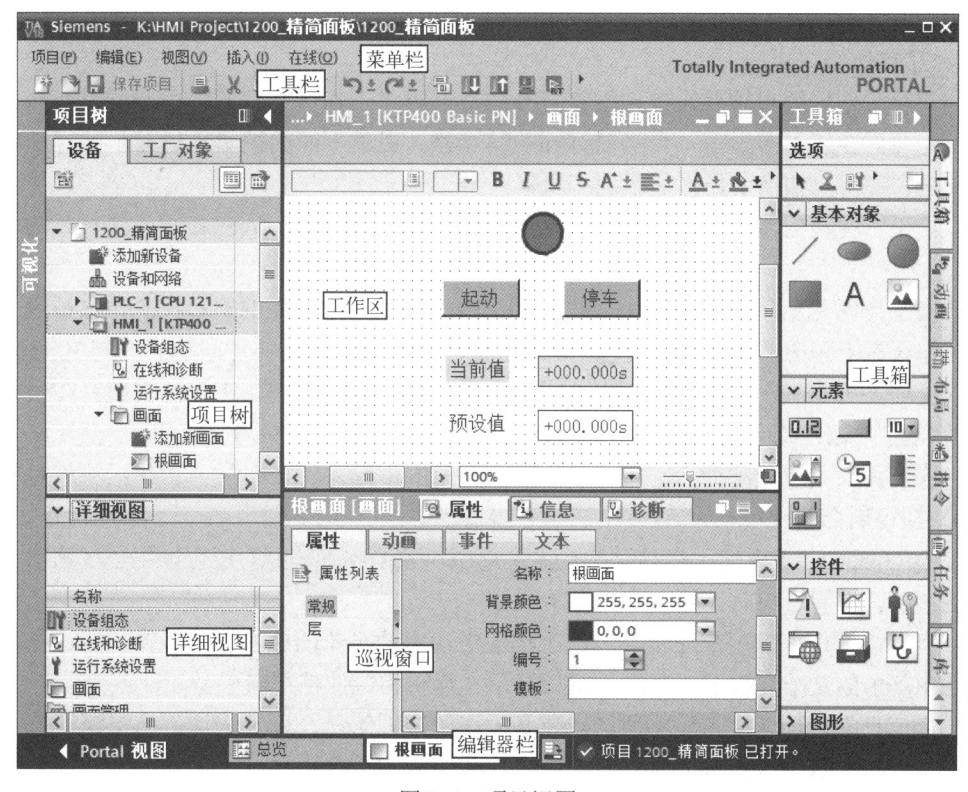

图 2-4 项目视图

项目中的各组成部分在项目树中以树形结构显示，分为 4 个层次：项目、设备、文件夹和对象。项目树的使用方式与 Windows 的资源管理器相似。作为每个编辑器的子元件，用文件夹以结构化的方式保存对象。

单击项目树右上角的◁按钮，项目树和下面的详细视图消失，同时在最左边的竖直条的上端出现▷按钮，单击它将打开项目树和详细视图。可以用类似的方法隐藏和显示右边的工具箱和工作区下面的巡视窗口。

将光标放到相邻的两个窗口的竖直分界线上，出现带双向箭头的光标✢时，按住鼠标左键移动鼠标，可以移动分界线，以调节分界线两边的窗口的横向尺寸。可以用同样的方法调节窗口的水平分界线。

单击项目树标题栏上的"自动折叠"按钮▯，该按钮变为▯（永久展开）。此时单击项目树外面的任何区域，项目树自动折叠（消失）。单击最左边的竖直条上端的▷按钮，项目树随即打开。单击▯按钮，该按钮变为▯，自动折叠功能被取消。

可以用类似的操作，启动或关闭工具箱和巡视窗口的自动折叠功能。

3．详细视图

项目树窗口的下面是详细视图，详细视图显示项目树被选中的对象下一级的内容。图 2-4 中的详细视图显示的是项目树的"HMI_1[KTP400 Basic PN]"文件夹中的内容。可以将详细视图中的某些对象拖拽到工作区中。

单击详细视图左上角的▽按钮或"详细视图"标题，详细视图被关闭，只剩下紧靠"Portal 视图"的标题，标题左边的按钮变为▷。单击该按钮或标题，重新显示详细视图。可以用类似的方法显示和隐藏工具箱中的"元素"和"控件"等窗格中的内容。

单击巡视窗口右上角的▽按钮或△按钮，可以隐藏和显示巡视窗口。

4．工作区

用户在工作区编辑项目对象，没有打开编辑器时，工作区是空的。可以同时打开几个编辑器，一般只在工作区显示一个当前打开的编辑器。在最下面的编辑器栏显示被打开的编辑器，单击它们可以切换工作区显示的编辑器。

单击工具栏上的▯、▭按钮，可以竖直或水平拆分工作区，同时显示当前打开的两个编辑器。

单击工作区右上角的"最大化"按钮▯，将会关闭其他所有的窗口，工作区被最大化。单击工作区右上角的"浮动"按钮▯，工作区浮动。用鼠标左键按住浮动的工作区的标题栏并移动鼠标，可将工作区拖到画面中希望的位置。松开鼠标左键，工作区被放置在当前所在的位置，这个操作称为"拖拽"。可以将浮动的窗口拖拽到任意位置。

工作区被最大化或浮动后，单击工作区右上角的"嵌入"按钮▯，工作区将恢复原状。

5．巡视窗口

巡视（Inspector）窗口用来显示工作区中选中对象的附加信息，还可以用巡视窗口来设置对象的属性。巡视窗口有下述 3 个选项卡。

1）"属性"选项卡用来显示和修改工作区中选中的对象的属性。巡视窗口左边是浏览窗口，选中其中的某个参数组，在右边窗口显示和编辑相应的信息或参数。

2）"信息"选项卡用来显示所选对象和操作的详细信息，以及编译后的报警信息。

3）"诊断"选项卡用来显示系统诊断事件和组态的报警事件。

巡视窗口有两级选项卡，图 2-4 选中了第一级的"属性"选项卡和第二级的"属性"选项卡左边浏览窗口中的"常规",将它简记为选中了巡视窗口的"属性 > 属性 > 常规"。

6. 任务卡

最右边的窗口为任务卡,任务卡的功能与编辑器有关。可以通过任务卡执行附加的操作,例如从库或硬件目录中选择对象,搜索与替换项目中的对象,将预定义的对象拖拽到工作区。

可以用任务卡最右边的竖条上的按钮来切换任务卡显示的内容。图2-4中的任务卡显示的是工具箱,工具箱被划分为"基本对象""元素"等窗格(或称为"选项板"),单击窗格左边的 ⌄ 或 › 按钮,可以折叠或重新打开窗格。

单击任务卡"选项"下面的"更改窗格模式"按钮 ▫ ,可以在同时打开几个窗格和只打开一个窗格之间切换。

7. 任务卡中的库

单击任务卡右边的"库"按钮,打开库视图,其中的"全局库"窗格中的对象可以用于所有的项目。不同型号的人机界面可以打开和使用的库是不相同的。

项目库只能用于创建它的项目,可以在其中存储想要在项目中多次使用的对象。项目库随当前项目一起打开、保存和关闭,可以将项目库中的元件复制到全局库。

只须对库中存储的对象组态一次,以后便可以多次重复使用。可以通过使用对象模板来添加画面对象,从而提高编程效率。

2.1.3 工具箱与帮助功能的使用

1. 工具箱中的基本对象

任务卡的"工具箱"中可以使用的对象与HMI设备的型号有关。工具箱包含过程画面中需要经常使用的各种类型的对象,例如图形对象和操作员控件。

用鼠标右键单击工具箱中的区域,可以用出现的"大图标"复选框设置采用大图标或小图标。在大图标模式下可以用"显示描述"复选框设置是否在各对象下面显示对象的名称。

根据当前激活的编辑器,"工具箱"包含不同的窗格。打开画面编辑器时,工具箱提供的窗格有基本对象、元素、控件和图形。不同型号的人机界面可以使用的对象也不同。

"基本对象"窗格有下列对象。

1)线:可以设置线的宽度和颜色,起点或终点是否有箭头。可以选择实线或虚线,端点可以设置为圆弧型。

2)折线:折线由相互连接的线段组成,折线与线有很多相同的属性,精简面板没有折线。

刚生成的折线只有一个转角点,右键单击折线,可以用快捷菜单中的命令添加或删除一个转角点。图2-5中的转角点用蓝色的实心小正方形标记,可以用鼠标左键"拖动"各转角点的位置。

选中折线下面的巡视窗口的"属性 > 属性 > 布局",右边窗口中表格的各行是各转角点的坐标。可以用表格右边的 按钮添加一个转角点,或者用 按钮删除选中的行对应的转角点。

折线是开放的对象,即使起点和终点具有相同的坐标,也不能填充它们包含的区域。

3)多边形:多边形是一种封闭图形。与折线一样,可以设置多边形边框的属性,添加或删除转角点。可以设置多边形内部区域的颜色或令它无色。精简面板没有多边形。

4)椭圆和圆:可以调节它们的大小,设置椭圆两个轴的尺寸及椭圆内部区域的颜色。

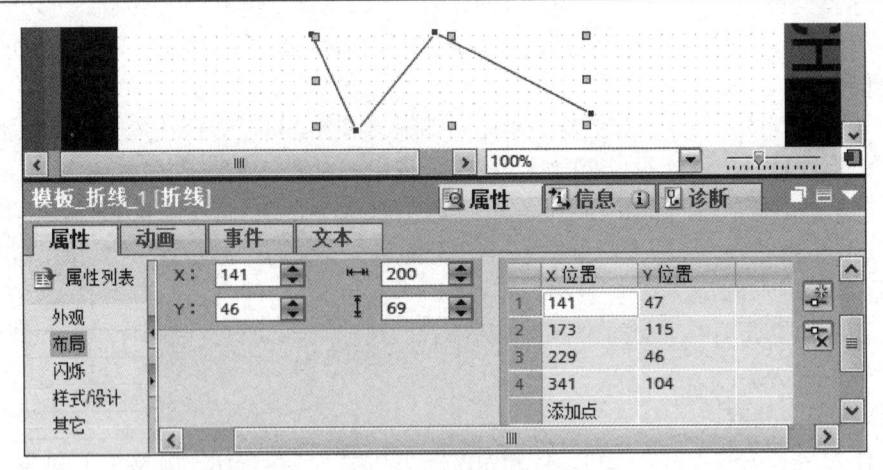

图 2-5 折线的组态

5）矩形：可以设置矩形的高度、宽度和内部区域的颜色。可以圆整矩形的转角。

6）文本域：可以在文本域中输入一行或多行文本，定义字体和字的颜色。可以设置文本域的背景色和样式。

7）图形视图：图形视图用于在画面中显示用外部图形编程工具创建的图形。可以显示下列格式的图形：*.emf、*.wmf、*.png、*.ico、*.bmp、*.jpg、*.jpeg、*.gif 和*.tif。在"图形视图"中，还可以将其他图形编程软件编辑的图形集成为 OLE（对象链接与嵌入）对象。可以直接在 Visio、Photoshop 等软件中创建这些对象，或者将这些软件创建的文件插入图形视图，可以用创建它的软件来编辑它们。

2．工具箱中的其他对象

1）元素：精智面板的"元素"窗格中有 I/O 域、按钮、符号 I/O 域、图形 I/O 域、日期/时间域、棒图、开关、符号库、滑块、量表和时钟。精简面板没有后面 4 种元素。

2）控件：提供增强的功能，精智面板的"控件"窗格有报警视图、趋势视图、用户视图、HTML 浏览器、配方视图、系统诊断视图、监视表、Sm@rtClient 视图、f(x)趋势视图、媒体播放器、PLC 代码视图、GRAPH 概览、ProDiag 概览、条件分析视图、摄像头视图和 PDF 视图。精简面板只有前面 6 种视图。

3）图形："图形"窗格以文件夹的形式提供了大量工控常用的图形，可以将它们拖拽到画面中。WMF（Windows 图元文件）和 SVG 均属于矢量类图形。用户可以用"我的图形文件夹"来管理图形文件。

3．帮助功能的使用

（1）在线帮助功能

用鼠标选中菜单中的某个命令，按计算机的〈F1〉键便可以得到与它们有关的在线帮助信息。将光标放到工具栏的某个按钮上，将会出现该按钮功能的提示信息。

选中画面中的某个 I/O 域，再选中巡视窗口的"属性 > 属性 > 外观"（见图 2-6），将光标放到"角半径"方框上，出现的层叠工具提示框显示提示信息"▼指定此对象的角半径。"，单击"▼"或在层叠工具提示框持续显示几秒钟后，提示框被打开（见图 2-6）。蓝色有下画线的"设计边框"是指向相应帮助主题的超链接。单击该超链接，将会打开信息系统，并显示相应的主题。

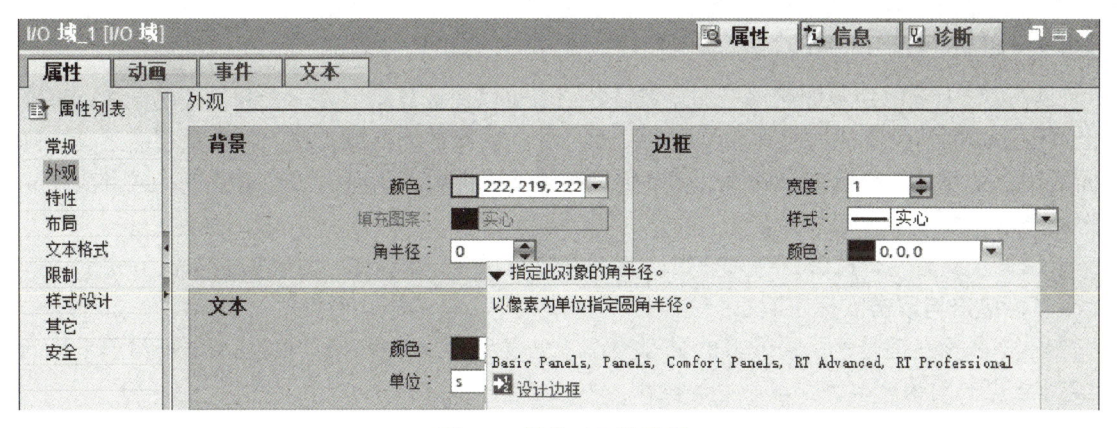

图2-6 层叠工具提示框

（2）信息系统

帮助被称为信息系统，可以通过以下方式打开信息系统（见图2-7）。

1）执行菜单命令"帮助"→"显示帮助"。

2）选中某个对象（例如程序中的某条指令）后，按〈F1〉键。

3）单击层叠工具提示框中层叠项的超链接，可以直接转到信息系统中的对应位置。

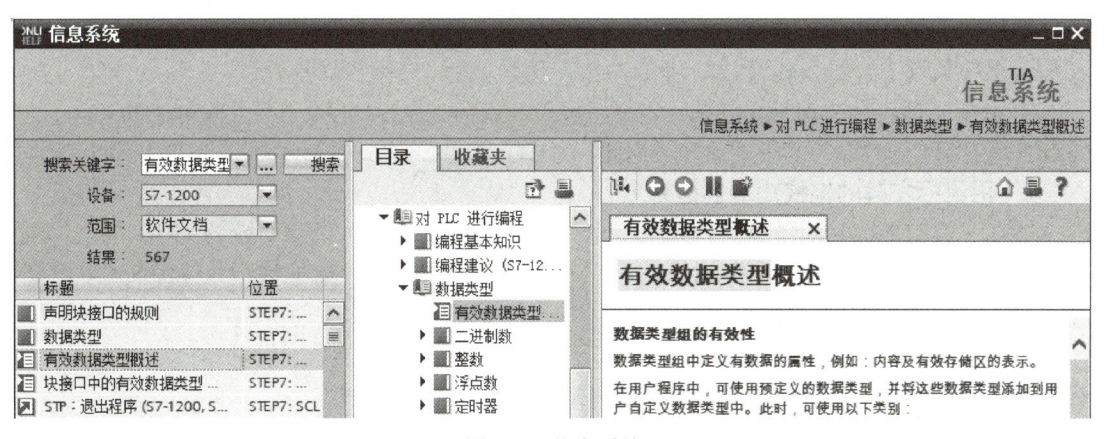

图2-7 信息系统

在"搜索关键字"文本框中键入要查找的关键字，单击"搜索"按钮，将列出与它有关的所有主题。可以用"设备"和"范围"选择框来缩小搜索范围。双击某一主题，右边窗口将显示对应的帮助信息。

中间的"目录"选项卡列出了帮助文件的目录，可以借助目录浏览器寻找需要的帮助主题。可以将帮助主题保存在收藏夹中，这样可以节省再次搜索这些帮助主题的时间。打开待收藏的页面，单击工具栏上的"添加到收藏夹"按钮，或者右键单击目录中的某个主题，选择"添加到收藏夹"命令，都可以将它们保存在收藏夹中。即使关闭了TIA博途软件，收藏夹中的内容也不会丢失。双击收藏夹中待打开的帮助主题，就可以打开对应的页面。可以用快捷菜单中的"删除"命令删除选中的主题。

视频"TIA博途使用入门（A）"和"TIA博途使用入门（B）"可通过扫描二维码2-1和二维码2-2播放。

二维码2-1　二维码2-2

2.1.4 鼠标的使用方法

WinCC 具有"所见即所得"的功能,使用者可以在计算机屏幕上看到设计的结果,屏幕上显示的画面与实际的人机界面显示的画面一样。鼠标是使用组态软件时最重要的工具,画面的组态主要是用鼠标来完成的。可以用鼠标将元件拖拽到画面中的任意位置,或者改变元件的外形和大小。

鼠标一般有两个按键,绝大多数情况下只使用其中一个按键,默认的是左键方式。

1. 单击与双击鼠标左键

单击鼠标左键是使用得最多的鼠标操作(见表 2-1),简称为"单击"。单击常用来激活(选中)某一对象、执行菜单命令等操作。

表 2-1 鼠标常见的操作

功　　能	作　　用
单击鼠标左键	激活任意对象或者执行菜单命令等操作
双击鼠标左键	在项目树或对象视图中启动编辑器或者打开文件夹
单击鼠标右键	打开快捷菜单
〈Shift〉+ 单击	同时选中若干个单个连续对象

例如单击画面中的按钮后,在矩形的各个角和各条边的中点出现 8 个控点(见图 2-8),表示该元件被选中,可以进行进一步的操作,例如删除、复制和剪切。

用鼠标左键连续快速地单击同一个对象两次(即双击),将执行该对象对应的功能。例如双击项目树"程序块"文件夹中的"MAIN[OB1]"时,将会打开程序编辑器和主程序 OB1。

2. 用鼠标左键的拖拽功能创建对象

鼠标左键的拖拽功能可以简化组态工作,常用于移动对象或调整对象的大小。拖拽功能可以用于任务卡和对象视图中的对象。将工具箱中的"按钮"对象拖拽到画面编辑器的操作过程如下:

用鼠标左键单击选中工具箱中的"按钮",按住鼠标左键不放,同时移动鼠标,光标变为 ⊘（禁止放置）。移动到画面工作区时,光标变为 ▭（可以放置）。

在画面中的适当位置放开鼠标左键,该按钮对象便被放置到画面中光标所在的位置。放置的对象的四周有 8 个控点（小矩形）,表示该对象处于被选中的状态。

3. 用鼠标左键的拖拽功能改变对象的位置

用鼠标左键单击图 2-8a 左边的"起动"按钮,并按住鼠标左键不放,按钮四周出现 8 个控点,同时鼠标的光标变为图中按钮方框上的十字箭头（见表 2-2）。按住左键并移动鼠标,将选中的对象拖到希望并允许放置的位置（图 2-8a 中间的浅色按钮所在的位置）。伴随按钮一起移动的小方框中的 x/y 是按钮的左上角在画面中 x 轴和 y 轴的坐标值,w/h 是按钮的宽度和高度值,均以像素点为单位。松开鼠标左键,对象被放在当前的位置。

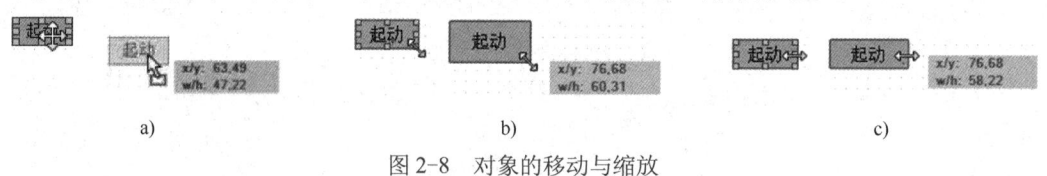

图 2-8 对象的移动与缩放

4. 用鼠标左键的拖拽功能改变对象的大小

用鼠标左键单击图 2-8b 左边的"起动"按钮,按钮四周出现 8 个控点,将指针放到某个角的控点上，指针的箭头变为 45°的双向箭头（见表 2-2），按住左键并移动鼠标，可以同时改变按钮的长度和宽度。将选中的对象拖到希望的大小，松开鼠标左键，按钮被扩大或缩小。

表 2-2　指针的功能

鼠标指针	名称	功能说明
↖	箭头指针	在移动鼠标时显示鼠标目前所在位置
↔ ↕ ↗ ↘	调整对象大小的指针	在调整窗口或元件的大小时显示
✥	移动对象的指针	在移动对象时显示
I	I 形指针	单击与文字有关的对象时，箭头指针变为"I"形，此时可以输入数字或文字

用鼠标左键选中按钮四条边中点的某个控点（见图 2-8c），指针变为水平或竖直的双向箭头（见表 2-2），按住鼠标左键并移动鼠标，将选中的按钮沿水平方向或垂直方向拖到希望的大小，松开鼠标左键，按钮被扩大或缩小。

5．用鼠标左键的拖拽功能改变浮动窗口的位置和大小

单击图 2-4 中工作区右上角的"浮动"按钮 ⌐⌐，工作区窗口浮动。此时用鼠标左键拖拽窗口最上面的标题栏，可以将窗口移动到需要的位置。

将指针放在浮动窗口的某个角上，指针变为 45°的双向箭头，此时用拖拽功能可以同时改变窗口的宽度和高度。将指针放在浮动窗口的某条边上，指针变为水平或竖直的双向箭头，此时用拖拽功能可调节窗口的宽度或高度。单击工作区右上角的"嵌入"按钮 ⌐⌐，工作区将恢复原状。

6．用鼠标右键单击对象

在 WinCC 中，用鼠标右键单击任意对象，可以打开与对象有关的快捷菜单，使操作更为简单方便。快捷菜单中列出了与单击对象有关的最常用的命令。

2.1.5　以太网基础知识

1．工业以太网

工业以太网（Industrial Ethernet，IE）是遵循国际标准 IEEE 802.3 的开放式、多供应商、高性能的区域和单元网络。工业以太网已经广泛地应用于控制网络的最高层，并且越来越多地在控制网络的中间层和底层（现场设备层）使用。

西门子的工控产品已经全面地"以太网化"，小型 PLC S7-1200 和 S7-200 SMART、大中型 PLC S7-1500 和 S7-300/400、人机界面中各种型号的面板都有集成的以太网接口。各种型号的 ET 200 分布式 I/O 都有 PROFINET 通信模块或集成的以太网通信接口。

工业以太网采用的协议是 TCP/IP，可以将自动化系统连接到企业内联网（Intranet）、外联网（Extranet）和因特网（Internet），实现远程数据交换；可以实现管理网络与控制网络的数据共享；通过交换技术，可以提供实际上没有限制的通信性能。

西门子的工业以太网最多可以有 32 个网段、1024 个节点。铜缆最大传输距离约为 1.5km，光纤最大传输距离为 150km。可以将 S7 PLC、HMI 和 PC 连接到工业以太网，自动检测全双工或半双工通信，自适应 10/100Mbit/s 传输速率。通过交换机可以实现多台以太网设备之间的通信，实现数据的快速交互。

2. MAC 地址

MAC（Media Access Control，媒体访问控制）地址是以太网端口设备的物理地址。通常由设备生产厂家将 MAC 地址写入 EEPROM 或闪存芯片。在网络底层的物理传输过程中，通过 MAC 地址来识别发送和接收数据的主机。MAC 地址是 48 位二进制数，分为 6 个字节（6B），一般用十六进制数表示，例如 00-05-BA-CE-07-0C。其中的前 3 个字节（6 位十六进制数）是网络硬件制造商的编号，它由 IEEE（[美国] 电气电子工程师学会）分配，后 3 个字节代表该制造商生产的某个网络产品（例如网卡）的序列号。MAC 地址具有全球唯一性。

每个 CPU 在出厂时都已装载了一个永久且唯一的 MAC 地址，MAC 地址印在 CPU 上。不能更改 CPU 的 MAC 地址。

3. IP 地址

为了使信息能在以太网上准确快捷地传送到目的地，连接到以太网的每台计算机都必须拥有一个唯一的 IP 地址。IP 地址由 32 位二进制数（4B）组成，是 Internet Protocol（互联网协议）地址，在控制系统中，一般使用固定的 IP 地址。

IP 地址通常用十进制数表示，用小数点分隔，例如 192.168.0.117。

4. 子网掩码

子网是连接在网络上的设备的逻辑组合。同一个子网中的节点彼此之间的物理位置通常相对较近。子网掩码（Subnet Mask）是一个 32 位二进制数，用于将 IP 地址划分为子网地址和子网内节点的地址。二进制的子网掩码的高位应该是连续的 1，低位应该是连续的 0。以常用的子网掩码 255.255.255.0 为例，其高 24 位二进制数（前 3 个字节）为 1，表示 IP 地址中的子网地址（类似于长途电话的地区号）为 24 位；低 8 位二进制数（最后一个字节）为 0，表示子网内节点的地址（类似于长途电话的电话号）为 8 位。具有多个 PROFINET 接口的设备（例如 CPU 1515-2 PN），各接口的 IP 地址应位于不同的子网中。

S7-300/400/1200/1500 CPU 默认的 IP 地址为 192.168.0.1，默认的子网掩码为 255.255.255.0。与编程计算机通信的单个 CPU 可以采用默认的 IP 地址和子网掩码。

5. 路由器

IP 路由器用于连接子网，如果要将 IP 报文发送给其他子网，首先要将它发送给路由器。在组态时，子网内所有的节点都应输入路由器的地址。路由器通过 IP 地址发送和接收数据包。路由器的子网地址与子网内的节点的子网地址相同，其区别仅在于子网内的节点地址不同。

在串行通信中，传输速率（又称波特率）的单位为 bit/s，即每秒传送的二进制位数。西门子的工业以太网默认的传输速率为 10/100Mbit/s。

2.2 一个简单的例子

2.2.1 创建项目与组态连接

1. 创建和打开项目

项目是组态用户界面的基础，可在项目中创建画面、变量和报警等对象。画面用来描述被监控的系统，变量用来在人机界面设备和被监控设备（PLC）之间传送数据。

下面介绍在项目视图中创建项目的方法。执行菜单命令"项目"→"新建"，或单击工具栏上最左边的"新建项目"按钮，在出现的"创建新项目"对话框（见图 2-9）中，将项目的名称修改为"1200_精简面板"（见配套资源中的同名例程）。单击"路径"文本框右边的按钮，可以修改保存项目的路径。单击"创建"按钮，开始生成项目。

图 2-9 创建新项目

单击工具栏上的"打开项目"按钮，双击"打开项目"对话框中列出的最近使用的某个项目，即可打开该项目。或者单击"浏览"按钮，打开项目所在的文件夹，再打开某个项目的文件夹，双击其中标有的文件，即可打开该项目。

2．添加 PLC

S7-1200 和 S7-1500 分别是西门子新一代的小型 PLC 和大中型 PLC，它们的编程和应用见参考文献［2］和［3］。

双击项目树中的"添加新设备"，出现"添加新设备"对话框（见图 2-10）。单击其中的"控制器"按钮选中它，双击要添加的 CPU 1214C 的订货号，生成一个默认名称为 PLC_1 的 PLC 站点，在项目树中可以看到它，工作区出现 PLC_1 的设备视图。其 PN 接口的 IP 地址为默认的 192.168.0.1，子网掩码为默认的 255.255.255.0。

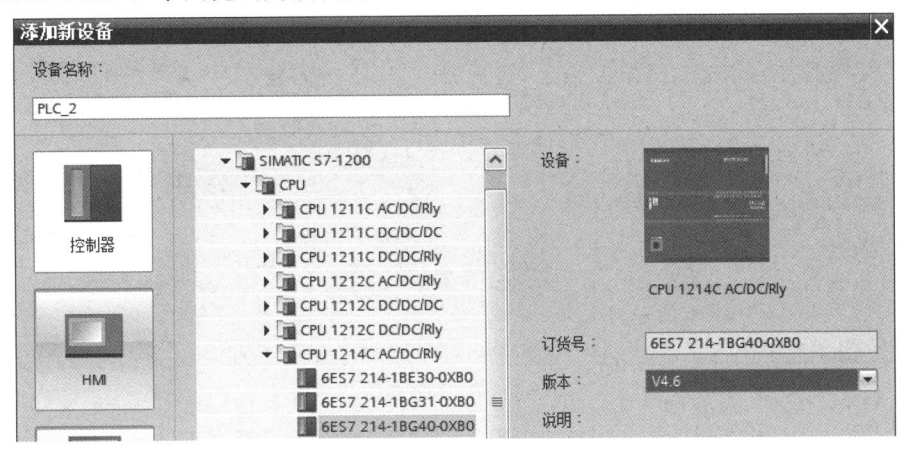

图 2-10 添加 PLC

如果 CPU 的固件版本为 V4.5 或更高，将会出现"PLC 安全设置"对话框，取消勾选其中的"保护 TIA Portal 项目和 PLC 中的 PLC 组态数据安全"复选框。单击"下一步"按钮，"仅支持 PG/PC 和 HMI 的安全通信"复选框被自动勾选。在下一步将访问等级设置为"完全访问权限"，访问 PLC 无需密码。最后单击"完成"按钮，自动打开"设备视图"。选中巡视窗口左边的浏览窗口中的"系统和时钟存储器"，勾选"启用系统存储器"复选框，设置 MB1 为系统存储器字节。

3. 添加 HMI 设备

再次双击项目树中的"添加新设备",打开"添加新设备"对话框(见图 2-11),单击对话框中的"HMI"按钮,不要勾选对话框左下角的"启动设备向导"复选框,不使用 HMI 设备向导。

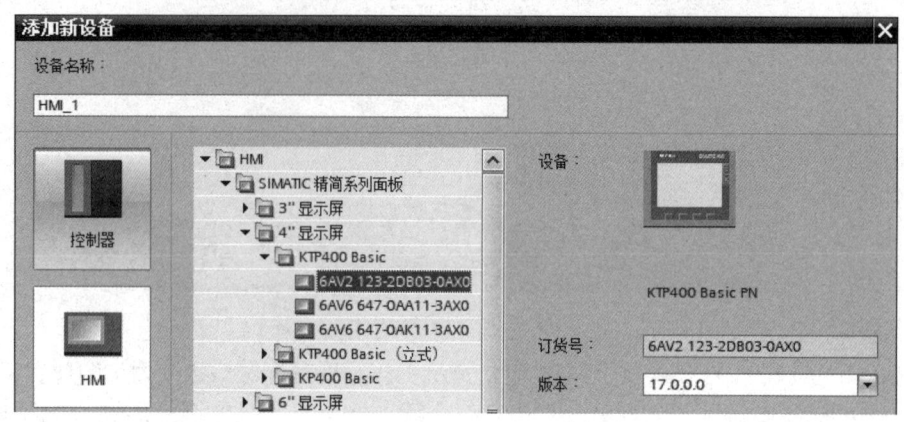

图 2-11 添加 HMI 设备

打开设备列表中的文件夹"HMI\SIMATIC 精简系列面板\4"显示屏\KTP400 Basic",双击其中订货号为 6AV2 123-2DB03-0AX0 的 4in 第二代精简面板 KTP400 Basic PN,版本为 17.0.0.0,生成默认名称为"HMI_1"的精简面板,工作区出现了 HMI 的画面。HMI 默认的 IP 地址为 192.168.0.2,子网掩码为 255.255.255.0。

4. 组态 HMI 连接

生成 PLC 和 HMI 设备后,单击"网络视图"选项卡,打开网络视图,此时还没有图 2-12 中的网络线。单击网络视图左上角的"连接"按钮,采用默认的"HMI 连接"。

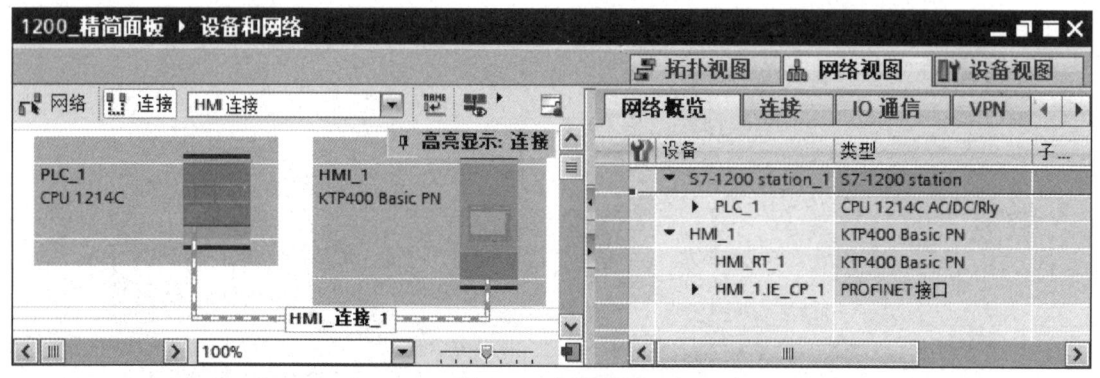

图 2-12 网络视图

单击 PLC 中的以太网接口(绿色小方框),按住鼠标左键,移动鼠标,拖出一条浅色的直线。将它拖到 HMI 的以太网接口,松开鼠标左键,生成图 2-12 中的"HMI_连接_1"和网络线。

单击右边竖条上向左的小三角形按钮◀,将弹出网络概览视图,可以用鼠标移动小三角形按钮所在的网络视图和网络概览视图的分界线。单击该分界线上向右的小三角形按钮▶,网络概览视图将会关闭。单击向左的小三角形按钮◀,网络概览视图将向左扩展,覆盖整个网络视图。

双击项目树"HMI_1"文件夹中的"连接",打开连接编辑器(见图 2-13),第一行的"HMI_连接_1"被选中,连接表下面是连接的详细资料,可以看到 HMI 设备和 PLC 的以太网接口的 IP 地址。

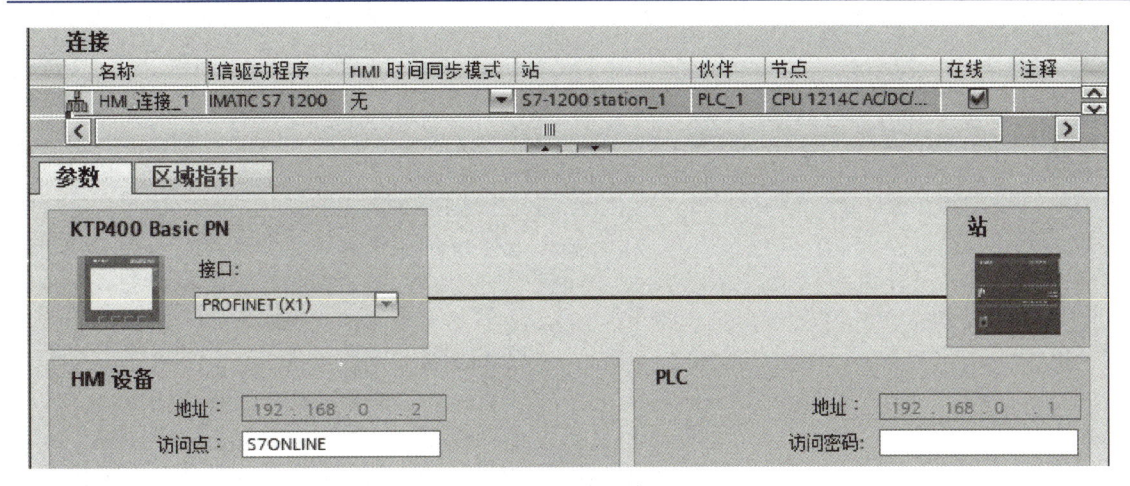

图 2-13 连接编辑器

5．更改设备的型号

如果需要更改设备的型号或版本，用右键单击项目树、设备视图或网络视图中的 CPU 或 HMI，执行快捷菜单中的"更改设备/版本"命令。双击"更改设备"对话框的"新设备"列表中目标设备的订货号，设备型号被更改，"更改设备"对话框自动关闭。

视频"生成项目与组态通信"可通过扫描二维码 2-3 播放。

二维码 2-3

2.2.2 变量与画面的生成与组态

1．HMI 变量的分类

HMI（人机界面）的变量分为外部变量和内部变量，每个变量都有一个符号名，需要设置数据类型。外部变量是 PLC 的存储单元的映像，用于 HMI 设备与 PLC 之间的数据交换，HMI 设备和 PLC 都可以访问外部变量。

HMI 的内部变量存储在 HMI 设备的存储器中，与 PLC 没有连接关系，只有 HMI 设备能访问内部变量。内部变量用于 HMI 设备内部的计算或执行其他任务。内部变量用名称来区分，没有绝对地址。

图 2-14 是项目树的文件夹"PLC_1\PLC 变量"中的"默认变量表"中的部分变量。

图 2-14 PLC 的默认变量表

2．HMI 变量的生成与属性设置

双击项目树的文件夹"HMI_1\HMI 变量"中的"默认变量表"，打开 HMI 变量编辑器（见图 2-15）。单击变量表的"连接"列单元中隐藏的 按钮，可以选择"HMI_连接_1"（HMI 设备与 PLC 的连接）或"内部变量"，本例的 HMI 变量均为来自 PLC 的外部变量。

双击变量表最下面一行的"添加"，将会自动生成一个新的变量，其参数与上一行变量的参数基本相同，其名称和地址参照上面一行按顺序排列。图 2-15 中原来最后一行的变量名称为"起动按钮"，地址为 M2.0，新生成的变量的名称为"起动按钮_1"，地址为 M2.1。

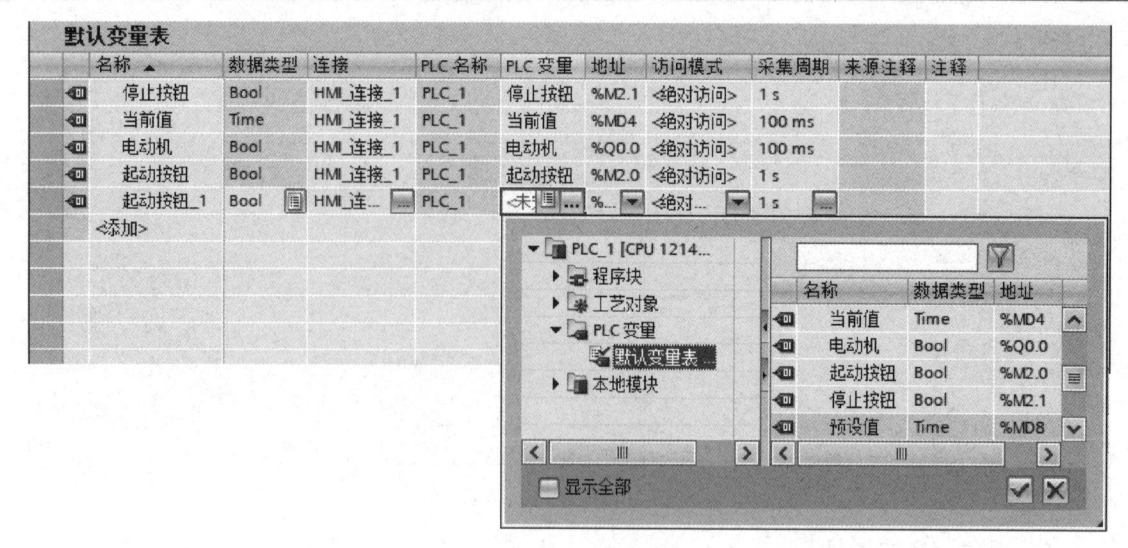

图 2-15 生成 HMI 默认变量表中的变量（一）

单击自动生成的变量的"PLC 变量"列右边的…按钮，选中弹出的对话框（见图 2-15 下面的小图）左边窗口的"PLC 变量"文件夹中的"默认变量表"，双击右边窗口中的"预设值"，该变量出现在 HMI 的默认变量表中。

单击新行的某个单元，选中该行，单击工具栏上的"与 PLC 变量进行同步"按钮，采用弹出对话框中的默认设置，单击"同步"按钮，确认后该行最左边的"名称"列被同步为 PLC 变量表中的"预设值"。

默认的采集周期为 1s，为了减少画面中的对象的动态变化延迟时间，将变量"电动机"和"当前值"的采集周期设置为 100ms。

单击图 2-15 的"PLC 变量"列出现的按钮，将会出现图 2-16 中 PLC_1 的默认变量表中的简要变量列表，双击其中的某个变量，该变量将出现在 HMI 的变量表中。

图 2-16 生成 HMI 默认变量表中的变量（二）

在组态画面中的对象（例如按钮）时，如果使用了 PLC 的变量表中的某个变量（例如"停止按钮"），该变量将会自动添加到 HMI 的变量表中。用这样的方法生成 HMI 变量表中的变量，可以节约大量的时间。

3．画面的基本概念

人机界面用画面中可视化的画面元件来反映实际的工业生产过程，也可以用它们来修改工业现场的过程设定值。

画面由静态元件和动态元件组成。静态元件（例如文本或图形对象）用于静态显示，在运行时它的状态不会变化，不需要 PLC 的变量与它连接，它不能由 PLC 更新。

动态元件的状态受变量的控制，需要设置与它连接的 PLC 变量，用图形、字符、趋势图和棒图等画面元件来显示 PLC 或 HMI 设备存储器中的变量的当前状态或当前值。PLC 和 HMI

设备通过变量和动态元件显示过程值，操作员通过变量和动态元件输入数据。

4．组态画面

生成 HMI 设备后，在"画面"文件夹中自动生成一个名为"画面_1"的画面。用鼠标右键单击项目树中的该画面，执行快捷菜单中的"重命名"命令，将该画面的名称修改为"根画面"。双击它打开画面编辑器。

打开画面后，单击图 2-4 工作区下面的"100%"右边的▼按钮，打开显示比例（25%～400%）下拉列表，可以改变画面的显示比例。也可以用该按钮右边的滑块快速设置画面的显示比例。单击画面工具栏最右边的"放大所选区域"按钮，按住鼠标左键，在画面中绘制一个虚线方框。松开鼠标左键，方框所围的区域被缩放到恰好能放入工作区的大小。

单击选中工作区中的画面后，再选中巡视窗口的"属性>属性>常规"（见图 2-17），可以在巡视窗口右边的窗口中设置画面的名称、编号等参数。单击"背景颜色"选择框的▼按钮，用出现的颜色列表设置画面的背景色为白色。

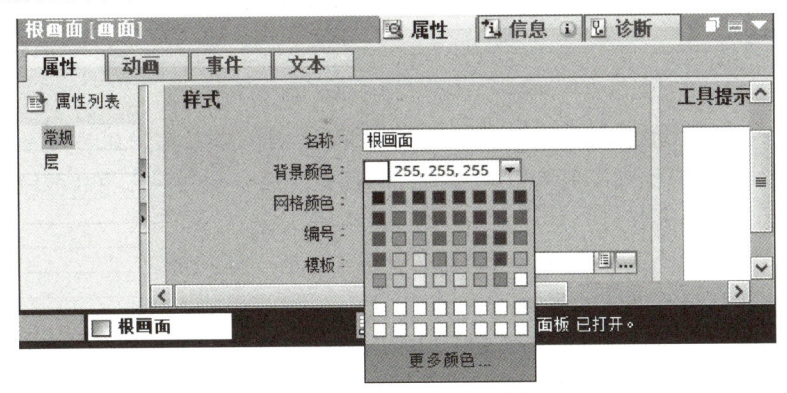

图 2-17 组态画面的常规属性

2.2.3 组态指示灯与按钮

1．生成和组态指示灯

指示灯（见图 2-4）用来显示 Bool 变量"电动机"的状态。将工具箱的"基本对象"窗格中的"圆"拖拽到画面中希望的位置，作为指示灯。用前面介绍的鼠标的使用方法，调节圆的位置和大小。选中生成的圆，它的四周出现 8 个控点。选中画面下面的巡视窗口的"属性>属性>外观"（见图 2-18 上面的图），设置圆的背景色为深绿色，填充图案为默认的实心。圆的边框为默认的黑色，样式为默认的实心，宽度为 3 个像素点，边框的宽度与圆的大小有关。

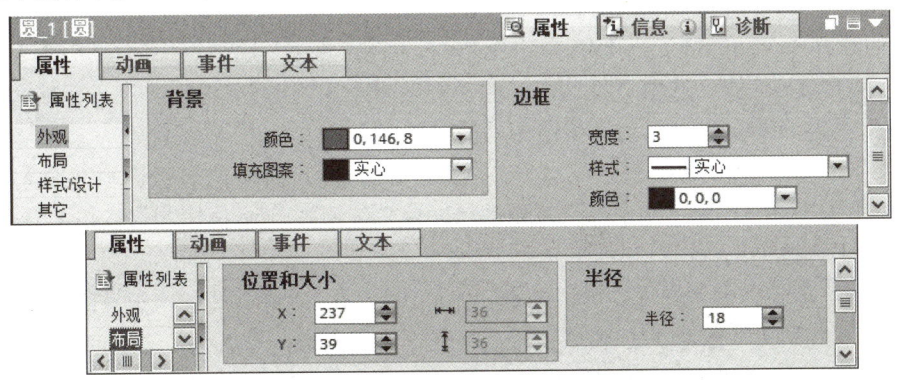

图 2-18 组态指示灯的外观和布局属性

一般在画面中可以直接用鼠标设置画面元件的位置和大小。选中巡视窗口的"属性 > 属性 > 布局"（见图2-18下面的图），可以微调圆的坐标位置和半径。

打开巡视窗口的"属性 > 动画 > 显示"文件夹，双击其中的"添加新动画"，再双击出现的"添加动画"对话框中的"外观"，选中图2-19左边窗口中出现的"外观"，在右边窗口组态外观的动画功能。

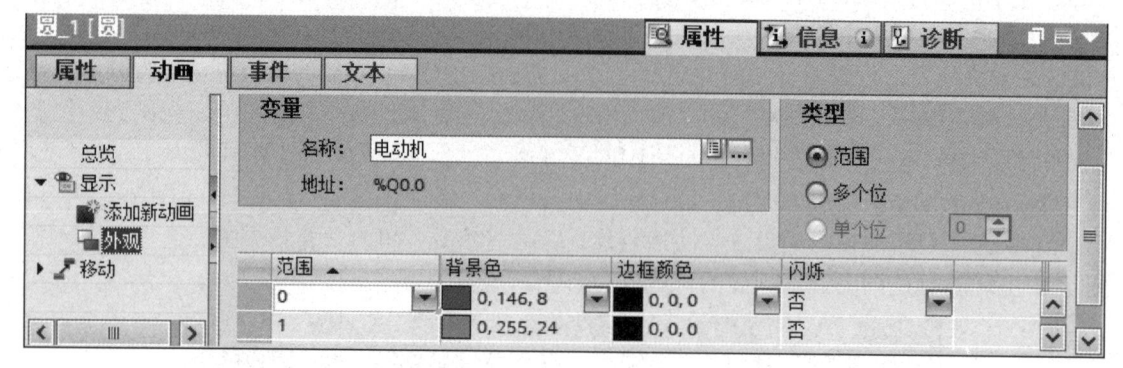

图 2-19　组态指示灯的动画功能

设置圆连接的 PLC 的变量为位变量"电动机"（Q0.0），变量的类型为"范围"，其"范围"值为 0 和 1 时，圆的背景色分别为深绿色和浅绿色，对应于指示灯的熄灭和点亮。设置指示灯没有闪烁功能。

二维码 2-4　　　视频"组态指示灯"可通过扫描二维码 2-4 播放。

2. 生成按钮与组态按钮的属性

画面中的按钮的功能比接在 PLC 输入端的物理按钮的功能强大得多，按钮用来将各种操作命令发送给 PLC，通过 PLC 的用户程序来控制生产过程。

将工具箱的"元素"窗格中的"按钮"拖拽到画面中，松开鼠标左键，按钮被放置在画面中。自动生成的字符"Text"被选中，将它修改为"起动"。选中整个按钮，用鼠标调节按钮的位置和大小。

单击选中按钮，选中巡视窗口的"属性 > 属性 > 常规"，图 2-20 的"标签"选项组有两个单选按钮。"模式"选项组和"标签"选项组的"文本"单选按钮被自动选中，按钮未按下时显示的文本为"起动"。

如果勾选了图 2-20 的"按钮'按下'时显示的文本"复选框，可以分别设置未按下时和按下时显示的文本。如果未勾选该复选框，按下和未按下时按钮上显示的文本相同，一般采用默认的设置，即不勾选该复选框。

KTP400 有 4 个功能键 F1~F4，单击图 2-20 上图"热键"选项组中的▼按钮，再单击弹出的对话框中的▼按钮，选中下拉列表中的功能键 F2，单击☑按钮确认。运行时标有 F2 的功能键（即热键）具有和"起动"按钮相同的功能。

选中巡视窗口的"属性 > 属性 > 外观"（见图 2-20 的下图），将背景的填充图案改为"实心"。分别单击"背景"和"文本"选项组的"颜色"选择框的▼按钮，将按钮的背景色改为浅灰色，文本色改为黑色。

"边框"选项组中的"样式"可以选择"实心""双线""3D 样式"，边框的"宽度"以像素为单位。边框样式设置为"3D 样式"时，可以想象光线来自左上角，设置迎光面的"颜色"为白色，背光面的"背景色"为黑色（见图 2-4 中的按钮）。边框样式设置为"双线"时，"背景色"为边框的两根线之间的区域的颜色。

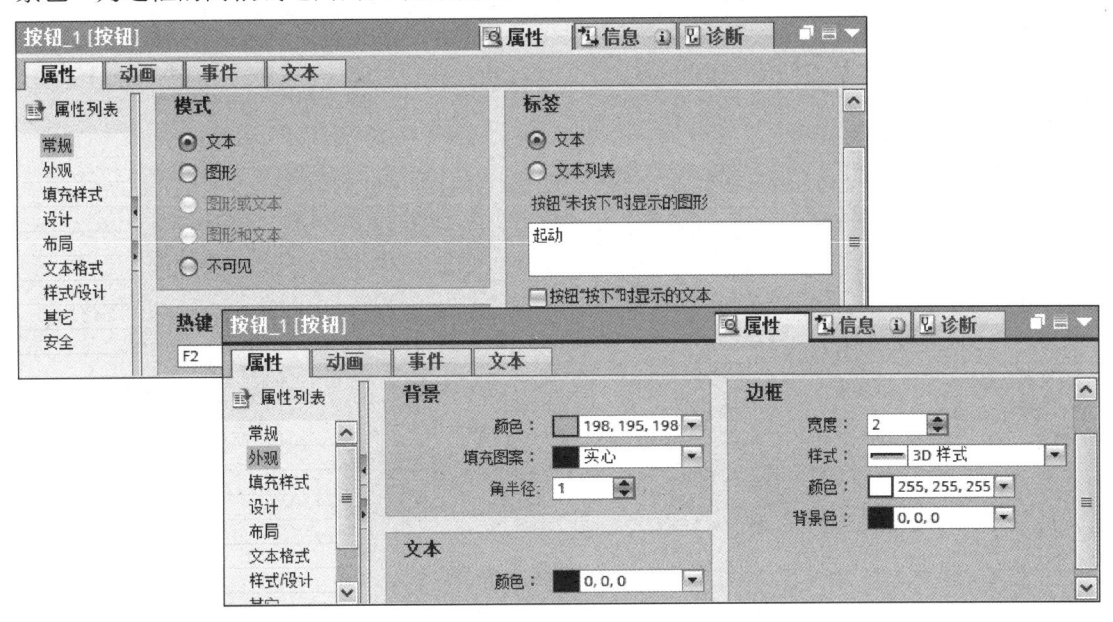

图 2-20 组态按钮的常规属性和外观属性

单击巡视窗口的"属性 > 属性 > 填充样式",在图 2-21 中,选中了"背景设置"选项组中的"垂直梯度"单选按钮,在"梯度"选项组中勾选复选框"梯度 1"和"梯度 2",可以设置背景色、梯度 1 和梯度 2(两个过渡区域)的颜色和宽度。梯度显示的效果见图 2-21 右边的小图。此时在图 2-20 的下图中可以看到填充图案变为"垂直梯度"。

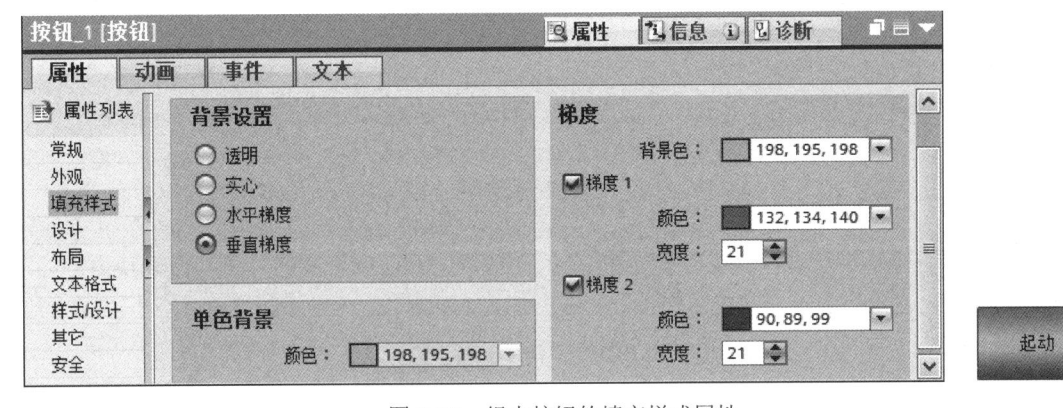

图 2-21 组态按钮的填充样式属性

在运行时如果单击"起动"按钮,它成为"焦点",它内部靠近边框的四周出现一个方框(见图 2-22 右边的小图)。选中巡视窗口的"属性 > 属性 > 设计",可以设置"焦点"的颜色和以像素点为单位的宽度,一般采用默认的设置。

图 2-22 组态按钮的设计属性

29

选中巡视窗口的"属性 > 属性 > 布局"（见图2-23），可以用"位置和大小"选项组的数值框微调按钮的位置和大小。如果选中"使对象适合内容"复选框，将根据按钮上文本的字数和字体大小自动调整按钮的大小（见图2-23右边的小图）。建议此时将四周的"文本边距"设置为相等的值。

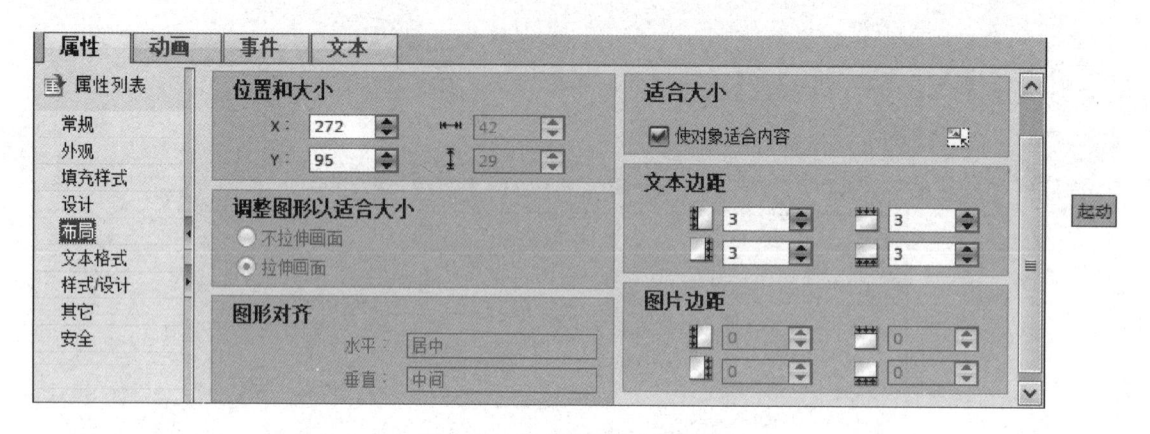

图2-23 组态按钮的布局属性

选中巡视窗口的"属性 > 属性 > 文本格式"（见图2-24），单击"字体"选择框右边的…按钮，打开"字体"对话框，可以定义以像素（px）为单位的文字的大小。字体为宋体，不能更改。字形设置为正常（不是默认的粗体）。一般按图2-24设置对齐方式。

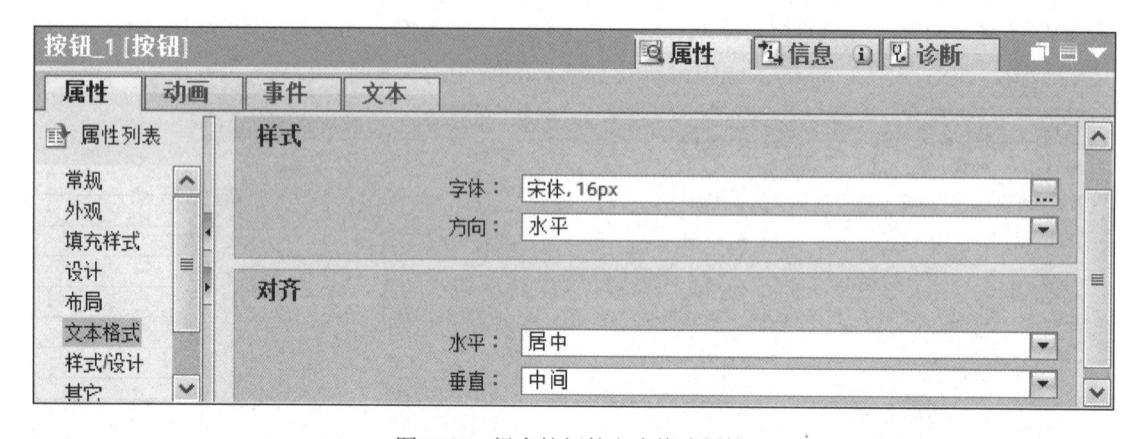

图2-24 组态按钮的文本格式属性

选中巡视窗口的"属性 > 属性 > 其它"，可以修改按钮的名称，设置对象所在的"层"，一般使用默认的第0层。

3. 设置按钮的事件功能

选中巡视窗口的"属性 > 事件 > 释放"（见图2-25），单击右边窗口的表格最上面一行的"添加函数"，再单击该行右侧出现的▼按钮，双击出现的"系统函数"列表的"编辑位"文件夹中的函数"复位位"。

单击表中第2行，再单击右侧出现的…按钮，打开弹出对话框左边的PLC默认变量表，双击该表中的变量"起动按钮"（见图2-26）。在HMI运行时按下该按钮，将变量"起动按钮"复位为0。

图 2-25 组态按钮释放时执行的函数

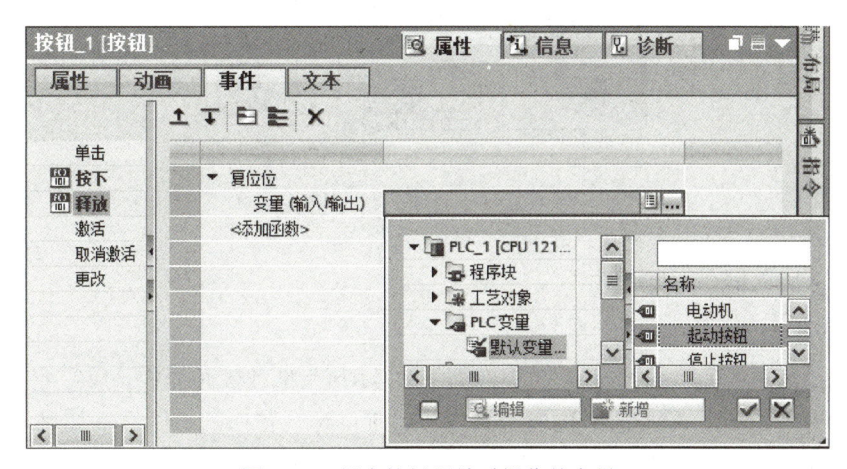

图 2-26 组态按钮释放时操作的变量

选中巡视窗口的"属性 > 事件 > 按下",用同样的方法设置在 HMI 运行时按下该按钮,执行系统函数"置位位",将变量"起动按钮"置位为 1。该按钮具有点动按钮的功能,按下按钮时变量"起动按钮"被置位,放开按钮时它被复位。

选中组态好的按钮,执行复制和粘贴操作。放置好新生成的按钮后选中它,设置其文本为"停车",按下该按钮时将变量"停止按钮"置位,释放该按钮时将它复位。

视频"组态按钮"可通过扫描二维码 2-5 播放。

4. 组态图形格式的按钮

除了前面介绍的用文本来标识按钮,也可以用图形来标识按钮。生成一个新的按钮,选中按钮的巡视窗口的"属性 > 属性 > 常规"(见图 2-27),将按钮的模式设置为"图形",在"图形"选项组中设置按钮显示的图形为"Home"。选中巡视窗口左边浏览窗口的"外观"(见图 2-20),设置"背景"的"填充图案"为"实心",背景颜色为白色。

二维码 2-5

图 2-28a 中的按钮在图 2-23 的布局属性中设置为"不拉伸画面","对齐"方式为水平方向居左、垂直方向在中间。图 2-28b 方框中的按钮在布局属性中设置为"拉伸画面"。上述两个图四周的边距均为 0 像素。图 2-28c 方框中的按钮在布局属性中设置为"不拉伸画面""使对象适合内容",图片右边距和下边距为 8 像素,左边距和上边距为 0 像素。

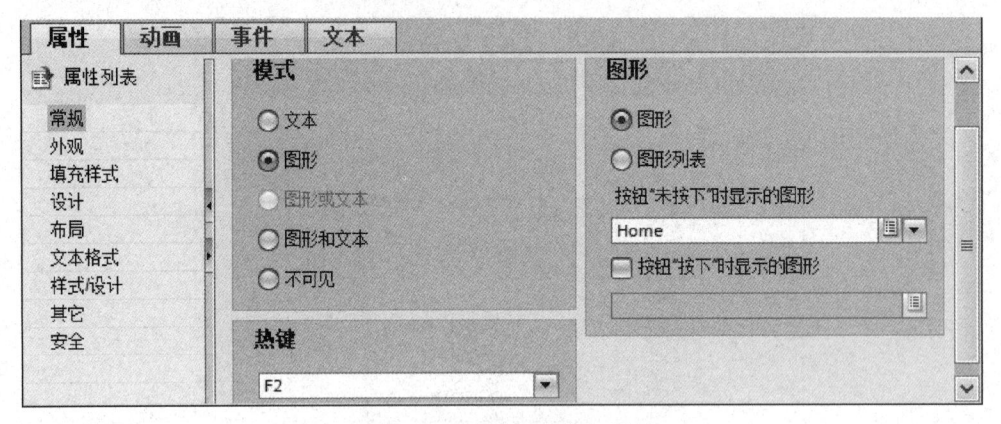

图 2-27 组态按钮的常规属性

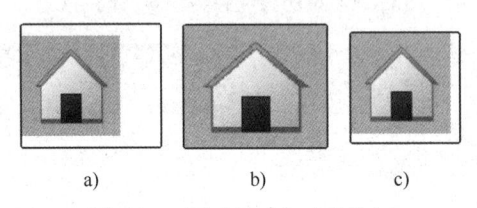

图 2-28 图形显示方式的按钮

2.2.4 组态文本域与 I/O 域

1. 生成与组态文本域

将图 2-4 的工具箱"基本对象"窗格中的"文本域"拖拽到画面中，放置到适当的位置，默认的文本为"Text"。单击选中生成的文本域，选中巡视窗口的"属性 > 属性 > 常规"，在右边窗口名为"文本"的文本框中键入"当前值"。也可以直接在画面中键入文本域的文本。可以在图 2-29 中设置字体及大小，勾选"使对象适合内容"复选框。也可以分别在文本格式和布局属性中设置这些属性。

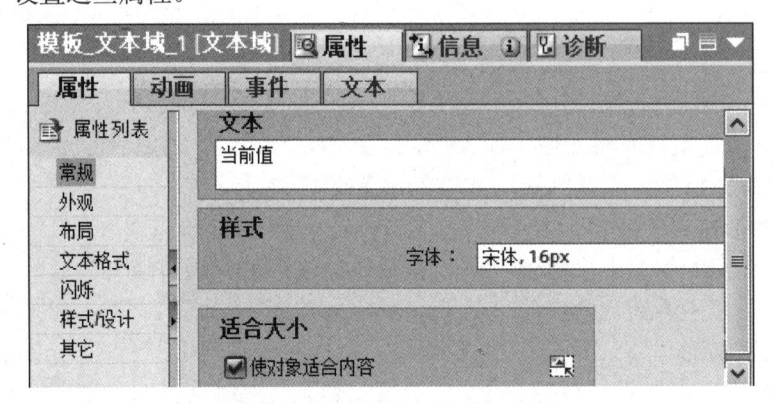

图 2-29 组态文本域的常规属性

外观属性中的参数与按钮的差不多（见图 2-20 的下图），设置其填充图案为实心，背景颜色为浅蓝色，文本颜色为黑色。边框的宽度为 0（没有边框），此时边框的样式没有什么意义。

在图 2-30 中设置布局属性，四周的边距均为 3 像素，勾选"使对象适合内容"复选框。文本格式属性与图 2-24 相同，字形为"正常"，字体大小为 13 像素。

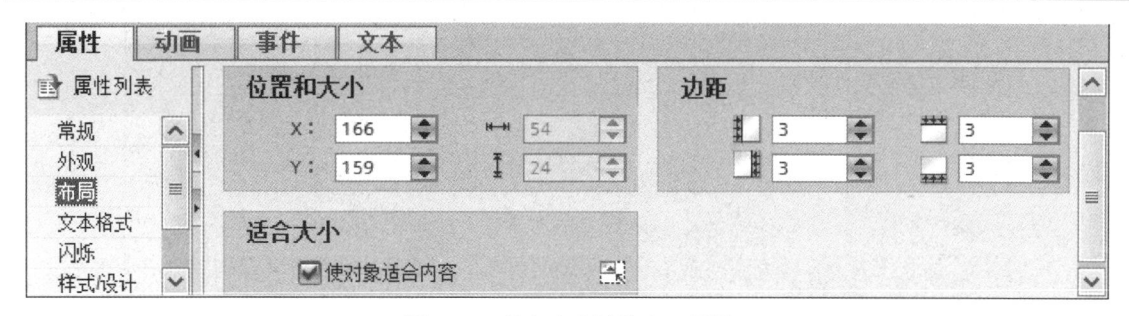

图 2-30 组态文本域的布局属性

选中巡视窗口的"属性 > 属性 > 闪烁",类型为默认的"已禁用",即没有闪烁功能。

选中画面中的文本域,执行复制和粘贴操作。放置好新生成的文本域后选中它,设置其文本为"预设值",背景色为白色,其他属性不变。

2. 生成与组态 I/O 域

I 是输入(Input)的简写,O 是输出(Output)的简写。输入域与输出域统称为 I/O 域。有 3 种模式的 I/O 域。

1)输出域:用于显示 PLC 的变量的数值。

2)输入域:用于操作员键入数字或字母,并用指定的 PLC 的变量保存它的值。

3)输入/输出域:同时具有输入域和输出域的功能,操作员用它来修改 PLC 中变量的数值,并用它显示该变量的数值。

将图 2-4 的工具箱"元素"窗格中的"I/O 域"拖拽到画面中文本域"当前值"的右边,选中生成的 I/O 域。选中巡视窗口的"属性 > 属性 > 常规"(见图 2-31),用"模式"选择框设置 I/O 域为"输出",连接的过程变量为"当前值"。该变量的数据类型为"Time",是以 ms 为单位的双整数时间值。在"格式"选项组中,采用默认的显示格式"十进制",设置格式样式为有符号数"s9999999"(需要手工添一个 9),移动小数点为 3。小数点也占一位,因此实际的显示格式为"+000.000",其中的"+"是符号位。

图 2-31 组态 I/O 域的常规属性

与按钮相比,I/O 域的"外观"视图的"文本"选项组中增加了"单位"文本框(见图 2-32),在其中输入"s"(秒),画面中 I/O 域的显示格式为"+000.000s"(见图 2-4),"当前值"的时间单位为 s,设置背景色为浅灰色。

选中左边窗口的"布局",设置四周的边距均为 3 像素,勾选"使对象适合内容"复选框。选中左边窗口的"文本格式",设置字形为"正常",字体大小为 16 像素。

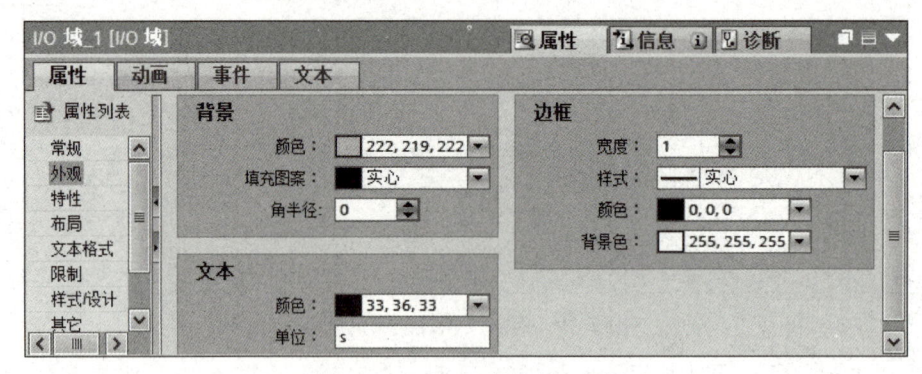

图 2-32 组态 I/O 域的外观属性

选中巡视窗口的"属性 > 属性 > 限制"（见图 2-33），采用默认的设置，连接的变量的值超出上限和低于下限时，运行系统中对象的颜色分别为红色和黄色。

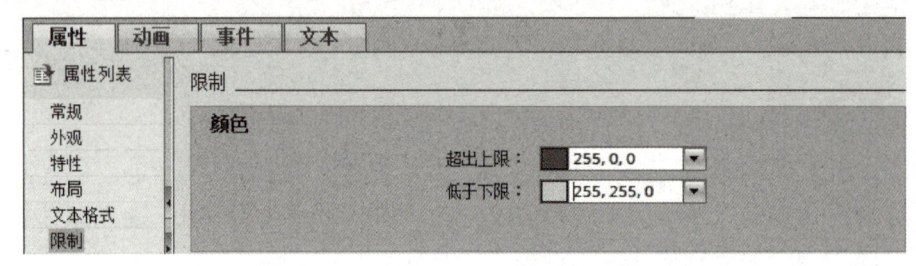

图 2-33 组态 I/O 域的限制属性

选中画面中的 I/O 域，执行复制和粘贴操作。放置好新生成的 I/O 域后选中它，单击巡视窗口的"属性 > 属性 > 常规"，设置其模式为"输入/输出"，连接的过程变量为"预设值"，变量的数据类型为"Time"，其他属性与前一个 I/O 域的属性基本相同（见图 2-4），背景色为白色。

二维码 2-6　　视频"组态文本域和 IO 域"可通过扫描二维码 2-6 播放。

2.3　HMI 的仿真运行

2.3.1　HMI 仿真调试的方法

HMI 的运行系统（Runtime）用来在计算机上运行用 WinCC 的工程系统组态的项目，并查看进程。运行系统还可以用来在计算机上测试和模拟 HMI 的功能。

如果在标准 PC（个人计算机）或 Panel PC（面板式 PC）上安装了运行系统的高级版和面板，需要授权才能无限制地使用。如果没有授权，运行系统高级版和面板将以演示模式运行。如果在 PC 上运行，许可证包含在运行系统高级版和面板软件包内。如果在 Panel PC 上运行，运行系统高级版和面板的许可证随设备一起提供。

在编程计算机上安装了"仿真/运行系统"组件后，在没有 HMI 设备的情况下，可以用 HMI 的运行系统来模拟 HMI 设备，用它来测试项目，调试已组态的 HMI 设备的功能。模拟调试也是学习 HMI 设备的组态方法和提高动手能力的重要途径。

有下列几种仿真调试的方法。

1. 使用变量仿真器仿真

如果要仿真的 HMI 的功能与 PLC 的程序无关，可以用变量仿真器来检查人机界面的部分功能。这种仿真不用运行 PLC 的程序，不需要任何硬件。仿真器中的 HMI 变量可以设置为按增量、正弦等规律变化。可以通过仿真器中的全局变量实现 HMI 与 PLC 之间的数据交换，例如用仿真器来改变输出域显示的变量的值或指示灯显示的位变量的状态，或者用仿真器读取来自输入域的变量的值和按钮控制的位变量的状态。本书有的项目仅供教学使用，HMI 的功能与 PLC 的程序无关，可以用变量仿真器来模拟 HMI 的全部功能。

2. 使用 S7-PLCSIM 和 HMI 运行系统的集成仿真

西门子的 HMI 主要与 S7-300/400/1200/1500 配合使用，由于它们的价格较高，初学者编写出 PLC 的程序和组态好 HMI 的项目后，往往没有条件用硬件来做实验。

如果将 PLC 和 HMI 集成在 TIA 博途的同一个项目中，可以用 HMI 的运行系统对 HMI 设备仿真，用 PLC 的仿真软件 S7-PLCSIM 对 S7-300/400/1200/1500 PLC 仿真。同时还可以对被仿真的 HMI 和 PLC 之间的通信和数据交换进行仿真。这种仿真不需要 HMI 设备和 PLC 的硬件，只用计算机也能很好地模拟 PLC 和 HMI 设备组成的实际控制系统的功能。

3. 连接硬件 PLC 的仿真

如果没有 HMI 设备，但是有硬件 PLC，可以在建立起计算机和 S7 PLC 通信连接的情况下，用计算机模拟 HMI 设备的功能。这种仿真可以减少调试时刷新 HMI 设备的闪存的次数，节约调试时间。仿真的效果与实际系统基本相同。连接硬件 PLC 进行仿真也是学习 HMI 的组态和调试的一种很好的方法。

4. 使用脚本调试器的仿真

可以用脚本调试器测试运行系统中的脚本，以查找用户定义的 VB 函数的编程错误。

2.3.2 使用变量仿真器的仿真

1. 启动仿真器

在模拟项目之前，首先应创建、保存和编译项目。单击选中项目树中的"HMI_1"，执行菜单命令"在线"→"仿真"→"使用变量仿真器"，启动变量仿真器（见图 2-34）。如果启动仿真器之前没有预先编译项目，则自动启动编译。编译出现错误时，在巡视窗口中会有文字显示错误内容。应及时改正错误，编译成功后，才能进行仿真。

变量	数据类型	当前值	格式	写周期(s)	模拟	设置数值	最小值	最大值	周期	开始
电动机	BOOL	0	十进制	1.0	<显示>		0	1		
起动按钮	BOOL	0	十进制	1.0	<显示>		0	1		✓
停止按钮	BOOL	0	十进制	1.0	<显示>		0	1		✓
当前值	LONG	21500	十进制	1.0	<显示>	21500	-2147483648	2147483647		
预设值	LONG	15300	十进制	1.0	<显示>		-2147483648	2147483647		✓

图 2-34 变量仿真器

编译成功后，将会出现仿真器和显示初始画面的仿真面板（见图 2-35）。调整它们的位置和大小，保证能同时看到它们。

2. 生成需要监控的变量

单击仿真器第一行的"变量"列右边隐藏的按钮，选中出现的 HMI 默认变量表中某个要监控的变量，该变量出现在仿真器的第一行中。用同样的方法生成其他要监控的变量。

3. 在仿真器中设置变量的参数

变量的名称和数据类型是变量本身固有的，其他参数是仿真器自动生成的。白色背景的参数可以修改，例如"格式"、"写周期"（最小值为 1s）、"模拟"和"设置数值"。对于位变量，"模拟"模式可选"显示"和"随机"，其他数据类型的变量还可以选"sine"（正弦）、"增量"、"减量"和"移位"。灰色背景的参数不能修改，例如图 2-34 中的"最小值"和"最大值"。"模拟"列设置为"正弦""增量""减量"时，用"写周期（s）"列设置以秒为单位的变量的变化周期。可以将"当前值"列视为 PLC 中的数据。

4. 用仿真器检查按钮的功能

勾选变量"起动按钮"和"停止按钮"的"开始"列的复选框，激活对它们的监视功能。用鼠标单击图 2-35 画面中的起动按钮或停车按钮，可以看到按下按钮时仿真器中对应的变量的当前值为 1，放开按钮时当前值为 0。

如果没有勾选"开始"列的复选框，用鼠标单击图 2-35 中的起动按钮或停车按钮时，这两个变量的当前值不会变化。

5. 用仿真器检查指示灯的功能

用图 2-34 的仿真器中的变量"电动机"的"设置数值"列分别设置该变量的值为 1 和 0，按计算机的〈Enter〉键确认后，设置的数值被写入"当前值"列，可以看到画面中的指示灯点亮和熄灭。

6. 用仿真器检查输出域的功能

在仿真器的变量"当前值"的"设置数值"列输入常数 21500（单位为 ms），按计算机的〈Enter〉键确认后，仿真器中该变量的"当前值"列显示 21500，画面中的输出域显示"+21.500s"（见图 2-35）。

7. 用仿真器检查输入/输出域的功能

单击画面中的输入/输出域，画面中出现一个数字键盘（见图 2-36）。其中的〈Esc〉是取消键，单击它以后数字键盘消失，退出输入过程，输入的数字无效。← 是退格键，与计算机键盘上的〈Backspace〉键的功能相同，单击该键，将删除光标左侧的数字。← 和 → 分别是光标左移键和光标右移键。〈Home〉键和〈End〉键分别使光标移动到输入数字的最前面和最后面，〈Del〉是删除键。单击 ⊗ 键清除显示的数字，单击 ✕ 键关闭键盘。↵ 是确认（回车）键，单击它使输入的数字有效（被确认），将在输入/输出域中显示，同时关闭键盘。

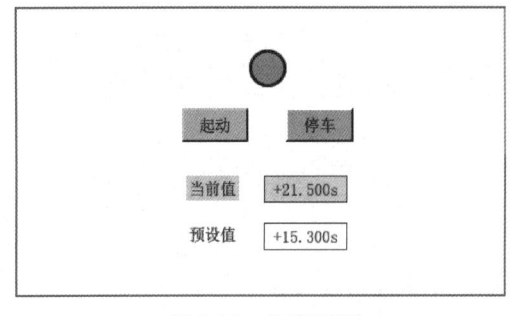

图 2-35 仿真面板

图 2-36 HMI 的数字键盘

为了在仿真器中监控仿真面板设置的变量"预设值"的值，勾选它的"开始"列的复选框（见图 2-34）。单击画面中的输入/输出域，用弹出的小键盘输入以秒为单位的数据 15.3，画面中的预设值输入/输出域显示"+15.300s",在仿真器的变量"预设值"的"当前值"列出现15300(ms)。

单击仿真器工具栏上的"保存"按钮,在打开的"另存为"对话框中,设置保存仿真数据的文件名称为"1200_精简面板",采用默认的路径。以后打开仿真器,单击工具栏上的"打开"按钮,即可打开保存仿真数据的文件,保存的仿真数据出现在仿真器中,不用每次重复输入仿真器的参数。

视频"使用变量仿真器仿真"可通过扫描二维码2-7播放。

二维码2-7

2.3.3 PLC与HMI的集成仿真

1. 集成仿真的准备工作

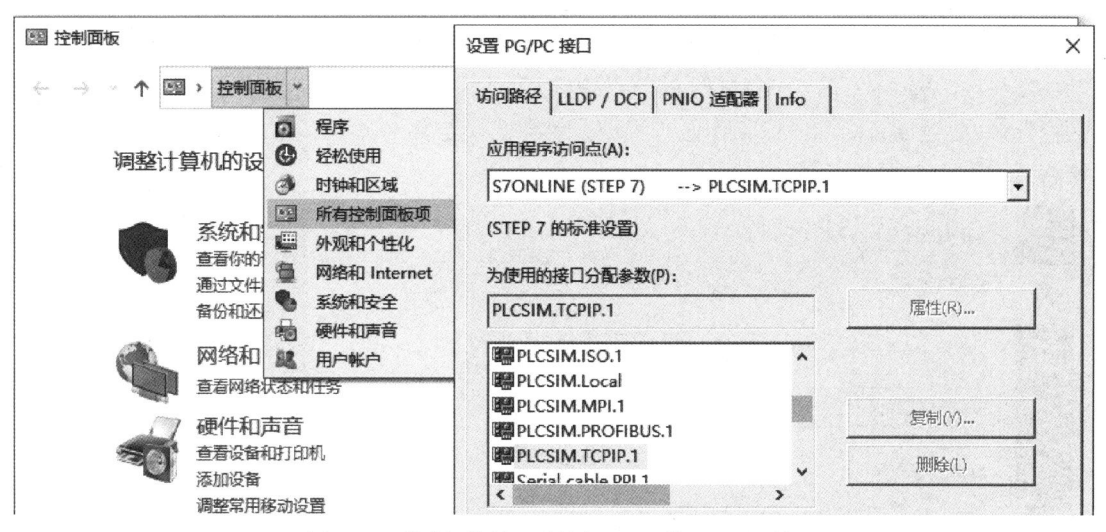

计算机的操作系统为Windows 10,单击屏幕左下角的"开始"按钮■,再单击"设置"按钮■。在"Windows 设置"窗口中搜索"控制面板",按两次计算机的〈Enter〉键,打开控制面板(见图2-37的左图),打开窗口上面的下拉列表,选中"所有控制面板项",切换到"所有控制面板项"显示方式。单击视图下面的"设置PG/PC接口(32位)"图标,打开"设置PG/PC接口"对话框(见图2-37的右图)。单击选中"为使用的接口分配参数"列表框中的"PLCSIM.TCPIP.1",设置"应用程序访问点"为"S7ONLINE (STEP 7) →PLCSIM.TCPIP.1",单击"确定"按钮确认。

图2-37 控制面板与"设置PG/PC接口"对话框

2. S7-1200的程序简介

打开配套资源中的例程"1200_精简面板",PLC为CPU 1214C,HMI为KTP400 Basic PN。

图2-38是PLC_1的主程序OB1,组态CPU属性时,设置MB1为系统存储器字节,首次扫描时FirstScan(M1.0)的常开触点接通,MOVE指令将变量"预设值"(MD8)的初始值设置为10s。起动按钮和停止按钮信号来自画面中对应的按钮,它们用来控制变量"电动机"。

接通延时定时器TON实际上是函数块,TON方框上面的"T1"是该函数块的背景数据块的符号名称。PLC进入RUN模式时,TON的IN输入端为1,定时器的当前值从0开始不断增大。其当前值等于预设值时,其Q输出"T1".Q(背景数据块T1中的变量)变为1。"T1".Q的常闭触点断开,定时器被复位。复位后"T1".Q变为0,其常闭触点接通,定时器又开始定时。定时器和"T1".Q 的常闭触点组成了一个锯齿波发生器，其当前值在 0 到其预设时间值 PT 之间不断地周期性变化。

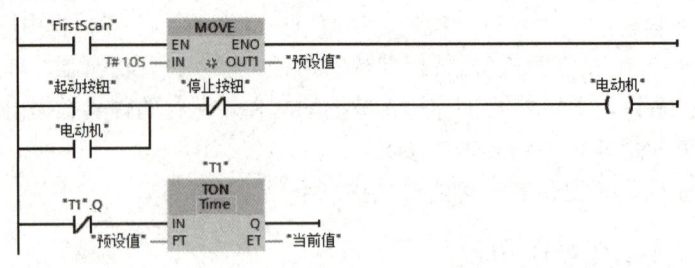

图 2-38　OB1 中的程序

变量"预设值"和"当前值"的数据类型为 Time，在 HMI 的 I/O 域中被视为以 ms 为单位的双整数。为了减少画面中变量的延迟时间，在 HMI 的默认变量表中设置变量"电动机"和"当前值"的采集周期为 100ms。其他变量的采集周期为默认的 1s。

3. 基于 S7-PLCSIM V18 的 PLC 仿真

与老版本的 PLC 仿真软件 S7-PLCSIM 相比，S7-PLCSIM V18 的功能和操作方法有较大的变化。使用 S7-PLCSIM V18 之前，应右键单击项目名称，选中快捷菜单中的"属性"，在打开的属性对话框的"保护"选项卡中勾选"块编译时支持仿真"复选框。如果没有勾选该复选框，启动仿真时将会出现提醒用户的对话框。

用 TIA 博途打开项目"1200_精简面板"，选中项目树中的 PLC_1，单击工具栏上的"启动仿真"按钮，S7-PLCSIM V18 的首页被打开（见图 2-39），自动生成了名为"1200_精简面板"（与博途项目同名）的工作区，工作区包含一个仿真 PLC 实例。S7-PLCSIM 的帮助系统将工作区称为工作空间。

图 2-39　S7-PLCSIM V18 的首页

单击 S7-PLCSIM V18 左边的按钮，切换到实例视图（见图 2-40）。通信模式"PLCSIM Softbus（仅限内部）"被自动选中。可以看到自动生成的 S7-1200 的仿真 PLC 实例方框"STEP 7 Instance_1"，其右上角的电源按钮为绿色，表示仿真 PLC 已上电。实例方框左上角上面黄色背景的"STOP"表示 PLC 处于 STOP 模式。单击视图右边的"实时实例"选项卡，可以看到当前工作区中的实时实例的状态为"已开启"。

图 2-40 S7-PLCSIM V18 的实例视图

返回 TIA 博途，出现"扩展下载到设备"对话框，按图 2-41 设置好"接口/子网的连接"。单击"开始搜索"按钮，"选择目标设备"列表中显示出搜索到的仿真 CPU 设备及其以太网接口的 IP 地址。

图 2-41 "扩展下载到设备"对话框

单击"下载"按钮，再单击"与设备建立连接"对话框中的"连接"按钮（见图 2-42），单击"下载预览"对话框（见图 2-43）中的"装载"按钮，在"下载结果"对话框的"动作"列中设置"启动模块"，单击"完成"按钮。下载完成后，S7-PLCSIM V18 中的仿真实例处于 RUN 模式。也可以用仿真实例方框中的两个按钮切换它的运行模式。

单击"下载"按钮后，如果出现"装载到设备前的软件同步"对话框，单击"在不同步的情况下继续"按钮，出现"下载预览"对话框，完成下载操作。

单击 S7-PLCSIM V18 左边的 按钮，切换到仿真视图（见图 2-44）。单击"库"选项卡中的"SIM 表格"区的 按钮，生成一个 SIM 表（即仿真表）。最多可以添加 8 个 SIM 表。程序下载完成后，打开"变量"选项卡，勾选"实例"下面的复选框，就绑定了 SIM 表可访问的 PLC 实例，选项卡下面出现该实例中的变量。通过"区域"下面隐藏的"Input""Output" "Memory""DB"复选框，可以筛选要显示的变量。

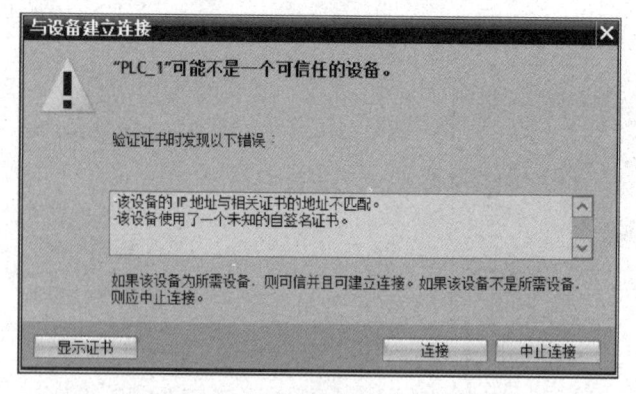

图 2-42 "与设备建立连接"对话框

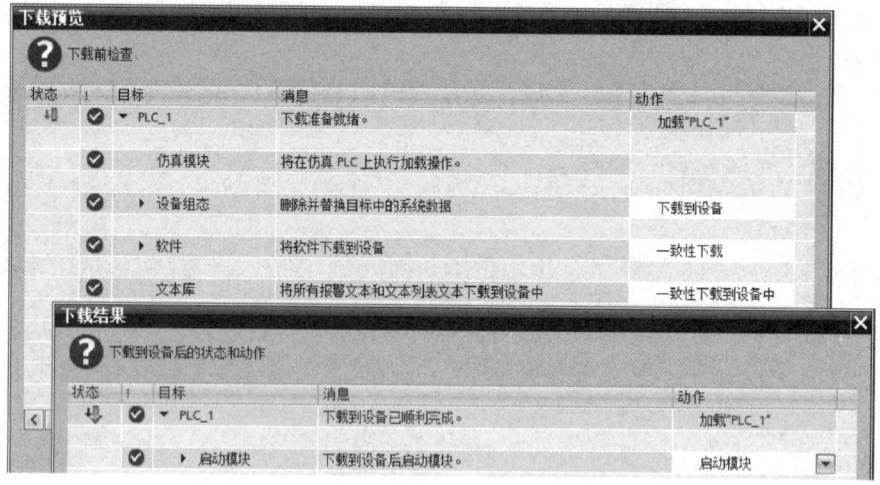

图 2-43 "下载预览"和"下载结果"对话框

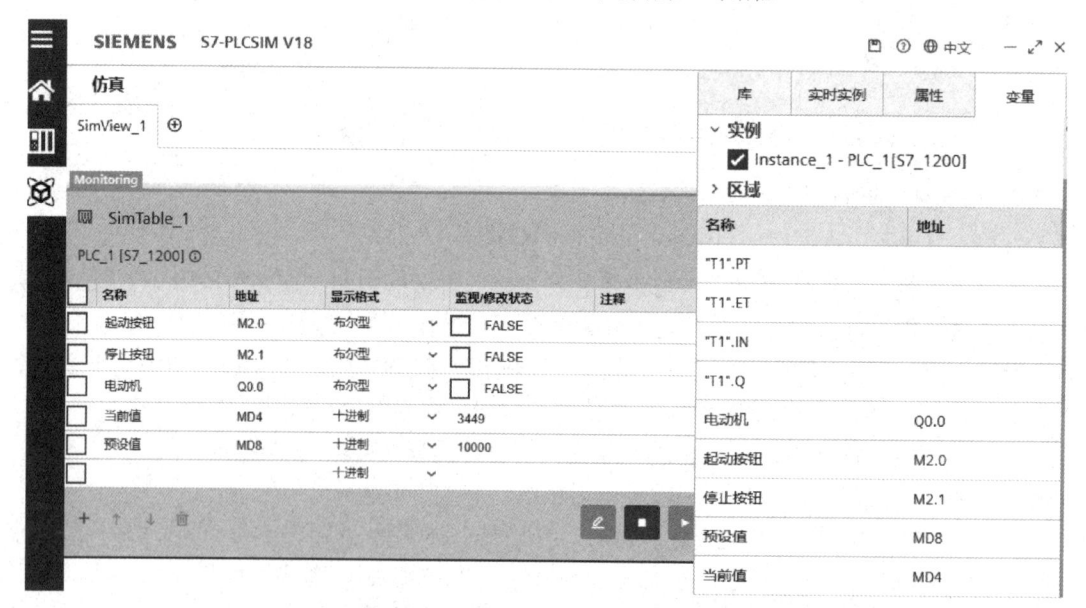

图 2-44 S7-PLCSIM V18 的仿真视图

单击"变量"选项卡中某个变量的名称，该变量将在 SIM 表中出现。也可以手动输入变量的名称和地址来添加变量。勾选某个变量左边的复选框，单击 SIM 表下面的删除按钮 🗑，将会删除该变量。

打开属性选项卡，可用 🗑 按钮删除选中的 SIM 表。可用"显示列"下面的复选框，显示或隐藏 SIM 表中的列。

仿真 PLC 处于 RUN 模式时，单击 SIM 表中的监视按钮 ▶，启动 SIM 表的监控功能，SIM 表左上角上面出现橙色背景的"Monitoring"（见图 2-44），可以看到表中以 ms 为单位的定时器当前值的动态变化。单击停止监视按钮 ■，SIM 表停止监视，"Monitoring"消失。

修改"监视/修改状态"列变量"预设值"的值，"当前值"将会在 0 到新的预设值之间变化。可以用"监视/修改状态"列的复选框改变两个按钮信号的值，来调试程序。

如果由于某种原因，实例视图中没有仿真实例，可单击"库"选项卡中的 + 按钮，手动生成一个 S7-1200 的仿真实例。单击电源按钮 ⏻，该按钮由灰色变为绿色时，表示仿真 PLC 已上电，可以将程序下载到仿真 PLC。

视频"S7-1200 与 HMI 的集成仿真（A）"可通过扫描二维码 2-8 播放。

二维码 2-8

4．S7-1200 与 HMI 的集成仿真

下载好程序，仿真 PLC 处于 RUN 模式时，选中项目树中的 HMI_1 站点，单击工具栏上的"启动仿真"按钮 🖳，启动 HMI 运行系统仿真。编译成功后，出现仿真面板的根画面（见图 2-45 左图）。

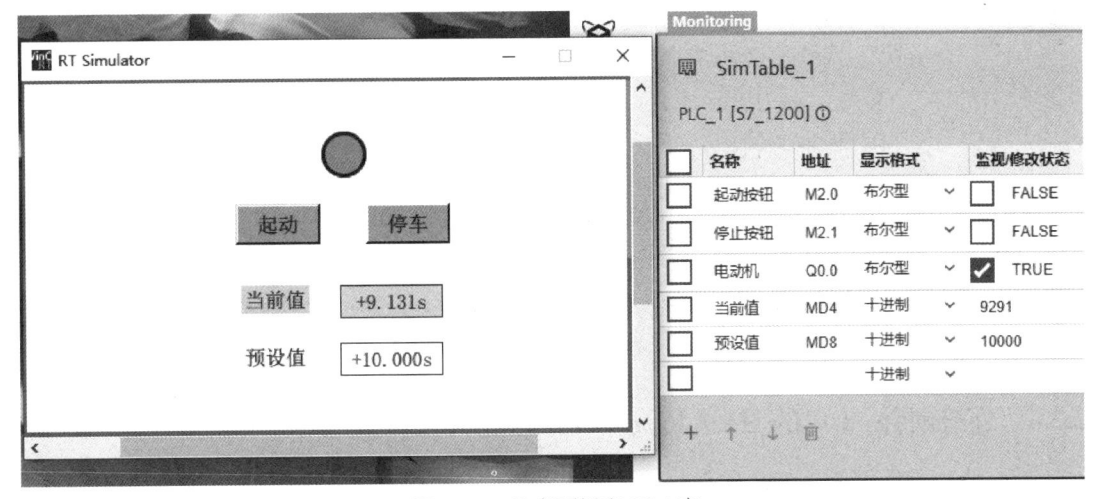

图 2-45 仿真面板和 SIM 表

缩小 S7-PLCSIM V18 的 SIM 表各列的宽度，将仿真视图右移，将 HMI 的仿真面板放在屏幕左边，同时显示仿真面板和 SIM 表（见图 2-45），这样调试起来比较方便。

单击根画面中的起动按钮，变量"起动按钮"（M2.0）被置为 1 后又变为 0，SIM 表中 M2.0 的"监视/修改状态"列的值变为 TRUE 以后又变为 FALSE。由于图 2-38 中的梯形图程序的作用，变量"电动机"（Q0.0）变为 TRUE 并保持，画面中的指示灯亮。SIM 表中 Q0.0 的"监视/修改状态"列的复选框被勾选，其值变为 TRUE。

单击根画面中的"停车"按钮，SIM 表中变量"停止按钮"（M2.1）变为 TRUE 以后又变为 FALSE，指示灯熄灭，Q0.0 的"监视/修改状态"列的复选框中的勾消失，其值变为 FALSE。

单击根画面中"预设值"右侧的输入/输出域，用出现的小键盘修改定时器的预设值，SIM

表中变量"预设值"的"监视/修改状态"值随之而变。当前值在 0 和新的预设值之间周期性变化。

关闭 S7-PLCSIM V18 时，出现对话框提示是否保存当前工作区。如果选择保存，与 TIA 博途项目同名的工作区将被保存。

保存工作区以后，关闭 TIA 博途，双击桌面上的"S7-PLCSIM V18"图标，打开 S7-PLCSIM。双击首页工作区列表中的"1200_精简面板"（见图 2-39），打开该工作区。打开实例视图，将仿真 PLC 切换到 RUN 模式。打开仿真视图（见图 2-45），启动监控，可以看到变量"当前值"在 0 到预设值之间不断地周期性变化，说明正在运行原来下载到仿真 PLC 中的程序。单击变量"起动按钮"和"停止按钮"对应的复选框，可以控制变量"电动机"的 TRUE/FALSE 状态。

如果在保存工作区之后修改了 PLC 的程序，可以用 TIA 博途下载新的程序，然后再仿真。

一般通过在 TIA 博途中启动仿真来打开 S7-PLCSIM V18，自动生成工作区和仿真实例。也可以单击 S7-PLCSIM V18 首页的"创建工作区"按钮，新建一个工作区，手动生成一个 S7-1200 的仿真实例，然后下载程序并进行仿真。

保存工作区以后，如果修改了 PLC 的硬件型号或固件版本号，再次启动仿真时可能出现异常情况，此时应删除该项目的工作区。注意：不能在 S7-PLCSIM 中删除工作区，只能通过 Windows 文件资源管理器或用文件管理软件将其删除。S7-PLCSIM 的首页给出了保存工作区的文件夹位置。

S7-PLCSIM 可以同时生成多个仿真 PLC 实例。选中某个实例，单击右边的"属性"选项卡中的🗑按钮，可以将其删除。

二维码 2-9

视频"S7-1200 与 HMI 的集成仿真（B）"可通过扫描二维码 2-9 播放。

项目"1200_精智面板"和"1500_精智面板"的 PLC 程序、HMI 的组态和集成仿真实验的方法与项目"1200_精简面板"基本相同。

项目"315_精简面板"的 PLC_1 为 CPU 315-2PN/DP，HMI_1 为 4in 的精简系列面板。PLC 的程序功能、HMI 的组态和集成仿真实验的方法与项目"1200_精简面板"基本相同。视频"S7-300 与 HMI 的集成仿真"可通过扫描二维码 2-10 播放。

二维码 2-10

2.3.4 连接硬件 PLC 的 HMI 仿真

设计人机界面的画面后，如果没有 HMI 设备，但是有 PLC，连接计算机和 CPU 的通信接口，运行 CPU 中的用户程序，可用 HMI 的运行系统对 HMI 设备进行仿真。这种仿真的效果与实际的 PLC-HMI 系统基本相同。

1. 设置 PG/PC 接口

项目为"1200_精简面板"，作者使用的 PLC 为 CPU 1212C。

计算机的操作系统为 Windows 10，先后单击屏幕左下角的"开始"按钮⊞和"设置"按钮⚙，打开"Windows 设置"窗口。搜索并打开计算机的控制面板，在控制面板中，显示所有的控制面板项（见图 2-37）。双击打开"设置 PG/PC 接口"对话框（见图 2-46）。单击选中"为使用的接口分配参数"列表框中实际使用的计算机网卡和 TCP/IP 通信协议（本例为 Realtek PCIe GbE Family Controller.TCPIP.1）。设置"应用程序访问点"为"S7ONLINE (STEP 7) →Realtek PCIe GbE Family Controller.TCPIP.1"。单击"确定"按钮，设置生效。

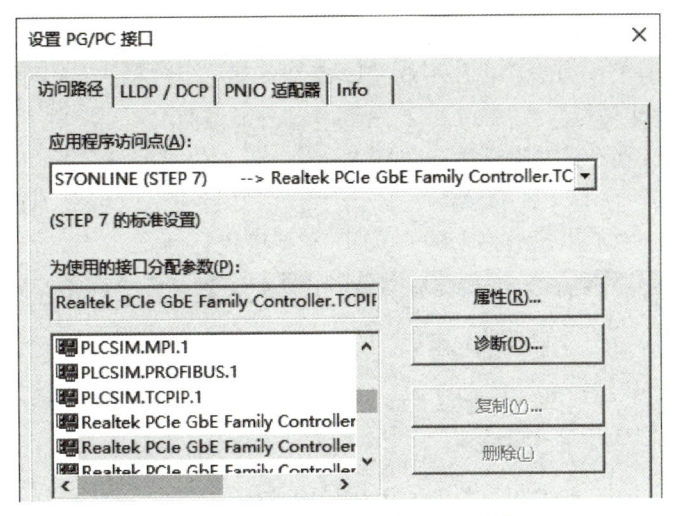

图 2-46 "设置 PG/PC 接口"对话框

2. 设置计算机网卡的 IP 地址

完成上述操作后，关闭控制面板，返回"Windows 设置"窗口，单击"网络和 Internet"，再单击"更改适配器选项"，双击"网络连接"对话框中的"以太网"，打开"以太网状态"对话框。单击其中的"属性"按钮，在"以太网 属性"对话框（见图 2-47 的左图）中，双击"此连接使用下列项目"列表框中的"Internet 协议版本 4（TCP/IPv4）"，打开"Internet 协议版本 4（TCP/IPv4）属性"对话框（见图 2-47 的右图）。

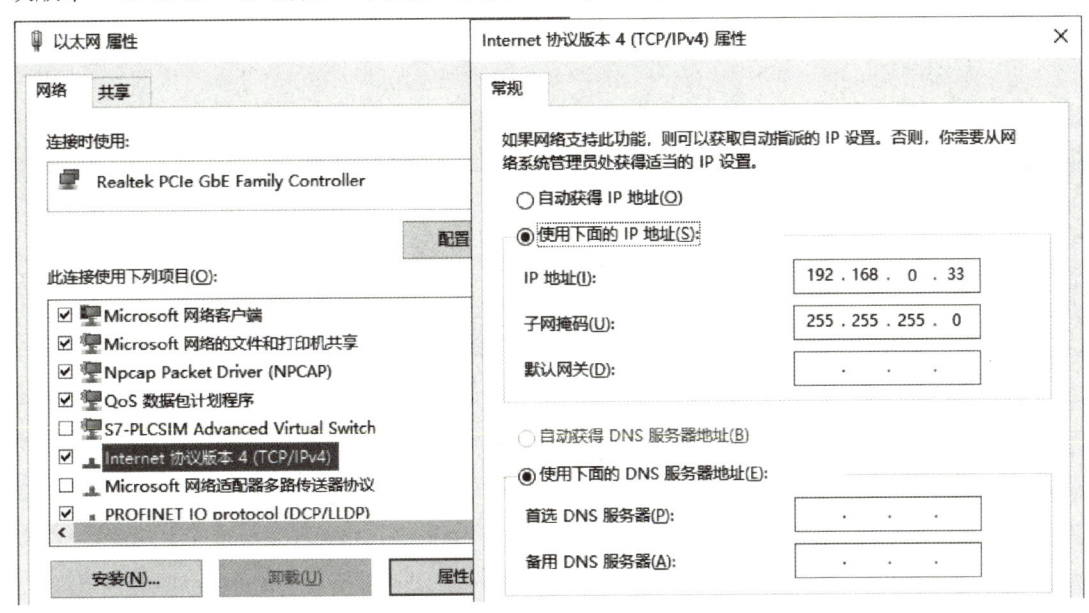

图 2-47 设置计算机网卡的 IP 地址

选中"使用下面的 IP 地址"单选按钮，键入 PLC 以太网接口默认的子网地址 192.168.0（应与 CPU 的子网地址相同），IP 地址的第 4 个字节是子网内设备的地址，可以取 0～255 中的某个值，但是不能与子网中其他设备的 IP 地址雷同。单击"子网掩码"文本框，自动出现默认的子网掩码 255.255.255.0。一般不用设置网关的 IP 地址。

设置结束后，单击各级对话框中的"确定"按钮，关闭各级对话框。

3. 下载用户程序

做好上述的准备工作后，用以太网电缆连接 PLC 和计算机的以太网接口，接通 PLC 的电源。选中 TIA 博途项目树中的 PLC_1 站点，单击工具栏上的"下载"按钮 ，第一次下载时出现"扩展下载到设备"对话框（见图 2-48）。设置好"PG/PC 接口"和"接口/子网的连接"后，选中"显示所有兼容的设备"，单击"开始搜索"按钮，经过一定的时间后，在"选择目标设备"列表框中，出现网络上的 CPU 设备及其 IP 地址。

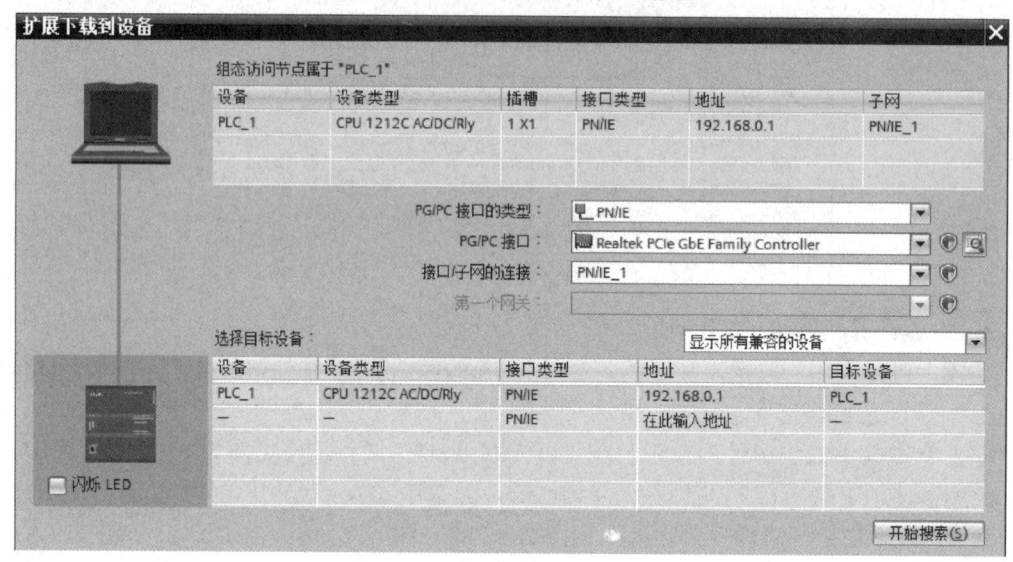

图 2-48 "扩展下载到设备"对话框

选中列表中的 CPU，"下载"按钮上的字符由灰色变为黑色。单击"下载"按钮，出现"下载预览"对话框（见图 2-49），显示"由于不满足前提条件，将不执行下载！"，同时出现"装载到设备前的软件同步"对话框，显示"若干程序组件需要手动同步"。单击"在不同步的情况下继续"按钮，"下载预览"对话框再次出现，将"停止模块"的动作设置为"全部停止"。单击"装载"按钮，将程序下载到 PLC。下载结束后出现"下载结果"对话框。设置"启动模块"，单击"完成"按钮，PLC 被切换到 RUN 模式。

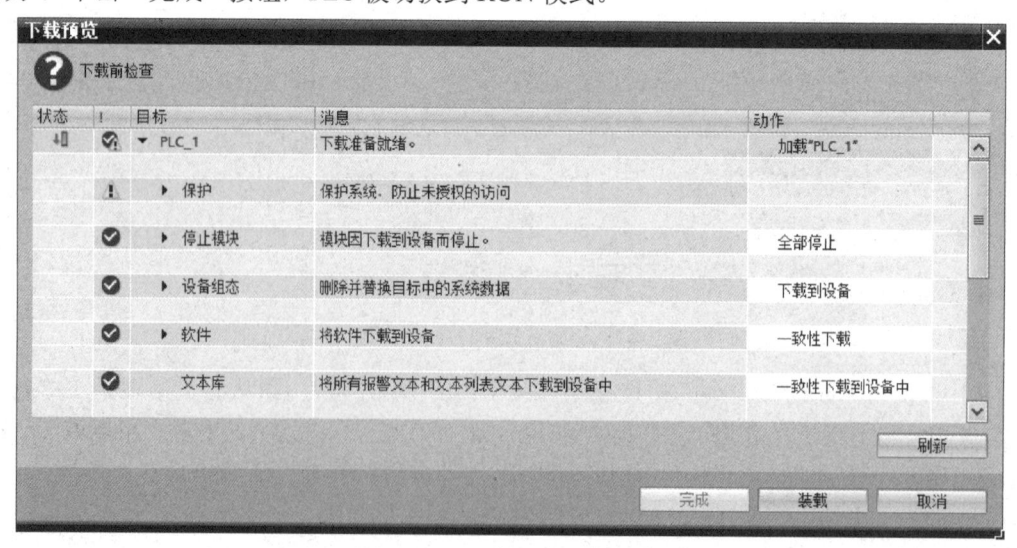

图 2-49 "下载预览"对话框

组态的 PLC 型号和固件版本应与实际的 PLC 一致，否则下载时"下载预览"对话框将出现"模块'PLC_1'的固件版本不兼容"的错误提示信息。

4．硬件 S7-1200 与 HMI 运行系统的仿真

下载好 PLC 的用户程序后，选中项目树中的 HMI_1 站点，单击工具栏上的"启动仿真"按钮，启动 HMI 的运行系统，打开仿真面板（见图 2-45 左图）。

可以用仿真面板画面中的"起动"和"停车"按钮，通过 PLC 的程序控制变量"电动机"，用画面中的指示灯显示该变量的状态。

因为图 2-38 中 PLC 程序的运行，仿真面板画面中定时器的当前值从 0s 开始不断增大，当前值等于预设值时又从 0s 开始增大。可以用画面中的输入/输出域修改变量"预设值"，修改后定时器的当前值将在 0s 和新的预设值之间不断地周期性变化。

视频"连接硬件 PLC 的精简面板仿真"可通过扫描二维码 2-11 播放。

2.4 HMI 与 PLC 通信的组态与运行

二维码 2-11

本节以第二代精简面板与 S7-1200 的通信为例（见配套资源中的例程"1200_精简面板"），介绍硬件 HMI 和 PLC 通信的组态与运行的操作方法。

1．设置 HMI 的通信参数

精简面板通电，结束启动过程后，屏幕显示启动中心（Start Center，见图 2-50）。"Transfer"（传送）按钮用于将 HMI 设备切换到传送模式。"Start"（启动）按钮用于打开保存在 HMI 设备中的项目，并显示起始画面。单击"Settings"（设置）按钮，打开用于设置设备参数的画面。该画面的左边是导航区，右边是工作区（见图 2-51）。如果导航区或工作区内无法显示所有的按键或符号，可用滚动条查看不可见部分。

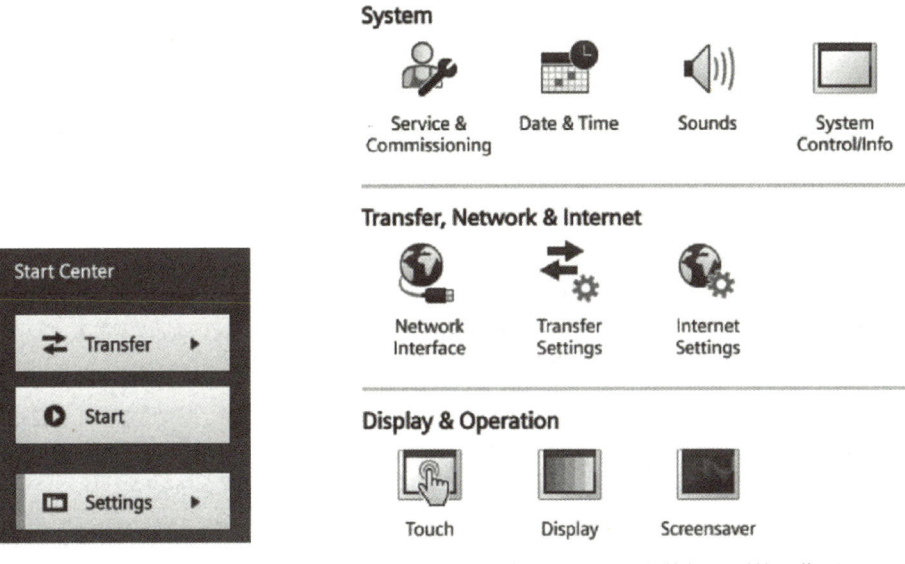

图 2-50　启动中心　　　　图 2-51　设置设备参数的画面的工作区

用手指触摸工作区中的"Network Interface"（网络接口）图标（见图 2-51），打开设置 PN X1 以太网接口的对话框（见图 2-52）。关闭 DHCP（动态主机配置协议）开关，由用户设置 IP 地址。输入 IP 地址（IP address）和子网掩码（Subnet mask），可能还需要设置网关（Default gateway）。

"Mode and speed"选择框用于选择 PROFINET 网络的传输速率和连接方式。传输速率的有效数值为 10Mbit/s 或 100Mbit/s,连接方式为 HDX(半双工)或 FDX(全双工)。如果选择条目"Auto negotiation",将自动识别和设定 PROFINET 网络中的连接方式和传输速率。如果打开 LLDP(链路层发现协议)开关,HMI 设备可与其他 HMI 设备交换信息。可以在"Device name"文本框中输入 HMI 设备的网络名称。

触摸工作区中的"Transfer Settings"(传输设置)图标(见图 2-51),在打开的对话框(见图 2-53)中将"Enable transfer"(启动传输)开关设置为 ON。将"Automatic"开关设置为 ON,采用自动传输模式。

图 2-52　设置 PN X1 以太网接口的对话框　　图 2-53　传输设置对话框

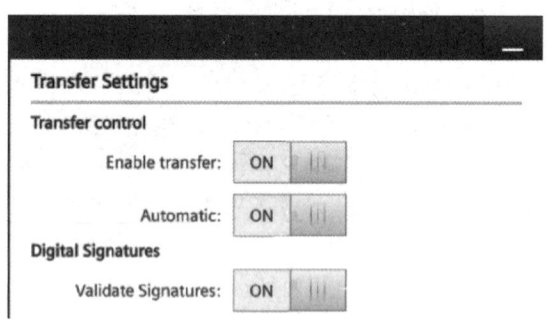

项目传输给 HMI 设备之后,将"Enable transfer"开关设置为 OFF,可以禁用所有的数据通道,防止 HMI 设备的项目数据被意外覆盖。

设置"Validate Signatures"开关为 ON,在传输时接通 HMI 设备映像的签名检查功能。

2. 将程序和组态信息下载到 PLC

用计算机的控制面板打开"设置 PG/PC 接口"对话框(见图 2-46),选中"为使用的接口分配参数"列表框中实际使用的计算机网卡和协议。

设置计算机网卡的 IP 地址为 192.168.0.×(见图 2-47),第 4 个字节的值×不能与 CPU 和 HMI 的相同,设置子网掩码为 255.255.255.0。用以太网电缆连接计算机和 PLC 的以太网接口,也可以用家用交换机连接计算机、PLC 和 HMI。打开配套资源中的项目"1200_精简面板",CPU 和 HMI 的型号和固件版本号应与实际的硬件相同。选中项目树中的 PLC_1,单击工具栏上的下载按钮 ,将程序和组态文件下载到 PLC,下载结束后将 PLC 切换到 RUN 模式。

3. 将组态信息下载到 HMI

连接好计算机与 HMI 的以太网接口后,接通 HMI 的电源,单击出现的启动中心的

"Transfer"按钮（见图 2-50），打开传输对话框，HMI 处于等待接收上位计算机信息的状态。

选中项目树中的"HMI_1"，单击工具栏上的下载按钮，出现"扩展下载到设备"对话框，设置好 PG/PC 接口的参数后，单击"开始搜索"按钮。搜索到 HMI 设备及其 IP 地址后，单击"下载"按钮，首先对要下载的信息进行自动编译，编译成功后，显示"下载预览"对话框。选中"全部覆盖"复选框，单击"下载"按钮，开始下载。出现"下载结果"对话框时，单击其中的"完成"按钮，结束下载过程。

下载结束后，HMI 自动打开起始画面。如果打开了图 2-53 中的"Automatic"开关，在项目运行期间下载时，将会关闭正在运行的项目，自动切换到"Transfer"运行模式，开始传输新项目。传输结束后将会启动新项目，显示起始画面。

4．验证 PLC 和 HMI 的功能

将用户程序和组态信息分别下载到 CPU 和 HMI 后，用以太网电缆连接 CPU 和 HMI 的以太网接口。两台设备通电后，经过一定的时间，面板显示根画面。检验控制系统功能的方法与集成仿真相同，在此不再赘述。

2.5 习题

1．TIA 博途中的 WinCC 有哪 4 种版本？分别有什么功能？
2．精彩面板 Smart Panel V4 用什么软件组态？
3．怎样打开和关闭项目树？怎样调节项目树的宽度？
4．怎样在工作区中同时显示两个编辑器？
5．选中图 2-25 中按钮的巡视窗口中的"属性 > 事件 > 释放"是什么操作的简称？
6．子网掩码为 255.255.254.0，子网地址和子网内节点的地址分别是多少位二进制数？
7．新建一个项目，添加一个 PLC 和一个 HMI 设备，在它们之间建立 HMI 连接。
8．HMI 的内部变量和外部变量各有什么特点？
9．怎样在 HMI 变量表中添加一个 PLC 变量表中的变量？
10．生成一个按钮，用鼠标移动它的位置，改变它的大小、背景色、显示的字符和边框。
11．生成一个红色的指示灯，用一个变量来控制它的熄灭和点亮。
12．生成文本为"温度"的文本域，在它右边生成一个显示三位整数和一位小数的温度值的输出域。
13．HMI 有哪几种仿真调试方法？各有什么特点？
14．简述实现 S7-1200 与 HMI 的集成仿真的方法。
15．简述实现硬件 PLC 与 HMI 的运行系统仿真的方法。
16．简述硬件 PLC 与硬件 HMI 通信需要做的工作。

第 3 章 HMI 组态的方法与技巧

第 2 章通过几个简单的例子，介绍了 HMI 项目组态和调试的基本方法，本章将深入介绍项目组态和调试的方法。

3.1 组态画面

3.1.1 使用 HMI 设备向导创建画面

在创建项目之前，应根据系统的要求，规划需要创建哪些画面，确定每个画面的主要功能以及各画面之间的关系。这一步是画面设计的基础。

1. 用 HMI 设备向导组态画面结构

可以用"HMI 设备向导"对话框来组态 HMI 的画面结构。在 TIA 博途中生成名为"HMI 设备向导应用"的项目（见配套资源中的同名例程）。首先在项目树中添加新设备 CPU 1214C。在出现的"PLC 安全设置"对话框中，取消勾选"保护 TIA Portal 项目和 PLC 中的 PLC 组态数据安全"复选框；采用默认的设置，仅支持 PG/PC 和 HMI 的安全通信；用户具有完全的访问权限，访问 PLC 无需密码。然后添加精智面板 TP700 Comfort，勾选"添加新设备"对话框中的"启动设备向导"复选框，单击"确定"按钮，打开"HMI 设备向导"。在"PLC 连接"界面（见图 3-1）中，单击"浏览"按钮右侧的▼按钮，双击出现的 PLC 列表中的 CPU 1214C，PLC 和 HMI 之间出现黑色的连线，表示组态好了它们之间的以太网通信连接。

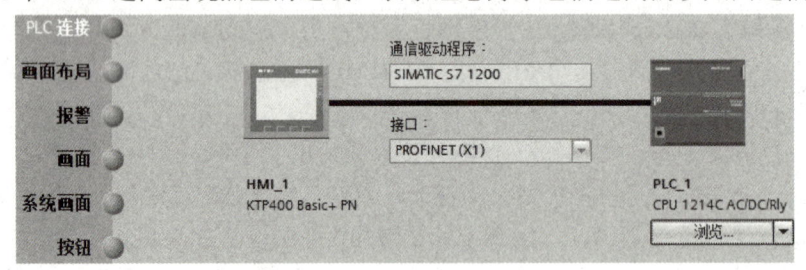

图 3-1 "PLC 连接"界面

单击"下一步"按钮，打开"画面布局"界面（见图 3-2），将画面的背景色修改为白色。"页眉"被自动勾选，页眉中的"浏览域"用下拉列表来切换画面。如果不用浏览域切换画面，而是用自动生成的画面中的画面切换按钮来切换画面，应选择"画面标题"单选按钮。取消勾选"Logo"复选框，不生成西门子的标志。

图 3-2 "画面布局"界面

在"报警"界面（见图 3-3）中，取消勾选"未决报警"和"未决的系统事件"复选框，勾选"未确认的报警"复选框，将在全局画面中生成名为"未确认的报警"的报警窗口。

图 3-3 "报警"界面

"画面"界面（见图 3-4）开始只有根画面。两次单击根画面中的加号按钮，生成画面 0 和画面 1。单击画面 0 中的加号按钮，生成画面 2。单击两次画面 1 中的加号按钮，生成画面 3 和画面 4。

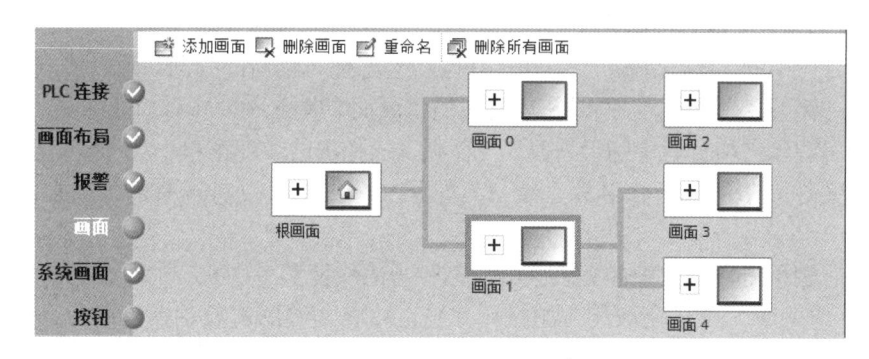

图 3-4 "画面"界面

选中某个画面后，可以用工具栏上的"删除画面"按钮将其删除，或者用"重命名"按钮修改其名称。如果删除画面 0，画面 2 也会被删除。

在"系统画面"界面（见图 3-5）中，根据需要勾选要生成的系统画面中的复选框，可生成多个系统画面。本例只生成了"用户管理"画面。

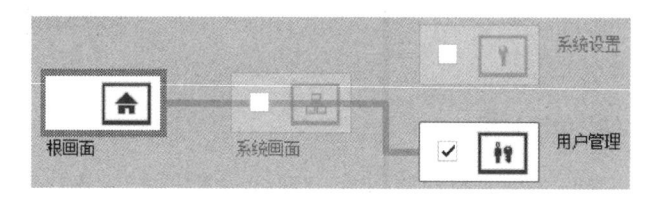

图 3-5 "系统画面"界面

在"按钮"界面（见图 3-6）中，可以设置将模板按钮放置在画面的哪一侧，还可以用拖拽的方法增、减模板按钮。例如将系统按钮区的"登录"按钮拖拽到预览画面下边沿的空白模板按钮中。

勾选"HMI 设备向导"对话框左下角的"保存设置"复选框，单击"完成"按钮，组态被保存，向导被关闭。

在 HMI_1 的"画面"文件夹中，可以看到在向导中自动生成的根画面、画面 0～画面 4，以及图 3-5 中用复选框勾选的用户管理画面。根据组态的画面之间的关系，将会在各画面中自动生成画面切换按钮。

图 3-6 "按钮"界面

下一次用 HMI 设备向导生成画面时，将会自动采用本次组态的所有参数。

2. 生成 HMI 设备后创建画面

双击项目树中的"添加新画面"，在工作区将会出现一幅新的画面，画面被自动指定一个默认的名称，例如"画面_1"，同时在项目树的"画面"文件夹中将会出现新画面。

用鼠标右键单击项目树中的"画面"文件夹，在弹出的快捷菜单中执行"新增组"命令，在"画面"文件夹中生成一个名为"组_1"的子文件夹。可以将现有的画面拖拽到该文件夹中。

用鼠标右键单击项目树中的某个画面，在弹出的快捷菜单中执行"重命名""复制""粘贴""删除"等命令，可以完成相应的操作。也可以将复制的对象粘贴到同时打开的另一个 TIA 博途项目中。

当画面不能在工作区完全显示时，编辑器的右下角（水平、垂直滚动条的交叉处）将出现"平移工具"按钮。单击该按钮，将打开整个画面的微缩视图（见图 3-7）。微缩视图中黄色方框内的部分是当前显示的画面区域。按住鼠标左键并移动鼠标，黄色方框在微缩视图中移动，同时工作区显示黄色方框中的内容。松开鼠标左键，微缩视图消失。工作区保持最后显示的画面区域不变。

图 3-7 微缩视图

3.1.2 画面的分类与层的应用

项目树的"画面"文件夹中是普通的画面。"画面管理"文件夹中有模板和全局画面，还有 KTP 移动面板、精智面板和 RT Advanced 的弹出画面和滑入画面。

1. 定义项目的起始画面

起始画面又称为"根画面"，是启动运行系统时打开的初始画面。每个 HMI 设备都有自己的起始画面，操作员从起始画面开始调用其他画面。

双击项目树中 HMI 设备文件夹的"运行系统设置"，选中工作区左边窗口中的"常规"，在右边窗口的"起始画面"选择框中设置作为"起始画面"的画面。也可以用右键单击项目树中的某个画面，然后用快捷菜单中的命令将其定义为起始画面。

2. 永久性区域

永久性区域占据了所有画面的相同区域。在永久性区域中组态的对象（例如公司标志或项目名称），将出现在"画面"文件夹所有的画面中。在运行时切换画面不用重建永久性区域，因此提高了切换画面时的刷新速度。图3-8中最上方用"HMI设备向导"自动生成的页眉区就是永久性区域。永久性区域中的对象保存在项目树"画面管理"文件夹的"永久区域"中。基本面板没有永久性区域功能。

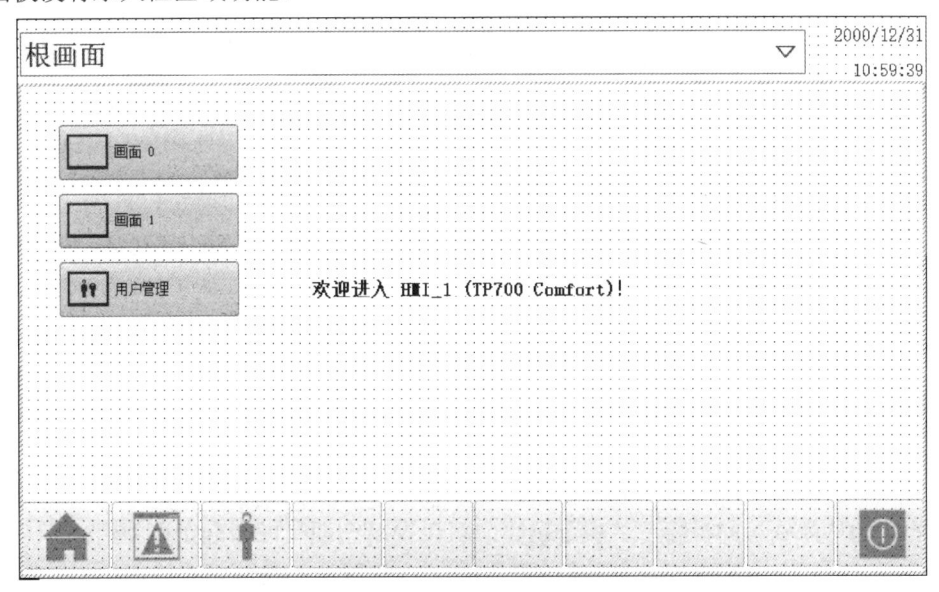

图3-8 根画面与永久性区域

手动生成永久性区域时，将鼠标的光标放到画面的上边沿，光标出现垂直方向的双向箭头时按住鼠标左键，画面中光标处出现一根水平线。将它往下拖动，水平线上面即为永久性区域。画面中已组态的对象将向下移动，移动距离为永久性区域的高度。将需要共享的对象放置在永久性区域中，"画面"文件夹中所有画面都将出现相同的对象。可以在任意一个画面修改永久性区域中的对象，运行时不会显示分隔永久性区域的水平线。

3. 画面的切换

用"HMI设备向导"功能生成各画面的同时，根据画面之间的关系，在各画面中会自动生成画面切换按钮。"HMI设备向导"一般用于较大型的系统。

选中项目树中的HMI_1站点，单击工具栏上的"启动仿真"按钮，启动HMI运行系统仿真，出现仿真面板的根画面（见图3-8）。分别单击自动生成的"画面0""画面1""用户管理"按钮，可以切换到对应的画面。也可以单击永久性区域中符号I/O域的▽按钮，打开可切换画面的列表，选中某个希望切换到的画面。切换到画面1以后，单击"画面3"或"画面4"按钮，可以切换到对应的画面。在画面1单击"向后"按钮，可返回上一级画面。

各画面下方的一排按钮来自模板，称为模板按钮，单击其中的 按钮，从当前画面返回起始画面。单击 按钮，可以打开或关闭报警窗口。单击"登录"按钮 ，将打开登录对话框。单击 按钮，退出运行系统。

除了"HMI设备向导"自动生成的画面切换按钮，还可以手动生成任意两个画面之间的切换按钮。例如在组态时打开画面0以后，将项目树"画面"文件夹中的"画面3"拖拽到工作区的画面0，画面0中将自动生成标有"画面3"的按钮。选中该按钮，单击巡视窗口的"属性>事件>单击",可以看到在出现"单击"事件时,将调用自动生成的系统函数"激活屏幕",画面名称为"画面3"。

4. 模板

模板和永久性区域一样,也是用来组态各画面中共享的对象。双击打开项目树的文件夹"HMI_1\画面管理\模板"中自动生成的"模板_1",可以看到画面上边沿的永久性区域和下边沿的在图3-6中生成的模板按钮,可以删除未使用的模板按钮。在模板中组态的模板按钮和其他对象一般将在所有画面中起作用。对模板中的对象或模板按钮分配的更改,将应用于基于此模板的所有画面。可以创建多个模板,但一个画面只能基于一个模板进行组态。

模板中的模板按钮在其他画面中用灰色显示,只能在模板中修改模板按钮。

如果将项目树中的"画面0"拖拽到模板下边沿左起第4个空白按钮,该按钮上显示"画面0"。操作员在基于该模板的所有画面中单击此模板按钮,都会切换到画面0。

如果不想在画面2中显示模板按钮,打开画面2后单击该画面,选中巡视窗口的"属性>属性>常规",用"模板"选择框将默认的"模板_1"改为"无",画面2中的模板按钮消失。

5. 全局画面

在"全局画面"中组态工具箱的报警窗口和报警指示器,在HMI运行时如果出现组态的系统事件和报警事件,无论当前显示的是哪个画面,都将在当前画面中自动显示报警窗口和报警指示器。

打开项目树文件夹"HMI_1\画面管理"中的全局画面,可以看到用向导的"报警"对话框生成的名为"未确认的报警"的报警窗口。可以在精智面板的全局画面中组态"系统诊断窗口"。全局画面没有其他画面中的永久性区域和模板中的模板按钮。

滑入画面与弹出画面的组态方法在第3.1.3节介绍。

视频"画面的分类介绍"可通过扫描二维码3-1播放。

二维码3-1

6. 层的应用

(1) 层的基础知识

一个画面由32个层组成,使用层可以在一个画面中完成各对象的分类编辑。"层_0"的对象位于画面背景中,"层_31"的对象位于前景中。单击工作区打开的画面,在图3-9的巡视窗口的"层"属性中,默认的设置是显示所有层,即所有的ES复选框均被勾选。在图3-9中该画面被设置为不显示"层_1"和"层_17"。

图3-9 画面的层的组态

32个层中只有一个层当前处于活动状态。开始组态时,"层_0"为活动层。添加到画面的新对象被分配给活动层。

单击TIA博途最右边竖条上的"布局"按钮,打开"布局"任务卡的"层"窗格,图3-10中"层_2"为活动层,不显示"层_1"和"层_17"。右键单击"层"窗格中的某个层,可以用快捷菜单中的命令将它设置为活动层。

同一层的各对象也按层次排列。图 3-10 中，最先生成的矩形位于"层_0"的最后面。生成圆以后，矩形位于圆的后面。用右键单击圆，可以用快捷菜单中的"顺序"→"后移"命令将它移到矩形的后面。

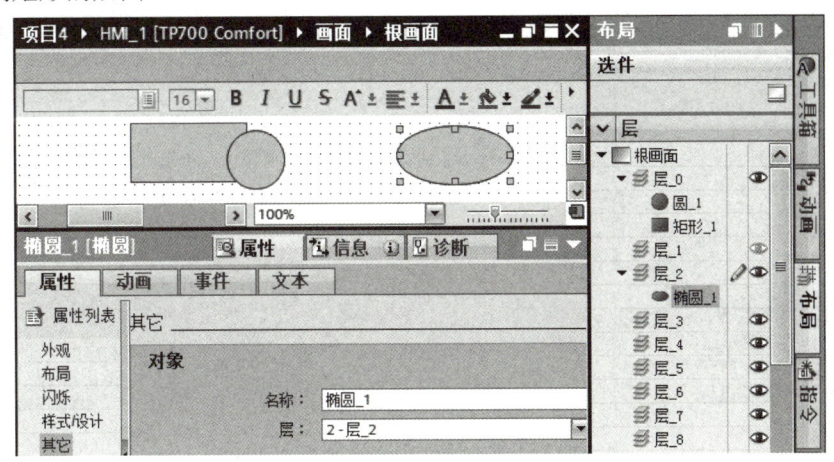

图 3-10 层的组态

（2）在多个层中移动对象

选中画面中的椭圆，再选中巡视窗口的"属性 > 属性 > 其它"，用"层"选择框将它分配给"层_2"（见图 3-10）。选中椭圆后，也可以用画面工具栏上的 ↑↓ 按钮来改变它所在的层。

（3）组态时显示和隐藏层

可以在组态时隐藏某些对象（例如报警窗口）。打开画面时，将显示所有的层。活动层在任务卡中用 ✏ 表示，在图 3-10 中，第 2 层为活动层，不能隐藏当前的活动层。取消勾选图 3-9 中"层_0"的 ES 复选框，或者单击图 3-10 的任务卡的"层"窗格中"层_0"右边深色的 👁，如果它变为浅色，表示"层_0"被隐藏，画面中属于层_0 的矩形和圆均消失。单击"层_0"右边的 👁，它变为深色，层_0 被解除隐藏状态。右键单击任务卡中的"层_0"，可以用快捷菜单命令将它设置为活动层。

3.1.3 组态滑入画面和弹出画面

1. 滑入画面

使用滑入画面，可以在当前打开的画面和滑入画面之间快速导航。滑入画面包含存储在当前打开的画面外部的附加组态内容，例如虚拟键盘或系统对话框。使用画面边缘的可组态的手柄可以快速访问被激活的滑入画面。滑入画面的大小与使用的 HMI 设备有关。

每台设备最多可组态 4 个滑入画面，它们分别在运行系统当前打开的画面的四周显示。

滑入画面和弹出画面仅适用于移动面板、精智面板和 RT Advanced。在滑入画面和弹出画面中可以组态工具箱中的基本对象、元素、控件和面板。滑入画面和弹出画面中的对象以及这些画面本身都不支持使用 VB 脚本访问，不支持软键和热键，不能在滑入画面中组态释放按钮与锁定的操作员控件。

2. 组态滑入画面

项目"滑入画面与弹出画面"的 HMI 为 7in 的精智面板。双击项目树的"HMI_1\画面管理\滑入画面"文件夹中的"从底部滑入画面"（见图 3-11），打开该画面。选中巡视窗口的"属

性 > 属性 > 常规"，修改该滑入画面的背景颜色，勾选"启用"复选框。选中巡视窗口的"属性 > 属性 > 句柄"（见图3-12），选择"自动隐藏句柄"单选按钮，可以设置句柄的颜色。"句柄"（Handle）又称为"手柄"。

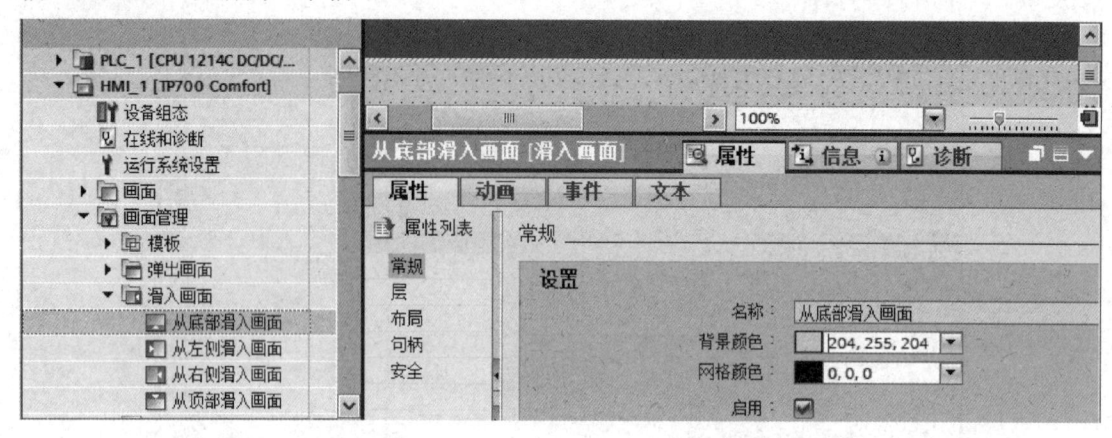

图3-11 组态从底部滑入画面的常规属性

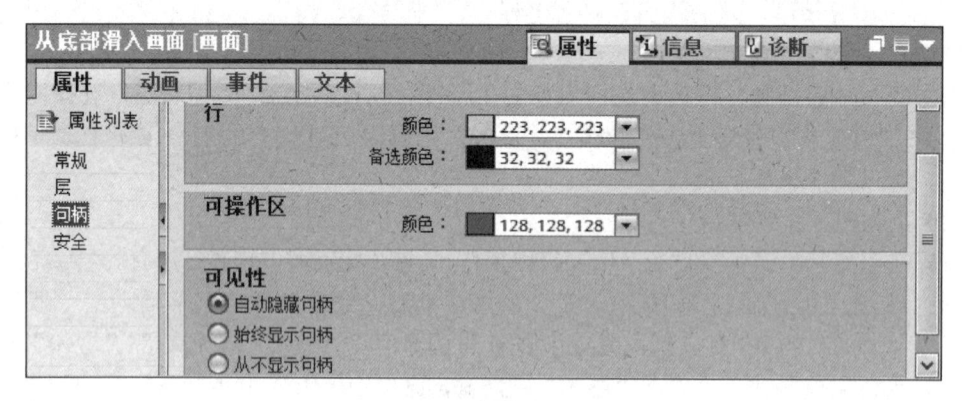

图3-12 组态从底部滑入画面的句柄属性

用同样的方法启用从左侧滑入画面和从右侧滑入画面，修改它们的画面颜色，设置从左侧滑入画面为"从不显示句柄"，从右侧滑入画面为"始终显示句柄"。

在根画面中生成一个按钮，按钮上的文本为"显示滑入画面"。选中巡视窗口的"属性 > 属性 > 外观"，设置它的背景色为浅灰色，字符为黑色。选中巡视窗口的"属性 > 事件 > 单击"，设置单击该按钮时调用系统函数"显示滑入画面"，画面名称为"从左侧滑入画面"，"模式"为"切换"。

选中项目树中的HMI_1站点，执行菜单命令"在线"→"仿真"→"使用变量仿真器"，启动变量仿真器，出现图3-13中仿真面板的根画面。

单击画面底部中间隐藏的滑入画面的手柄，再单击显示出来的手柄，出现从底部滑入的画面。再次单击手柄，滑入画面消失。打开滑入画面后，单击根画面中的其他地方，也可以使打开的滑入画面消失。

单击画面右侧始终显示的滑入画面的手柄，出现从右侧滑入的画面。再次单击手柄，滑入画面消失。单击"显示滑入画面"按钮，出现从不显示手柄的左侧滑入画面。再次单击它，左侧滑入画面消失。

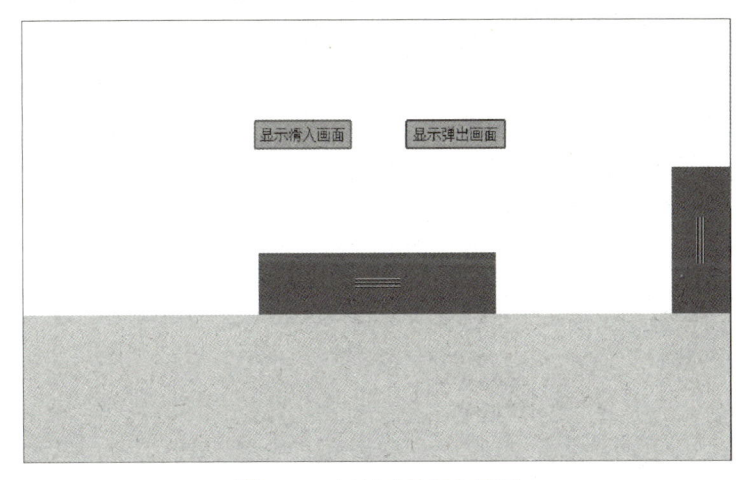

图 3-13 运行时的滑入画面

3．弹出画面

使用"弹出画面"可以组态画面的附加内容，例如对象设置。画面中每次只能显示一个弹出画面。不能在弹出画面中组态报警窗口、系统诊断窗口和报警指示器。

4．组态弹出画面

双击项目树的"HMI_1\画面管理\弹出画面"文件夹中的"添加新的弹出画面"，生成弹出画面。选中巡视窗口的"属性 > 属性 > 常规"，采用默认的名称"弹出画面_1"，可以修改它的名称和背景色。在弹出画面中添加文本域"弹出画面"。选中巡视窗口左边窗口中的"布局"，可以设置弹出画面的宽度和高度。

在根画面中组态一个按钮，按钮上的文本为"显示弹出画面"（见图 3-13）。选中巡视窗口的"属性 > 事件 > 单击"，组态单击该按钮时调用系统函数"显示弹出画面"（见图 3-14），设置弹出画面左上角的坐标。

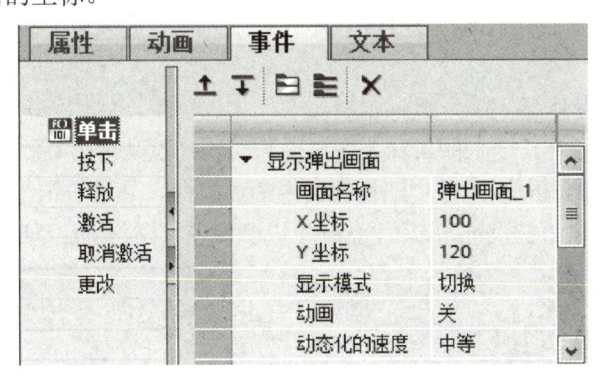

图 3-14 组态"显示弹出画面"按钮的事件功能

选中项目树中的 HMI_1 站点，启动变量仿真器，出现图 3-13 中仿真面板的根画面。单击画面中的"显示弹出画面"按钮，画面中出现弹出画面。再次单击该按钮，弹出画面消失。

3.2 HMI 的变量组态

1．内部变量与外部变量

HMI 的变量分为外部变量和内部变量，外部变量是 PLC 存储器中的过程值的映像，其值随 PLC 程序的执行而改变，可以在 HMI 设备和 PLC 中访问外部变量，HMI 可以读/写 PLC 存储器中的过程值。

每个变量都有一个符号名和数据类型。图 3-15 中的"连接"列用来指定外部变量所在的 PLC，"HMI_连接_1"是连接编辑器中设置的 HMI 设备与 PLC 之间默认的连接标识符（见图 2-13）。外部变量的数据类型及其在 PLC 存储器中的地址范围与 PLC 的型号有关。

图 3-15 HMI 默认变量表

内部变量存储在 HMI 设备的存储器中，它只能在 WinCC 内部传送数据，与 PLC 没有连接关系，只有 HMI 设备才能访问内部变量。内部变量用名称来区分，没有绝对地址。

一台 HMI 设备可以有多个变量表，可以通过双击"HMI 变量"文件夹中的"显示所有变量"来显示各变量表中所有的变量。项目中的每个 HMI 设备都有一个默认变量表，不能删除或移动该表。默认变量表包含 HMI 变量，是否包含系统变量则取决于 HMI 设备。

双击项目树"HMI 变量"文件夹中的"默认变量表"，打开变量编辑器（见图 3-15）。可以在变量表中或者在选中的变量的巡视窗口中设置变量的各种属性。外部变量的"访问模式"有"符号访问"和"绝对访问"两种模式。

HMI 变量表还提供为当前选中的 HMI 变量组态"离散量报警"表、"模拟量报警"表和"记录变量"表。

2. HMI 变量的起始值

项目开始运行时，HMI 变量的值称为变量的起始值（默认值）。图 3-16 选中了 HMI 默认变量表中的变量"压力测量值"，选中巡视窗口中的"属性 > 属性 > 值"，可以组态变量的起始值。运行系统启动时变量将被设置为该值，这样可以确保项目在每次启动时均从定义的状态开始。

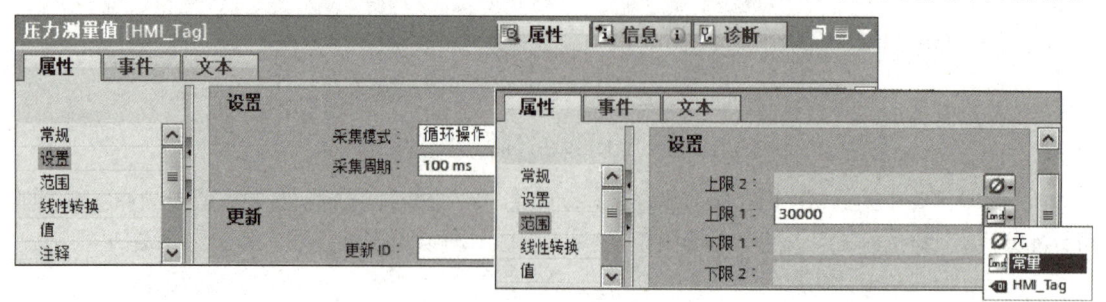

图 3-16 组态变量的设置属性和范围属性

3. HMI 变量的采集模式

选中变量后选中巡视窗口中的"属性 > 属性 > 设置"（见图 3-16 的左图），可以设置变量的采集模式,有 3 种采集模式可供选择。

1) 如果选择采集模式为"循环操作",按设置的采集周期,运行系统只更新当前画面中显示的和被记录的变量。

2) 如果选择采集模式为"循环连续",即使变量不在当前打开的画面中,运行系统也会连续更新该变量。建议仅将"循环连续"用于确实必须连续更新的变量,因为频繁读取的操作将会增加通信的负担。

3) 如果选择采集模式为"必要时",不循环更新变量。例如,只有通过脚本或使用系统函数"LogTag"请求时才更新变量。

4．HMI 变量的采集周期

在过程画面中显示或需要记录的过程变量值将定期进行更新,采集周期(见图 3-16 的左图)用来确定变量的刷新频率。设置采集周期时应考虑过程值的变化速率,例如烤炉的温度变化比电气传动装置的速度变化慢得多。如果采集周期设置得太小,将不必要地增加通信的负担。

用户可以设置 HMI 变量的采集周期,默认值为 1s,最小值为 100ms。

5．HMI 变量的限制值

可以通过组态变量的限制值来指定变量值的范围。如果操作员输入的变量值在设置的范围之外,该值将不会被接受。

选中巡视窗口的"属性 > 属性 > 范围"(见图 3-16 的右图),精智面板最多可以设置 4 个限制值,该图仅设置了"上限 1"。设置时单击右边窗口中的 按钮,选中出现的列表中的"常量",输入"上限 1"的值。如果选中列表中的"HMI_Tag"(HMI 变量),应指定 HMI 变量列表中的某个变量来提供限制值。

如果想要在超出限制值时输出模拟量报警,可以在 HMI 变量编辑器中组态"模拟量报警"(见图 3-15),也可以在 HMI 报警编辑器的"模拟量报警"选项卡中组态模拟量报警。

6．数组变量

数组变量由具有相同数据类型、占据连续地址区域的多个数组元素组成。在 HMI 的默认变量表中生成名为"温度"的内部数组变量(见图 3-15),其数据类型为 Array [0..2] of Int,其下标起始值和结束值分别为 0 和 2。该数组一共有 3 个数据类型为 Int(整数)的元素,分别为"温度[0]""温度[1]""温度[2]"。只能定义一维数组,其下标起始值必须为 0。可以在组态时单独使用每个数组元素。

7．变量的线性转换

外部变量(PLC 中的过程值)和 HMI 设备中的数值可以线性地相互转换,这种功能被称为"线性转换",它仅适用于来自 PLC 的外部变量。

对变量进行线性转换时,应在 HMI 设备和 PLC 上各指定一个数值范围(见图 3-17)。例如 S7-1200 的模拟量输入模块将 0~10000kPa 的压力值转换为 0~27648 的数值,为了在 HMI 设备上显示出压力值,可以用 PLC 的程序来进行转换,也可以用线性转换功能来实现。勾选图 3-17 中的"线性转换"复选框,将 PLC 和 HMI 的数值范围分别设置为 0~27648 和 0~10000(kPa)。如果在组态显示压力的 I/O 域时设置输出域的小数部分为 3 位,将显示以 MPa 为单位的压力值。

8．HMI 变量的间接寻址

间接寻址又称为指针化,若干个变量组成一个变量列表,表中的每个变量都有一个索引号。在运行时用索引变量的值来选择变量列表中的变量,系统首先读取索引变量的数值,然后访问变量列表对应位置的变量。图 4-56 给出了一个使用间接寻址的例子。

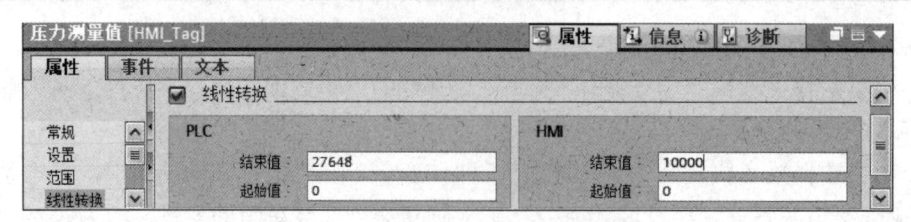

图 3-17 组态变量的线性转换属性

3.3 库的使用

1. 库的基本概念

库是画面对象模板的集合,库对象无须组态就可以重复使用,这样可以提高设计效率。从简单图形到复杂模块,库用于保存所有类型的对象。库分为项目库和全局库。此外,"工具箱"的"图形"窗格(见图 2-4)中还有图形库。

2. 项目库

每个项目都有一个项目库,项目库的对象与项目数据一起存储,只能用于创建该库的项目。项目被复制到其他计算机时,项目库同时被复制。

画面、变量、图形和报警等所有的 WinCC 对象都可以存储在库中。可以通过拖拽将相应的对象从工作区、项目树或详细视图移动到库中。

3. 全局库

全局库独立于项目数据,可以用于所有项目。可以将全局库中的对象复制到正在组态的画面中。如果在一个项目中更改了某个库对象,在所有打开了该库的项目中,该库都会随之更改。WinCC 软件包含大量的库,Buttons-and-Switches 库提供了大量的按钮、开关和指示灯。

4. 显示库对象

打开任务卡,单击最右边竖条上的"库",打开库任务卡(见图 3-18)。选中图 3-18"全局库"中的"PilotLights"(指示灯)文件夹,单击项目库或全局库工具栏上的"打开或关闭元素视图"按钮,打开"元素(全局库)"窗格(见图 3-19),显示选中的库中包含的元素。再单击一次该按钮,将会关闭元素窗格。可以用"元素(全局库)"窗格工具栏上的 、 和 按钮分别切换到"详细信息模式""列表模式""总览模式"。图 3-19 为总览模式。

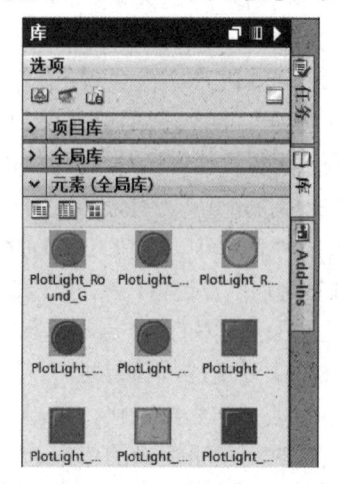

图 3-18 库任务卡　　　　　图 3-19 "元素(全局库)"窗格

5. 使用全局库中的对象

将项目"1200_精简面板"另存为"库的生成与应用",打开HMI的根画面,删除图 2-4 中用圆的动画功能实现的指示灯。

打开"Buttons-and-Switches\模板副本"文件夹中的"PilotLights"库(见图 3-18 或图 3-19),将其中的 PlotLight_Round_G(绿色圆形指示灯)拖拽到根画面中。该指示灯为正方形,四角的颜色为浅灰色,需要将画面背景色改为相同的浅灰色(见图 3-20)。将按钮的背景色改为浅灰色。

选中生成的指示灯(图形 I/O 域)以后,单击巡视窗口中的"属性 > 属性 > 常规",设置连接的变量为 PLC 中的变量"电动机"(Q0.0)。其他参数采用默认的设置,模式为"双状态"。

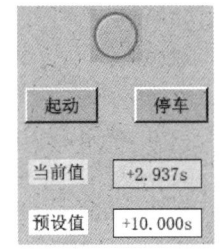

图 3-20 仿真面板

用集成仿真的方法进行仿真,用"起动"按钮和"停止"按钮为 PLC 提供输入信号,通过 PLC 的程序,可以控制 Q0.0。Q0.0 的状态用画面中的指示灯显示。

6. 添加库对象

库可以包含所有的 WinCC 对象,例如完整的 HMI 设备、画面、包括变量和函数的显示和控制对象、图形、变量、报警、文本和图形对象、面板和用户数据类型。

单击全局库工具栏最左边的按钮,创建一个新的全局库,采用默认的名称"库 1"。可以将组态好的按钮和指示灯分别拖拽到"库 1"的"模板副本"文件夹中。

可以用鼠标同时选中多个画面对象,然后将它们拖拽到库中。可以用菜单命令"编辑"→"组合"→"组合",将选中的画面中的若干个对象组合为一个整体,然后保存在库中。

可以将打开的全局库中的对象直接拖拽到画面中或项目库的"模板副本"文件夹中。

7. 库管理

打开"库"任务卡,将项目树中的"根画面"拖拽到项目库的"类型"文件夹中。单击出现的"添加类型"对话框中的"确定"按钮确认。右键单击项目库中的"类型"文件夹,用快捷菜单中的"库管理"命令,在工作区中打开库管理(见图 3-21)。

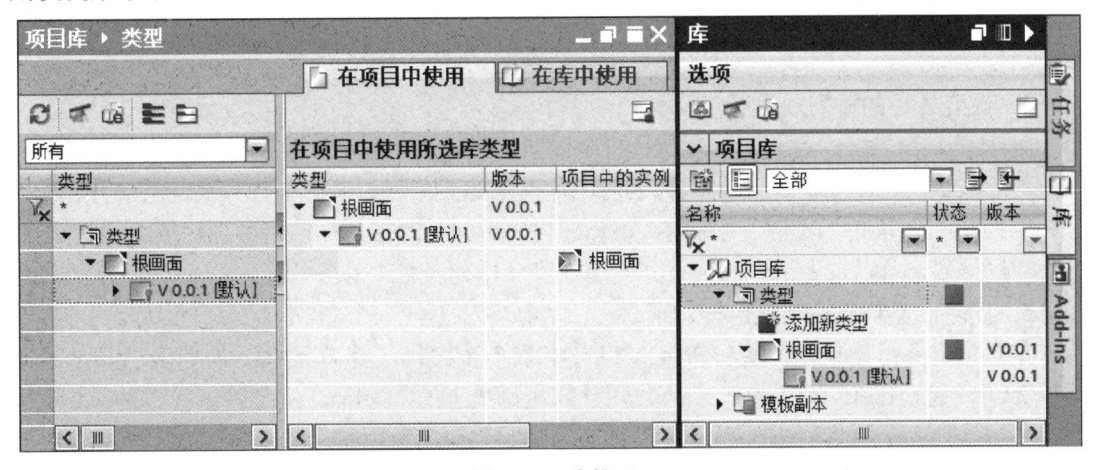

图 3-21 库管理

如果在其他类型或模板副本中引用了某种类型,库管理可以显示它们之间的相互关系。库管理还可以显示项目中所选库类型的使用位置,可以升级类型。

视频"库的应用"可通过扫描二维码 3-2 播放。

3.4 组态的技巧

3.4.1 表格编辑器的操作与使用技巧

1．改变表格显示的列

打开项目"1200_精简面板"PLC 默认的变量表，右键单击图 3-22 中某个浅灰色的表头单元格，执行快捷菜单中的"显示/隐藏"命令，取消勾选"连接"复选框，表格中的"连接"列消失。重复上述操作，勾选"连接"复选框，"连接"列重新出现。

表格能使用哪些列，与 HMI 设备的型号有关。某些禁止修改的列（例如图 3-22 中的"名称"列）用浅灰色表示。

2．改变列的宽度

将光标放在表头中两列之间的交界处，光标变为 ✥（指向左右两边的两个箭头）时，按住鼠标左键并移动鼠标，拖动列的垂直边界线，可以改变左边列的宽度。

右键单击某个表头单元格，执行快捷菜单中的"调整宽度"命令，可以调整该列的宽度至最佳。执行快捷菜单中的"调整所有列的宽度"命令，可以将所有列的宽度调整至最佳。但是有的表格没有这个功能。

3．改变列的排列顺序

拖拽某列的表头单元格，可以改变该列的左右顺序。例如，用鼠标按住图 3-22 表头中的"连接"列标题往右拖动，拖到"PLC 名称"列标题右边的交界处，交界处出现蓝色的垂直线时松开鼠标左键，"连接"列被插入该交界处原来两列之间。

名称 ▲	数据类型	连接	PLC 名称	PLC 变量	地址	访问模式	采集周期	注释
停止按钮	Bool	HMI_连接_1	PLC_1	停止按钮	%M2.1	<绝对访问>	1 s	
当前值	Time	HMI_连接_1	PLC_1	当前值	%MD4	<绝对访问>	100 ms	
电动机	Bool	HMI_连接_1	PLC_1	电动机	%Q0.0	<绝对访问>	100 ms	
起动按钮	Bool	HMI_连...	PLC_1	起...	%...	<绝对...>	1 s	
预设值	Time	HMI_连接_1	PLC_1	预设值	%MD8	<绝对访问>	1 s	

图 3-22　HMI 的默认变量表

4．改变各行的排列顺序

单击图 3-22 中的"地址"列标题，将会根据该列中地址的字母顺序和数字的大小对表格中的各行重新排序，"地址"列标题内同时出现向上的三角形，表中各行按地址从 A 到 Z 的升序排列。再次单击"地址"列标题，该标题内出现向下的三角形，表中各行按地址从 Z 到 A 的降序排列。可以按表格中的任意列升序或降序排列表格中的各行。

5．删除、复制与粘贴指定行

单击位于各行最左侧的灰色单元，将选中整个表格行，其背景色变为较深的颜色（见图 3-22 中"起动按钮"所在的行），可以用计算机键盘上的〈Delete〉键删除该行。按〈Ctrl+C〉键或单击工具栏上的复制按钮，可以将该行复制到剪贴板。按〈Ctrl+V〉键或单击工具栏上的粘贴按钮，可以将该行粘贴到表格最下面的空白行。

6．插入表格行

用鼠标右键单击 HMI 变量表中变量"当前值"（见图 3-22）所在的行（其地址为 MD4），执行快捷菜单中的"插入对象"命令，将在该行的上面插入一个名为"当前值_1"的变量，其地址为 MD8（地址自动增量排列）。新、老变量的其他参数基本相同。单击表格最下面的空白行中的"添加"，将会参照上一行的参数自动生成新行。生成新的变量后，需要对新变量的某些参数作适当的调整。

7. 复制多个表格行

首先用前述的删除、复制和粘贴操作，将需要多行复制的某个表格行放置在表格的底部。单击该行最左侧的灰色单元，该行被选中。将光标放到该行 列左下角的控点上，光标变为黑色的十字。按住鼠标左键并向下移动鼠标，松开鼠标左键，拖动时经过的行自动创建变量。创建的行与原行的设置基本相同。对于变量表，变量的名称和地址自动增量排列。

8. 复制与粘贴表格单元

单击某一表格单元，将选中该表格单元，该单元周围出现蓝色的边框，可以用上述的对表格行的操作方法复制与粘贴表格单元。

9. 复制多个表格单元

单击选中某一表格单元，用鼠标左键按住该单元右下角的控点，光标变为黑色的十字。向下移动鼠标，选中该单元下面的若干个单元。松开鼠标左键，出现的对话框询问是"覆盖变量的属性"还是"插入新变量"，单击"确定"按钮后执行选择的操作。

视频"组态技巧（A）"可通过扫描二维码 3-3 播放。

二维码 3-3

3.4.2 鼠标的使用技巧

1. 用详细视图和鼠标的拖拽功能创建对象

打开项目"1200_精简面板"，打开 HMI 的根画面，选中项目树"HMI 变量"文件夹中的"默认变量表"，用详细视图显示其中的变量。单击选中详细视图中的"当前值"，将它拖到画面工作区中，鼠标的光标由 （禁止放置）变为 （允许放置），表示可以在光标所在的位置放置拖动的对象。松开鼠标左键，将在该画面中生成一个与变量"当前值"连接的 I/O 域。

2. 用鼠标拖拽功能实现画面对象与变量的连接

单击选中详细视图中的"预设值"，将它拖到画面中刚生成的 I/O 域中，鼠标的光标由 （禁止放置）变为 （允许放置），表示可以在光标所在的位置放置拖动的对象。松开鼠标左键，在 I/O 域的巡视窗口中可以看到，与该 I/O 域连接的变量变成了"预设值"。

3. 生成多个相同的对象

单击选中画面中的某个对象（例如 I/O 域），按住〈Ctrl〉键，将鼠标的光标放到对象下边沿中间的浅蓝色控点上，光标变为一个黑色的小圆点和一个黑色的向下的三角形。按住鼠标左键向下拖动，将会生成几个上下排列的相同的对象（见图 3-23a）。

单击选中画面中的一个 I/O 域，按住〈Ctrl〉键，将光标放到对象右边沿中间的浅蓝色控点上，按住鼠标左键向右拖动，将会生成几个水平排列的相同的对象（见图 3-23b）。

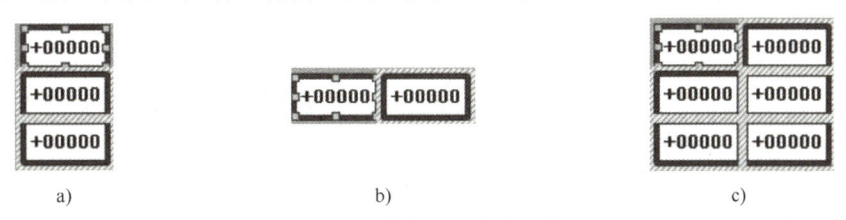

a)　　　　　　　　b)　　　　　　　　c)

图 3-23　复制画面中的对象

单击选中画面中的一个 I/O 域，按住〈Ctrl〉键，将光标放到对象右下角的浅蓝色控点上，按住鼠标左键向右下方拖动，在拖动的方向上将会生成排列成矩阵的相同的对象（见图 3-23c）。

3.4.3 组态的其他技巧

1. 画面对象格式的编辑

打开某个画面，可以用"编辑"菜单中的命令，对选中的一个或数个画面对象进行对齐、布置（等距）、大小（等宽、等高）、旋转、翻转、顺序（上下层排序）、组合、层、Tab 顺序等操作。也可以用画面编辑器工具栏上对应的按钮进行上述的操作。

2. 成批修改属性

可以同时修改同一画面中被选中的画面对象的某些共同的属性。

用鼠标选中画面中要修改属性的多个 I/O 域、文本域和按钮，单击其中的一个对象，该对象四周出现 8 个控点。选中该对象的巡视窗口的"属性 > 属性 > 文本格式"，修改"字体"的像素数，按〈Enter〉键后，可以一次调整被同时选中的对象的文字大小。也可以用同样的方法同时修改它们的文本对齐方式。选中巡视窗口的"属性 > 属性 > 外观"，可以同时改变选中对象的背景色或前景色。

3. 查找和替换功能

TIA 博途允许查找和替换字符串和对象。执行菜单命令"编辑"→"查找和替换"，或者单击最右边垂直条上的"任务"按钮，在任务卡中打开"任务"的"查找和替换"窗格。

在工作区打开变量表，在"查找和替换"窗格的"查找"选择框中输入要搜索的"起动按钮"，单击"查找"按钮，将在变量表中显示搜索到的"起动按钮"。可以用"查找和替换"窗格中的复选框和单选按钮设置附加选项、搜索区域和搜索方向。

在"替换为"选择框中输入要替换的字符串，单击"替换"按钮，就可以在变量表中搜索和替换字符串。也可以用该功能查找和替换 PLC 程序中的变量名称。

二维码 3-4

视频"组态技巧（B）"可通过扫描二维码 3-4 播放。

4. 使用交叉引用列表

交叉引用列表提供项目和项目库中对象和设备的使用概况，可用于显示对象之间的关系和依赖性。作为项目文档的一部分，交叉引用列表全面概述了已使用的设备、对象、变量、报警和脚本等。例如某个 PLC 变量在哪些块的哪些程序段被使用，被哪些 HMI 的画面的什么元件使用，某个块被其他哪些块调用，以及下一级和上一级结构的交叉引用信息等均可以在交叉引用列表中显示。

例如希望了解 HMI 变量"起动按钮"在哪些地方使用，在 HMI 变量编辑器里选中它以后，执行菜单命令"工具"→"交叉引用"，将会自动打开交叉引用列表（见图 3-24），可以用工具栏上的选择框选择多种显示方式。

双击"起动按钮"在根画面中的"按钮_1"的"引用位置"列，将会跳转到根画面，该按钮被选中。双击"引用位置"列中的"@Main ▶ NW1"（OB1 的程序段 1），将会打开 OB1，直接跳转到程序段 1 中变量"起动按钮"的使用点。

可以用工具栏里的"全部折叠"按钮 ，隐藏对象的引用位置列表，用"全部展开"按钮 ，打开对象的引用位置列表。

选中变量表中的"起动按钮"，打开巡视窗口的"信息 > 交叉引用"选项卡，可以显示与

图 3-24 相同的交叉引用列表。

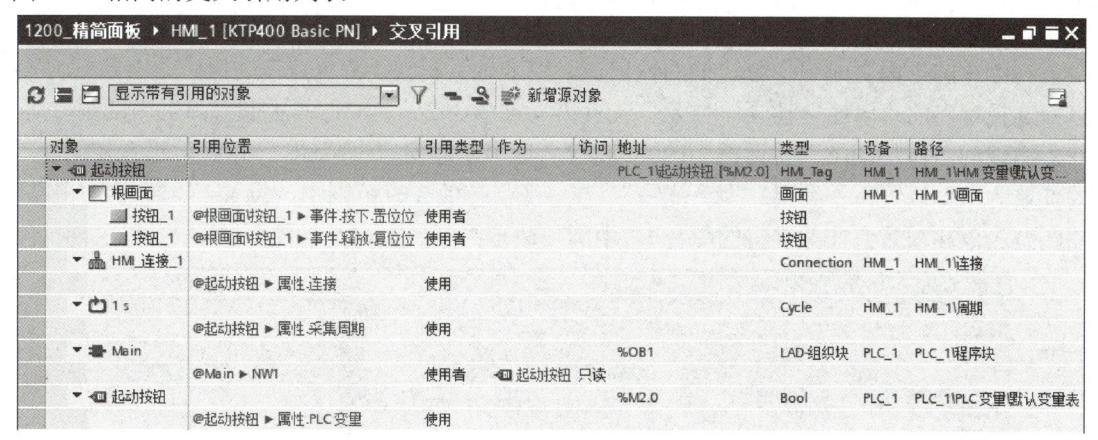

图 3-24 交叉引用列表

3.4.4 动画功能的实现

TIA 博途有非常强大的动画功能,几乎可以对每一个画面对象设置各种动画功能。下面介绍动画功能的实现方法。

在 TIA 博途中新建一个名为"动画"的项目(见配套资源中的同名例程),HMI 设备为 4in 的精简面板 KTP400 Basic PN。在 PLC 默认的变量表中,变量"X 位置"和"Y 位置"的数据类型为 Int。在 HMI 默认的变量表中,设置它们的采集周期为 100ms。

在根画面中,用工具箱的"简单对象"窗格中的矩形和两个圆画出一个小车的示意图(见图 3-25),同时选中它们以后,用菜单命令"编辑"→"组合"→"组合"将它们组合成一个整体。

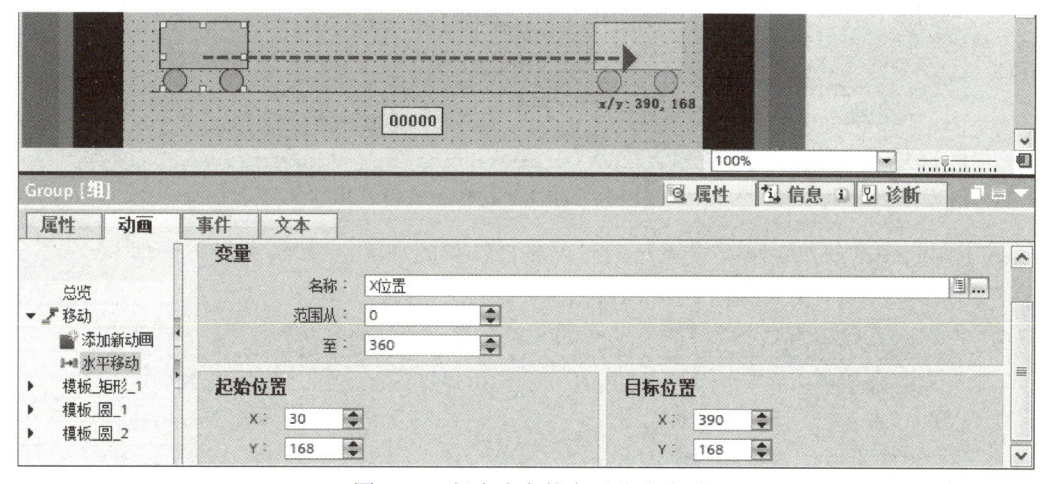

图 3-25 组态小车的水平移动动画

选中组合的图形,打开巡视窗口的"属性 > 动画 > 移动"文件夹,单击其中的"添加新动画",出现"添加动画"对话框,"移动"动画功能可选直接移动、对角线移动、水平移动和垂直移动。某个对象设置了一种移动动画功能后,就不能再设置其他的移动动画功能。

双击"添加动画"对话框中的"水平移动",画面中出现两个小车,深色的小车表示小车运动的起始位置,浅色的小车表示小车运动的结束位置,蓝色虚线箭头指出小车运动的方向。用鼠标左键拖动深色小车,浅色小车跟随它一起移动。一般用鼠标拖拽的方法改变画面中小车的起始位置，通过指定 X 轴的"目标位置"设置小车在画面中的目标位置。设置控制移动的变量为"X 位置"（见图 3-25），变化范围为 0 到 360。

在小车的下面生成一个带边框的输出域，用来显示变量"X 位置"的值。选中该 I/O 域，打开巡视窗口的"属性 > 动画 > 显示"文件夹（见图 3-26），双击其中的"添加新动画"，再双击出现的"添加动画"对话框中的"外观"。选中左边窗口生成的"外观"，设置控制外观的变量为"X 位置"，"类型"为"范围"，在该变量值的 3 段范围中，设置 I/O 域分别使用不同的背景色和前景色（即字符的颜色），中间一段范围开启了闪烁功能。

图 3-26 组态输出域外观的动画

在画面中生成一个白色的矩形，设置它的直接移动功能。直接移动是指对象沿着 X 和 Y 坐标轴移动特定数目的像素，起始位置坐标由组态时对象在画面中的位置确定，偏移量用两个变量"X 位置"和"Y 位置"控制（见图 3-27）。

图 3-27 组态直接移动动画

选中画面中的白色矩形，设置它的"可见性"动画功能（见图 3-28）。矩形在变量"X 位置"的值为 1~300 时可见，超出这个范围时，矩形消失。

图 3-28 组态矩形的可见性属性

单击选中项目树中的 HMI，执行菜单命令"在线"→"仿真"→"使用变量仿真器"。编译成功后，出现显示根画面的仿真面板和仿真器（见图 3-29）。

在仿真器中创建变量"X 位置"和"Y 位置",其模拟方式均为增量,最大值和最小值见图 3-29,变量的写周期为默认的最小值 1s,增量变化的周期为 36s。用"开始"列的复选框启动两个变量,变量当前值开始变化。图 3-29 的上图是小车运动时的画面,小车从左往右运动时,小车下面的输出域的前景色和背景色按图 3-26 的设置变化。变量"X 位置"的值大于 300 时,白色矩形消失,变为不可见。

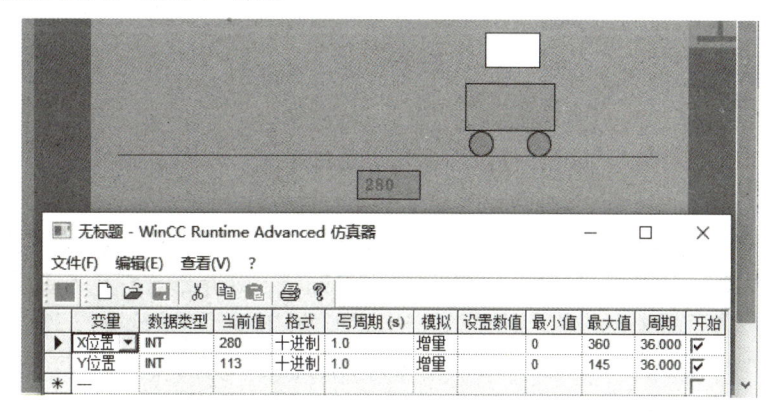

图 3-29 动画功能仿真

用 PLC 的循环中断组织块 OB30 每 100ms 将变量"X 位置"加 1,"X 位置"大于等于 360 时,将"X 位置"清零;OB31 每 248ms 将变量"Y 位置"加 1,"Y 位置"大于等于 145 时,将"Y 位置"清零。选中项目树中的 PLC_1,将程序下载到仿真 PLC 实例。选中项目树中的 HMI_1 站点。选中项目树中的 HMI_1,单击工具栏上的"启动仿真"按钮,启动 HMI 的运行系统,打开仿真面板。可以看到小车的运动非常流畅,而不是像用变量仿真器仿真那样每 1s 跳变一次。

视频"动画功能的实现"可通过扫描二维码 3-5 播放。

二维码 3-5

3.5 习题

1. 起始画面有什么作用?怎样定义起始画面?
2. 永久性区域有什么作用?怎样组态永久性区域?
3. 画面模板有什么作用?一般在画面模板中放置哪些画面对象?
4. 在指定的画面中怎样隐藏画面模板中的内容?
5. 全局画面有什么作用?一般在全局画面中放置哪些画面对象?
6. HMI 的外部变量和内部变量各有什么特点?
7. 变量的线性转换有什么作用?
8. 变量的"循环连续"采集模式有什么特点?使用时应注意什么问题?
9. 怎样设置详细视图显示的内容?
10. 怎样用详细视图和鼠标拖拽功能实现画面对象与变量的连接?
11. 怎样用简便方法生成画面切换按钮?
12. 交叉引用列表有什么作用?怎样使用交叉引用列表?
13. 怎样查找和替换字符串和对象?
14. 怎样批量修改对象的属性?

第4章 画面对象组态

4.1 按钮组态

按钮最主要的功能是在单击它时执行事先组态好的系统函数，使用按钮可以完成各种丰富多彩的任务。

选中按钮的巡视窗口的"属性 > 属性 > 常规"，可以设置按钮的模式为"文本""图形""图形或文本""图形和文本"或"不可见"。第2.2.3节已经介绍了"文本"模式的按钮用于Bool变量（开关量）的组态方法，下面将介绍按钮用于其他用途的组态方法。

创建一个名为"按钮组态"的项目（见配套资源中的同名例程）。PLC_1为CPU 1214C，HMI_1为4in的精简面板KTP400 Basic PN。在网络视图中生成基于以太网的HMI连接。

4.1.1 用按钮修改变量的值

1. 用按钮增减变量的值

双击项目树中的"根画面"，打开画面编辑器，画面的背景色为浅灰色。将工具箱中的"按钮"拖拽到画面工作区，用鼠标调节按钮的位置和大小。

单击选中放置的按钮，选中巡视窗口的"属性 > 属性 > 常规"，设置按钮的模式为"文本"。按钮未按下时显示的文本为"+5"（见图4-1）。采用默认的设置，未勾选"按钮'按下'时的文本"复选框，按钮按下时与未按下时显示的文本相同。

选中巡视窗口的"属性 > 属性 > 外观"，设置按钮的背景色为浅灰色，字符为黑色，边框的样式为3D。

选中巡视窗口的"属性 > 事件 > 单击"（见图4-2），单击右边窗口中表格的最上面一行，再单击它的右侧出现的 ▼ 按钮（在单击之前它是隐藏的），在出现的"系统函数"列表中选择"计算脚本"文件夹中的函数"增加变量"。被增加的Int型变量为PLC变量"变量1"，增加值为5。

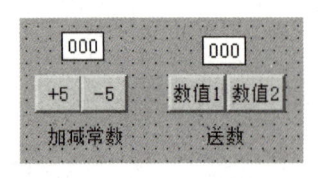

图4-1 设置变量值的按钮　　　　图4-2 组态增加变量按钮的事件功能

用复制和粘贴的方法生成另外一个按钮，设置其文本为"-5"（见图4-1），在出现"单击"事件时，执行系统函数"减少变量"，被减少的变量为"变量1"，减少值为5。

在按钮的上方生成一个输出模式的I/O域，连接的变量为"变量1"（见图4-3），显示格式为十进制3位整数。选中HMI变量编辑器中的"变量1"，选中巡视窗口左边的"限制"，设置变量 1 的上、下限制值分别为 25 和 -15。

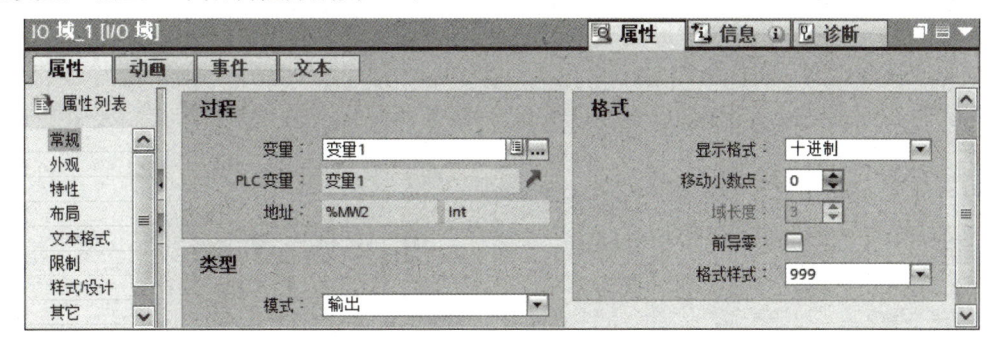

图 4-3 组态 I/O 域的常规属性

2．用按钮设置变量的值

用复制和粘贴的方法生成一个按钮，用鼠标调节按钮的位置和大小。单击选中生成的按钮，选中巡视窗口的"属性 > 属性 > 常规"，设置按钮的模式为"文本"（见图 4-1），按钮上的文本为"数值 1"。

选中巡视窗口的"属性 > 事件 > 单击"（见图 4-4），组态在按下该按钮时执行系统函数列表的"计算脚本"文件夹中的函数"设置变量"，将变量值 20 赋值给 Int 型变量"变量 2"。用复制和粘贴的方法生成另外一个按钮，将按钮上的文本改为"数值 2"（见图 4-5），在出现"单击"事件时，执行系统函数"设置变量"，将变量值 50 赋值给 PLC 变量"变量 2"。

在按钮的上方生成一个显示 3 位整数的输出模式的 I/O 域，连接的 PLC 变量为"变量 2"。

图 4-4 组态设置变量按钮的事件功能　　图 4-5 设置变量值按钮仿真

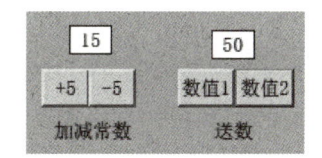

3．仿真实验

因为本项目与 PLC 的程序无关，所以用变量仿真器来仿真。选中项目树中的"HMI_1"，执行菜单命令"在线"→"仿真"→"使用变量仿真器"，启动变量仿真器。编译成功后，出现变量仿真器和仿真面板，将变量仿真器最小化。

仿真时每单击一次"+5"按钮，它上面的输出域显示的变量 1 的值加 5。每单击一次"-5"按钮，输出域显示的值被减 5。在仿真时可以看到变量 1 的限制值的作用。

单击"数值 1"按钮，它上面的输出域显示的值变为 20。单击"数值 2"按钮，输出域显示的值变为 50。

4.1.2 不可见按钮与图形模式按钮的组态

1．不可见按钮的组态

有时可能需要不可见的按钮，不可见按钮可以与其他画面对象重叠，例如与输出域重叠。将工具箱中的"按钮"对象拖拽到画面工作区，按钮下面的文本域为"送字符"（见图 4-6）。

选中按钮的巡视窗口的"属性 > 属性 > 常规",设置按钮的模式为"不可见",组态时该按钮以空心的方框显示,它被安排在层_1,运行时看不到它。其他可见的画面对象均在层_0。

选中巡视窗口的"属性 > 事件 > 单击"(见图4-7),单击右边窗口中表格的最上面一行,再单击它的右侧出现的▼按钮,选中出现的"系统函数"列表的"计算脚本"文件夹中的函数"设置变量"。被设置的是数据类型为 WString 的 HMI 内部变量"变量3",设置的变量值为宽字符串"人机界面",每个汉字占两个字节。

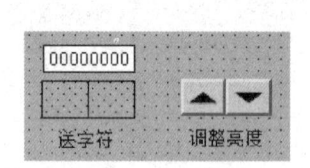

图4-6 局部画面

图4-7 组态设置字符按钮的事件功能

用复制和粘贴的方法组态另外一个"不可见"模式的按钮,在出现"单击"事件时,执行系统函数"设置变量",将 HMI 内部变量"变量3"赋值为宽字符串"触摸屏"。

在按钮的上方生成一个能显示8个字符或4个汉字的输出模式的 I/O 域,连接的内部变量为"变量3"。选中输出域后,选中巡视窗口的"属性 > 属性 > 文本格式",设置"字体"为正常的宋体,大小为13像素。

2. 图形模式按钮的组态

将工具箱的"按钮"对象拖拽到画面工作区,用鼠标调节按钮的位置和大小。单击选中放置的按钮,选中巡视窗口的"属性 > 属性 > 常规",设置按钮的模式为"图形"(见图4-8)。

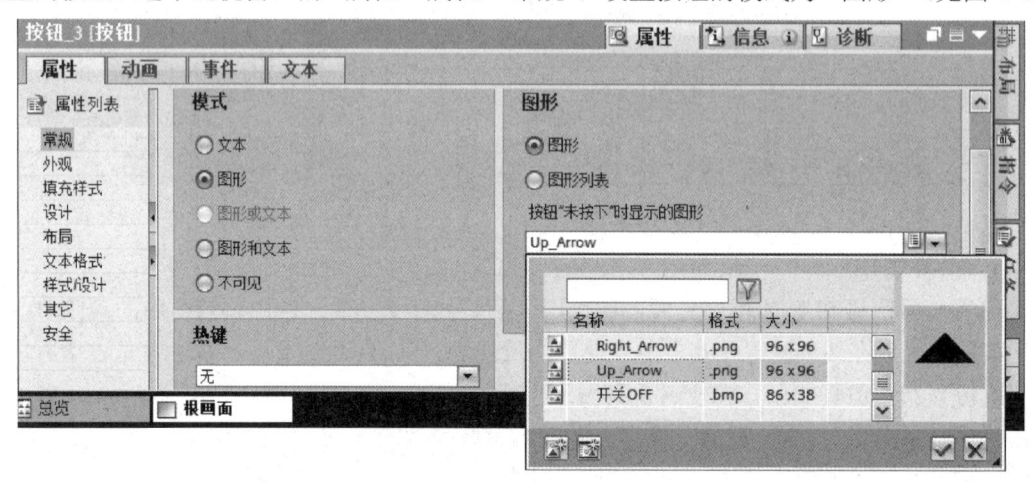

图4-8 组态图形按钮的常规属性

选中"图形"选项组中的"图形"单选按钮,单击"按钮'未按下'时显示的图形"选择框右侧的▼按钮,选中出现的图形对象列表中的"Up_Arrow"(向上箭头),列表的右侧是选中的图形的预览。单击✓按钮,返回按钮的巡视窗口。在该按钮上出现一个向上的三角形箭头的图形(见图4-6)。因为未勾选"按钮'按下'时显示的图形"复选框,所以按钮按下与未按下时显示的图形相同。

选中巡视窗口的"属性 > 事件 > 单击"(见图4-9),单击视图右边窗口中表格的最上面一行,再单击它右侧的▼按钮,在"系统函数"列表中选择"系统"文件夹中的函数"设置亮度"。单击下面一行，再单击它右侧的回按钮，选中列表中的"整数"，设置整数值为 90，即单击该按钮时的亮度值为 90%。

用同样的方法组态另外一个图形模式的按钮，其图形为图形对象列表中的"Down_Arrow"（向下箭头），出现"单击"事件时，执行系统函数"设置亮度"，亮度值为 60%。

3．仿真实验

选中项目树中的"HMI_1"，执行菜单命令"在线"→"仿真"→"使用变量仿真器"，编译成功后，出现变量仿真器和仿真面板。

单击左侧的不可见按钮，按钮上面的 I/O 域显示"人机界面"（见图 4-10）。单击右侧的不可见按钮，按钮上面的 I/O 域显示"触摸屏"。单击不可见按钮后，它的外形用虚线显示。

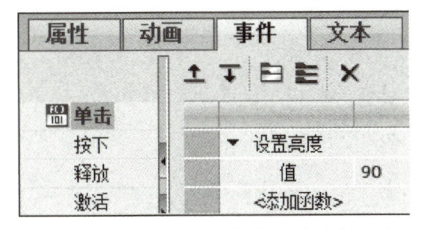

图 4-9 组态设置亮度按钮的事件功能　　图 4-10 按钮仿真

如果用计算机仿真，单击两个带箭头的按钮，不会改变计算机屏幕的亮度。如果在硬件触摸屏上运行，单击向上箭头的按钮，屏幕亮度为预设的 90%。单击向下箭头的按钮，屏幕亮度为 60%。

视频"按钮组态与仿真"可通过扫描二维码 4-1 播放。

二维码 4-1

4.1.3 使用文本列表和图形列表的按钮组态

1．使用文本列表的按钮组态

在 PLC 的默认变量表中创建 Bool 变量"位变量 1"（Q0.0）和"位变量 2"（Q0.1）。

单击项目树的"HMI_1"文件夹中的"文本和图形列表"，创建一个名为"按钮文本"的文本列表（见图 4-11），它的两个条目的文本分别为"起动"和"停机"。

用复制和粘贴的方法生成一个按钮，用鼠标调节按钮的位置和大小。单击选中文本域"使用文本列表"上面的按钮（见图 4-12），选中巡视窗口的"属性 > 属性 > 常规"，设置按钮的模式为"文本"（见图 4-13）。选中右边窗口的"标签"选项组的"文本列表"单选按钮，单击"文本列表"选择框右侧的 ... 按钮，双击选中出现的文本列表"按钮文本"，返回巡视窗口。

在右边窗口的"过程"选项组中设置连接的变量为"位变量 2"（Q0.1），该按钮的文本用位变量 2 来控制。位变量 2 的值为 0 和 1 时，按钮上的文本分别为文本列表"按钮文本"中的"起动"和"停机"。

图 4-11 文本列表编辑器　　图 4-12 局部的画面

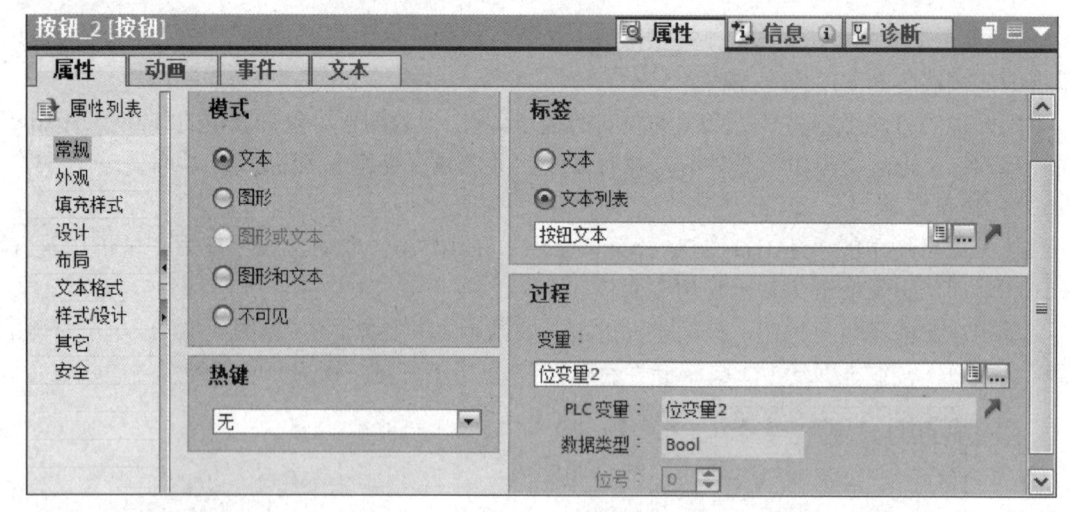

图 4-13 组态文本列表按钮的常规属性

选中巡视窗口的"属性 > 事件 > 单击"（见图 4-14），单击视图右边窗口中表格的最上面一行，再单击它的右侧的 ▼ 按钮，在"系统函数"列表中选择"编辑位"文件夹中的函数"取反位"，将 PLC 变量"位变量 2"取反（0 变为 1 或 1 变为 0）。

打开"库"任务卡的全局库的"Buttons-and-Switches\模板副本\PilotLights"文件夹（见图 3-18），将其中的 PlotLight_Round_G（绿色圆形指示灯，图形 I/O 域）拖拽到根画面中。选中生成的指示灯，适当调节它的大小和位置。

图 4-14 组态取反位按钮的事件功能

单击巡视窗口中的"属性 > 属性 > 常规"，设置指示灯连接的变量为 PLC 变量"位变量 2"。模式为"双状态"，其他参数采用默认的设置。

2．图形列表组态

在绘图软件中生成和编辑两个图形，用于显示推拉式开关的两种状态，将它们保存为两个图形文件，文件名分别为"开关 ON"和"开关 OFF"。

双击项目树的"HMI_1"文件夹中的"文本和图形列表"，打开图形列表编辑器，在"图形列表"选项卡中创建一个名为"开关"的图形列表（见图 4-15）。

单击"图形列表条目"中的第 1 行，生成一个新的条目，条目的"值"列出现"0-1"。单击该列右侧的 ▼ 按钮，用弹出的对话框将"类型"由"范围"改为"单个值"，条目的值（即图形的编号）变为 0。

单击"图形名称"列右侧隐藏的 ▼ 按钮，打开图形对象列表对话框（见图 4-15 下面的小图），单击左下角的"从文件创建新图形"按钮，在弹出的"打开"对话框中，双击预先保存的图形文件"开关 OFF"，在图形对象列表中增加了名为"开关 OFF"的图形对象，同时返回图形列表编辑器。这样在图形列表"开关"的第 1 行中生成了值为 0、图形名称为"开关 OFF"的条目，条目的"图形"列是该条目的图形预览。用同样的方法，生成第 2 行图形名称为"开关 ON"的条目。

3．使用图形列表的按钮组态

用复制和粘贴的方法生成一个按钮，用鼠标调节按钮的位置和大小。单击选中放置的按钮，选中巡视窗口的"属性 > 属性 > 常规"，设置按钮的模式为"图形"（见图 4-16）。在"图形"选项组中选中"图形列表"单选按钮,单击"图形列表"下面的选择框右侧的 按钮,双击出现的对话框中的"开关",返回按钮的巡视窗口。

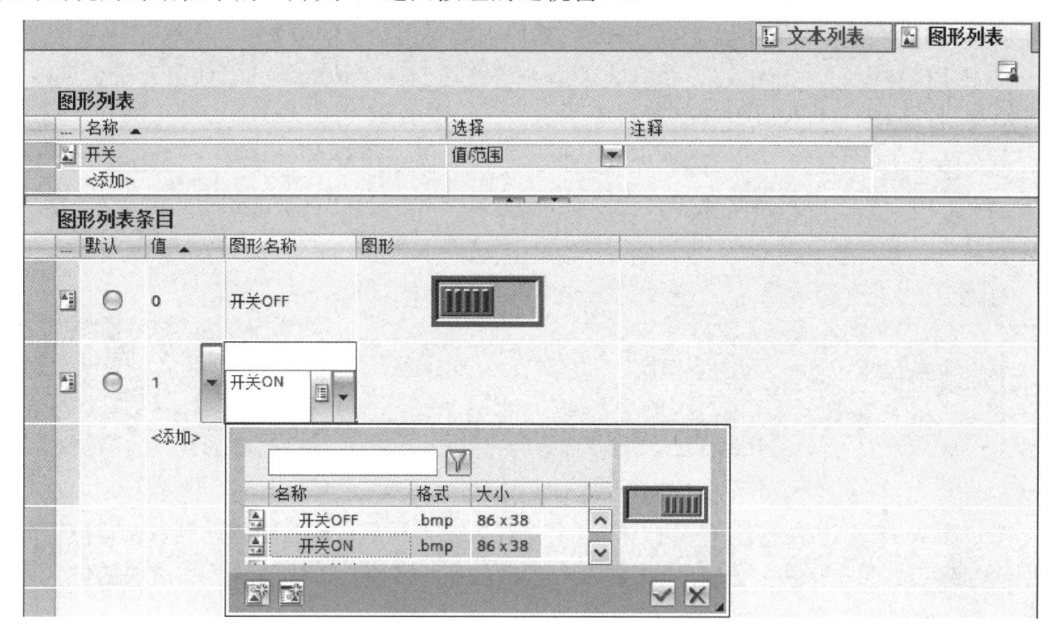

图 4-15 生成图形列表的条目

在"过程"选项组中设置连接的 PLC 变量为"位变量 1"(Q0.0),该按钮上的图形由位变量 1 来控制。位变量 1 的值为 0 和为 1 时,按钮的外形分别为图形列表"开关"中的条目"开关 OFF"和"开关 ON"的图形。

选中巡视窗口的"属性 > 事件 > 单击"(见图 4-17),单击右边窗口中表格的最上面一行,再单击它右侧的 按钮,在系统函数列表中,选择"编辑位"文件夹中的函数"取反位",将 PLC 变量"位变量 1"取反(0 变为 1 或 1 变为 0)。

在图 4-16 中设置的控制按钮上的图形的变量和图 4-17 中按钮单击时被取反的变量均为位变量 1。在"位变量 1"状态变化的同时,按钮的外形相应改变,因此这种按钮是有"返回信息"的元件,实际上具有下一节将要介绍的开关的外部特性。

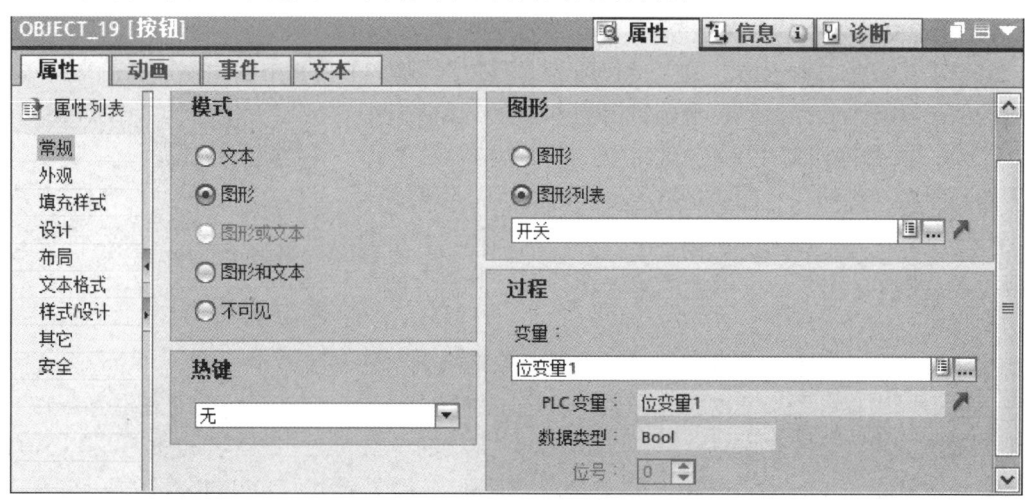

图 4-16 组态图形列表按钮的常规属性

用本节介绍的方法，将全局库中的 PlotLight_Round_G 拖放到开关上面，生成一个绿色的指示灯（见图 4-18）。选中生成的指示灯，单击巡视窗口中的"属性 > 属性 > 常规"，设置连接的变量为 PLC 变量"位变量 1"（Q0.0）。其他参数采用默认的设置。

选中项目树中的"HMI_1"，执行菜单命令"在线"→"仿真"→"使用变量仿真器"，编译成功后，出现变量仿真器和仿真面板。

单击图 4-18 左边的按钮，按钮上面的指示灯亮，表示位变量 2 变为 1。按钮上的文本变为"停机"，用于提示用户再次操作将会停机。再单击一次该按钮，按钮上的文本变为"起动"，指示灯熄灭，位变量 2 变为 0。

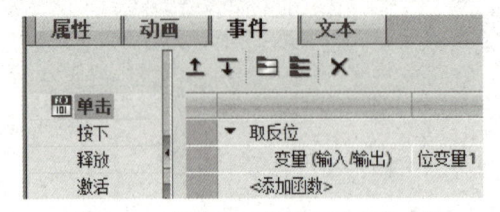

图 4-17　组态取反位按钮的事件功能 　　　　图 4-18　使用列表的按钮仿真

单击图 4-18 右边的按钮，按钮上的滑块由红色变为绿色，从左侧移动到右侧，按钮上面的指示灯亮，表示位变量 1 变为 1。再单击一次该按钮，按钮上滑块的颜色和滑块的位置恢复原状，指示灯熄灭，位变量 1 变为 0。

4.2　开关组态

开关是一种用于输入、输出 Bool 变量（位变量）的对象，它有两个基本功能：

1）用图形或文本显示 Bool 变量的值（0 或 1）。

2）单击开关时，切换连接的 Bool 变量的状态，如果该变量为 0 则变为 1，为 1 则变为 0。这一功能是集成在对象中的，不需要用户组态在发生"单击"事件时执行使位变量取反的系统函数。

在 TIA 博途中创建一个名为"开关与 IO 域组态"的项目（见配套资源中的同名例程）。PLC_1 和 HMI_1 的型号以及以太网接口的 IP 地址、子网掩码与项目"按钮组态"的相同。在网络视图中生成基于以太网的 HMI 连接。

1. 通过文本切换的开关组态

将自动生成的"画面_1"的名称修改为"开关"。双击项目树中的"添加新画面"，将新画面的名称修改为"I/O 域"。将项目树的"画面"文件夹中的"I/O 域"画面拖拽到"开关"画面中，自动生成显示"I/O 域"的画面切换按钮（见图 4-19）。调节该按钮的位置和大小，将按钮的背景色改为浅灰色，字符颜色改为黑色。用同样的方法在画面"I/O 域"中生成切换到画面"开关"的画面切换按钮。

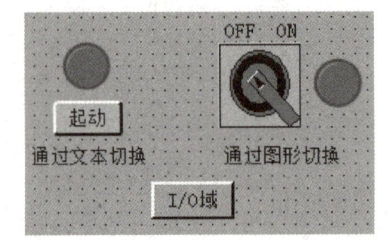

将工具箱的"元素"窗格中的"开关"对象拖拽到"开

图 4-19　"开关"画面

关"画面中，用鼠标调节它的位置和大小。选中它以后，选中巡视窗口的"属性 > 属性 > 常规"，设置模式为"通过文本切换"（见图 4-20），连接的变量为 PLC 变量"位变量 1"（M0.0）。设置在位变量 1 为 ON 时，开关上的文本为"停机"；位变量 1 为 OFF 时，开关上的文本为"起动"，用文本来提醒操作人员当前应做的操作。

图 4-20 组态开关的常规属性

选中巡视窗口左边的"填充样式",将背景设置为"实心"。选中巡视窗口左边的"外观",设置文本色为黑色,背景色为浅灰色;边框的宽度为 2,3D 样式,颜色为白色,背景色为黑色,角半径为 3。这个开关的外形看起来像是一个按钮。选中巡视窗口左边的"文本格式",将字形由粗体改为正常字体。

打开全局库的"Buttons-and-Switches\模板副本\PilotLights"文件夹,将其中的 PlotLight_Round_G 拖放到开关上面,生成一个绿色的指示灯(见图 4-19)。选中生成的指示灯,调节它的大小和位置。单击巡视窗口中的"属性 > 属性 > 常规",设置连接的变量为 PLC 变量"位变量 1"(M0.0),模式为"双状态"。

选中项目树中的"HMI_1",执行菜单命令"在线"→"仿真"→"使用变量仿真器",编译成功后,将出现的变量仿真器最小化,仿真面板显示出名为"开关"的根画面(见图 4-21)。

单击一次文本域"通过文本切换"上面的开关,开关上的文本变为"停机",开关上面的指示灯亮,表示位变量 1 变为 1。再单击一次,开关上的文本变为"起动",指示灯熄灭,位变量 1 变为 0。

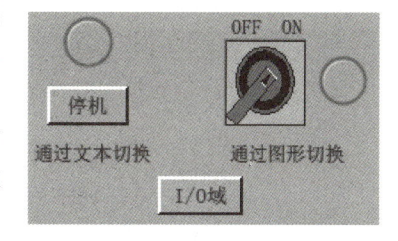

图 4-21 开关的仿真运行

单击第 4.1 节中使用的文本列表的按钮时,它控制的变量的状态被切换,与此同时,按钮上的文本同时改变,因此具有本节介绍的通过文本切换的开关的外部特性。本节用开关对象来实现相同的功能,组态的工作量要小得多。

视频"通过文本切换的开关组态与仿真"可通过扫描二维码 4-2 播放。

二维码 4-2

2. 通过图形切换的开关组态

WinCC flexible SMART V4 的图形库中有大量与工控有关的制作精美的图形供用户使用。为了制作通过图形切换的开关元件,在 WinCC flexible SMART V4 的工具箱的"图形"窗格中,打开文件夹"\WinCC flexible 图像文件夹\Symbol Factory Graphics\SymbolFactory 16 Colors\3-D Pushbuttons Etc",图 4-22 中是本节使用的选择开关的图形,它们的图形文件为"Selector switch 4 (left).wmf"和"Selector switch 4 (right).wmf"。

可以在安装 WinCC flexible SMART V4 的文件夹的子文件夹"C:\Program Files (x86)\Siemens\SIMATIC WinCC flexible\WinCC flexible SMART Support\Graphics\Graphics.zip\SymbolFactory Graphics\SymbolFactory 16 Colors\3-D Pushbuttons

图 4-22 图形库

Etc\"中找到这两个文件。

如果直接用这两个图形来组成开关元件,因为包含开关图形的矩形与组成它的圆的垂直中心线没有重合(见图4-23左侧的两个图形),在开关切换时,圆形部分将会左右摆动。

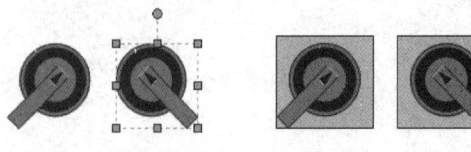

图4-23 开关图形的绘制

为了解决这一问题,在绘图软件 Visio 中,将两个开关图形分别放置在浅灰色的"底板"上(见图4-23右侧的两个图形),注意在放置时应保证两个开关的圆形部分与底板的垂直中心线重合。用 Visio 中的菜单命令"形状"→"组合"→"组合"将开关与底板组合成一个整体后,分别保存为文件"开关闭合.wmf"和"开关断开.wmf"。

将工具箱的"元素"窗格中的"开关"对象拖拽到"开关"画面中,选中生成的开关,单击巡视窗口中的"属性 > 属性 > 常规"(见图4-24),组态开关的模式为"通过图形切换",连接的PLC变量为"位变量2"(M0.1)。

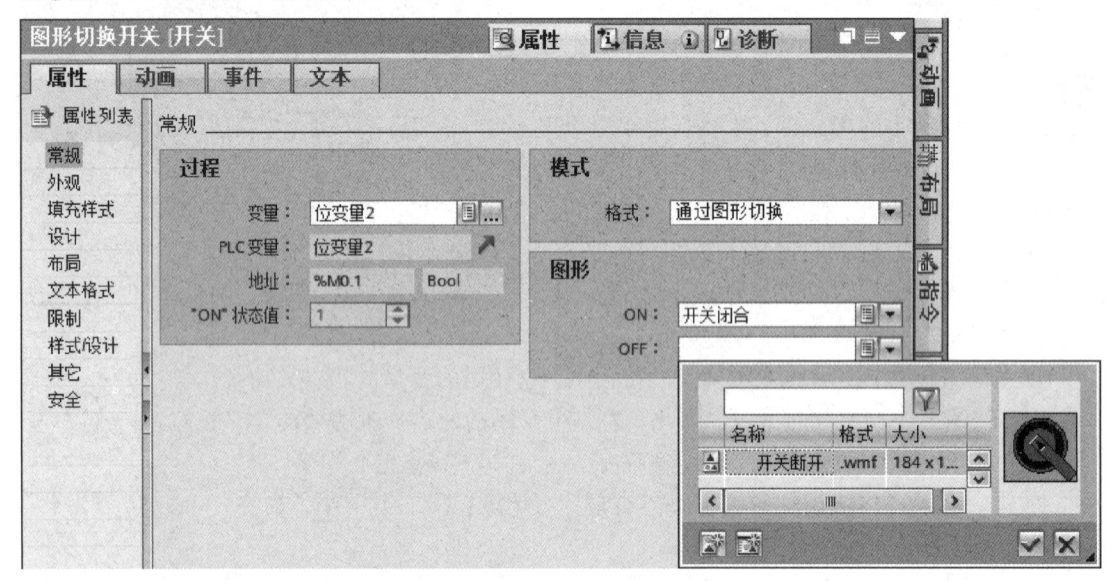

图4-24 组态图形切换开关的常规属性

单击"图形"选项组中的"ON"选择框右侧的▼按钮,在图形对象列表(见图4-24右下角的小图)中,单击左下角的"从文件创建新图形"按钮,在弹出的"打开"对话框中双击前面保存的图形文件"开关闭合.wmf",图形对象列表中将增加该图形对象,同时关闭图形对象列表,"ON"选择框中出现"开关闭合"。

用同样的方法,在"OFF"选择框中导入图形"开关断开.wmf",两个图形分别对应于"位变量2"的1状态和0状态。

用复制和粘贴的方法,在开关的右边生成一个指示灯(见图4-21)。选中生成的指示灯,单击巡视窗口中的"属性 > 属性 > 常规",设置连接的变量为PLC变量"位变量2"(M0.1)。

选中项目树中的"HMI_1",启动变量仿真器。编译成功后,出现的仿真面板显示图4-21

中的"开关"画面。每单击一次文本域"通过图形切换"上面的手柄开关，开关的手柄位置切换到另一侧，通过开关右边的指示灯，可以看到它连接的"位变量2"的0、1状态也随之而变。

视频"通过图形切换的开关组态与仿真"可通过扫描二维码4-3播放。

4.3 I/O 域组态

有3种模式的I/O域：输入域、输出域和输入/输出域。

1. 输入域的组态

打开项目"开关与IO域组态"，在PLC的默认变量表中创建整型（Int）变量"变量1"，在HMI的默认变量表中创建数据类型为WString的内部变量"变量2"。

打开名为"I/O 域"的画面，将背景色设置为白色。将工具箱的"元素"窗格中的 I/O 域拖拽到文本域"输入"的上面（见图 4-25），用鼠标调节它的位置和大小。各 I/O 域下面的文本域是该 I/O 域的模式。

单击选中放置的 I/O 域，选中巡视窗口的"属性 > 属性 > 常规"（见图 4-26），设置连接的过程变量为 Int 型变量"变量1"，模式为"输入"。"显示格式"为"十进制"，"格式样式"为 9999，"移动小数点"（即小数部分的位数）为 0，显示 4 位整数。

图 4-25 "I/O 域"画面

图 4-26 组态 I/O 域的常规属性

选中巡视窗口的"属性 > 属性 > 外观"，组态输入域的背景色为浅蓝色，文本色为黑色。背景的填充图案和边框的样式均为"实心"，有黑色的边框，边框宽度为1。

选中巡视窗口的"属性 > 属性 > 布局"，勾选"使对象适合内容"复选框，显示值四周的边距均为2像素。

选中巡视窗口的"属性 > 属性 > 文本格式"，设置字体为默认的宋体，13像素，字形为"正常"，水平方向右对齐，垂直方向居中。

2. 输出域的组态

选中生成的输入域，通过复制和粘贴生成一个相同的 I/O 域，将模式改为"输出"。为了观察输入和输出的效果，输出域连接的过程变量也是"变量1"。要求输出域显示 3 位整数和 1 位小数，因此组态"格式样式"为 99999（小数点也要占一个字符的位置），"移动小数点"为1位。设置它没有边框（边框宽度为0），背景色为浅绿色。

3．输入/输出域的组态

选中生成的输入域，通过复制和粘贴新建一个 I/O 域，模式改为"输入/输出"，连接宽字符串变量"变量 2"。"显示格式"为"字符串"，"域长度"为 8 个字符。没有边框，背景色为浅蓝绿色。取消勾选布局属性中的"使对象适合内容"复选框，调节它的宽度。

4．I/O 域的仿真运行

选中项目树中的"HMI_1"，启动变量仿真器。编译成功后，出现的仿真面板显示"开关"画面。单击画面中的"I/O 域"按钮，切换到"I/O 域"画面，图 4-27 是模拟运行时的"I/O 域"画面。

图 4-27　I/O 域的仿真运行

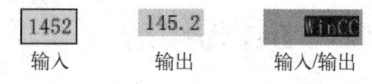

单击中间的输出域，没有什么反应。单击左侧的输入域，出现一个数字键盘（见图 2-36）。图 4-27 中的输入域和输出域与"变量 1"连接，可以看到在输入域输入"1452"后，因为输出域有 1 位小数，所以输出域显示的是"145.2"。

输入/输出域与 8 字节长的字符变量"变量 2"连接，单击它后，将会出现图 4-28 所示的字符键盘，不能用它输入汉字。其中的〈Esc〉是取消键，←是退格键，←和→分别是光标左移键和光标右移键，〈Del〉是删除键，↵是确认（回车）键。⇧键和⇩键用来切换大、小写字母。单击 123 键，切换到图 4-29 所示的数字与特殊字符键盘，单击该键盘的 ABC 键，返回到图 4-28 所示的英语字符键盘。单击 ⊗ 键清除显示的数字或字符，单击 ✕ 键关闭键盘。

图 4-28　英语字符键盘

图 4-29　数字与特殊字符键盘

4.4　图形输入输出对象组态

打开 TIA 博途，创建一个名为"图形输入输出组态"的项目（见配套资源中的同名例程）。PLC_1 为 CPU 1214C，HMI_1 为 4in 的精智面板 KTP400 Comfort。

将根画面重命名为"棒图"，双击项目树中的"添加新画面"，将新画面的名称修改为"图形输入输出"。用前面介绍的方法，在两个画面中生成相互切换的按钮。

4.4.1　棒图组态

棒图用类似于棒式温度计的方式形象地显示数值的大小，例如可以用来模拟显示水池液位的变化。

1．棒图的组态

在 PLC 的默认变量表中创建 Int 型变量"液位"（MW0），生成和打开名为"棒图"的画面（见图 4-30）。下面以图 4-30 最右边垂直放置的棒图的组态为例，将工具箱的"元素"窗格中的"棒图"对象拖拽到画面工作区,用鼠标调节棒图的位置和大小。图 4-31 为在各版本 TIA 博途中兼容的棒图外观。

单击选中放置的棒图,选中巡视窗口的"属性 > 属性 > 常规"(见图 4-32),设置棒图连接的过程变量为"液位"。棒图的最大和最小刻度值分别为 200 和-200。图 4-30 中各棒图连接的变量均为"液位"。

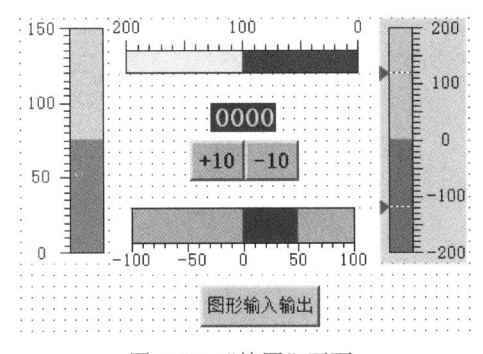

图 4-30 "棒图"画面

图 4-31 兼容模式的棒图

选中巡视窗口的"属性 > 属性 > 外观"(见图 4-33),可以修改前景色、背景色、文本色和棒图整体的背景色。默认勾选"含内部棒图的布局"复选框,此时只能编辑 TIA 博途 V12 中的可用属性。如果取消勾选该复选框,棒图的外观见图 4-31。

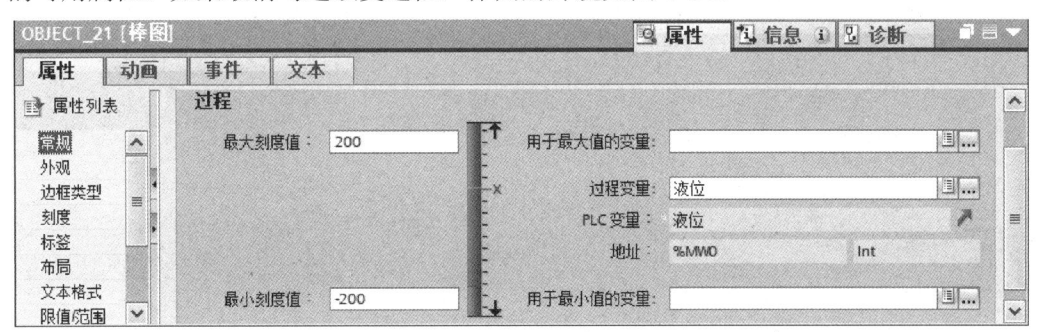

图 4-32 组态棒图的常规属性

在图 4-33 中,勾选了"限制"选项组中的"线"和"刻度"复选框,图 4-30 右边的棒图出现了表示上限值和下限值的虚线和三角形。选中巡视窗口的"限制/范围",可以设置三角形的颜色。运行时的实际上限值和下限值是在棒图连接的 HMI 变量"液位"的巡视窗口中组态的。

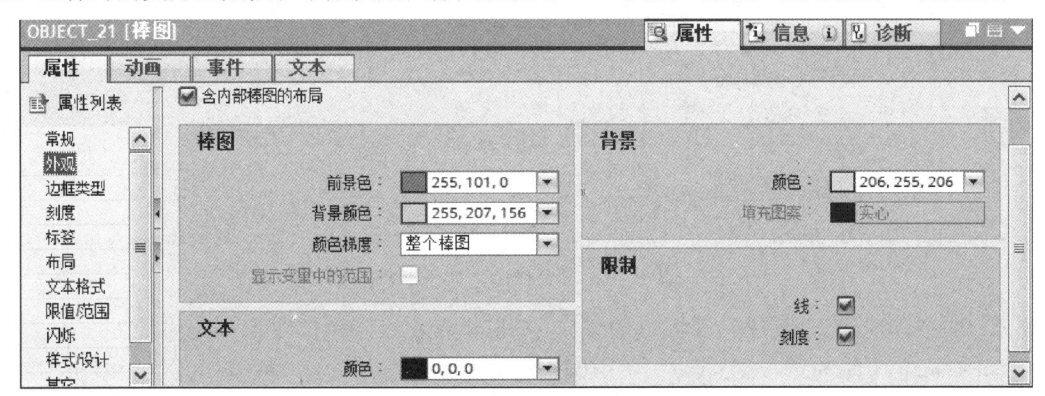

图 4-33 组态棒图的外观属性

选中巡视窗口的"属性 > 属性 > 边框类型",设置棒图样式为"实心"。

选中巡视窗口的"属性 > 属性 > 刻度"(见图4-34),可以用复选框设置是否显示刻度。"大刻度间距"是两个大刻度线之间的间距。刻度旁边的数字被称为"标签"。"标记标签"是指定进行标注的大刻度段个数,为2即每两个大刻度间距设置一个数字标签。"分区"是大刻度间距的小刻度线分区数。如果勾选了"自动缩放"复选框,将会自动确定上述参数。

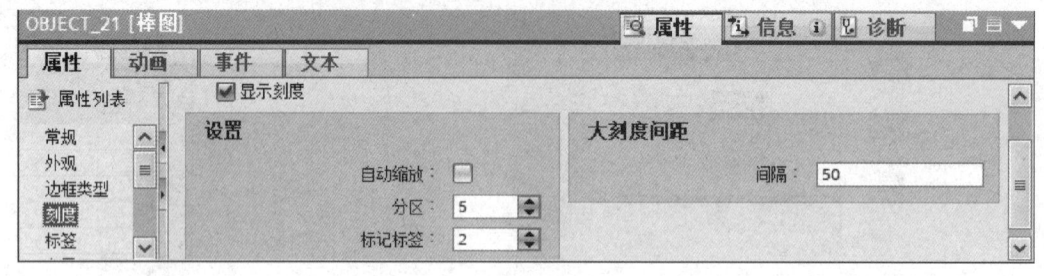

图 4-34 组态棒图的刻度属性

选中巡视窗口的"属性 > 属性 > 标签"(见图4-35),可以用复选框设置是否显示标签,设置标签值的整数位数为4(正负号和小数点也要占一位),小数点后的位数为0。修改参数后时,马上可以看到参数对棒图形状的影响。在"单位"输入域输入单位后,该单位将在最大和最小的标签值的右边出现。

图 4-35 组态棒图的标签属性

选中巡视窗口的"属性 > 属性 > 布局"(见图4-36),可以改变棒图放置的方向、变化的方向和刻度的位置,图4-30右边的棒图的"刻度位置"为"右/下"。"棒图方向"为"向上"时,表示变量数值从下往上增大。

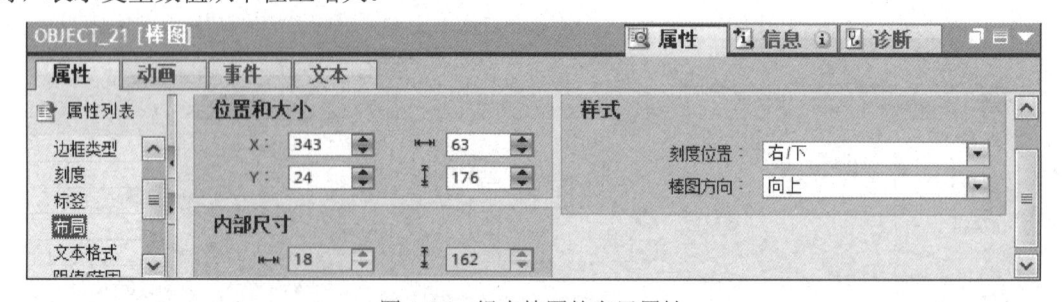

图 4-36 组态棒图的布局属性

选中巡视窗口的"属性 > 属性 > 闪烁",可以设置超出限制值时棒图是否闪烁。

在图4-30中间的"+10"和"-10"按钮用来增加和减少变量"液位"的值,增量的绝对值为10。按钮上面的输出域用来显示变量"液位"的值。PLC的默认变量表中的变量见图4-37。

2. 棒图的仿真

选中项目树中的"HMI_1",启动变量仿真器。编译成功后,出现的仿真面板显示"棒图"画面。图 4-38 是模拟运行时的"棒图"画面。

每单击一次画面中间的两个按钮,变量"液位"的值增加或减少 10,可以看到各棒图前景色的变化情况。因为设置的变量"液位"的最大、最小值分别为 150 和-150,"液位"值达到其上限 150 时,不会再增大。"液位"值超过下面的棒图的上限 100 时,会出现一个指向上限的黄色的箭头(见图 4-38),提醒操作人员注意。

图 4-37 PLC 的默认变量表

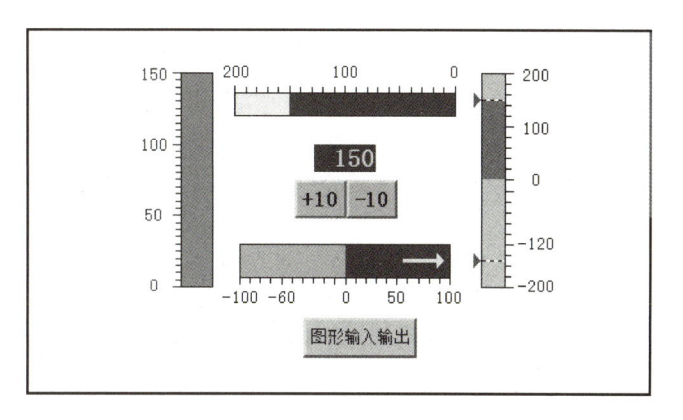

图 4-38 棒图的仿真运行

视频"棒图组态与仿真"可通过扫描二维码 4-4 播放。

3. 用不同的颜色分段显示棒图对应的变量范围

在项目"图形输入输出组态"中添加一个名为"图形输入输出"的画面(见图 4-39),在画面左边生成一个棒图,它连接的变量是"温度测量值"(MW2)。最大刻度值为 100,最小刻度值为 0。在 HMI 变量表中组态该变量的范围属性时,设置"下限 2"为 30,"上限 2"为 80。

二维码 4-4

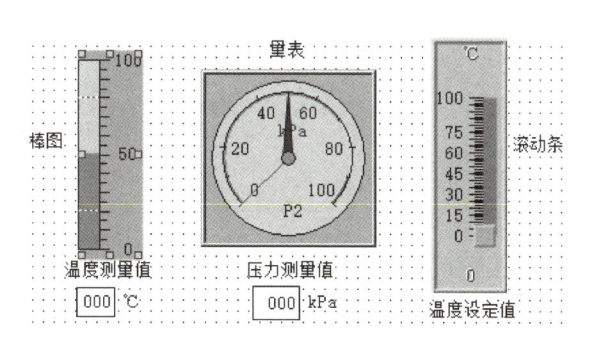

图 4-39 "图形输入输出"画面

在组态棒图"外观"时勾选复选框"线",显示棒图中的限制线。选中巡视窗口的"属性 > 属性 > 限值/范围"(见图 4-40),设置变量"温度测量值"小于等于 30 时棒图前景色为黄色,大于等于 80 时为红色,在 31~79 之间时为在外观组态时设置的绿色。

在棒图的下面生成一个用于显示变量"温度测量值"的输出域,组态它的限制属性时,设置低于下限 30 时背景色为黄色,超出上限 80 时为红色。

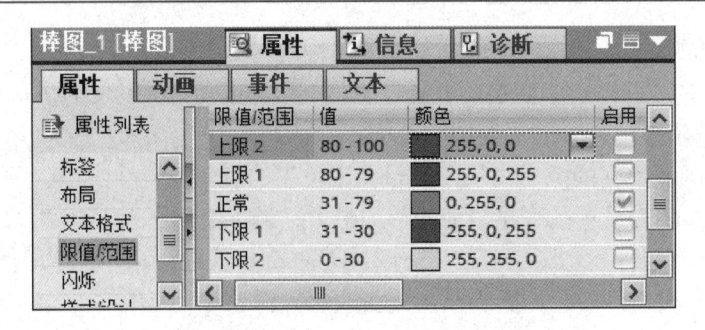

图 4-40 组态棒图的限值/范围属性

4.4.2 量表组态

量表用指针式仪表的方式显示运行时的数值，下面介绍量表组态的方法。精简面板没有量表。

打开名为"图形输入输出"的画面（见图 4-39），将工具箱的"元素"窗格中的"量表"拖拽到画面工作区，用鼠标调节它的位置和大小。

单击选中放置的量表，选中巡视窗口的"属性 > 属性 > 常规"（见图 4-41），设置要显示的过程变量为 Int 型变量"压力测量值"（MW6），最小和最大刻度值分别为 0 和 100。"标题"（量表下部的符号）为 P2，压力的"单位"为 kPa，刻度的"分度数"为 20，即每 20kPa 一个大刻度。

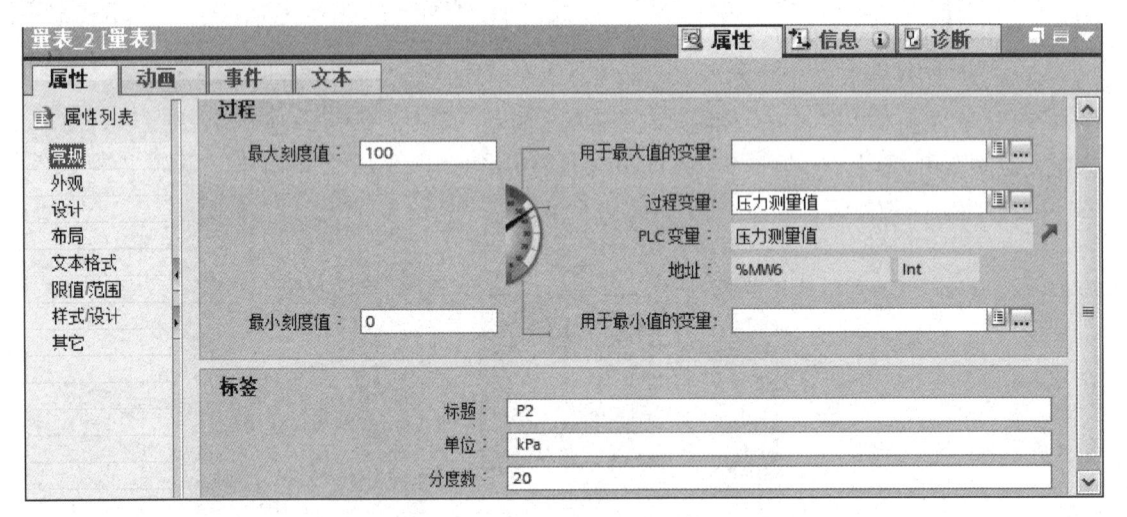

图 4-41 组态量表的常规属性

选中巡视窗口的"属性 > 属性 > 外观"，图 4-42 中的"拨号"（Dial）应翻译为"表盘"。图 4-43 中间的量表的矩形背景填充样式和圆形表盘的填充样式均为"实心"，图 4-43 左边的量表的背景填充样式为"透明边框"，表盘的填充样式为"实心"，量表变为圆形。图 4-43 右边的量表的背景填充样式和表盘填充样式分别为"透明边框"和"透明"。

在图 4-42 中，勾选复选框"峰值"，运行时用一条沿半径方向的红线显示变量的峰值（即最大值）。可以用"图形"选择框设置自定义的方框背景图形和表盘图形。

选中巡视窗口的"属性 > 属性 > 设计"，如果勾选"无内部刻度的布局"复选框，将激活兼容模式，只能编辑 TIA 博途 V12 中的属性。

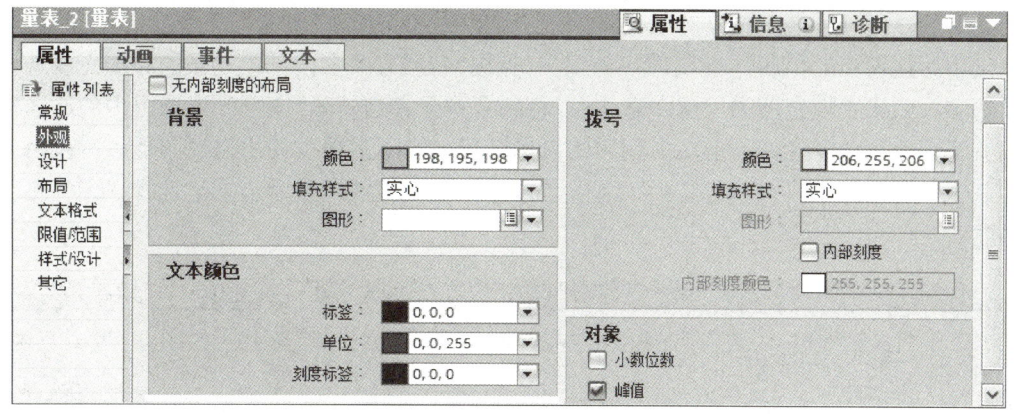

图 4-42　组态量表的外观属性

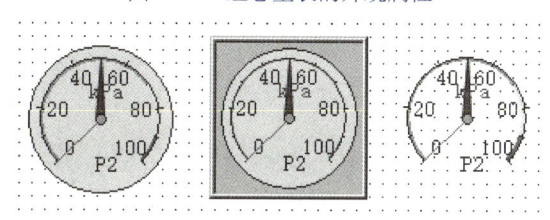

图 4-43　不同的量表外观

选中巡视窗口的"属性 > 属性 > 布局"，可以设置表盘圆弧的起点和终点的角度值。一般采用默认的表盘（即图中的"拨号"）的参数，它们决定了量表各组成部分的位置和尺寸。

量表用 3 种不同的颜色来显示变量不同的状态。图 4-44 选中了巡视窗口的"限值/范围"，设置变量的上限 2 和上限 1 分别为 90 和 70，用表盘上 0～70 的绿色圆弧表示正常，70～90 的黄色圆弧表示警告，大于 90 的红色圆弧表示危险。

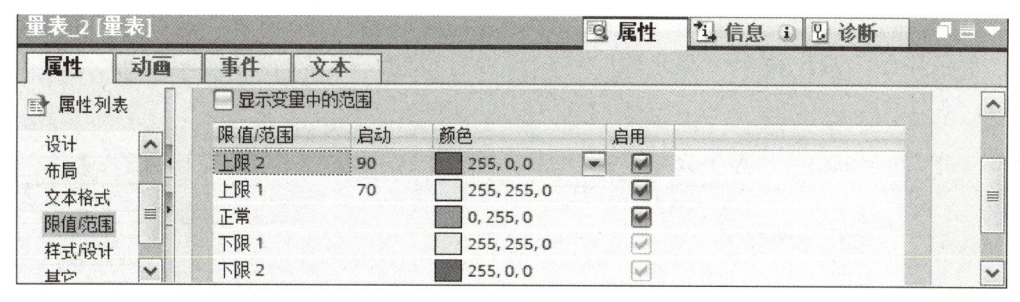

图 4-44　组态量表的限值/范围属性

在量表的下面生成一个用于显示变量"压力测量值"的输出域，格式为 3 位整数。

4.4.3　滚动条组态

滚动条又称为滑块，它是一种输入/输出元素，用于操作员输入和监控变量的数字值。运行时用可移动的方形滑块的位置指示输出的过程值，操作员通过改变滑块的位置来输入数字值。精简面板没有滚动条。

将工具箱的"元素"窗格中的"滑块"拖拽到"图形输入输出"画面，用鼠标调节它的位置和大小。滚动条的常规属性界面与图 4-41 中量表的属性界面基本相同，其主要区别在于在"标签"选项组中只能设置滚动条的"标题"。图 4-39 右边的滚动条连接的过程变量为"温度设定值"(MW4),它顶端的℃是滚动条的标题。

选中巡视窗口的"属性>属性>外观"(见图 4-45),"含内部滚动条的布局"复选框被自动选中。如果"填充图案"选"透明",将隐藏背景和边框。"图形"选项组中的选择框用来设置背景和滚动条(方形滑块)使用的自选图形,实际上很少使用自选图形。可以用"棒图和刻度"选项组中的"标记显示"选择框选择 3 种刻度线的表示方式,选择"无"将会隐藏刻度。

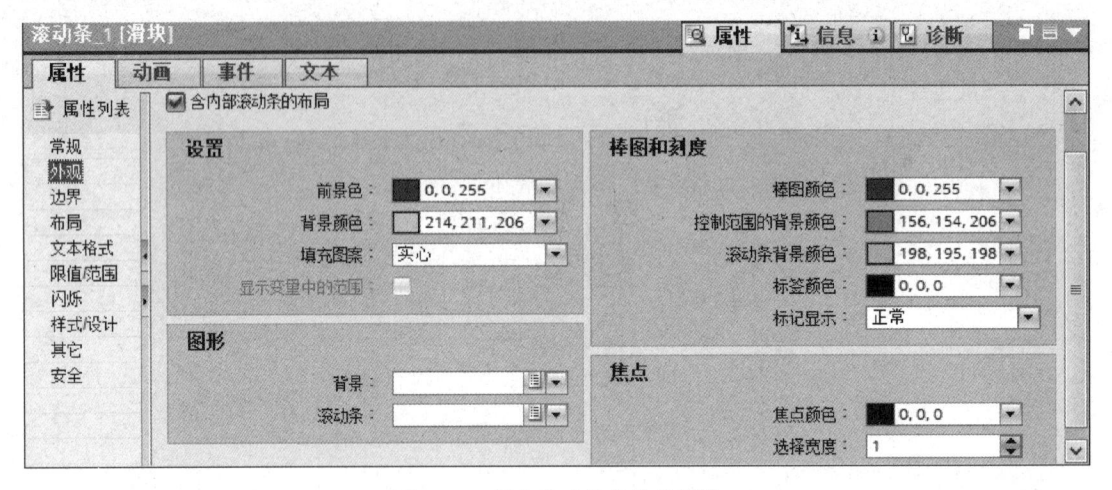

图 4-45 组态滚动条的外观属性

"焦点"是指在运行时滚动条顶端的变量的单位和底端的当前值周围的虚线,组态时可以设置它的颜色和宽度。

选中巡视窗口的"属性>属性>布局"(见图 4-46),可以用"选项"选项组中的复选框设置显示或隐藏哪些部件。"当前值"在方框的底端,"滚动条"是可移动的方形滑块,"显示棒图"复选框用于显示或隐藏刻度线右边的长方形,"标注"是刻度线左边的刻度值。

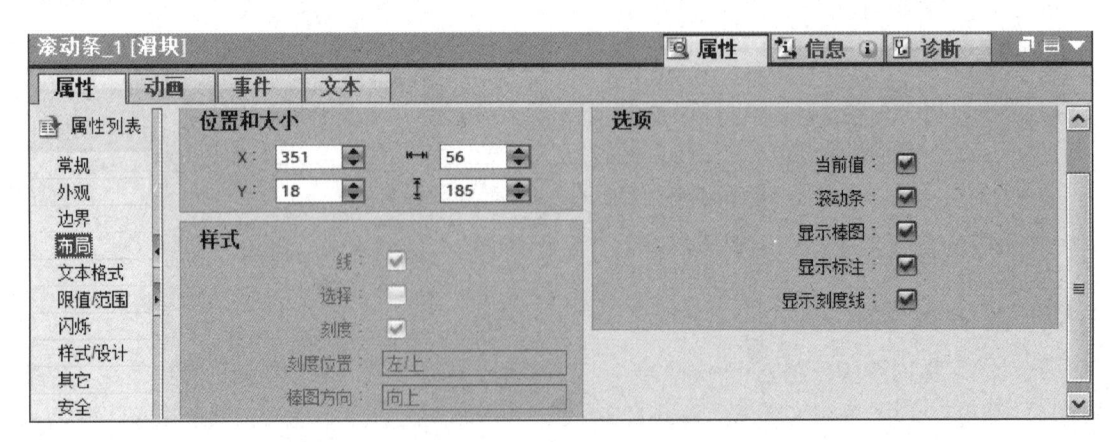

图 4-46 组态滚动条的布局属性

巡视窗口的"属性>属性>边界"用图形形象地说明了各边框参数的意义。一般采用默认的设置。

4.4.4 集成仿真运行

1. PLC 的程序设计

双击项目树的"PLC_1\程序块"文件夹中的循环中断组织块 OB30,其循环时间为 200ms。打开 OB30,每隔 200ms,它将变量"温度测量值"MW2 和"压力测量值"MW6 分别加 1。它们的值分别为 100 和 90 时,将它们复位为 0。图 4-47 是控制 MW2 的程序。

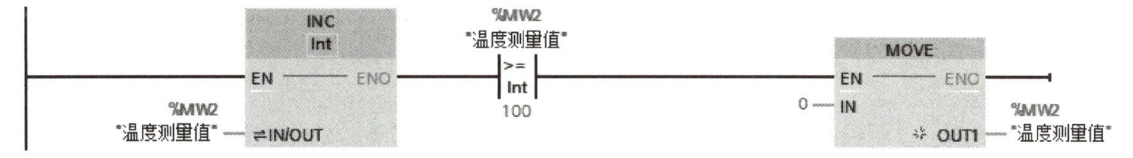

图 4-47 循环中断组织块中的程序

2. 集成仿真实验

选中项目树中的"PLC_1",单击工具栏上的"启动仿真"按钮,启动 S7-PLCSIM(见图 4-48 的左图),将程序下载到仿真 PLC,将 CPU 切换到 RUN 模式。选中项目树中的"HMI_1",单击工具栏的"启动仿真"按钮,编译成功后,出现仿真面板,显示出图 4-38 所示的"棒图"画面。单击"图形输入输出"按钮,切换到"图形输入输出"画面(见图 4-48 的右图)。

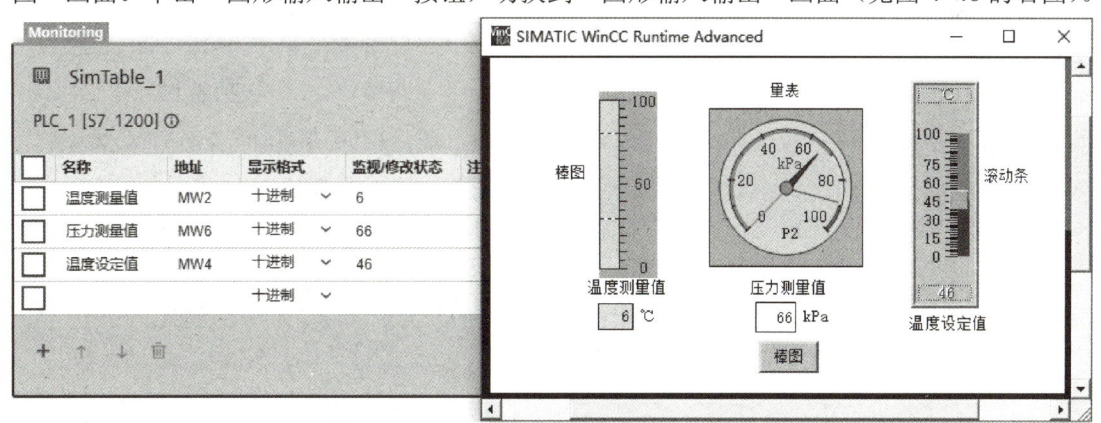

图 4-48 图形输入输出的集成仿真

可以看到,左边的棒图显示的温度测量值在 0~100℃之间变化。小于 30℃时棒图的前景色为黄色,30~80℃时前景色为绿色。组态棒图的外观属性时(见图 4-33),如果设置"颜色梯度"为"分段",当温度测量值大于 80℃时,棒图 0~80℃部分的前景色为绿色,超出 80℃的部分为红色。如果设置"颜色梯度"为"整个棒图",超出 80℃时整个棒图的颜色均为红色。

棒图下面的 I/O 域显示的是变量"温度测量值"的数值,它超限时的背景色与棒图的前景色相同。

量表显示的压力测量值在 0~90kPa 之间变化,刻度 90 处的红线显示压力的峰值为 90kPa。量表下面的 I/O 域显示的是变量"压力测量值"的数值。

单击选中滚动条中的方形滑块,按住鼠标左键,移动鼠标,拖动滑块,滚动条底端的温度设定值和 S7-PLCSIM 中的温度设定值同步变化。

如果修改 S7-PLCSIM 中的温度设定值,滚动条的滑块位置也会随之而变。

视频"图形输入输出组态与仿真"可通过扫描二维码 4-5 播放。

二维码 4-5

4.5 日期时间域、时钟与符号 I/O 域组态

4.5.1 日期时间域与时钟组态

1. 生成项目和画面

打开 TIA 博途，创建一个名为"日期时间域符号 IO 域组态"的项目（见配套资源中的同名例程）。PLC_1 为 CPU 1214C，HMI_1 为 4in 的精智面板。在网络视图中生成基于以太网的 HMI 连接。

将根画面的名称修改为"日期时间"，双击项目树中的"添加新画面"，将新画面的名称修改为"符号 I/O 域"。用前面介绍的方法，在两个画面中生成相互切换的按钮。

2. 日期时间域

打开画面"日期时间"，将工具箱的"元素"窗格中的日期时间域拖拽到画面中（见图 4-49），用鼠标调节它的位置和大小。

单击选中放置的日期时间域，选中巡视窗口的"属性 > 属性 > 常规"，可以用复选框设置是否显示日期和（或）时间（见图 4-50）。画面右上角的日期时间域只显示日期，右下角的日期时间域只显示时间。左上角的日期时间域未勾选"长日期/时间格式"复选框，左下角的日期时间域同时启用了系统时间格式和长日期/时间格式。仅右下角的日期时间域的"类型"为"输入/输出"，可用于修改当前的时间。其他的类型均为"输出"。

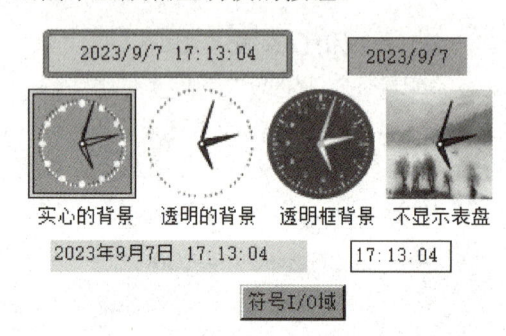

图 4-49 日期时间域与时钟的仿真画面

图 4-50 组态日期时间域的常规属性

选中巡视窗口的"属性 > 属性 > 外观"（见图 4-51），可以设置文本色和背景色。"填充图案"为"透明"时没有背景色。左上角的日期时间域的"角半径"非零，边框的"样式"为双线，颜色为红色，双线之间的背景色为绿色。右上角的日期时间域的边框"样式"为"3D 样式"。左下角的日期时间域的边框宽度为 0（没有边框），右下角的日期时间域的背景色为白色。

图 4-51 组态日期时间域的外观属性

3. 仿真演示

选中项目树中的"HMI_1",单击工具栏的"启动仿真"按钮，编译成功后,出现仿真面板,显示出图 4-49 中的"日期时间"画面,可以看到画面中所有的日期时间域和时钟的显示值同步变化。

模式为"输入/输出"的日期时间域在仿真运行时,不能修改日期时间,因为仿真时显示的是计算机系统时钟的日期时间。

4. 时钟

时钟用来显示时间值,它比日期时间域更为形象直观。将工具箱的"元素"窗格中的"时钟"拖拽到图 4-49 的画面左边,用鼠标调节它的位置和大小。精简面板的工具箱没有时钟。

选中巡视窗口的"属性 > 属性 > 常规"(见图 4-52),如果没有勾选"模拟"复选框,将采用与图 4-49 左上角的日期时间域相同的数字显示方式,但是不显示秒的值。

图 4-52 组态时钟的常规属性

图 4-49 最右边的时钟不显示表盘,但是使用了用户指定的图形做钟面。左起第 2 个时钟的"填充图案"为"透明",左起第 3 个时钟的"填充图案"为"透明边框",两边的时钟的"填充图案"为"实心"。

选中巡视窗口的"属性 > 属性 > 外观"(见图 4-53 左边的图),可以设置刻度和指针的颜色和样式。图 4-49 中"透明框背景"时钟的刻度样式为"线",其余时钟的刻度样式为"圆"。"透明框背景"时钟的数字样式为"阿拉伯数字",其余时钟的数字样式为"无数字"。指针的填充样式可以选择"实心"和"透明",可以设置指针的线条颜色和填充色。边框可设置的参数与日期时间域基本相同。选中巡视窗口的"属性 > 属性 > 布局"(见图 4-53 右边的图),可以设置在改变时钟的尺寸时是否保持"正方形布局"。指针的尺寸一般采用默认值。

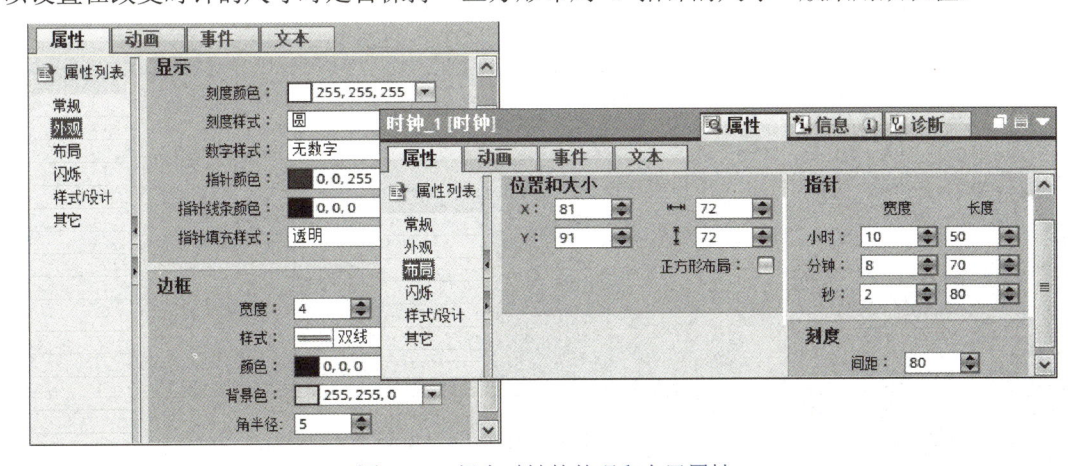

图 4-53 组态时钟的外观和布局属性

选中标有"透明框背景"时钟，再选中巡视窗口的"属性 > 属性 > 样式/设计"（见图 4-54），勾选"样式/设计设置"复选框，"样式项外观"选择框中出现"时钟[默认]"，采用默认的黑色圆形时钟表盘（见图 4-49）。

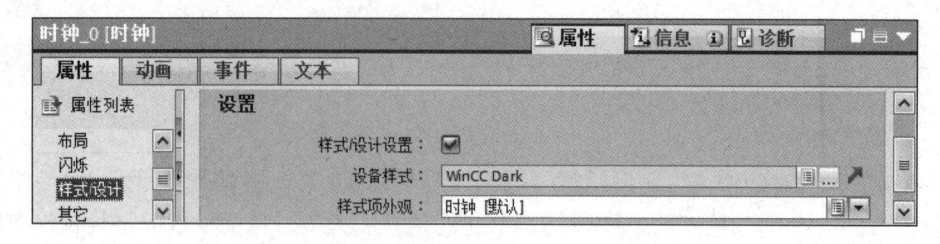

图 4-54 组态时钟的样式/设计属性

4.5.2 符号 I/O 域组态

1. 符号 I/O 域

发电机组在运行时，操作人员需要监视发电机的定子线圈和机组轴承等处的多点温度值，需要监视的温度可能多达数十点。如果 HMI 设备的画面较小，可以通过符号 I/O 域和变量的间接寻址，用下拉列表和切换的方法来减少温度显示占用的画面面积，但是同时只能显示一个温度值。下面以 3 个温度值为例来介绍组态的方法。

在 PLC 的默认变量表中生成 3 个 Int 型的过程变量"温度 1"～"温度 3"。

单击项目树的"HMI_1"文件夹中的"文本和图形列表"，创建一个名为"温度值"的文本列表（见图 4-55），它的 3 个条目分别为 PLC 变量"温度 1""温度 2""温度 3"。

在 HMI 的默认变量表中生成 Int 型的内部变量"温度值"和"温度指针"。选中"温度值"以后，选中巡视窗口的"属性 > 属性 > 指针化"（见图 4-56），勾选"指针化"复选框，设置索引变量为"温度指针"。单击右侧指针列表中的"<添加>"，添加 3 个变量"温度 1"～"温度 3"。索引号是自动生成的，这 3 个变量的索引号分别为 0～2。

变量"温度值"的取值是可变的，取决于"温度指针"的值（即索引号）。索引号为 0～2 时，"温度值"分别取"温度 1"～"温度 3"的实际输入值。

操作员用符号 I/O 域选择文本列表"温度值"中的条目，来改变索引变量"温度指针"的值，就可以用变量"温度值"来显示选中的文本列表条目对应的实际输入温度值。

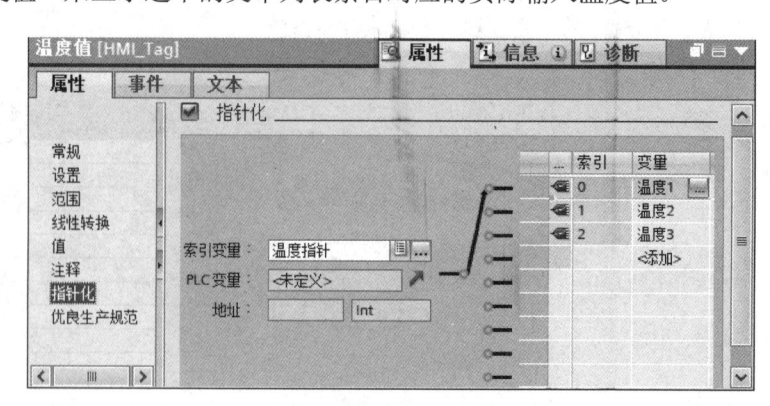

图 4-55 文本列表　　　　　　　　　图 4-56 组态变量的指针化属性

2．组态画面

打开名为"符号 I/O 域"的画面（见图 4-57），首先在"温度选择"文本域右边生成一个符号 I/O 域，它与索引变量"温度指针"连接（见图 4-58），模式为"输入/输出"，文本列表"温度值"为它提供数值。

在文本域"温度显示"的右边，组态了一个与变量"温度值"连接的输出域，格式为 3 位整数。可以通过符号 I/O 域来选择该输出域显示哪个"温度值"的实际输入值。

图 4-57　用于演示间接寻址的画面

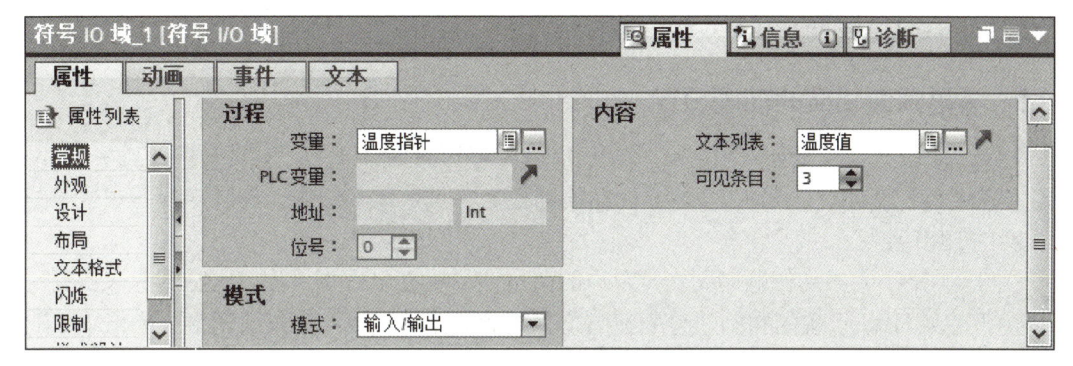

图 4-58　组态符号 I/O 域的常规属性

为了观察指针变量的作用，在文本域"温度指针"的右侧创建一个与索引变量"温度指针"连接的输出域，格式为 1 位整数。在画面的右侧还组态了用于输入 3 个实际温度值的输入/输出域。

这个画面是用来演示符号 I/O 域的。在实际系统中，使用符号 I/O 域后，不需要画面右边的 3 个 I/O 域，也没有必要显示"温度指针"的值。因此实际系统的画面中只需要组态图 4-57 中的符号 I/O 域和它下面的输出域就可以了。

3．仿真运行

选中项目树中的"HMI_1"，执行菜单命令"在线"→"仿真"→"使用变量仿真器"，启动变量仿真器。首先给"温度 1""温度 2""温度 3"这 3 个输入/输出域输入不同的值，按〈Enter〉键确认。

"温度显示"右边的输出域与指针化的变量"温度值"连接，因为索引变量"温度指针"的默认值为 0，该输出域显示的是文本列表中索引号为 0 的变量"温度 1"的输入值。

单击符号 I/O 域右边的▼按钮（见图 4-59），在下拉列表中选择要显示文本列表中索引号为 1 的"温度 2"，此时与符号 I/O 域连接的索引变量"温度指针"的值为 1。因为"温度显示"输出域与指针化的变量"温度值"连接，它显示的是图 4-56 右侧的文本列表中索引号为 1 的变量"温度 2"的输入值。

用符号 I/O 域选择其他温度，例如温度 3（见图 4-60），索引变量"温度指针"的值变为 2，"温度显示"输出域将显示文本列表中索引号为 2 的变量"温度 3"的输入值。

图 4-59　符号 I/O 域的仿真运行　　　　图 4-60　用符号 I/O 域选择变量

视频"符号 IO 域组态与仿真"可通过扫描二维码 4-6 播放。

4.6 图形 I/O 域组态

二维码 4-6

第 3.4.4 节介绍的动画功能可以实现画面对象的移动,但是不能连续改变画面对象的形状和大小。依次显示图形 I/O 域的图形列表中的图形,可以实现丰富多彩的动画效果。

图形 I/O 域有输入、输出、输入/输出和双状态四种模式。双状态图形 I/O 域不需要图形列表,它在运行时用两个图形来显示位变量的两种状态。我们使用过的全局库"PilotLights"里的指示灯(见图 3-20)就是双状态图形 I/O 域。

4.6.1 多幅画面切换的动画显示

打开 TIA 博途,创建一个名为"图形 IO 域组态"的项目(见配套资源中的同名例程)。PLC_1 为 CPU 1214C,HMI_1 为 4in 的精简面板 KTP400 Basic PN。在网络视图中生成基于以太网的 HMI 连接。

图 4-61 是小人的动作顺序图,最左边的两个图形重复出现了 3 次,这些图形来自西门子公司提供的某 HMI 设备的实例,分别将它们保存为 5 个 "*.gif" 格式(图形交换格式)的文件待用。

图 4-61 小人的动作顺序图

双击项目树的"HMI_1"文件夹中的"文本和图形列表",选中文本和图形列表编辑器中的"图形列表"选项卡,单击表中的"<添加>",创建一个名为"小人"的图形列表(见图 4-62)。

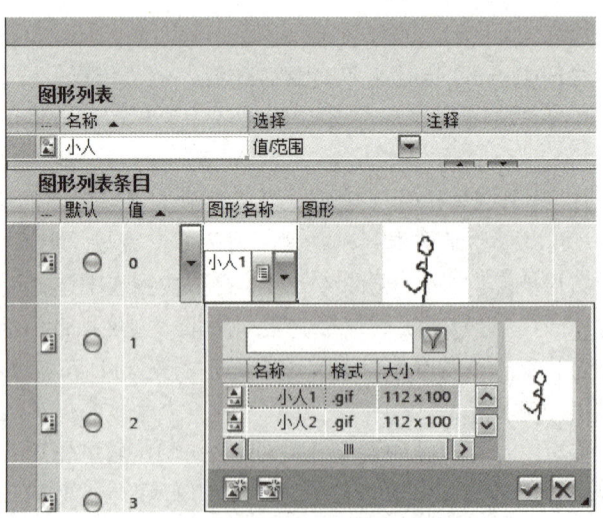

图 4-62 "小人"图形列表

选中"小人"图形列表后,单击下面的"图形列表条目"表中的"<添加>",第一行生成的条目的"值"列出现"0-1"。单击该列右侧的 ▼ 按钮,在弹出的对话框中将"类型"由"范围"改为"单个值",条目的值(即图形的编号)变为 0。

单击第一行的"图形名称"列右侧的 ▼ 按钮，在弹出的对话框（见图 4-62 中的小图）中只有几个常用的图形。单击左下角的"从文件创建新图形"按钮，弹出"打开"对话框，选中预先保存的图形文件"小人 1"，单击"打开"按钮后返回图形列表编辑器，第一行的"图形名称"列为"小人 1"，"图形"列出现相应的图形预览，同时在小对话框的列表中生成了图形"小人 1"。用同样的方法生成第 2 行的条目，图形为"小人 2"。

同时选中条目 0 和条目 1，用复制和两次粘贴的方法生成条目 2～条目 5。条目 6～条目 8 的图形分别为"小人 3"～"小人 5"。

在 HMI 的默认变量表中生成一个名为"小人指针"的 Int 型内部变量，设置其取值范围为 0～8，与对应的图形列表的条目编号范围相同。

打开起始画面（见图 4-63），将工具箱的"元素"窗格中的"图形 I/O 域"拖拽到画面中，用鼠标调节它的位置和大小。选中它以后选中巡视窗口的"属性 > 属性 > 常规"（见图 4-64），设置它连接的过程变量为"小人指针"，模式为"输出"。变量"小人指针"的值用于控制图形 I/O 域显示图形列表"小人"中的哪一个图形。组态完成后，图形 I/O 域显示的是图形列表"小人"中的 0 号条目的图形（见图 4-63a）。图 4-63b 中的风扇用于 4.6.2 节。

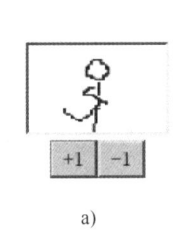

图 4-63 起始画面

图 4-64 组态图形 I/O 域的常规属性

在图 4-63a 中，显示"小人"图形列表的图形 I/O 域的下面生成两个文本模式的按钮，按钮上的文本分别为"+1"和"-1"。单击它们时分别将变量"小人指针"加 1 和减 1。它们的组态方法与 4.1.1 节中的第一个例子（见图 4-1）相似。

选中项目树中的"HMI_1"，执行菜单命令"在线"→"仿真"→"使用变量仿真器"，启动变量仿真器。连续单击图 4-63a 中的"+1"按钮，将会看到小人按图 4-61 中的顺序"跑动"起来，最后跌倒在地。连续单击"-1"按钮，将会看到小人按图 4-61 中相反的顺序运动。

视频"图形 IO 域组态与仿真"可通过扫描二维码 4-7 播放。

二维码 4-7

4.6.2 旋转物体的动画显示

在控制系统中经常会遇到旋转的物体，下面以风扇为例，介绍怎样用动画显示物体的旋转。

在 PLC 的默认变量表中生成一个名为"风扇指针"的 Int 型变量，其地址为 MW6。在 HMI 默认的变量表中，设置它的采集周期为 100ms。在图形列表编辑器中生成一个名为"风扇"的图形列表，它的 4 个条目来源于工具箱的"图形"窗格的"WinCC 图形文件夹\Equipment\Automation [EMF]\Blowers"文件夹中的 4 个灰色的风扇图形（见图 4-65），相邻扇叶之间差 15°。将"值"的"类型"改为"单个值"。组态时直接将图库中的图形拖拽到图形列表新生成的条目的"图形名称"单元中，图中的图形名称是自动生成的。

风扇有 6 个扇叶，运行时周期性地顺序显示相差 15°的 4 个风扇图形，就能产生风扇旋转的效果。由图 4-65 可知，运行时顺序显示"图形_1"～"图形_4"，风扇顺时针旋转。为了使风扇逆时针旋转，生成图形列表"风扇 2"，它的条目 0～条目 3 分别使用"图形_4"～"图形_1"。

图 4-65 "风扇"图形列表

将工具箱的"元素"窗格中的"图形 I/O 域"拖拽到起始画面（见图 4-63b），它连接的过程变量为"风扇指针"，模式为"输出"，用于显示名为"风扇"的图形列表，用变量"风扇指针"的值来控制显示哪个图形。选中生成的图形 I/O 域，用复制和粘贴的方法生成一个相同的图形 I/O 域，适当地调整它的位置。它连接的过程变量也是"风扇指针"，模式为"输出"，用于显示名为"风扇 2"的图形列表。

单击项目树的"PLC_1\程序块"文件夹中的"添加新块"，添加循环时间为 200ms 的循环中断组织块 OB30。在 OB30 中编写图 4-66 中的程序，每 200ms 将变量"风扇指针"MW6 加 1。它的值为 4 时将它复位为 0。运行时风扇指针的值将在 0～3 之间变化。

选中项目树中的"PLC_1",单击工具栏上的"启动仿真"按钮,启动 S7-PLCSIM,将程序下载到仿真 PLC,将 CPU 切换到 RUN 模式。选中项目树中的"HMI_1",单击工具栏上的"启动仿真"按钮,编译成功后,出现仿真面板的起始画面(见图 4-63b),可以看到两台风扇比较流畅的正、反"转动"的运行效果。

二维码 4-8

视频"旋转物体的动画显示"可通过扫描二维码 4-8 播放。

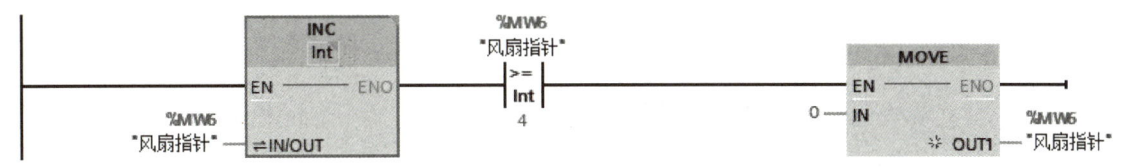

图 4-66 OB30 中的程序

4.7 面板的组态与应用

4.7.1 创建面板

面板(Faceplate)是一组已组态的显示和操作对象,可在项目库和库视图中集中管理和更改这些对象。可以在不同项目中多次使用面板,面板存储在项目库中。面板可以扩展画面对象资源,减少设计工作量,同时确保项目的一致性。在使用面板时,不会显示 HMI 设备中没有的画面对象。

面板基于"类型-实例"模型,支持集中更改。在类型中创建对象的主要属性,实例代表类型的局部应用。可以根据自己的要求来创建显示和操作对象,并将其存储在项目库中。

创建的显示和操作对象保存到项目库的"类型"文件夹中。在面板类型中,可以定义能够在面板上更改的属性。

面板是面板类型的一个实例,可以在画面中使用面板来生成显示和操作对象。在实例中对面板类型的可变属性进行组态,并将项目的变量分配给面板。对面板所做的更改只在应用点保存,对面板类型没有影响。

在 TIA 博途中创建一个名为"面板组态"的项目(见配套资源中的同名例程)。PLC_1 为 CPU 1214C,HMI_1 为 4in 的精智面板 KTP400 Comfort。在网络视图中生成基于以太网的 HMI 连接。

打开全局库"Buttons-and-Switches\模板副本\PilotLights",将其中的 PlotLight_Round_G (绿色指示灯)拖拽到根画面中(见图 4-67)。生成两个按钮,按钮上的文本分别为"起动"和"停止"。

为了在面板属性中识别这 3 个对象,分别选中它们的巡视窗口的"属性 > 属性 > 其他",将它们的名称分别设为"指示灯""起动按钮""停止按钮"。除了设置两个按钮的文本外,其他参数基本上采用默认的设置。用鼠标同时选中这 3 个对象,右键单击其中之一,执行快捷菜单中的"创建面板"命令。在出现的"添加类型"对话框中,采用面板类型默认的名称"面板_1",版本为 0.0.1。单击"确定"按钮,图 4-67 所示的面板编辑器被打开,可以编辑面板版本 V0.0.2 的属性。

图 4-67 面板编辑器

此时"项目库"的"类型"文件夹中的"面板_1"的版本 V0.0.1 已经发行，版本 V0.0.2 的状态为"进行中"。

4.7.2 定义面板的属性

可以像画面编辑器那样，将任务卡"工具箱"中的对象添加到工作区中使其成为面板类型中包含的对象，也可以删除工作区中的对象。

1. 组态面板的属性

面板属性可以来自嵌入对象的属性，也可以为它定义新的属性。在本例中，需要为面板组态的接口属性包括指示灯连接的变量地址和两个按钮的事件。

图 4-67 的画面左下部分是面板编辑器的组态区域，打开"属性"选项卡，组态区域的左边窗口是面板的"包含的对象"列表，右边窗口是使用面板时需要组态的面板的"接口"列表，其中的"动态属性"是自动生成的。

一般采用拖拽的方式生成面板的属性，打开图 4-67 组态区域左边"包含的对象"列表中的"指示灯\常规"文件夹，将其中的"过程值"（即指示灯连接的变量的符号地址）拖拽到右边"接口"列表的"动态属性"列中。为了使面板的属性有明确的物理意义，将拖到"接口"窗口的"过程值"改为"指示灯变量"。在"类型"列将该接口属性的数据类型修改为"Bool"。

单击右边"接口"列表上的"添加类别"按钮 ，可添加一个类别（即保存属性的文件夹）。单击 按钮，可在所选类别中添加一个属性。

选中右边"接口"列表中的某个属性，按计算机键盘的〈Delete〉键，可以将其删除。

打开图 4-67 中组态区域的"变量"选项卡，可以为面板类型创建新变量，对变量组态，并将变量分配给组态区域中的对象。

2. 组态面板类型的事件

打开面板编辑器组态区域的"事件"选项卡，组态面板包含的对象事件。将图 4-68 左边窗口中"起动按钮"的"按下"事件拖拽到右边的"接口"列表中，单击两次拖拽过来的"按下"事件，将它修改为"按下起动按钮"。用同样的方法将"起动按钮"的"释放"事件、"停止按钮"的"按下"事件和"释放"事件拖拽到右边窗口,然后修改它们的名称。

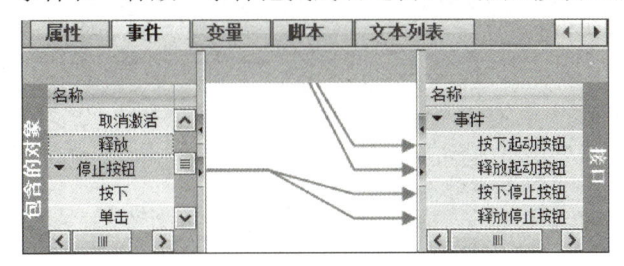

图 4-68 组态面板类型的事件接口

3. 编辑面板类型

右键单击项目库中状态为"进行中"的面板版本 V0.0.2,执行快捷菜单命令"发布版本",单击对话框中的"确定"按钮,项目库中该版本后面的"进行中"变为"默认"。

右键单击图 4-67 的项目库中已发行的最高的面板版本 V0.0.2,执行快捷菜单命令"编辑类型",库视图被打开,创建了状态为"进行中"的面板类型的新版本 V0.0.3。在库视图中自动打开该版本,可以对它的属性进行修改。

如果要恢复到版本 V0.0.2,右键单击项目库中的 V0.0.3。执行快捷菜单命令"丢弃更改并删除版本",将拒绝自上次启用 V0.0.3 的操作后对面板类型所做的所有更改。面板类型再次启用并恢复到版本 V0.0.2。

4.7.3 面板的应用

1. 在本项目中使用面板

在 PLC 的变量表中生成变量"电动机"(Q0.0)、"起动按钮"(M2.0) 和"停止按钮"(M2.1)。打开根画面,删除画面中的面板。打开"库"任务卡(见图 4-69),将项目库中的面板类型"面板_1"的版本 V0.0.2 拖拽到根画面,创建一个该面板类型的实例,采用默认的名称"面板_1_1"。单击该面板实例,在它的周围出现 8 个小正方形围成的矩形区域。打开巡视窗口的"属性 > 接口"选项卡,设置动态属性"指示灯变量"实际连接的变量为"电动机"(Q0.0)。

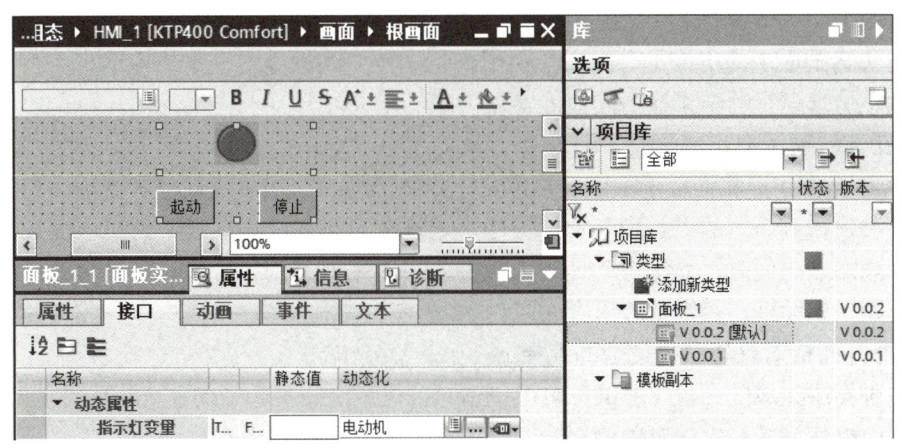

图 4-69 组态面板实例的接口属性

选中巡视窗口的"属性 > 事件 > 按下起动按钮"(见图 4-70),单击右边窗口最上面一行右侧隐藏的▼按钮,单击出现的系统函数列表的"编辑位"文件夹中的"置位位"(将某一位置位为1)。单击表中第 2 行右侧隐藏的▼按钮,在出现的变量列表中选择 PLC 的默认变量表中的变量"起动按钮"（M2.0），在按下该按钮时，将该变量置位为1。

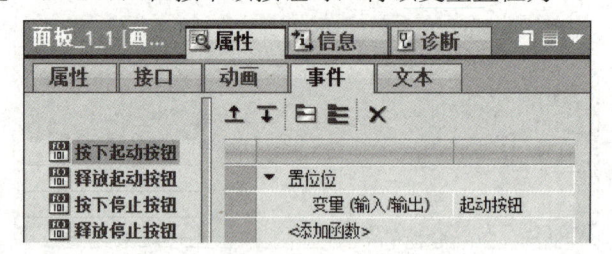

图 4-70 组态面板实例的事件属性

用同样的方法设置出现事件"释放起动按钮"时执行系统函数"复位位"，将变量"起动按钮"复位为 0。起动按钮相当于一个没有保持功能的点动按钮。用同样的方法，在按下和释放停止按钮时，将变量"停止按钮"（M2.1）置位和复位。

可以将面板用于对其他电动机的控制和状态显示。使用上面介绍的方法可以设计出功能更为复杂的面板，例如控制异步电动机正反转、有状态显示和故障显示功能的面板。

将面板拖拽到画面后，可以用巡视窗口组态它的动画功能。

2．面板的仿真运行

为了验证上述面板的功能，对生成的面板进行仿真运行。打开配套资源中的例程"面板组态"，图 4-71 是该项目 OB1 中的程序。选中 PLC_1 站点，单击工具栏上的"启动仿真"按钮，启动 S7-PLCSIM。将 OB1 下载到仿真 PLC，将它切换到 RUN 模式。

选中 HMI_1 站点，单击工具栏上的按钮，启动 HMI 运行系统仿真，起始画面被打开（见图 4-72）。单击其中的"起动"按钮，由于 OB1 中程序的运行，变量"电动机"变为 1，画面中的指示灯亮。

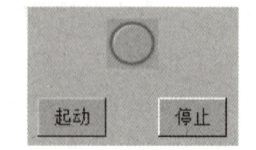

图 4-71 梯形图　　　　图 4-72 面板的仿真运行

单击仿真画面中的"停止"按钮，由于梯形图程序的运行，变量"电动机"变为 0，指示灯熄灭。仿真运行的结果证明面板能实现要求的功能。

3．在其他项目中使用面板

WinCC 允许用户将面板添加到全局库中，首先需要在全局库中新建一个库，然后将用户创建的面板拖拽到新库的"类型"文件夹中，这样就可以在其他项目中使用该面板。将面板从全局库添加到画面时，系统自动地将面板的一个副本保存到项目库。若要更改面板，必须更改项目库中的面板，否则更改不会生效。

4．断开面板对象与面板类型的连接

选中画面中生成的面板，用鼠标右键单击它，执行快捷菜单中的"从面板类型删除面板"命令，该面板变为组成它的对象的组合（Group），不再具有面板类型的属性。

4.8　习题

1．生成两个按钮和一个红色指示灯，一个按钮令灯点亮并保持，另一个按钮令灯熄灭。

用仿真验证组态的结果。

2. 用带有图形"Right_Arrow"的按钮将 Int 型变量"变量 1"加 1，用带有图形"Left_Arrow"的按钮将"变量 1"减 1，组态输出域来显示"变量 1"的值。用仿真验证组态的结果。

3. 用 Windows 的"画图"软件画两个大小相同、名为"红灯 ON"和"红灯 OFF"的圆形图形，中间的背景色分别为红色和深红色，将它们保存为 JPEG 格式文件。用它们和双状态的图形 I/O 域生成一个指示灯。用仿真验证组态的结果。

4. 用输入域将 5 位整数输入给整型变量"变量 2"，用输出域显示"变量 2"的值，格式为 3 位整数和 2 位小数。用仿真验证组态的结果。

5. 在 HMI 的默认变量表中创建可以保存 8 个字符的字符型内部变量"变量 3"。用输出域显示"变量 3"。用按钮将数字和字符写入"变量 3"。用仿真验证组态的结果。

6. 组态用来显示变量"液位"的垂直放置的棒图，最大值 200 在上面，最小值 0 在下面。在 30 和 150 处设置变量的下限值和上限值，为不同的数值区设置指定的颜色。

7. 组态用来显示变量"液位"的量表，标题为"液位"，单位为 cm，范围为 0~250，显示峰值，启动警告和危险的值分别为 150 和 200。

8. 在 PLC 的循环中断组织块中，每 200ms 将变量"液位"加 1，增加到 220 时将"液位"清 0。将 6~8 题组态的画面和程序放在同一个项目中，用仿真验证组态和编程的结果。

9. 组态一个只显示年、月、日的日期时间域，一个只显示时间的日期时间域，一个使用自己的画面背景的时钟。用仿真验证组态结果。

10. 组态一个双状态的符号 I/O 域，Bool 变量"变量 4"为 0 和 1 时分别显示"手动"和"自动"，用仿真验证组态的结果。

11. 用图形 I/O 域、图形列表和工具箱的"图形"窗格的"WinCC 图形文件夹\Equipment\Automation [EMF]\Blowers"文件夹中的 4 个红色的风扇图形，实现风扇旋转的动画功能。

第 5 章 报警、系统诊断与用户管理

5.1 报警的组态与仿真

5.1.1 报警的基本概念

报警系统用来在 HMI 设备上显示和记录运行状态和工厂中出现的故障。报警事件保存在报警记录中，记录的报警事件用 HMI 设备显示，或者以报表形式打印输出。通过报警消息可以迅速定位和清除故障，减少停机时间或避免停机。报警消息由编号、日期、时间、报警文本、状态和报警类别等组成。

1. 报警的分类

（1）用户定义的报警

用户定义的报警用于监视生产过程，在 HMI 设备上显示过程状态，或者测量和报告从 PLC 接收到的过程数据。HMI 设备可显示离散量报警和模拟量报警。

1）离散量报警：离散量（又称开关量）对应于二进制数的 1 位，离散量的两种相反的状态可以用 1 位二进制数的 0、1 状态来表示。发电机断路器的接通和断开，各种故障信号的出现和消失，都可以用来触发离散量报警。

2）模拟量报警：模拟量的值（例如温度值）超出上限或下限时，将触发模拟量报警。报警文本可以定义为"温度过高"或"温度过低"等。

3）PLC 产生的控制器报警：例如 CPU 的运行模式切换到 "STOP" 的报警。在 STEP 7 中组态控制器报警，在 WinCC 中处理控制器报警。并非所有的 HMI 设备都支持控制器报警。

（2）系统定义的报警

1）系统事件：系统事件是 HMI 设备产生的，例如"已建立与 PLC 的在线连接"。系统报警指示系统状态，以及 HMI 设备和系统之间的通信错误。双击项目树中的"运行系统设置"，选中左边窗口的"报警"，可以指定系统报警在 HMI 设备上持续显示的时间（见图 5-1）。

2）系统定义的控制器报警：用于监视 HMI 设备和 PLC，由 S7 诊断报警和系统故障组成，向操作员提供 HMI 设备和 PLC 的操作状态。S7 诊断报警显示 S7 控制器中的状态和事件，无须确认或报告，它们仅用于发出信号。

2. 报警的状态

离散量报警和模拟量报警有下列报警状态，HMI 设备将会显示和记录各种状态的出现，也可以打印输出。

（1）到达

满足了触发报警的条件（例如炉温太高）时，该报警的状态为"到达"，HMI 设备将显示报警消息。操作员确认了报警后，该报警的状态为"（到达）确认"。

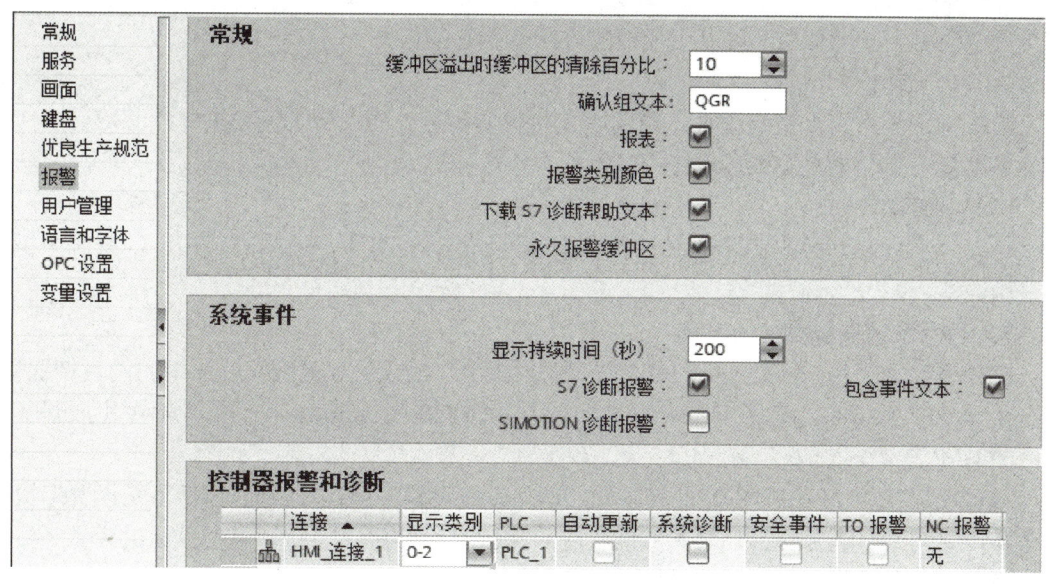

图 5-1 运行系统的报警设置

（2）离开

当触发报警的条件消失，例如温度恢复到正常值，不再满足该条件时，该报警的状态为"（到达）离开"。

（3）确认

有的报警用来提示系统处于严重或危险的运行状态，为了确保操作员获得报警信息，可以组态为一直显示到操作人员对报警进行确认。确认表明操作员已经知道触发报警的事件。

确认后可能的状态有"（到达）确认""（到达离开）确认""（到达确认）离开"。

3. 确认报警的方法

可以用下列方式确认报警。

1）在运行系统中，用户根据组态情况通过下列方式之一手动确认报警：使用 HMI 设备上的确认键〈ACK〉；使用报警视图中的"确认"按钮；使用组态的功能键或画面中的按钮。

2）由 PLC 的控制程序来置位指定变量中的一个特定位，以确认离散量报警（见后文 5.1.2 节）。报警被确认时，指定的 PLC 变量中的特定位将被置位。

3）通过函数列表或脚本中的系统函数确认。

4. 运行系统中报警的显示

WinCC 提供下列在 HMI 设备上显示报警的图形对象。

（1）报警视图

报警视图用于显示在报警缓冲区或报警记录中选择的报警或事件。报警视图在画面中组态，可以组态具有不同内容的多个报警视图。根据组态，可以同时显示多个报警消息。

（2）报警窗口

报警窗口在全局画面编辑器中组态。根据组态，在属于指定类别的报警处于激活状态时，报警窗口将会自动打开。报警窗口关闭的条件与组态有关。

报警窗口保存在它自己的层上，在组态其他画面时它被隐藏。

（3）报警指示器

报警指示器是一个图形符号，在"全局画面"中组态它。在指定类别的报警被激活时，该符号便会出现在屏幕上，可以用拖拽的方法改变它的位置。

（4）电子邮件通知

带有特定类别的报警到达时，若要通知除操作员之外的人员（例如工程师），某些 HMI 设备可以将该报警类别发送到指定的电子邮件地址。

（5）系统函数

可以为与报警有关的事件组态一个或多个函数。该报警事件发生时，在运行系统中执行这些函数。

5. 运行系统报警属性的设置

打开 TIA 博途，创建一个名为"精智面板报警"的项目（见配套资源中的同名例程）。PLC_1 为 CPU 1214C，HMI_1 为 4in 的精智面板 KTP400 Comfort，在网络视图中生成基于以太网的 HMI 连接。

双击项目树的"HMI_1"文件夹中的"运行系统设置"，选中打开的运行系统设置编辑器左边窗口中的"报警"（见图 5-1），可以进行与报警有关的设置。一般使用默认的设置。要在运行系统中以各种颜色显示报警类别，必须勾选"报警类别颜色"复选框。

如果 PLC 连接到多个 HMI 设备，项目工程师应为这些控制器报警分配相应的显示类别。只有来自指定的显示类别的控制器报警才会在 HMI 设备上显示。在图 5-1 的"控制器报警和诊断"选项组，可以激活要在 HMI 设备上显示的显示类别。在此情况下，只有来自此显示类别的控制器报警会在 HMI 设备上显示。最多允许 17 个显示类别（0~16）。

6. HMI 报警属性的设置

双击项目树的"HMI_1"文件夹中的"HMI 报警"，在"报警类别"选项卡（见图 5-2）中，可以创建和编辑报警类别，随后可以在报警编辑器中将报警分配到某一报警类别。一共可以创建 16 个报警类别。下面是自动生成的最常用的 4 种报警类别。

1）Errors（事故或错误）：指示紧急的或危险的操作和过程状态，这类报警必须确认。

2）Warnings（警告）：指示不太紧急或不太危险的操作和设备状态，不需要确认。

3）System（系统）：提示操作员有关 HMI 设备和 PLC 的操作错误或通信故障等信息。

4）Diagnosis events（诊断事件）：包含 PLC 中的状态和事件，这类报警不需要确认。

可以通过巡视窗口或者直接在报警类别的表格中修改报警类别的"显示名称"，设置记录某个报警类别的报警日志。还可以设置每个报警类别不同状态的背景色和是否需要闪烁。

报警类别								
显示名称	名称	状态机	日志	背景色"到达"	背景色"到达/离去"	背景色"到达/已确认"	背景色"到达/离去/已确认"	
事故	Errors	带单次确认的报警	<无记录>	255, 101, 99	0, 255, 255	255, 255, 255	255, 255, 255	
警告	Warnings	不带确认的报警	<无记录>	255, 255, 255	255, 255, 255	255, 255, 255	255, 255, 255	
系统	System	不带确认的报警	<无记录>	255, 255, 255	255, 255, 255	255, 255, 255	255, 255, 255	
S7	Diagnosis events	不带确认的报警	<无记录>	255, 255, 255	255, 255, 255	255, 255, 255	255, 255, 255	
A	Acknowledgement	带单次确认的报警	<无记录>	255, 0, 0	255, 0, 0	255, 255, 255	255, 255, 255	
NA	No Acknowledge...	不带确认的报警	<无记录>	255, 0, 0	255, 0, 0	255, 255, 255	255, 255, 255	

图 5-2　报警类别编辑器

运行时报警消息中使用的是报警类别"显示名称"。系统默认的 Errors 和 System 类别的"显示名称"分别为字符"!"和"$"，由于字符不太直观，因此图 5-2 中将"显示名称"分别改为"事故"和"系统"。Warnings 类别没有显示名称，设置它的显示名称为"警告"。将"事故"类别"到达/离去"的背景色改为浅蓝色。

选中"事故"类别，再选中巡视窗口的"属性 > 常规 > 状态"（见图 5-3），"到达""离开""已确认"这三种状态分别用字母 I、O、A 作为报警消息中的文本，很不直观。因此，将它们的文本分别修改为"到达""离开""确认"。选中"警告"和"系统"类别，做同样的操作。因为"警告"和"系统"类别的报警不需要确认，所以不能更改"已确认"文本，也不能更改"系统"类别的"离开"文本。

图 5-4 是在 PLC 的默认变量表中组态的与报警有关的变量。

图 5-3　组态事故状态的文本　　　　　　　　图 5-4　PLC 的默认变量表

5.1.2　组态报警

1. 组态离散量报警

双击项目树的"HMI_1"文件夹中的"HMI 报警"，打开报警编辑器（见图 5-5）。可以直接在表格中组态报警的参数。选中某条报警，也可以用巡视窗口组态报警的参数。

图 5-5　离散量报警编辑器

在 PLC 的默认变量表中创建变量"事故信息"（见图 5-4），绝对地址为 MW10，数据类型为 Word（字），它的每一位可以触发一个离散量报警。分别使用"事故信息"的第 0～5 位，来触发发电机的机组过速、机组过流、机组过压、差压保护、失磁保护和调速器故障这 6 种事故。一个字有 16 位，最多可以触发 16 个离散量报警。

在 HMI 报警编辑器的"离散量报警"选项卡中（见图 5-5），单击第 1 行"ID"列的"<添加>"，输入报警文本（对报警的描述）"机组过速"，报警的 ID（即编号）用于识别报警，是自动生成的，用户也可以修改。离散量报警用指定的字变量的某一位来触发，模拟量报警用变量的限制值来触发。"报警文本"中的"变量:5，转速"的意义将在下一部分"2. 在报警文本中插入变量域"中介绍。

单击"报警类别"列右边隐藏的██按钮，在对话框中选择报警类别为"Errors"。

单击"触发变量"单元中右边隐藏的██按钮，在对话框中选中 PLC 的默认变量表定义的变量"事故信息"。

单击"触发位"单元中右边的██按钮，可以增、减该报警在字变量中的位号。

在组态报警时，既可以指定报警由操作员逐个进行确认，也可以将同类型的报警（例如"保险丝熔断"）、来自同一台设备的报警或来自同一过程的相关部分的所有报警组态为一个报警组，一次确认操作就能同时确认属于同一报警组的所有报警。

打开图 5-5 中的"报警组"选项卡，可选用系统生成的报警组名称"Alarm_group_1"～"Alarm_group_16"，可以修改报警组的名称，也可以根据需要创建自定义的报警组。

右键单击图 5-5 的表头，选中"显示/隐藏"，勾选快捷菜单中的复选框"报警组"，表格中出现"报警组"列。组态"机组过速"和"机组过流"都属于报警组"Alarm_group_1"。

组态完第一个报警后，单击第二行，将会自动生成第二个报警，报警的 ID 号和"触发位"自动加 1，本例只需要输入报警文本。

可以通过激活离散量报警或模拟量报警表格右边的"报表"复选框，启用该报警的记录功能。报警事件保存在报警记录中，记录文件的容量受限于存储介质和系统限制。

选中某条报警，再选中巡视窗口的"属性 > 属性 > 信息文本"，将与报警有关的信息写入右边窗口的文本框。系统运行时选中报警视图中的该报警消息后，操作员单击"信息文本"按钮，该报警有关的信息将在弹出的窗口中显示。

2. 在报警文本中插入变量域

打开报警编辑器后（见图 5-6），两次单击选中 1 号离散量报警的报警文本"机组过速"，选中它以后再用右键单击它，执行快捷菜单中的命令"插入变量域"。指定要显示的过程变量为"转速"，地址为 MW4，输出域的长度为 5 个字符，报警文本中变量值输出的显示格式为十进制。操作结束后"报警文本"列显示"<变量:5，转速>机组过速"。

可以用同样的方法在报警文本中插入文本列表域。

图 5-6 在报警文本中插入变量

选中 HMI 的默认变量表中的变量"事故信息"，可以在该变量表中组态和图 5-5 相同的离散量报警。

视频"精智面板报警组态（A）"可通过扫描二维码 5-1 播放。

二维码 5-1

3. 用 PLC 中的位变量实现离散量报警的确认

可以用 PLC 中的位变量来确认离散量报警。选中 HMI 报警编辑器的"离散量报警"选项卡中的报警"机组过速"，再选中巡视窗口的"属性 > 属性 > 确认"（见图 5-7），设置在出现"机组过速"报警时，将 PLC 中的变量"事故信息"（MW10）的第 6 位置 1，就可以确认该报警，并产生对应的报警消息。

该报警被 PLC 或报警视图中的"确认"按钮确认后，PLC 中的 Word 类型的字变量

"报警确认"(MW2)的第 0 位将被 HMI 置 1,通知 PLC 该报警已被确认。

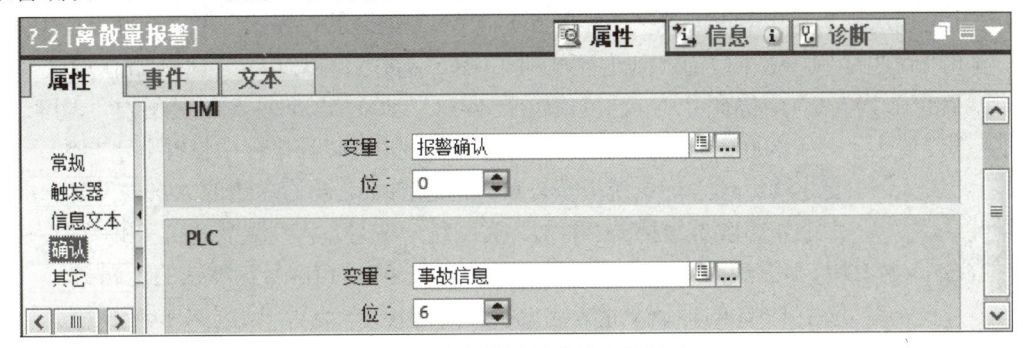

图 5-7 组态离散量报警的确认属性

4. 用"报警回路"按钮触发事件

选中报警编辑器中的离散量报警"机组过速",再选中巡视窗口的"属性 > 事件 > 报警回路",组态单击报警视图中的"报警回路"按钮 ▲ 时,执行系统函数"激活屏幕",要激活的画面为"画面 1"。

组态时选中某条报警,打开巡视窗口的"属性 > 事件"选项卡,还可以分别组态该报警到达、离开和确认时要执行的系统函数或脚本。

5. 组态模拟量报警

某设备的正常温度范围为 650～750℃。如果温度在 750～800℃之间,应发出警告消息"温度升高"(见图 5-8);温度在 600～650℃之间,应发出警告消息"温度降低";温度大于 800℃,应发出错误(或称事故)消息"温度过高";温度小于 600℃,应发出错误消息"温度过低"。

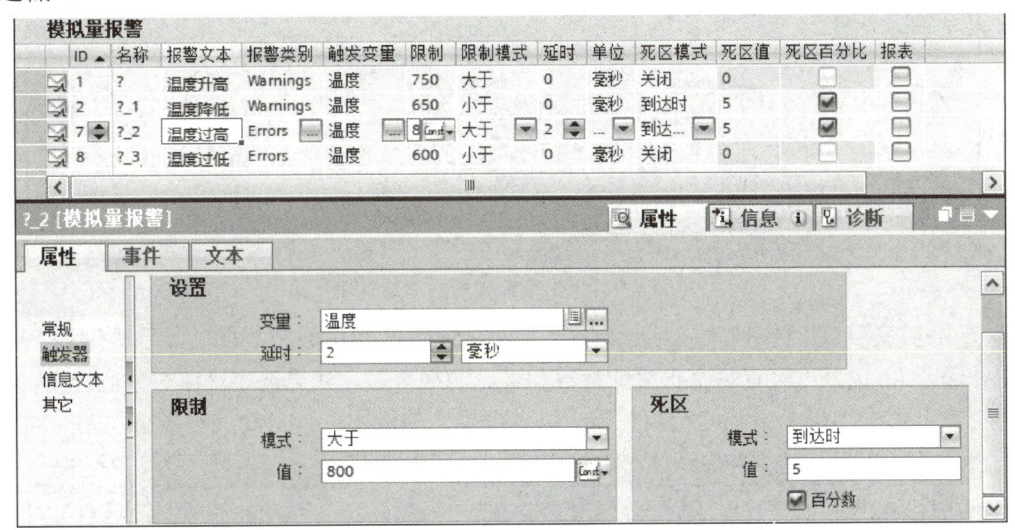

图 5-8 模拟量报警编辑器

打开 HMI 报警编辑器的"模拟量报警"选项卡,单击模拟量报警编辑器的第 1 行,输入报警文本"温度过高",报警类别为"Errors"(事故)。报警编号(ID)为 1,是自动生成的,用户可以修改它。选中巡视窗口的"属性 > 属性 > 触发器"(见图 5-8 下图),设置触发变量为"温度",在设置的延时时间 2ms 过去之后触发条件仍然存在时才触发报警。限制模式为"大于"。限制值为 800,单击 按钮,可以选择限制值为常数或由变量(HMI_Tag)提供。

如果过程值围绕极限值 800 波动,将会多次触发"温度过高"报警,生成大量的报警消息。为了防止出现这种情况,应组态死区(见图 5-8 下图)。死区的"模式"可以选择"关闭"(没有死区)、"到达时""离去时"或"到达/离去时"。图 5-8 中"温度过高"报警的死区模式为"到达时",死区值为 5%。由仿真可知,温度值大于 840℃(800×105%)时才能触发"温度过高"报警,温度值小于等于 800℃时"温度过高"报警消失。也可以在表格中设置上述参数。

要连续记录运行系统报警,可以勾选图 5-8 表格右边的"报表"复选框。

为了和离散量报警的"事故"类别统一编号,将"温度过高"和"温度过低"的 ID 号由默认的 1 和 2 改为 7 和 8。两个警告的 ID 号为默认的 1 和 2。

选中 HMI 的默认变量表中的变量"温度",也可以组态模拟量报警。

视频"精智面板报警组态(B)"可通过扫描二维码 5-2 播放。

二维码 5-2

5.1.3 组态报警视图

报警视图用于显示报警消息。将工具箱的"控件"窗格中的"报警视图"拖拽到根画面中,用鼠标调节它的位置和大小。选中巡视窗口的"属性 > 属性 > 常规",设置要启用哪些报警类别(见图 5-9)。报警事件存储在内部缓冲区中。一般选中"报警缓冲区",报警视图将显示所选报警类别当前的和过去的报警消息。

如果选中"当前报警状态"单选按钮,只能显示所选报警类别当前被激活的报警消息。

如果选中"报警记录"单选按钮,并用它下面的选择框选中一个已有的报警记录,在运行系统中,已记录的报警将用报警视图输出。为此首先应创建一个报警记录,并在报警编辑器的"报表"列中勾选要记录的报警的复选框(见图 5-5 和图 5-8)。

图 5-9 组态报警视图的常规属性

选中巡视窗口的"属性 > 属性 > 布局"(见图 5-10),可以设置视图的显示类型为"高级"或"报警行",也可以设置每个报警的行数和可见的报警数。如果选中"使对象适合内容"复选框,将会根据"每个报警的行数"和"可见报警"的设置值,自动调整报警视图的高度。

图 5-10 组态报警视图的布局属性

选中图 5-10 中的"文本格式",设置表格和表头均为 12 像素的正常宋体。

选中图 5-10 中的"显示",勾选"垂直滚动"和"水平滚动"复选框,不显示网格。如果在"用于显示区的控制变量"选项组中定义了一个用于指定时间的变量,报警视图只显示存储在该变量中的时间之后的报警消息。

选中巡视窗口的"属性>属性>工具栏"(见图 5-11),可以设置报警视图下面的工具栏上有哪些按钮。"报警循环"(Loop-in-alarm)也被翻译为"报警回路"。

选中巡视窗口的"属性>属性>列标题"(见图 5-12),可以设置报警视图中的列标题。

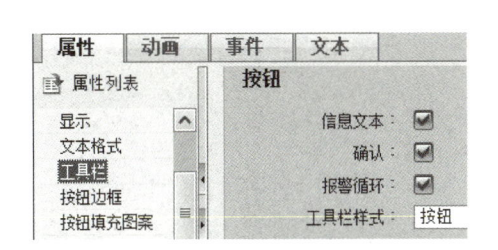

图 5-11 组态报警视图的工具栏 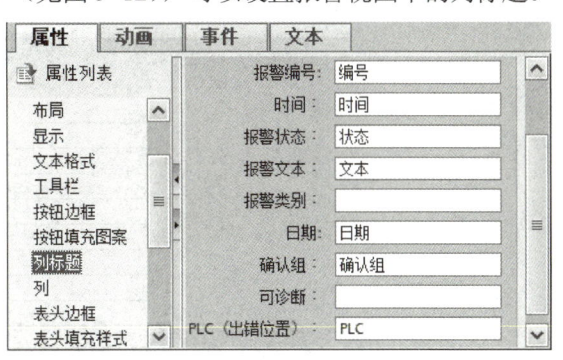   图 5-12 组态报警视图的列标题

选中巡视窗口的"属性>属性>列"(见图 5-13),可以设置显示哪些列。"列属性"选项组中的"标题"复选框用于设置是否显示表头,选中"重新排序列"复选框后,可以改变显示的列的顺序。"时间(毫秒)"复选框用于指定显示的事件是否精确到毫秒。如果选中"跨列文本"复选框,运行时在所有列的第二行显示报警文本。如果选中"排序"方式为"降序",最后出现的报警消息将在报警视图的最上面显示。

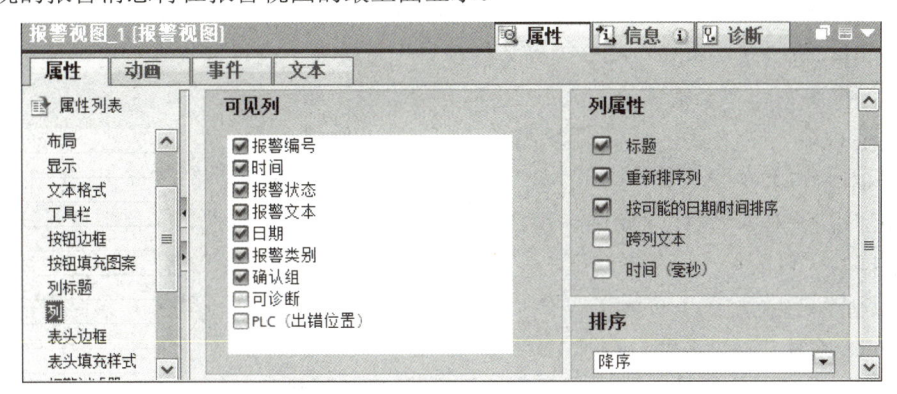

图 5-13 组态报警视图的列属性

选中巡视窗口的"属性>属性>报警过滤器",可以设置过滤器字符串和字符串类型的过滤器变量。在运行系统中,将仅显示包含过滤器中完整字符串的报警消息。

5.1.4 组态报警窗口与报警指示器

1. 报警窗口

报警窗口与报警指示器在全局画面编辑器中组态,不能将报警窗口分配给其他画面。报警窗口的属性与报警视图类似。运行时组态的报警类别的报警处于激活状态时,报警窗口自动打开。

2. 组态报警窗口

双击项目树的"HMI_1\画面管理"文件夹中的"全局画面",打开全局画面。将工具箱的"控件"窗格中的"报警窗口"与"报警指示器"拖拽到全局画面中(见图5-14)。用鼠标调节它们的位置和报警窗口的大小。

报警窗口的组态方法与报警视图基本相同。单击选中报警窗口,选中巡视窗口的"属性>属性>常规",选中"当前报警状态"单选按钮(见图5-9)时,只能显示所选报警类别当前被激活的报警。勾选"未决报警"复选框,启用的报警类别为"Errors"(事故)。

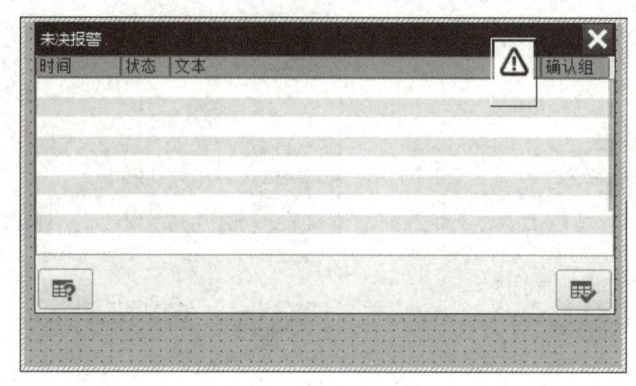

图5-14 全局画面中的报警窗口与报警指示器

如果选中"当前报警状态"单选按钮,下面是报警窗口消失的条件:

1)只勾选"未决报警"复选框,"未决"是没有离开的意思。不管该报警是否被确认,只要处于"离开"(已决)状态时,报警窗口就会消失。

2)只勾选"未确认的报警"复选框,不管该报警是否离开,只要该报警被确认,报警窗口就会消失。

3)同时勾选"未决报警"和"未确认的报警"复选框,该报警只有同时处于被确认和离开状态时,报警窗口才会消失。

选中巡视窗口的"属性>属性>布局",除了"位置和大小"选项组,其他部分的设置与图5-10相同。如果选择"显示类型"为报警行,报警窗口只显示一行报警消息。

选中巡视窗口的"属性>属性>窗口",勾选"自动显示"复选框(报警被激活时自动显示报警窗口)、"可调整大小"复选框(用户可以更改运行系统中报警窗口的大小)和"'关闭'按钮"复选框(当到达图5-1设置的"显示持续时间"后会自动关闭窗口),启用报警窗口的"标题"并命名为"未决报警"。

选中巡视窗口的"属性>属性>外观",设置标题的前景色和背景色分别为黑色和绿色。

选中巡视窗口的"属性>属性>工具栏",设置只显示报警视图下面的工具栏的"信息文本"和"确认"按钮。

选中巡视窗口的"属性>属性>列",设置只显示"时间""报警状态""报警文本""确认组"列。

巡视窗口的"属性>属性"选项卡的其他属性的设置与前述的报警视图基本相同。

如果要显示系统报警消息,可以用同样的方法生成另外一个报警窗口,选中巡视窗口的"属性>属性>常规",组态显示"当前报警状态"和"未决报警",报警类别为"System"(系统)。选中巡视窗口的"属性>属性>窗口",启用标题"未决的系统事件"。

3. 组态报警指示器

报警指示器 是一个图形符号，指定类别的报警被激活时，该符号便会在屏幕上显示。报警指示器有以下两种状态。

1) 闪烁：至少存在一条需要确认的未决（未消失的）报警。

2) 静态：报警已被确认，但是至少有一条报警尚未离开，报警指示器将停止闪烁，其中的数字指示当前未离开的报警个数。

选中报警指示器后，选中巡视窗口的"属性 > 属性 > 常规"，勾选右边窗口的"报警类别"表格第一行（Errors）的"未决报警"列和"已确认"列的复选框。所有的事故报警均处于被确认和离开状态时，报警指示器才会消失。

视频"组态报警视图与报警窗口"可通过扫描二维码 5-3 播放。

二维码 5-3

5.1.5 报警功能的仿真

1. 离散量报警和模拟量报警的仿真

将程序下载到仿真 PLC，将 CPU 切换到 RUN 模式。用 S7-PLCSIM 的 SIM 表监控变量"转速""温度""事故信息""报警确认"（见图 5-15），启动监控，设置温度值为 720，转速值为 500。

选中项目树中的"HMI_1"，单击工具栏的"启动仿真"按钮 ，编译成功后，出现仿真面板，显示根画面。

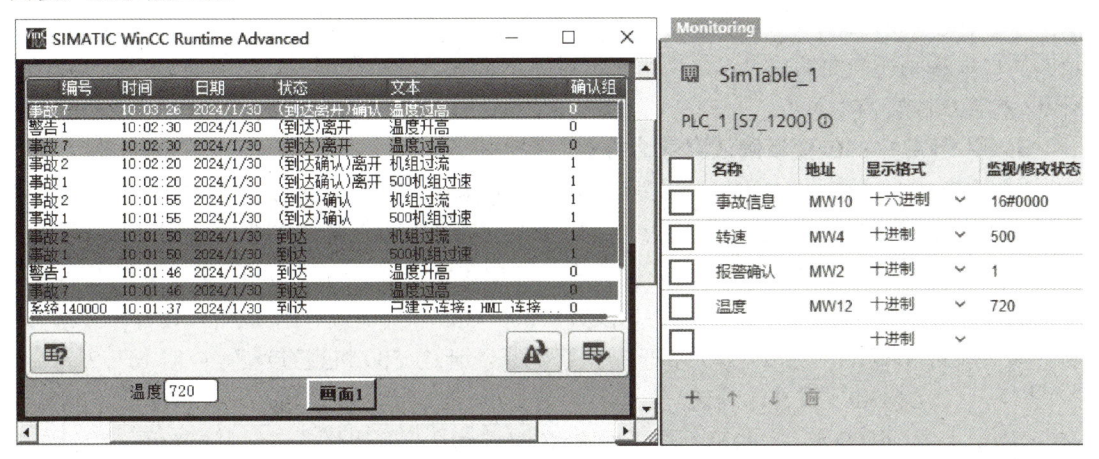

图 5-15 仿真面板和 S7-PLCSIM 的 SIM 表（精智面板）

用 S7-PLCSIM 设置温度值为 870，按计算机的〈Enter〉键确认。报警窗口在当前被打开的根画面中出现，报警窗口中的错误信息为"到达 温度过高"（见图 5-16），同时出现闪烁的报警指示器。用鼠标调节各列的宽度，例如"状态"列太窄，需要把它调宽一些。可以将报警指示器拖拽到画面中任意的位置。

令 S7-PLCSIM 中的 MW10 为 16#0003（它的第 0 位和第 1 位为 1），报警窗口中出现事故报警消息"到达 500 机组过速"和"到达 机组过流"（见图 5-15 左图）。报警指示器中的数字变为 3，表示当前有 3 条报警消息（见图 5-16）。

单击报警窗口右边的"确认"按钮 ，因为"机组过速"和"机组过流"属于同一个确认组，它们同时被确认，它们的状态均变为"(到达) 确认"。

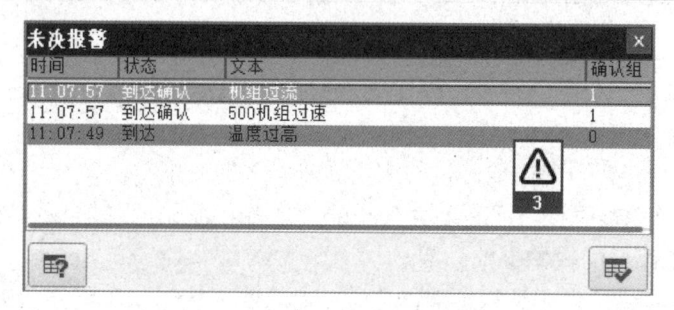

图 5-16 运行时的报警窗口和报警指示器

令 S7-PLCSIM 中的 MW10 为 16#0000（它的第 0 位和第 1 位为 0），报警窗口中的报警消息"机组过流"和"机组过速"消失。报警指示器上的数字变为 1，表示当前只有 1 条报警消息。在运行模拟器中设置温度为正常值 720，报警窗口消失，报警指示器显示 0。出现事故消息"（到达）离开 温度过高"和警告消息"（到达）离开 温度升高"（见图 5-15 左图）。

若在图 5-9 报警视图的常规属性组态中选中了"报警缓冲区"单选按钮，报警视图会显示当前的和历史的报警事件。选中出现的根画面中的报警视图中的报警消息"（到达）离开 温度过高"（见图 5-15 左图），单击"确认"按钮 ，出现状态为"（到达离开）确认"的"温度过高"消息。因为 3 条报警均已离开和确认，报警指示器消失。

2. 用"报警回路"按钮触发事件

仿真时选中报警视图中的某条"机组过速"的报警消息，单击图 5-15 中的"报警回路"按钮 ，将会跳转到组态的"画面 1"。如果单击时"机组过速"报警尚未被确认，返回根画面后可以看到在画面切换时，出现"机组过速"被确认的报警消息，同时变量"报警确认"MW2 的第 0 位变为 1。

3. 用 PLC 中的位变量确认离散量报警

在 S7-PLCSIM 中将 MW10 设置为 16#0001，第 0 位被置 1，在报警窗口中，出现报警消息"到达 500 机组过速"，单击"确认"按钮 ，"报警确认"字 MW2 的值变为 1（第 0 位变为 1），用它来通知 PLC 该报警消息被确认。将 MW10 设置为 16#0000，第 0 位清 0 后，报警"机组过速"的状态为"（到达确认）离开"。

第 2 次将 MW10 的第 0 位置 1，出现报警消息"到达 500 机组过速"，同时 MW2 的第 0 位 M3.0（报警已确认）被自动清零。令 PLCSIM 中 MW10 为 16#0041，然后变为 16#0001，它的第 6 位（即 PLC 报警确认位，见图 5-7）先变为 1，然后变为 0，用它来确认机组过速的报警消息。在报警窗口中出现该报警被确认的消息，同时 MW2 的第 0 位变为 1。

二维码 5-4　　视频"精智面板报警仿真"可通过扫描二维码 5-4 播放。

5.1.6 精简面板报警的组态与仿真

项目"精简面板报警"（见配套资源中的同名例程）的 PLC_1 为 CPU 1214C，HMI_1 为 4in 的精简面板 KTP400 Basic PN。在网络视图中生成基于以太网的 HMI 连接。

离散量报警、模拟量报警和报警视图的组态与项目"精智面板报警"基本相同。但是精简面板需要组态的参数比精智面板要少一些。此外，该例程没有组态报警窗口和报警指示器。

运行时不能调节报警视图各列的宽度，组态布局属性时，每条报警的行数为两行，"状态"列最多能显示 6 个字。

选中项目树中的"PLC_1",单击工具栏的"启动仿真"按钮![],启动 S7-PLCSIM,将程序下载到仿真 PLC,将 CPU 切换到 RUN 模式。生成 SIM 表,在表中监控变量"转速""温度""事故信息""报警确认"(见图 5-17)。设置温度为正常值 740,转速值为 500,按计算机的〈Enter〉键确认。

选中项目树中的"HMI_1",单击工具栏的"启动仿真"按钮![],出现仿真面板,显示根画面中的报警视图(见图 5-17)。

图 5-17 仿真面板和 S7-PLCSIM 的 SIM 表(精简面板)

令 S7-PLCSIM 中的"事故信息"MW10 的值为 16#0001。在报警视图中出现报警消息"到达 500 机组过速",其中的"500"是报警文本中插入的变量"转速"的值。单击报警视图右下角的"确认"按钮![],出现状态为"到达确认"的"500 机组过速"报警消息。

令 MW10 的值为 16#0000,出现状态为"到达确认离开"的"500 机组过速"报警消息。

将温度值 MW12 设为 760,出现警告"到达 温度升高"。将温度值设为 860,出现事故报警消息"到达 温度过高"。单击报警窗口右边的"确认"按钮![],出现事故报警消息"到达确认 温度过高"。

将温度值改为正常值(例如 740),出现事故报警消息"到达确认离开 温度过高",同时出现警告"到达离开 温度升高"。可以拖动报警视图的垂直滚动条,来查看被隐藏的报警消息。

"事故到达"报警消息的背景色为红色,这是在报警类别编辑器中组态的。选中与"机组过速"有关的报警消息,单击图 5-17 中的"报警循环"按钮![],将会跳转到组态的"画面 1"。单击画面切换按钮,返回根画面。

在出现报警消息"到达 500 机组过速"时,令 MW10 的值为 16#0041,用组态的 MW10 的第 6 位来确认该报警。该报警被确认后,组态的 MM2 的第 0 位变为 1,用它来通知 PLC,该报警被确认。

5.2 系统诊断的组态与仿真

1. 系统诊断视图和系统诊断窗口

系统诊断视图显示工厂中全部可访问设备的当前状态和详细的诊断数据。可以访问在设备和网络编辑器中组态的所有具有诊断功能的设备，可以直接浏览错误的原因。

系统诊断窗口只能在全局画面中使用，其功能与系统诊断视图完全相同。只有精智面板和 WinCC RT Advanced 才能使用 HMI 系统诊断的所有功能。精简面板只能使用系统诊断视图，不能使用系统诊断窗口和系统诊断指示器。

2. 生成项目和建立 HMI 连接

打开 TIA 博途，创建一个名为"系统诊断"的项目（见配套资源中的同名例程）。PLC_1 为 CPU 1212C，HMI_1 为 7in 的精智面板 TP700 Comfort。在网络视图中，组态 PLC 和 HMI 之间的 HMI 连接。

3. 组态系统诊断视图和系统诊断窗口

将工具箱的"控件"窗格中的"系统诊断视图"拖拽到精智面板的根画面中，用鼠标调节它的位置和大小。单击选中系统诊断视图，打开巡视窗口的"属性 > 属性 > 列"文件夹（见图 5-18），选中"设备/详细视图"，可以自定义列标题，修改默认的列宽度，在系统运行时也可以调节列宽度。可以用复选框分别设置是否显示各列的设备视图和详细视图。选中"诊断缓冲区视图"，可以自定义列标题，修改默认的列宽度，设置各列的可见性。

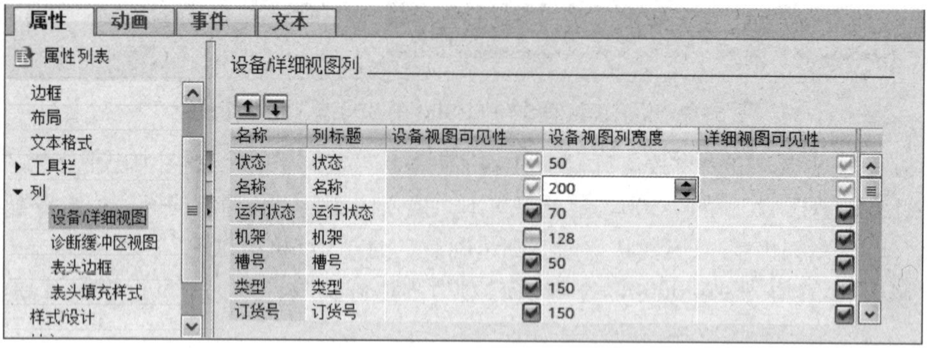

图 5-18 组态"设备/详细视图"的列属性

选中左边窗口的"布局"，勾选"显示标题（路径）"和"重新排序列"复选框，可以在运行系统中移动列的位置和调整列的宽度。如果勾选了"显示拆分视图"复选框，在运行系统中系统诊断视图将被拆分为两个区域，顶部区域显示设备视图，底部区域显示详细视图。如果打开诊断缓冲区视图，顶部区域将显示诊断缓冲区的事件列表，底部区域显示选中事件的详细信息和可能的错误原因。

双击打开项目树的文件夹"HMI_1\画面管理"中的全局画面。将工具箱"控件"窗格中的"系统诊断窗口"拖拽到全局画面中，用鼠标调节它的位置和大小。其组态方法与系统诊断视图相同。

4. 添加系统诊断指示器

系统诊断指示器是全局库中的一个预定义的图形符号，用于对系统中的错误发出警告。它用红色背景显示有错误，用绿色背景显示无错误。

打开全局库的文件夹"Buttons-and-Switches\模板副本\DiagnosticsButtons\Comfort Panels and RT Advanced"，将其中的"DiagnosticsIndicator"（诊断指示器）拖拽到根画面的底部（见图 5-19）。

选中诊断指示器，再选中巡视窗口中的"属性 > 事件 > 单击"，组态单击它时调用系统函数"显示系统诊断窗口"，对象名称为"已组态的系统诊断窗口_1"。

视频"系统诊断组态"可通过扫描二维码 5-5 播放。

5．模块缺失故障的诊断

下载之前，打开"设置 PG/PC 接口"对话框（见图 2-37），设置"使用的接口"为实际使用的计算机网卡，通信协议为 TCPIP.1。本节的实验只需要一块 S7-1200 的 CPU 模块。打开项目"系统诊断"，在设备视图中组态一块并不存在的 8DI 模块，下载后 CPU 的错误指示灯闪烁。

二维码 5-5

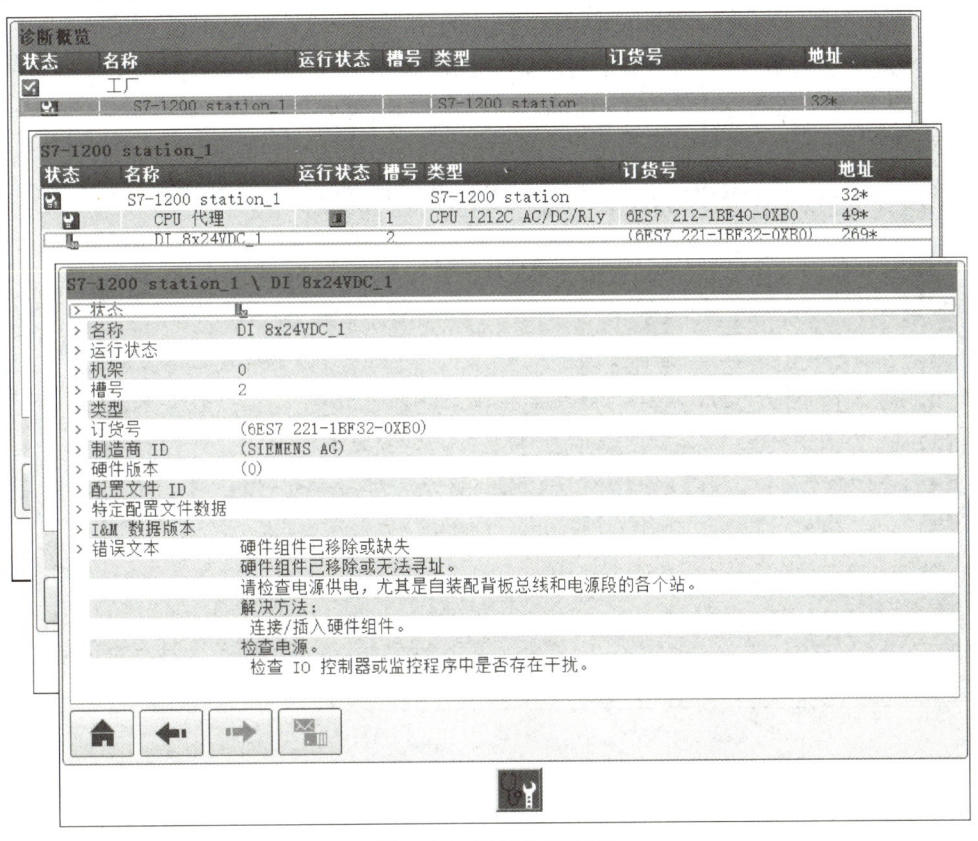

图 5-19 系统诊断视图

选中项目树中的"HMI_1"，启动 HMI 仿真。在图 5-19 底层的系统诊断视图的"诊断概览"视图中，"S7-1200 station_1"所在行的"状态"列中的红色背景图标表示它有故障。双击该行，出现图 5-19 中间层的图。"状态"列中的图标提示 CPU 系统和 8DI 模块均有故障。选中 8DI 模块这一行，单击 按钮，或双击该行，出现 8DI 模块故障的详细信息（见图 5-19 的下图）。错误文本为"硬件组件已移除或缺失"，并给出了可能的原因和解决的方法。单击 按钮，返回上一级。

单击 按钮，打开诊断缓冲区视图（见图 5-20），调节各列的宽度。图中第 21 号事件是"硬件组件已移除或缺失"，15 号事件是"过程映像更新过程中发生新的 I/O 访问错误"。这两行左边的 图标和右边红色背景的 图标表示故障出现。

出现错误时，系统诊断视图下面的诊断指示器的背景色变为红色。单击它打开系统诊断窗口，可以显示有故障的 DI 模块的详细视图。再单击一次关闭系统诊断窗口。

关闭仿真面板，返回 TIA 博途，在设备视图中删除实际上并不存在的 8DI 模块，下载组态数据，CPU 的故障指示灯熄灭。重新启动 HMI 仿真，系统诊断视图和系统诊断窗口中的故障符号和故障信息消失。图 5-20 的 10 号事件是"硬件组件已移除或缺失"，左边的 ➡ 图标和右边绿色背景的 ✓ 图标表示故障消失。

视频"系统诊断实验（A）"可通过扫描二维码 5-6 播放。

二维码 5-6

6. 模拟量输入超上限的故障诊断

S7-1200 的 CPU 集成了两个模拟量输入通道。出现模拟量输入超上限的故障和故障消失时，CPU 将会分别调用一次诊断错误中断组织块 OB82。为了观察上述现象，在项目树的"程序块"文件夹中生成诊断错误中断组织块 OB82，在其中编写将 MW20 加 1 的程序。在根画面下面生成显示 MW20 的值（即中断次数）的输入/输出域（见图 5-20），用它来显示调用 OB82 的中断次数。将程序下载到 CPU，CPU 切换到 RUN 模式。

图 5-20　诊断缓冲区视图

选中项目树中的"HMI_1"，启动 HMI 仿真，系统诊断视图的概览视图显示没有故障。CPU 集成的模拟量通道 0 的量程为 0～10V，输入一个大于 10V 的直流电压，出现模拟量输入超上限的故障，CPU 的错误指示灯闪烁。

系统诊断视图的概览视图的"S7-1200 station_1"行的"状态"列中红色背景的图标表示它有故障。双击该行，出现"S7-1200 station_1"和"CPU 代理"这两行（见图 5-21 最底层的图），它们均有故障。

双击"CPU 代理"行，出现 CPU 的详细视图（见图 5-21 中间层的图），显示 CPU 的 AI 2_1 子模块（即 CPU 的 AI 部分）有故障。双击该子模块，出现它的详细视图（见图 5-21 最上层的图），该视图上半部分是它的一般参数，错误文本为"超出上限"，同时给出了超上限的定义和解决的方法。单击视图下面红色背景的系统诊断指示器，在打开的故障诊断窗口中可以看到同样的信息。再次单击系统诊断指示器，关闭系统诊断窗口，返回根画面，I/O 域显示的中断次数为 1，表示 CPU 调用了一次 OB82。

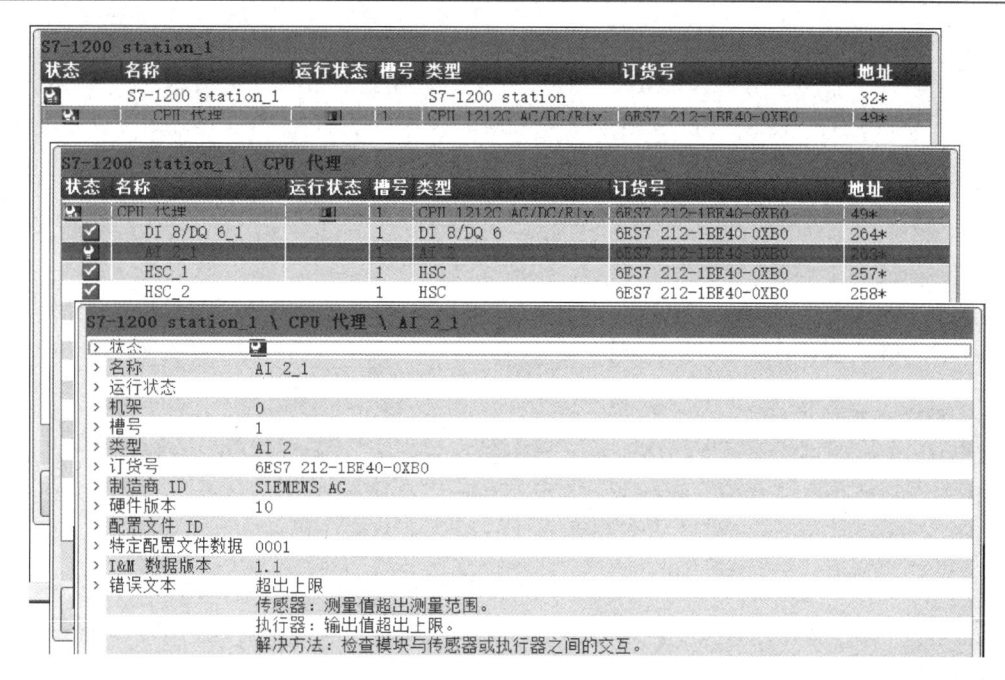

图 5-21 系统诊断视图

单击 ← 按钮，返回 CPU 的详细视图。单击 按钮，打开诊断缓冲区视图（见图 5-22），2 号事件是"超出上限"，左边的 图标和右边的红色背景的 图标表示故障刚出现。

令模拟量输入小于 10V，或者断开 AI 通道 0 的模拟量输入电压，故障"超出上限"消失，系统诊断视图和系统诊断窗口中的故障符号和故障信息消失。CPU 又调用一次 OB82，I/O 域显示的中断次数为 2（见图 5-22）。诊断缓冲区视图的 1 号事件也是"超出上限"，左边的 图标和右边绿色背景的 图标表示故障刚消失。

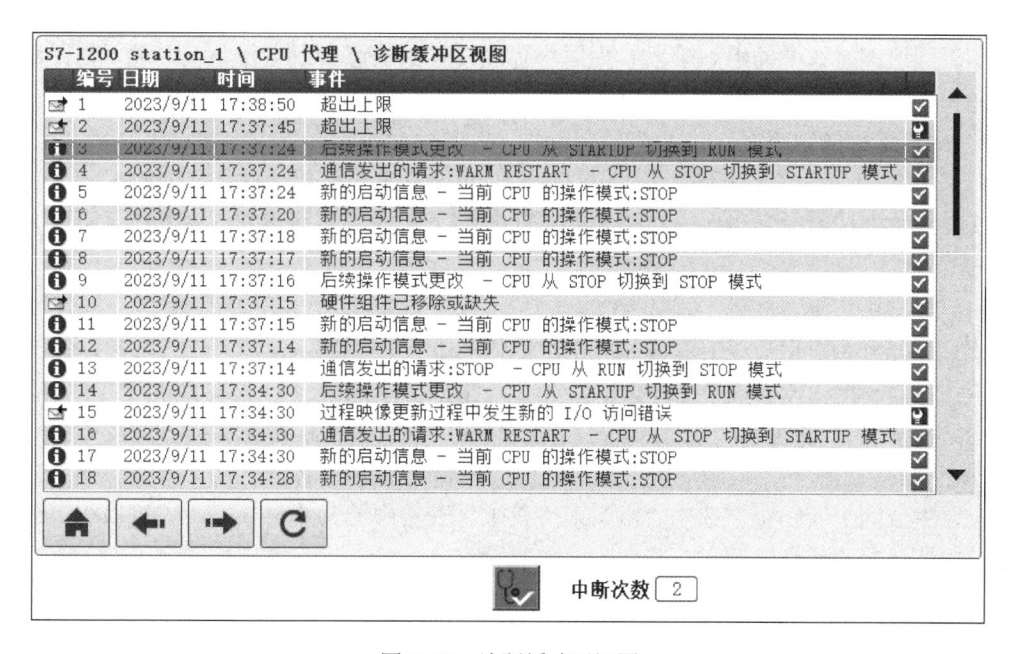

图 5-22 诊断缓冲区视图

如果有分布式 I/O（例如 ET 200SP），可以做网络控制系统的故障诊断实验。

视频"系统诊断实验（B）"可通过扫描二维码 5-7 播放。

通过在 S7-PLCSIM V18 的 SIM 视图中生成事件实例，可以对硬件中断事件、诊断错误中断事件、模块插入/拔出事件、机架或站故障仿真。可以用 S7-PLCSIM V18 仿真软件和 HMI 的系统诊断视图学习诊断 PROFINET IO 控制系统故障的方法。

二维码 5-7

5.3 用户管理的组态与仿真

1．用户管理的作用

在系统运行时，可能需要创建或修改某些重要的参数，例如修改温度或时间的设定值，修改 PID 控制器的参数，创建新的配方数据记录等。显然，这些重要的操作只能允许某些指定的专业人员来完成，必须防止未经授权的人员对这些重要数据进行访问和操作。例如，操作员只能访问指定的输入域和功能键，而调试工程师在运行时可以不受限制地访问所有的变量。应确保只有经过专门训练和授权的人员才能对机器和设备进行设计、调试、操作、维修以及其他操作。

用户管理用于在运行时控制对数据和函数的访问。为此创建并管理用户和用户组，然后将它们传送到 HMI 设备中。在运行系统中，通过用户视图来管理用户和密码。

2．用户管理的结构

在用户管理中，权限不是直接分配给用户，而是分配给用户组。同一个用户组中的用户具有相同的权限。

组态时需要创建用户和用户组，在用户编辑器中，将各用户分配到用户组，并使其获得不同的权限。在组编辑器中，为各用户组分配特定的访问权限（授权）。用户管理将用户的管理与权限的组态分离开来，这样可以确保访问保护的灵活性。

在工程组态系统中的组态阶段，为用户管理设置默认值。在运行系统中可以使用用户视图创建和删除用户，修改用户的密码和权限。

3．用户管理的组态

打开 TIA 博途，创建一个名为"用户管理"的项目（见配套资源中的同名例程）。PLC_1 为 CPU 1214C，HMI_1 为 4in 的精智面板 KTP400 Comfort。在网络视图中生成基于以太网的 HMI 连接。

（1）组态用户组

用户管理分为对用户组的管理和对用户的管理。

双击项目树的"HMI_1"文件夹中的"用户管理"，打开用户管理编辑器的"用户组"选项卡（见图 5-23）。上面的"组"表格中的管理员组（Administrator group）和用户组（Users）是自动生成的。它们的"显示名称"为"管理员"和"用户"。双击"组"表格下面空白行的"添加"，生成两个新的组。选中"组"或"权限"表格中的某个对象后，也可以在下面的巡视窗口中编辑它的属性。

图 5-23 下面的"权限"表格中的权限"User administration""Monitor""Operate"是自动生成的。此外添加了一个权限"Operate_2"。

选中某一用户组后，通过勾选下面的"权限"表格中的复选框，可以为它分配权限。

图 5-23 组态用户组的权限

在图 5-23 中,"管理员"组的权限最高,拥有所有的操作权限。"工程师"组拥有除"用户管理"之外的所有权限。"班组长"组只有"监视"和"输入温度设定值"的权限。"用户"组的权限最低,只有"监视"权限。

(2) 组态用户

打开用户管理编辑器的"用户"选项卡(见图 5-24),将各用户分配给用户组,一个用户只能分配给一个用户组。

图 5-24 将用户分配给用户组

用户的名称只能使用数字和字符,不能使用汉字,但是可以使用汉语拼音。选中"用户"表中的某一用户后,通过"组"表中的单选按钮将该用户分配给某个用户组。

在"用户"表中创建并选中用户"LiMing"(李明),通过"组"表的单选按钮将他指定给"用户 1 组"(工程师组)。用同样的方法设置"Operator"(操作员)属于"Users"(用户组),"WangLan"(王兰)属于"用户 2 组"(班组长组),"Admin"属于"Administrator group"(管理员组)。

可以在上面的表格中或下面的巡视窗口中组态用户名、密码、注销时间等参数。注销时间是指在设置的时间内没有访问操作时,用户权限被自动注销的时间。注销时间一般采用默认值(5min)。

用鼠标右键单击用户管理编辑器中某一行最左边的灰色单元,执行快捷菜单中的"删除"命令,可以删除该行。不能删除的行,其"删除"选项在快捷菜单中用灰色显示。

单击"用户"表格中某一用户的"密码"单元,在弹出的对话框中输入密码(见图5-24)。为了避免输入错误,需要在"确认密码"输入域中再次输入密码,两次输入的密码相同才会被系统接收。密码可以包含数字和字母,例程中设置Operator的密码为1000,WangLan的密码为2000,LiMing的密码为3000,Admin的密码为9000。

(3)组态画面对象的访问保护

在工程系统中创建用户和用户组并为它们分配权限后,就可以为画面中的对象组态访问权限。访问保护用于控制是否允许特定的用户对数据和函数进行访问。将组态传送到HMI设备后,运行时所有组态了访问权限的画面对象都会得到保护,使它们不受未经授权的访问。拥有该权限的所有已登录用户均可以访问此对象。

组态时选中图5-25根画面中"温度设定值"右边的输入/输出域,再选中巡视窗口的"属性 > 属性 > 安全"(见图5-26),勾选"允许操作"复选框。单击"权限"选择框右边的 按钮,在出现的权限列表中,选择名称为"Operate_2"的"输入温度设定值"权限(见图5-23)。在运行时具有该权限的用户才能操作该I/O域。

图5-25 运行时的根画面与用户视图

图5-25中的"参数设置"按钮用于切换到名为"参数设置"的画面。该画面用于设置PID控制器的参数。为了防止未经授权的人员任意更改PID参数,单击该按钮后,再选中巡视窗口的"属性 > 属性 > 安全",勾选"允许操作"复选框,设置其权限为"Operate"(访问参数设置画面,见图5-23)。

图5-26 组态I/O域的安全属性

在运行时用户访问一个对象,例如单击某个按钮,HMI运行系统首先确认该对象是否受到访问保护。如果没有访问保护,执行为该对象组态的功能。如果该对象受到保护,HMI运行系统首先确认当前登录的用户属于哪一个用户组,并将为该用户组组态的权限分配给该用户。如果没有用户登录或已登录的用户没有访问该对象的授权,则显示登录对话框。

(4)组态用户视图和配套的按钮

将工具箱的"控件"窗格中的"用户视图"拖拽到根画面中,用鼠标调整它的位置和大小。图 5-25 是运行时的用户视图,组态时用户视图是空的,没有图中的用户和密码等信息。

选中用户视图,再选中巡视窗口的"属性>属性>文本格式",将标题的字体由"粗体"改为"正常"。其他参数采用默认的设置。

在根画面中生成与用户视图配套的"登录用户"和"注销用户"按钮。运行时单击"登录用户"按钮,执行系统函数"显示登录对话框"。运行时单击"注销用户"按钮,执行系统函数"注销",当前登录的用户被注销,以防止其他人利用当前登录用户的权限进行操作。此外还生成了带有访问权限的"温度设定值"输入/输出域和"参数设置"画面切换按钮。

根画面下面的"已登录用户"输出域不是运行时必需的。它用来显示名为"用户名"的变量中的已登录用户名。

(5)组态计划任务

在更改用户后,需要单击"已登录用户"I/O 域,它才能显示新的用户名。为了解决这一问题,双击项目树中的"计划任务",打开计划任务编辑器(见图 5-27)。

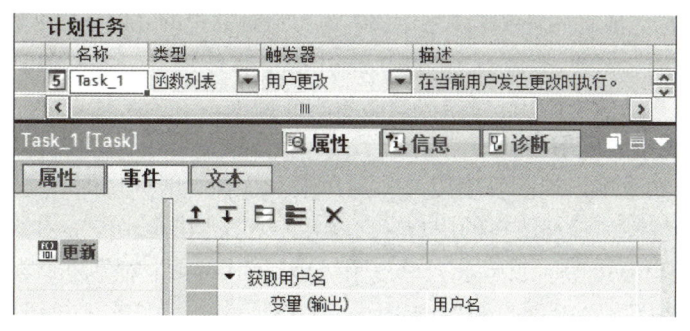

图 5-27 组态计划任务

双击"计划任务"表第一行,新建一个名为"Task_1"的任务,用下拉列表将"触发器"列设置为"用户更改"。选中该任务,再选中巡视窗口的"属性>事件>更新",在出现用户更改事件时调用系统函数"获取用户名",并用名为"用户名"的变量保存。根画面中"已登录用户"I/O 域用变量"用户名"来显示登录的用户。上述操作完成后,运行时一旦更改了登录的用户名,马上就会在"已登录用户"I/O 域中显示出该用户名。

视频"用户管理组态"可通过扫描二维码 5-8 播放。

二维码 5-8

4. 仿真运行

选中项目树中的 HMI_1 站点后,执行菜单命令"在线"→"仿真"→"使用变量仿真器",编译成功后,出现仿真面板,显示图 5-25 所示的根画面,此时用户视图中还没有任何用户信息。单击"温度设定值"右边有访问保护的 I/O 域,出现图 5-28 中的"Login"(登录)对话框。单击"用户"输入域,出现图 5-29 所示的字符键盘,输入用户名"wanglan",用户名不区分大小写。单击回车键按钮,返回"Login"对话框。单击"密码"输入域,再单击出现的键盘中的 123 按钮,切换到数字和符号键盘模式,输入密码"2000",输入密码时区分大小写。单击回车键按钮,返回"Login"对话框。单击"确定"按钮,"Login"对话框消失,输入过程结束。同时在用户视图中出现 WangLan 的登录信息,提示登录成功。文本域

"已登录用户"右边的 I/O 域显示登录用户的名称"WangLan"。

成功登录后,再次单击 I/O 域"温度设定值",经运行系统检查并确认登录的用户有必需的授权,用户就可以修改温度设定值了。此外,用户 WangLan 还可以通过用户视图修改自己的登录密码。

图 5-28 "Login"对话框　　　　　图 5-29 用字符键盘输入用户名

此时单击"参数设置"按钮,经运行系统检查并确认登录的用户 WangLan 没有必需的授权,会再次出现"Login"对话框和上一次输入的用户名 WangLan。输入拥有操作"参数设置"按钮权限的用户名"liming"和他的密码"3000"。登录成功后,再单击"参数设置"按钮,才能进入"参数设置"画面。参数修改完毕后,单击该画面中的"根画面"按钮,返回根画面。

单击"注销用户"按钮,当前登录的用户 LiMing 被注销,用户视图中 LiMing 的信息消失。"已登录用户"I/O 域中的用户名 LiMing 也同时消失。

5. 在运行系统中管理用户

在运行时可以通过用户视图管理用户和用户组。具有"用户管理"权限的用户,可以不受限制地访问用户视图,管理所有的用户,删除用户和添加新的用户。

单击"登录用户"按钮,或单击用户视图,出现"Login"对话框。在"Login"对话框中输入管理员组的用户"Admin"和他的密码"9000",单击"确定"按钮后,用户视图中出现所有用户的信息(见图 5-25),"已登录用户"I/O 域显示登录用户的名称"Admin"。单击用户视图中的用户名、密码、所属的组和注销时间(不包括 Admin 的用户名和组),可以用弹出的键盘、对话框或下拉列表来修改它们。双击表内的空白行,可以生成一个新的用户。单击 Admin 之外的某个用户的用户名,再单击图 5-29 中的〈Del〉(删除)键,单击回车键↵后,该用户被删除。

Admin 之外的其他用户登录时,用户视图仅显示登录的用户。该用户对用户视图的访问权限有限,只能更改自己的密码和注销时间。

在用户视图中对用户管理进行的更改,在运行系统中立即生效。这种更改不会更新到工程组态系统中。

二维码 5-9　视频"用户管理仿真"可通过扫描二维码 5-9 播放。

5.4 习题

1. 报警有什么作用?什么是离散量报警?什么是模拟量报警?什么是系统报警?
2. 报警有哪几种状态?为什么需要确认报警?怎样确认报警?
3. HMI 设备用哪些图形对象来显示报警?
4. 怎样组态离散量报警?怎样组态模拟量报警?

5. 有哪些常用的报警类别？它们各有什么特点？
6. 怎样在报警文本中插入变量？
7. 报警视图中的"报警回路"按钮 有什么作用？
8. 报警窗口有什么作用？它在什么画面中组态？
9. 报警指示器有什么作用？在什么情况下报警指示器停止闪烁？
10. 报警窗口和报警指示器在什么情况下才会消失？
11. 报警组有什么作用？
12. 怎样用 PLC 中的位变量来确认报警？
13. 系统诊断可以使用哪些画面元件？
14. 用户管理有什么作用？
15. 怎样组态用户组？怎样组态用户？
16. 怎样组态画面对象的访问保护？
17. 怎样才能对有访问保护的画面对象进行需要授权的操作？
18. 在运行时管理员通过用户视图可以进行哪些操作？

第 6 章 数据记录与趋势视图

6.1 数据记录的组态与仿真

6.1.1 组态数据记录

1. 数据记录的基本概念

数据记录（Data Logs）也被称为数据日志。数据记录用来收集、处理和记录来自现场设备的过程数据。

数据是指在生产过程中采集的、保存在某一自动化设备（例如 PLC）的存储器中的过程变量。这些数据反映了设备的状态，例如设备的温度或电动机的运行/停机状态。

技术人员和管理人员通过分析采集的过程数据，可以判断设备的运行状态，对故障进行处理，确定最佳的维护方案，提高产品的质量。

在 WinCC 中，外部变量用于采集过程值，读取与 HMI 连接的自动化设备的存储器。内部变量与外部设备没有联系，只能在它所在的 HMI 设备内使用。

可以为每个变量指定一个数据记录，将变量的值保存在数据记录中。每个 HMI 可使用的数据记录个数和每个数据记录的最大条目数见产品操作说明手册"技术说明"中"使用 WinCC 的功能范围"的"归档"（即数据记录）参数。

在运行时，可以在过程画面中将记录的变量值用趋势图的方式输出。

2. 变量的记录属性

打开 TIA 博途，创建一个名为"数据记录"的项目（见配套资源中的同名例程）。PLC_1 为 CPU 1214C，HMI_1 为 4in 的精智面板 KTP400 Comfort。在网络视图中建立它们的以太网接口之间的 HMI 连接。

图 6-1 是 HMI 的默认变量表中的部分变量，右键单击变量表的表头，选中"显示/隐藏"，勾选"采集模式"复选框。"采集模式"用来指定系统运行时更新外部变量值的方式。有以下 3 种采集模式可供选择。

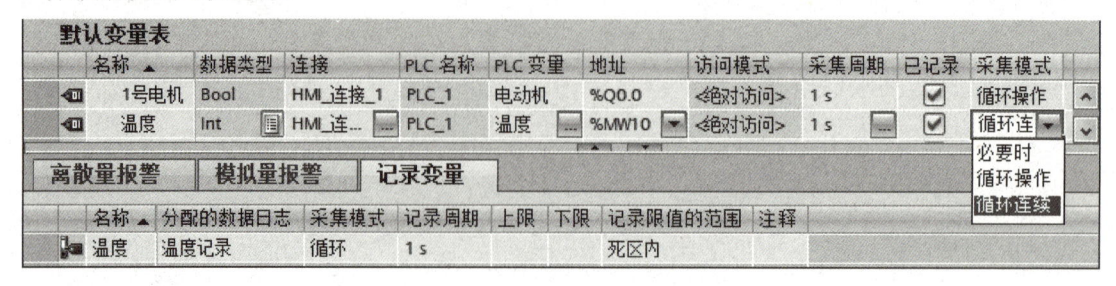

图 6-1 HMI 的默认变量表

1）必要时：通过脚本或调用系统函数"更新变量"时才更新变量，而不是循环更新。

2)循环操作:当变量在画面中显示或记录变量时,在运行系统中更新变量。采集周期是 HMI 设备上变量值更新的周期。记录周期是记录过程值的周期,它是采集周期的整倍数。

3)循环连续:以固定的时间间隔记录变量值。即使变量不在当前打开的画面中,也在运行系统中连续更新变量。因为频繁的读取操作会增加通信的负担,建议仅将"循环连续"用于必须连续更新的变量。

3. 创建数据记录

为了记录某一过程变量的值,首先应生成一个数据记录,然后将数据记录分配给该变量。

双击项目树"HMI_1"文件夹中的"记录",打开记录编辑器(见图 6-2)。单击表中的"<添加>",生成一个名为"温度记录"的数据记录,系统自动指定新的数据记录的默认值,用户可以对默认值进行修改和编辑。

图 6-2 组态数据记录

选中"温度记录",在数据记录下面的"记录变量"表中组态与"温度记录"连接的 PLC 变量"温度"(MW10)的属性。单击"名称"列的"<添加>",可以增加被记录的变量。

与"1 号电机记录"连接的 PLC 变量为"1 号电机"(Q0.0)。可以在表格或巡视窗口中定义数据记录或记录变量的属性。也可以在 HMI 变量表中给选中的变量分配数据记录(见图 6-1)。

图 6-2 中记录变量的"采集模式"可选下列 3 种模式。

1)必要时:通过调用系统函数"LogTag"记录变量值。

2)变化时:HMI 设备检测到数值改变时,才对变量值进行记录。

3)循环:根据设置的记录周期记录变量值。

4. 组态数据记录的常规属性

选中图 6-2 中的"温度记录",再选中巡视窗口的"属性 > 属性 > 常规"(见图 6-3)。"每个记录的数据记录数"指可以存储在数据记录中的数据条目的个数。其最大值见 HMI 设备的手册。

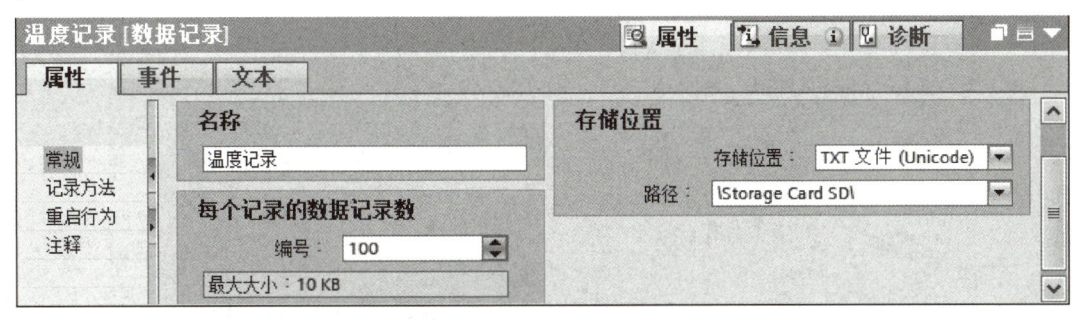

图 6-3 组态数据记录的常规属性

数据记录的"存储位置"可能的选项有 CSV 文件、RDB 文件、TXT(文本)文件。CSV

文件是逗号分隔值文件。RDB 是 Relational Database（关系数据库）的缩写，RDB 文件即关系数据库文件。如果要在运行系统中获得最大的读取性能，可使用"RDB 文件"存储位置。TXT 文件格式支持可用于 WinCC 的所有字符（包括中文），使用通过 Unicode 格式保存文件的软件（例如记事本）来编辑。

精智面板支持的物理存储位置有 U 盘（USB）、SD 存储媒介和网络驱动器。

设置"存储位置"选项组中的"路径"为"\Storage Card SD\"，此外还可选"\Storage Card USB\"。成功地编译 HMI 设备和启动温度记录的运行系统后，在计算机的 C 盘自动生成文件夹"Storage Card SD\温度记录"和其中的文件"温度记录 0.txt"。

5．组态记录方法

选中"温度记录"，再选中巡视窗口的"属性 > 属性 > 记录方法"（见图 6-4），有以下 4 种可选的记录方法。

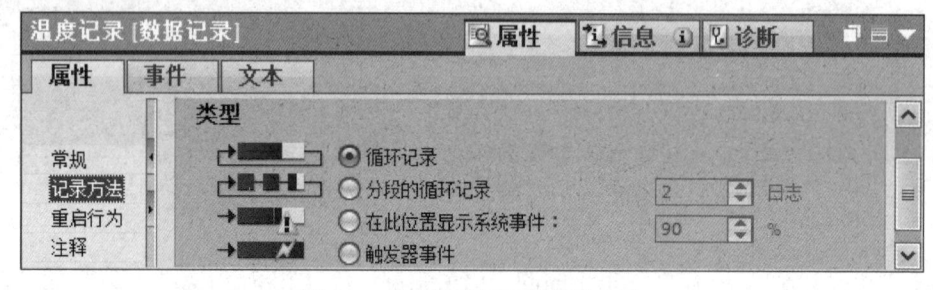

图 6-4 组态数据记录的记录方法

1）循环记录：记录中保存的数据采用先入先出的存储方式，当记录记满时，将删除大约 20% 的最早的条目。因此无法显示所有组态的条目。

2）分段的循环记录：将连续填充多个相同大小的日志段。当所有日志段均被完全填满时，最早的日志段将被覆盖。图 6-4 中日志段的最大编号的默认值为 2，最小编号为 0。

3）在此位置显示系统事件：当循环日志达到定义的填充比例（默认值为 90%）时，将发送系统报警消息。当日志被填满时，不再记录新的变量值。

4）触发器事件：循环日志一旦填满，将触发"溢出"事件，执行组态的系统函数。达到组态的日志大小时，将不再记录新的变量值。

6．组态重新启动的特性

选中巡视窗口的"属性 > 属性 > 重启行为"（见图 6-5），组态运行系统重新启动时对数据记录的处理方式。如果勾选了"运行系统启动时启用记录"复选框，在运行系统启动时开始记录数据。

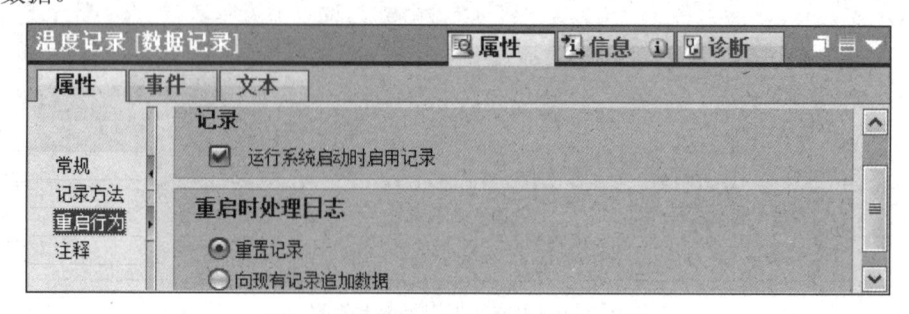

图 6-5 组态数据记录的重启行为属性

若选中"重置记录"单选按钮(将记录清零),将删除原来的记录值。

选中"向现有记录追加数据"单选按钮时,将记录的值添加到现有记录的后面。

此外,还可以在运行系统中使用系统函数"开始记录"来启动数据记录。

视频"数据记录组态"可通过扫描二维码 6-1 播放。

二维码 6-1

6.1.2 数据记录的仿真

1. 循环记录

首先设置数据记录"温度记录"的记录方法为"循环记录"(见图 6-2),变量"温度"的记录周期为 1s(见图 6-1)。同时勾选"运行系统启动时启用记录"复选框。

选中项目树中的 HMI_1 站点后,执行菜单命令"在线"→"仿真"→"使用变量仿真器"。在仿真器中设置变量"温度"按"Sine"(正弦)规律在 0~100 之间变化(见图 6-6),写周期为 1s,Sine 函数的周期为 60s。勾选"开始"列中的复选框,"温度"的当前值开始变化。单击工具栏上的■按钮,将仿真器的参数设置保存在名为"温度"的仿真器文件中。下次仿真时打开该文件,将会恢复为仿真器设置的参数。

图 6-6 变量仿真器

因为是用运行系统来模拟 HMI 的运行,设置的数据记录的路径"\Storage Card SD\"实际上在计算机的 C 盘中,该文件夹和其中的记录文件是运行系统自动生成的。启动变量仿真器一段时间之后关闭仿真器,双击文件夹"C:\Storage Card SD\温度记录"中自动生成的文件"温度记录 0.txt",该文件被打开(见图 6-7)。可以调整标题行各列的位置。

图 6-7 数据记录文件

图 6-7 中,"VarName"为变量的名称;"TimeString"为日期时间标记;"VarValue"为变量的值;"Validity"(有效性)为 1 表示数值有效,为 0 表示出错(例如过程连接中断);"Time_ms"是以 ms 为单位的时间标志,用于在趋势视图中显示变量值时使用。TIA 博途的在线帮助给出了将 Time_ms 转换为日期时间的计算方法。"VarName"列中最后一个数据下面一行的"$RT OFF$"表示退出运行系统。

组态时设置的重新启动特性为"重置记录"(将记录清零,见图 6-5),退出运行系统后又重新启动它,在变量仿真器中打开仿真器文件"温度",恢复先前的仿真器设置。运行一段时间后打开上述的"温度记录 0.txt"文件,将会看到重新启动之前记录的数值被清除。

将图 6-5 中的重新启动特性改为"向现有记录追加数据",退出变量仿真器后又重新启动它,打开仿真器文件"温度",恢复先前的仿真器设置。运行一段时间后打开上述的"温度记录 0.txt"文件,将会看到重新启动后记录的数据放置在前一次运行记录数据的后面。因为两次退出仿真器,"VarName"列有两个表示退出运行系统的"$RT OFF$"。

2. 自动创建分段循环记录

选中数据记录编辑器中的"温度记录",再选中巡视窗口的"属性 > 属性 > 常规"(见图 6-3),将"每个记录的数据记录数"改为 10。选中巡视窗口的"属性 > 属性 > 记录方法"(见图 6-4),选择"分段的循环记录"单选按钮,温度记录文件的最大编号为默认值 2,最小编号为 0。

选中项目树中的 HMI_1 站点后,用"在线"菜单中的命令启动变量仿真器。在变量仿真器中,打开仿真器文件"温度",30s 之后退出运行系统。

打开文件夹"C: \Storage Card SD\温度记录\",在其中看到除了文件"温度记录 0.txt"之外,还有自动生成的"温度记录 1.txt"和"温度记录 2.txt",每个文件最多记录 10 个数据。3 个记录文件组成一个"环形",上一文件的结束时间和下一文件的开始时间相互衔接。每个记录文件记满后,将新数据存储在下一个文件中。

二维码 6-2

视频"数据记录仿真(A)"可通过扫描二维码 6-2 播放。

3. 在此位置显示系统事件

选中数据记录编辑器中的"温度记录",再选中巡视窗口的"属性 > 属性 > 常规"(见图 6-3),设置"每个记录的数据记录数"为 30,重启时重置(清空)记录。选中巡视窗口的"属性 > 属性 > 记录方法",选择"在此位置显示系统事件"单选按钮(见图 6-4),设置在默认值 90% 时显示系统事件。在根画面中组态一个报警视图(见图 6-8),选中它以后再选中巡视窗口的"属性 > 属性 > 常规"(见图 5-9),设置显示"报警缓冲区",启用报警类别"System"(系统)。

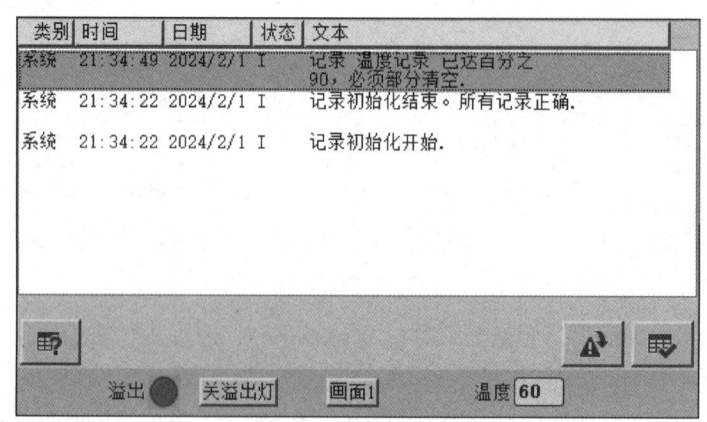

图 6-8 运行中的报警视图

选中项目树中的 HMI_1 站点后,用"在线"菜单中的命令启动变量仿真器,开始仿真运行。在变量仿真器中,打开仿真器文件"温度",记录了 27 个数据后,报警视图中出现系统消息"记录 温度记录 已达百分之 90，必须部分清空。"。打开文件夹"C: \Storage Card SD\温度记录"中的文件"温度记录 0.csv"，可以看到该文件记录了 30 个数据。

4．触发器事件

选中数据记录编辑器中的"温度记录"，再选中巡视窗口的"属性 > 属性 > 常规"（见图 6-3），设置"每个记录的数据记录数"为 10。

选中巡视窗口的"属性 > 属性 > 记录方法"，选择"触发器事件"单选按钮（见图 6-4）。

选中巡视窗口的"属性 > 事件 > 溢出"，设置有溢出事件时执行系统函数"激活屏幕"，切换到"画面 1"（见图 6-9）。此外在有溢出事件时用系统函数将内部 Bool 变量"溢出标志"置位，通过它点亮根画面中的溢出指示灯。

执行"在线"菜单中的命令，启动变量仿真器。打开仿真器文件"温度"，恢复先前的仿真器设置。在温度记录记满设置的 10 个数据时，出现溢出，从根画面自动切换到画面 1。单击画面 1

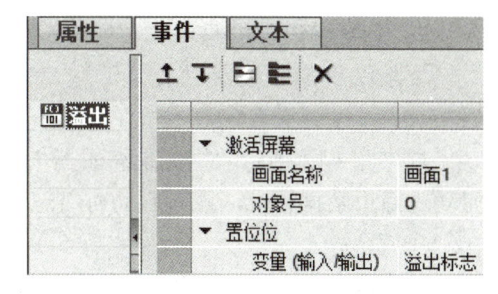

图 6-9 组态记录的溢出事件

上的"根画面"按钮，返回根画面，可以看到"溢出"指示灯亮。单击"关溢出灯"按钮（见图 6-8），"溢出"指示灯熄灭。

打开文件夹"C: \Storage Card SD\温度记录"中的文件"温度记录 0.txt"，可以看到该文件记录了 10 个数据。

5．变化时记录

要求在 Bool 变量"1 号电机"的值变化时，用数据记录"1 号电机记录"来记录该变量变化后的值和记录的时间。

数据记录"1 号电机记录"连接的 PLC 变量为"1 号电机"，采集模式为"变化时"。"1 号电机记录"的记录方法为"触发器事件"（见图 6-4），运行系统启动时启用数据记录，重新启动时将记录清零（重置记录）。

选中"温度记录"，设置运行系统启动时不启用记录。

选中项目树中的 HMI_1 站点后，用"在线"菜单中的命令启动变量仿真器。变量"1 号电机"（Q0.0）的模拟方式为默认的"显示"（见图 6-10）。在"设置数值"列，每隔一定时间将该变量的值取反（由 1 变为 0，再由 0 变为 1），修改后按〈Enter〉键生效。变化 4 次后关闭变量仿真器。

图 6-10 变量仿真器

打开文件夹"C: \Storage Card SD\1 号电机记录"中的文件"1 号电机记录 0.txt"（见图 6-11），可以看到变量"1 号电机"状态的变化被记录在该文件中，其中的变量值"-1"为"1"状态。

```
"VarName"        "TimeString"              "VarValue"  "Validity"  "Time_ms"
"1号电机"        "2023-09-12 11:26:23"     -1          1           45181476652.9745
"1号电机"        "2023-09-12 11:26:27"     0           1           45181476701.8981
"1号电机"        "2023-09-12 11:26:31"     -1          1           45181476749.7917
"$RT_OFF$"       "2023-09-12 11:27:01"     0           2           45181477094.1435
"$RT_COUNT$"     5
```

图 6-11　数据记录文件

6. 必要时记录数据

要求仅在 Bool 变量"采集开关"的值变化时才采集变量"温度"的值，并将它保存到数据记录"温度记录"中。

选中图 6-2 所示数据记录编辑器中的"温度记录"，记录方法为"循环记录"，运行系统启动时启用数据记录，重新启动时将记录清零。将下面的记录变量"温度"的采集模式改为"必要时"。

单击选中 HMI 默认变量表中的内部变量"采集开关"，选中巡视窗口的"属性 > 事件 > 数值更改"（见图 6-12），在变量"采集开关"的数值变化时，调用系统函数"日志变量"（在线帮助称为"记录变量"），将变量"温度"的值添加到数据记录"温度记录"中。

图 6-12　组态"数值更改"事件

执行"在线"菜单中的命令，打开变量仿真器。打开仿真器文件"温度"，恢复先前的仿真器设置。在仿真器中添加变量"采集开关"（见图 6-13），每隔一定时间将该变量的"设置数值"列的值由 0 变为 1，再由 1 变为 0，修改后按〈Enter〉键生效。变化 4 次后关闭变量仿真器。

变量	数据类型	当前值	格式	写周期(s)	模拟	设置数值	最小值	最大值	周期	开始
温度	INT	23	十进制	1.0	Sine	0	0	300	50.000	☑
采集开关	BOOL	1	十进制	1.0	<显示>	0	0	1		

图 6-13　变量仿真器

打开文件夹"C:\Storage Card SD\温度记录"中的文件"温度记录 0.txt"，可以看到，该文件在变量"采集开关"的状态变化时记录了 4 次变量"温度"的值。

视频"数据记录仿真（B）"可通过扫描二维码 6-3 播放。

二维码 6-3

6.2　报警记录的组态与仿真

1. 报警记录的基本原理

报警用来指示系统的运行状态和故障。通常由 PLC 触发报警，在 HMI 设备的画面中显示报警。除了在报警视图和报警窗口中实时显示报警事件以外，WinCC 还允许用户用报警记录来记录报警。可以在一个报警记录中记录多个类别的报警。可以用其他应用程序（例如 Excel）来查看报警记录。某些 HMI 设备不能使用报警记录。

除了数据源（报警缓冲区或报警记录）以外，还可以根据报警类别进行过滤。记录的数据可以保存在文件或数据库中，保存的数据可以在其他程序中进行处理，例如用于分析。来自报警缓冲区的报警事件可以按报表形式打印输出。

2. 创建报警记录

创建一个名为"报警记录"的项目（见配套资源中的同名例程）。PLC_1 为 CPU 1214C，HMI_1 为 4in 的精智面板 KTP400 Comfort。在网络视图中建立它们的以太网接口之间的 HMI 连接。

双击项目树的"记录"，单击数据记录编辑器的"报警记录"选项卡（见图 6-14）。双击编辑器的第 1 行，自动生成一个报警记录，将它的名称改为"报警记录"。系统自动指定其默认值，用户可以对它进行修改和编辑。可以在报警记录的表格或报警记录的巡视窗口中组态报警记录的属性。

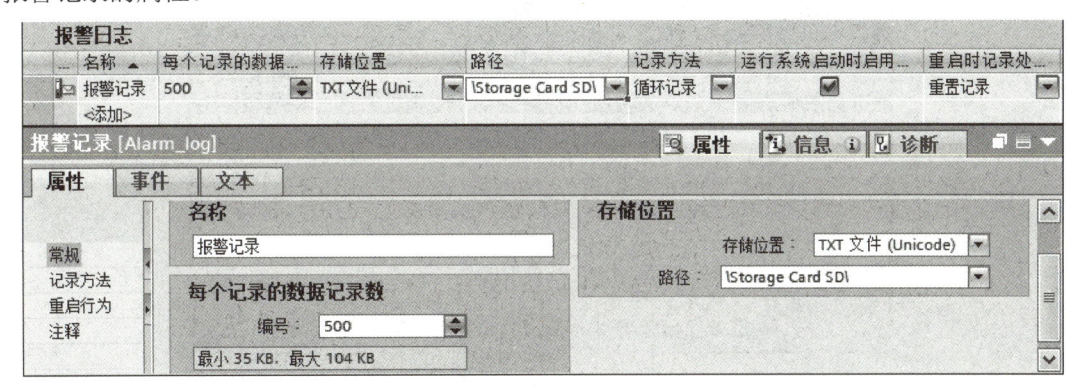

图 6-14 组态报警记录

3. 组态报警记录

报警记录的组态方法与数据记录基本相同，报警记录的属性"常规""记录方法""重启行为"与数据记录的属性组态基本相同。应在报警记录的记录方法属性中勾选"记录事件文本和出错位置"复选框。

4. 组态报警类别

在报警类别编辑器中，可以为每个报警类别指定一个报警记录。与该类报警相关的所有事件均记录在指定的报警记录中。

双击项目树的"HMI 报警"，打开 HMI 报警编辑器，"报警类别"选项卡与图 5-2 的区别仅在于在"日志"列，组态用生成的"报警记录"来记录"事故"类别的报警。

5. 组态离散量报警

在变量编辑器中创建变量"事故信息"，数据类型为 Word（字），绝对地址为 MW12。

打开 HMI 报警编辑器中的"离散量报警"选项卡，生成发电机的机组过速、机组过流、机组过压这 3 种报警（见图 6-15），它们分别用变量"事故信息"（MW12）的第 0 位～第 2 位来触发，报警类别均为"Errors"（事故）。它们的"报表"列的复选框均被勾选。

图 6-15 组态离散量报警

6. 组态报警视图

将工具箱的"控件"窗格中的报警视图拖拽到根画面中，用鼠标调节它的位置和大小。选中巡视窗口的"属性 > 属性 > 常规"，选择显示"报警缓冲区"，要显示的报警类别仅启用了"Errors"（见图 5-9）。

在运行期间，可以用根画面的报警视图显示记录的报警消息。在该过程中，将从报警缓冲区下载记录的报警消息，然后在报警视图中显示。

7. 报警记录的仿真运行

选中项目树中的"HMI_1"，执行菜单命令"在线"→"仿真"→"使用变量仿真器"。编译成功后，出现仿真面板，图 6-16 是根画面中的报警视图。

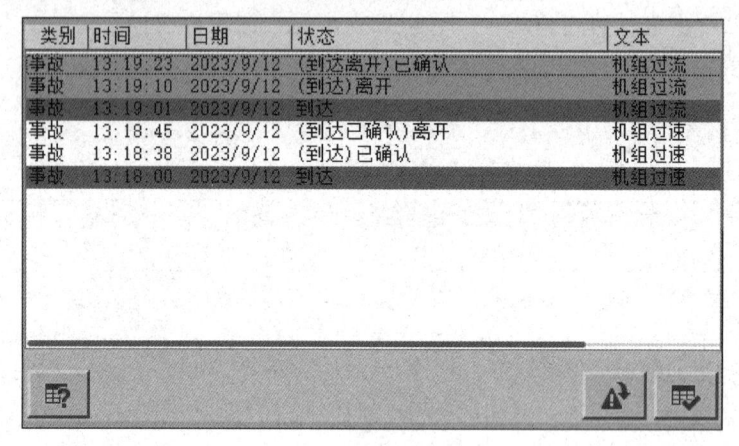

图 6-16 运行中的报警视图

在仿真器中生成变量"事故信息"，其参数采用默认值。在"设置数值"列写入数值 1，将"事故信息"MW12 的最低位 M13.0 置位为 1，事故"机组过速"被触发，在报警视图中显示出报警消息"到达 机组过速"（见图 6-16 最下面的报警）。单击报警视图右下角的"确认"按钮，出现报警消息"(到达)已确认 机组过速"。

在"设置数值"列写入数值 0，令 M13.0 为 0，事故"机组过速"消失，报警视图出现报警消息"(到达已确认)离开 机组过速"。

先后将 2 和 0 写入"设置数值"列，令 M13.1 变为 1 又变为 0，出现报警消息"到达 机组过流"和"(到达)离开 机组过流"（见图 6-16）。单击报警视图的"确认"按钮，出现报警消息"(到达离开)已确认 机组过流"。

打开文件夹"C:\Storage Card SD\报警记录"中的文本文件"报警记录 0.txt"（见图 6-17），可以看到该文件记录了图 6-16 中 6 条报警消息的信息。

图 6-17 报警记录的 txt 文件

原始的报警记录文本文件表头和表格中的数字没有上下对齐。为了方便读者阅读，编者在原文件的基础上，调整了各列的宽度，同时将表头中 8 个字符串格式的报警变量简化为"Var1"-"Var8"，解决了表头和表格中的数字上下对齐问题。

文件中的"Time_ms"是以 ms 为单位的时间标志，用户手册给出了转换时间标志的计算方法。"MsgProc"是报警过程的属性，2 为报警位处理（操作报警）。

"StateAfter"为报警事件的状态，1 为到达，3 为到达/已确认，2 为到达/已确认/离开，0 为到达/离开，6 为到达/离开/已确认。

"MsgClass"为报警类别，1 为"错误"。"MsgNumber"为报警编号，本例中的 1、2 分别为机组过速和机组过流。""Var1"-"Var8""为 String（字符串）格式的触发变量的值，"TimeString"为时间标志，"MsgText"为报警文本，"PLC"为与报警有关的 HMI 设备连接的 PLC。

二维码 6-4

视频"报警记录组态与仿真"可通过扫描二维码 6-4 播放。

6.3 趋势视图的组态与仿真

趋势（Trend）是变量的值在运行时的图形表示，在画面中用趋势视图来显示趋势。趋势视图是一种动态显示元件，以曲线的形式显示连续过程数据。一个趋势视图可以同时显示多个不同的趋势。趋势视图分为以时间 t 为自变量的 f(t) 趋势视图和以任意变量 x 为自变量的 f(x) 趋势视图。

6.3.1 f(t)趋势视图的组态

1. 趋势的分类

趋势有下列 4 种类型。

1）数据记录：用于显示数据记录中的变量的历史值，在运行时，操作员可以移动时间窗口，以查看期望的时间段内记录的数据。

2）触发的实时循环：要显示的值由固定的、可组态的时间间隔从 PLC 读取数据，并在趋势视图中显示。在组态变量时选择"采集模式"为"循环连续"。这种趋势适合于表示连续的过程，例如电机运行温度的变化。

3）实时位触发：启用缓冲方式的数据记录，实时数据保存在缓冲区内。

通过在"趋势传送"变量中设置的一个位来触发要显示的值。读取完成后，该位被复位。位触发的趋势对于显示短暂的快速变化的值（例如生产塑料部件时的注入压力）十分有用。

4）缓冲区位触发：用于带有缓冲数据采集的事件触发趋势视图显示。要显示的值保存在PLC 的缓冲区内。指定的一个位被置位时，读取一个数据块中的缓冲数据。这种趋势适用于对整个趋势过程要比对单个值更感兴趣的情况下显示变量的快速变化。

2. 位触发趋势的通信区

在 PLC 中组态开关缓冲区，以便在读取趋势缓冲区时连续写入新值。开关缓冲区确保在HMI 设备读取趋势值时，PLC 不会将记录的值覆盖。

趋势缓冲区和开关缓冲区之间的切换功能如图 6-18 所示。变量"趋势传送 1"中分配给趋势的位为 1 时（见图 6-18b），从趋势缓冲区读取所有的值，并在 HMI 设备上以趋势的形式显示。此时 PLC 将新的变量值写入开关缓冲区。读取结束后,"趋势传送 1"中的位被复位为 0(见图 6-18a)。

"趋势传送1"中的位=0　　　"趋势传送1"中的位=1　　　"趋势传送1"中的位=0
"趋势传送2"中的位=0　　　"趋势传送2"中的位=0　　　"趋势传送2"中的位=1
　　　　a)　　　　　　　　　　　b)　　　　　　　　　　　c)

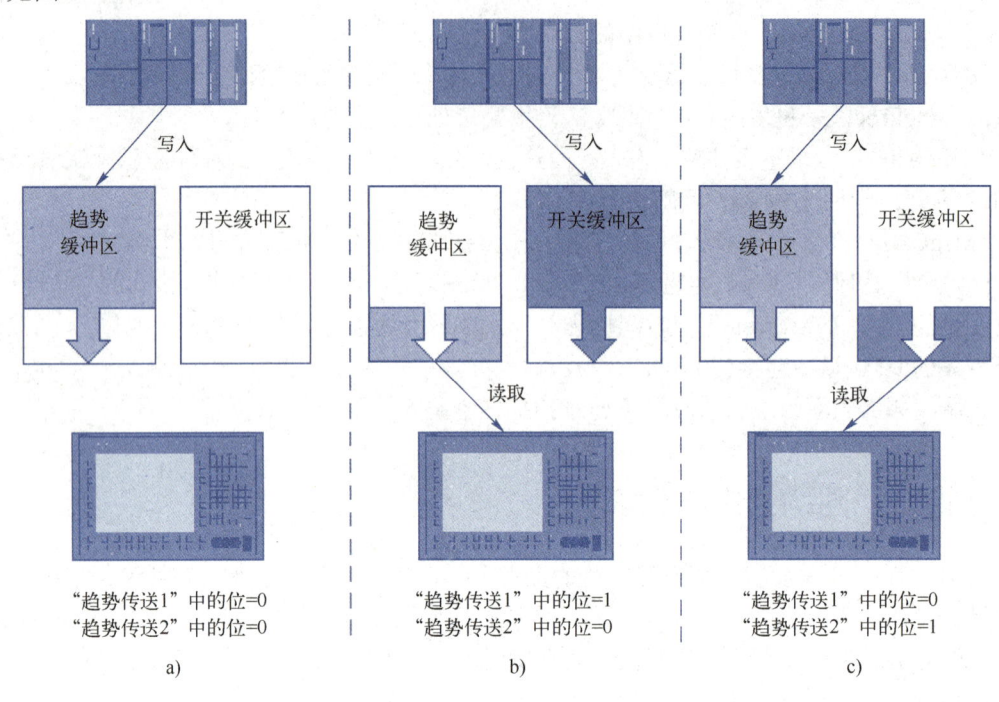

图 6-18　趋势缓冲区与开关缓冲区之间的切换功能

"趋势传送 2"变量中分配给趋势的位为 1 时(见图 6-18c),从开关缓冲区读取所有的趋势值并用 HMI 设备显示。HMI 设备读取开关缓冲区期间,PLC 将数据写入趋势缓冲区。

3. 生成趋势视图

打开 TIA 博途,创建一个名为"f(t)趋势视图"的项目(见配套资源中的同名例程)。PLC_1 为 CPU 1214C,HMI_1 为 7in 的精智面板 TP700 Comfort。在网络视图中建立它们的以太网接口之间的 HMI 连接。

将工具箱的"控件"窗格中的"趋势视图"拖拽到根画面,用鼠标调节趋势视图的位置和大小。选中"趋势视图",再选中巡视窗口的"属性 > 属性 > 趋势"(见图 6-19),单击右边窗口中表格的第一行,创建一个名为"趋势_1"的趋势,用于显示内部变量"递增变量"的值。设置它的样式为黑色实心线,趋势值个数为 200。单击"样式"列右边的 按钮,可以设置趋势的模式,除了"线",还可选"棒图""步进""点"。在"侧"列设置"趋势_1"和"趋势_2"分别使用左边和右边的坐标轴。

图 6-19　组态趋势视图的趋势

用同样的方法创建一个名为"趋势_2"的趋势，样式为蓝色实心线，用于显示内部变量"正弦变量"的值。

4．标尺

趋势视图中有一根垂直线，称为标尺（见图 6-20），趋势视图下面的数值表中的"值"列和"日期/时间"列分别动态地显示趋势曲线与标尺交点处的变量值和时间值。可以用趋势视图中的 ![按钮] 按钮显示或隐藏标尺。

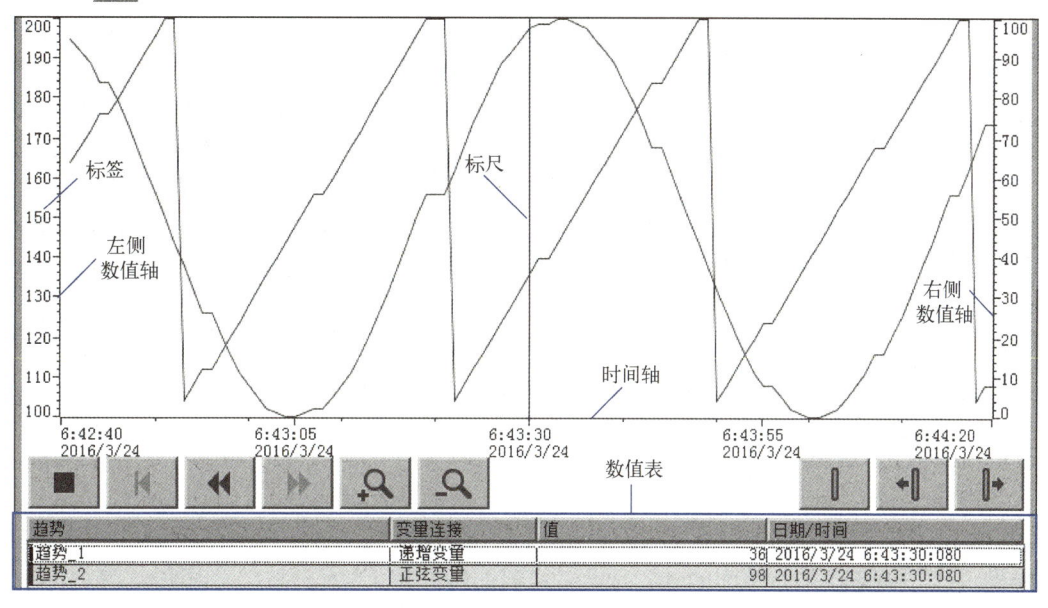

图 6-20 运行时的趋势视图

5．外观属性的组态

单击趋势视图，选中巡视窗口的"属性 > 属性 > 外观"（见图 6-21），可以设置趋势视图的轴和网格线的颜色和背景色，以及是否激活网格。网格线的样式可选"行""范围""线和面"。"参照轴"是指网格的参照轴。还可以组态是否显示标尺、焦点宽度和颜色。

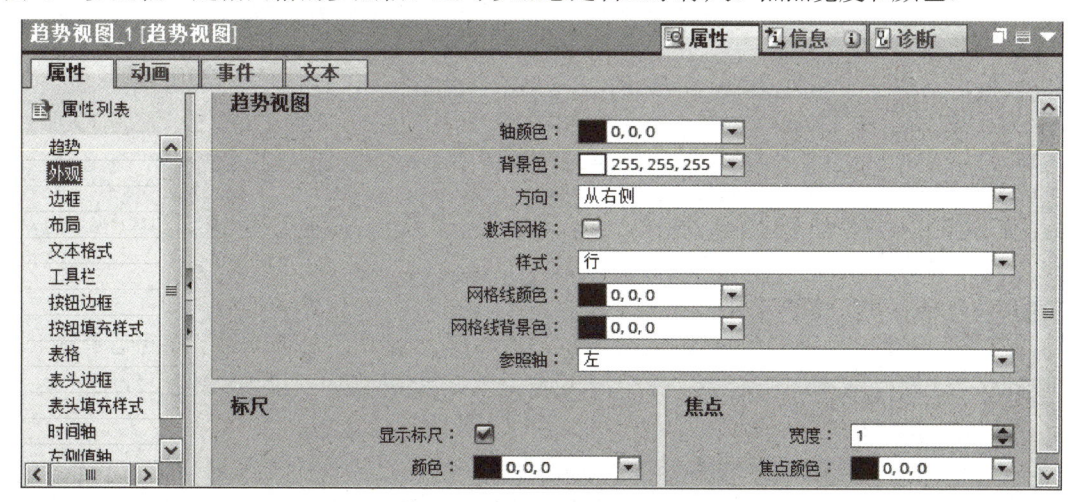

图 6-21 组态趋势视图的外观属性

可以选择趋势曲线新的值来源于右侧还是左侧。例如，图 6-21 中设置"方向"为"从右侧"，在运行时趋势曲线从右向左移动。

选中巡视窗口的"属性 > 属性 > 工具栏"，可以用复选框设置是否显示工具栏。

选中巡视窗口的"属性 > 属性 > 表格"（见图 6-22），用复选框选择是否显示趋势视图下面的数值表和表中的网格，运行时是否可以更改列顺序。可以设置表格和标题的颜色以及可见的行数。

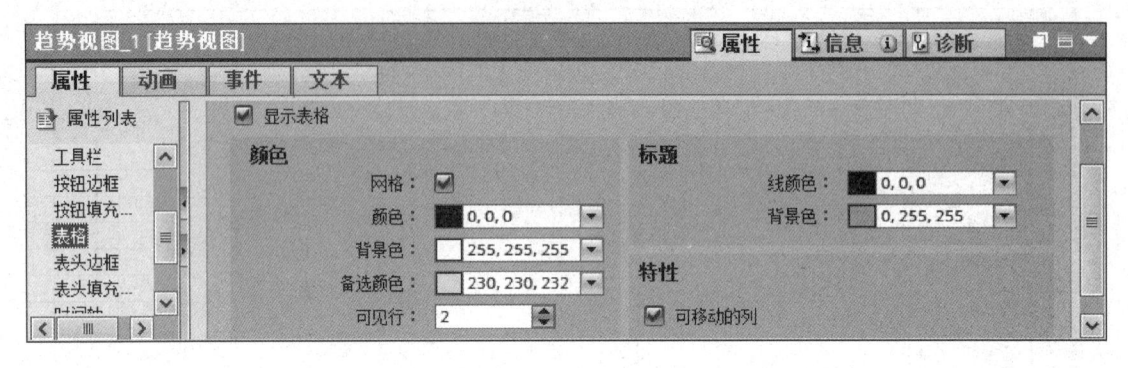

图 6-22　组态趋势视图的表格属性

6. 坐标轴的组态

选中巡视窗口的"属性 > 属性 > 时间轴"（见图 6-23），可以设置是否显示时间轴。"轴模式"用来设置 X 轴刻度显示的样式，一般设置为"时间"。X 轴的右端显示当前的时间值，左端显示的是 100s（由"时间间隔"设置）之前的时间值。"外部时间"由来自 PLC 的变量提供。

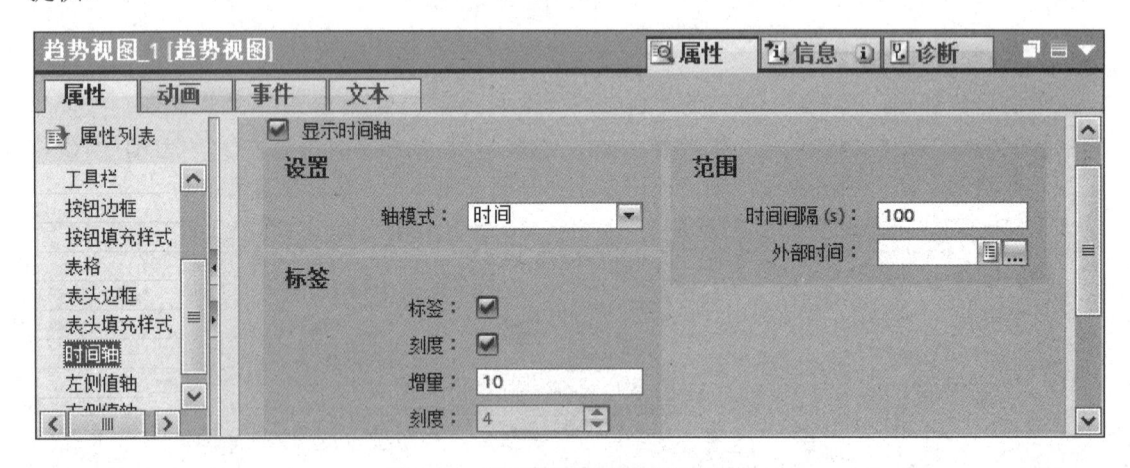

图 6-23　组态趋势视图的时间轴属性

3 个坐标轴的"标签"选项组中的参数的功能相同。"标签"复选框用于设置是否显示轴旁边的数字（即标签）。"刻度"复选框用于设置是否显示轴旁边中间的刻度值。"增量"是相邻小刻度之间相差的数值，"刻度"是每个大刻度划分的小刻度数。

趋势视图中的垂直坐标轴的刻度按变量的实际值设置。选中巡视窗口的"属性 > 属性 > 右侧值轴"（见图 6-24），可以设置轴的起始端（下端点）和末端（上端点）的值。

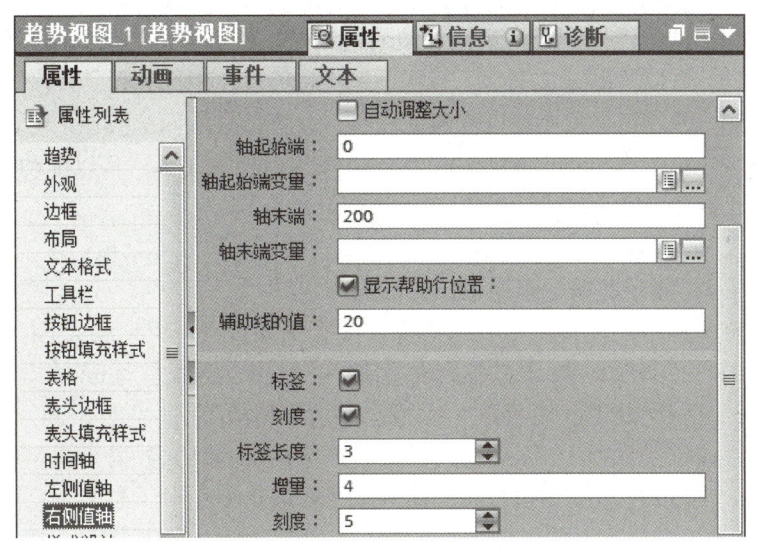

图 6-24　组态趋势视图的右侧值轴属性

如果希望在运行时显示水平的辅助线，以方便数值的读取，则勾选"显示帮助行位置"复选框，设置"辅助线的值"为 20，将会出现右侧纵坐标为 20 的水平线。"标签长度"是指轴标签所占的字符数。

左侧值轴的组态方法与右侧值轴基本相同。左侧值轴的起始端和末端的值分别为 100 和 200，增量为 2。趋势视图的其他参数一般可以采用默认值。

视频"f(t)趋势视图组态"可通过扫描二维码 6-5 播放。

二维码 6-5

6.3.2　f(t)趋势视图的仿真

1. 用趋势视图显示实时数据

打开 HMI 的默认变量表，已生成了数据类型为 Int 的内部变量"正弦变量"和"递增变量"，它们的记录采集模式为"循环连续"，记录周期为 1s。选中项目树中的"HMI_1"，执行菜单命令"在线"→"仿真"→"使用变量仿真器"，打开变量仿真器，出现仿真面板。

在变量仿真器中设置"正弦变量"按正弦方式在 0～200 之间变化（见图 6-25），周期为 50s，"递增变量"按增量方式在 100～200 之间变化，周期为 25s。它们的变化范围与坐标轴的范围相匹配（见图 6-20）。

变量	数据类型	当前值	格式	写周期(s)	模拟	设置数值	最小值	最大值	周期	开始
正弦变量	INT	41	十进制	1.0	Sine		0	200	50.000	☑
递增变量	INT	200	十进制	1.0	增量		100	200	25.000	☑

图 6-25　变量仿真器

用"开始"列的复选框启动这两个变量，用名为"趋势"的仿真器文件保存上述设置。运行一段时间后得到的趋势曲线如图 6-20 所示。

单击图 6-20 中的启动/停止趋势视图按钮■，趋势视图停止移动，按钮的形状变为▶。再单击一次，趋势视图又开始向左移动。按钮上的图形变为表示停止的正方形。

单击🔍按钮，趋势曲线被压缩；单击🔍按钮，趋势曲线被扩展。

每单击一次◀按钮或▶按钮，趋势视图曲线向右或向左滚动一个显示宽度。用这样的方法可以显示记录的历史数据。

单击 按钮，曲线返回到趋势视图右边的起始处，最右边是当前的时间值。

单击 按钮，可以隐藏或重新显示标尺。单击趋势视图中的"标尺右移"按钮 和"标尺左移"按钮 ，可以使标尺小幅度右移或左移。一直按住这两个按钮，可以使标尺快速右移或左移。在运行时单击选中标尺，按住鼠标的左键，可以拖动标尺左右移动。

对于物理触摸屏，可以做上述同样的操作。

视频"f(t)趋势视图仿真"可通过扫描二维码6-6播放。

2. 显示数据记录中的历史数据

二维码6-6

将本节的项目"f(t)趋势视图"另存为项目"使用记录数据的 f(t)趋势视图"（见配套资源中的同名例程）。在 HMI 默认变量表中，生成数据类型为 Int 的内部变量"温度"。在 HMI 的数据记录编辑器中创建名为"温度记录"的数据记录（见图 6-26），连接的记录变量为"温度"。存储位置设置为"TXT 文件"，用计算机仿真时，数据记录存储在计算机的文件夹 "C:\Storage Card SD\温度记录"的文件"温度记录 0.txt"中。在实际运行时，数据存储在 HMI 的 SD 卡中，查看其中的信息时需要使用插到计算机的 USB 接口的读卡器。记录方法为"循环记录"，运行系统启动时启用记录，重启时重置记录。

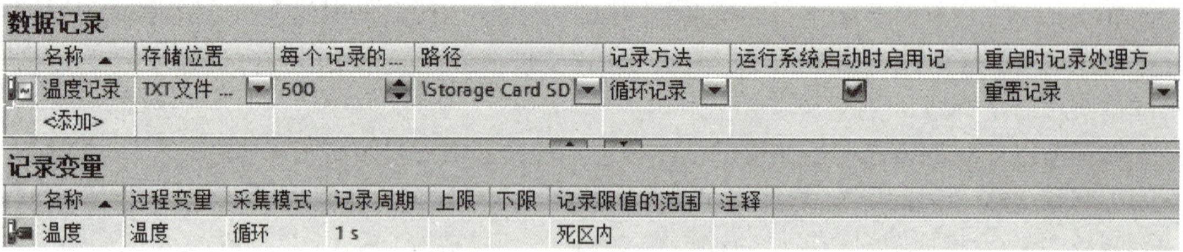

图 6-26 数据记录编辑器

选中根画面中的趋势视图，再选中巡视窗口的"属性>属性>趋势"，删除原来的趋势，再生成一个新趋势，设置趋势类型为"数据记录"，"源设置"为"温度记录"（见图 6-27）。该趋势使用右边的坐标轴，该轴的范围为 0~100。

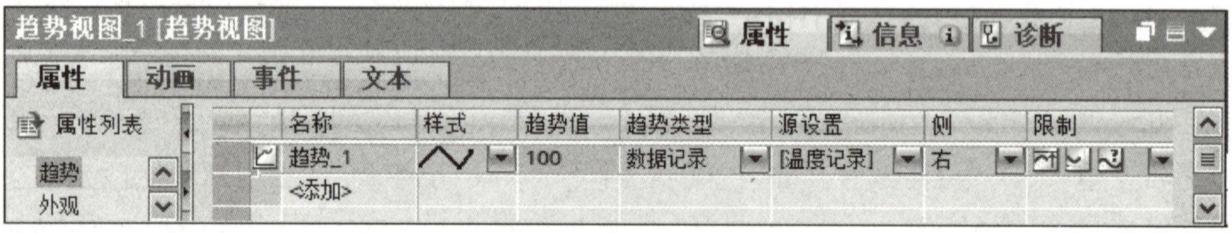

图 6-27 组态 f(t)趋势属性

选中项目树中的 HMI_1 站点后，执行菜单命令"在线"→"仿真"→"使用变量仿真器"。

在变量仿真器中设置变量"温度"按正弦规律在 0~100 之间变化（见图 6-28），周期为 50s，用"开始"列的复选框启动变量。在运行时趋势曲线不会自动从右往左移动，需要用鼠标左键按住趋势画面，将画面和趋势曲线往左边拖拽。运行一段时间后，关闭变量仿真器。

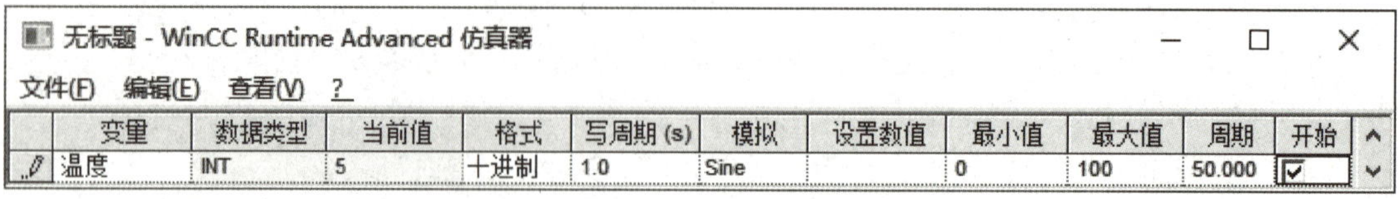

图 6-28 变量仿真器

打开计算机 C 盘的文件夹"Storage Card SD\温度记录"中的文件"温度记录 0.txt"，可以看到其中保存的变量值。记录的起始和截止的日期和时间可以帮助我们在趋势视图中找到趋势曲线。

为了用趋势图查看数据记录中的数据,打开数据记录编辑器,选中"温度记录",单击巡视窗口中的"重启行为",取消勾选"温度记录"的"运行系统启动时启用记录"复选框(见图 6-26),将"重启时记录处理方法"改为"向现有记录追加数据"。下次启动运行系统时,不清除原有的数据,也不记录新的数据,温度记录文件中的数据保持不变。

用"在线"菜单中的命令打开仿真面板,趋势视图被用作记录的数据的"显示器"。多次单击或按住趋势视图的 ◀◀ 按钮,时间轴显示的时间值将会减少。将显示的时间调节到记录数据的时间段,就可以看到数据记录中保存的数据对应的曲线(见图 6-29)。可以用 ◀◀ 和 ▶▶ 按钮使曲线左移和右移,也可以用鼠标左键按住趋势画面,将画面和画面中的曲线左右拖拽。

二维码 6-7

视频"用 f(t)趋势视图显示记录数据"可通过扫描二维码 6-7 播放。

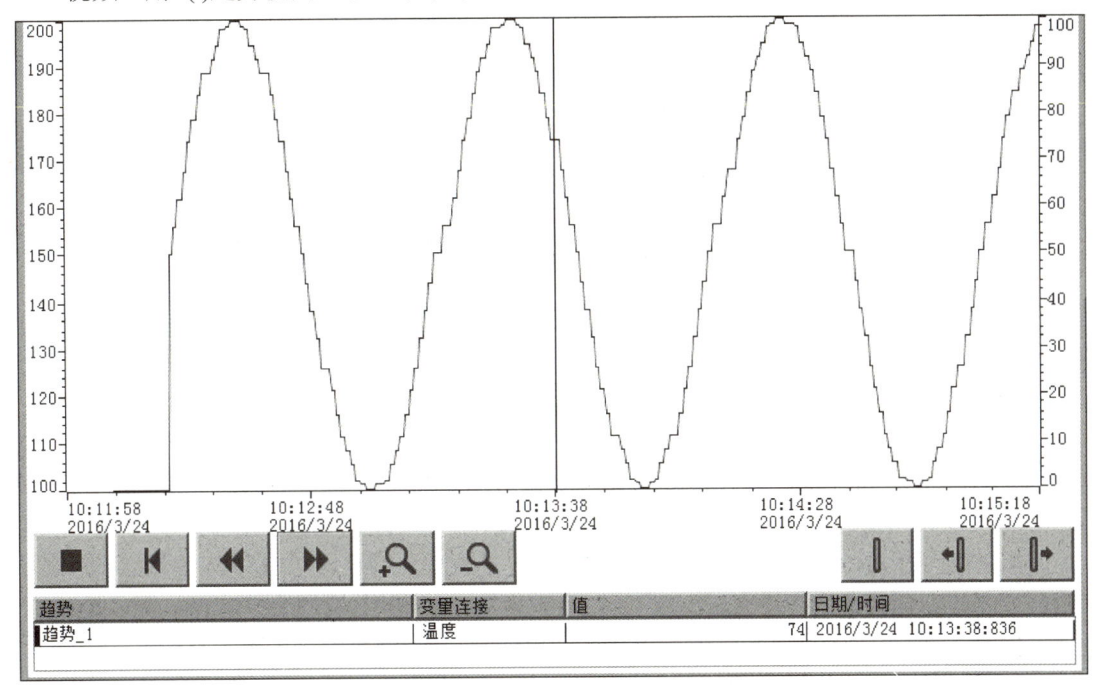

图 6-29 显示历史数据的趋势视图

6.3.3 f(x)趋势视图的组态与仿真

1. 函数 f(x)的描述

f(x)趋势视图用于显示运行系统中的过程值或已归档的值与另一个变量之间的趋势曲线。例如显示温度与压力之间的函数的曲线。本节以角度的正弦函数的趋势视图为例,介绍 f(x)趋势视图的组态和仿真的方法。函数式为 y = sin(x),x 的取值范围为 0°~90°,每 3°计算一次。PLC 的三角函数的角度单位为弧度,以度为单位的角度值 x 乘以 0.0174533,得到弧度值,即 y = sin(0.0174533*x)。

在 TIA 博途中创建一个名为"f(x)趋势视图"的项目(见配套资源中的同名例程)。PLC_1 为 CPU 1214C,HMI_1 为 7in 的精智面板 TP700 Comfort。在网络视图中建立它们的以太网接口之间的 HMI 连接。

2. 创建 PLC 的程序

在 PLC 的变量表中生成数据类型为 DInt（双整数），以度为单位的角度值变量 DEG，它是自变量 x；同时生成数据类型为 Real 的变量 OUT，它是正弦函数输出值 y。打开项目树的文件夹"PLC_1\程序块"，双击"添加新块"，添加循环中断组织块 OB30 和初始化组织块 OB100，OB30 的循环执行周期为 1000ms。图 6-30 是 OB30 中的程序，每隔 1s 将角度值 DEG 增大 3°，然后求出正弦函数 OUT 的值。DEG 增大到 90°，OUT 等于 1.0 时，直接返回主程序，变量 DEG 和 OUT 不再变化。程序中的 #ARC（弧度）是 OB30 的局部变量。

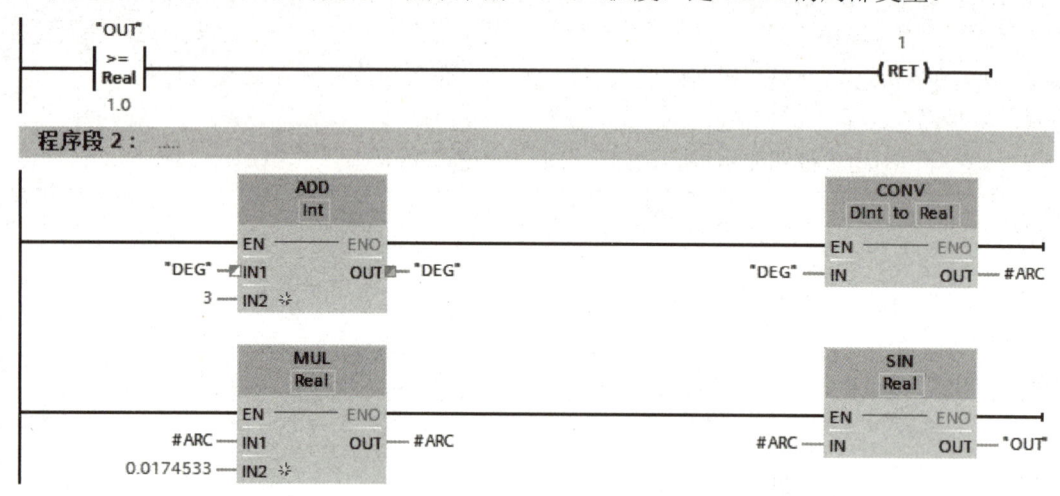

图 6-30　OB30 中的程序

在初始化组织块 OB100 中，PLC 首次扫描时将变量 DEG 和 OUT 清零。

3. 组态 f(x)趋势视图

将工具箱的"控件"窗格中的"f(x)趋势视图"拖拽到根画面，用鼠标调节趋势视图的位置和大小。

单击选中"f(x)趋势视图"，再选中巡视窗口的"属性 > 属性 > 常规"，勾选复选框"显示标尺""立即加载数据"和"在线"（指定连续更新数据），指定趋势的方向为"从右侧"。

选中巡视窗口的"属性 > 属性 > 外观"，取消勾选"在轴上显示标尺"复选框。

选中巡视窗口的"属性 > 属性 > 窗口"，将滚动条的显示方式由"总是"改为"必要时"。

选中巡视窗口的"属性 > 属性 > X 轴"（见图 6-31），设置显示名称为"角度"，用"轴样式"设置轴的颜色为黑色，X 轴的默认位置在趋势图的下面。"取值范围"为 0～90，"格式"为默认的"自动套用格式"，标定为"线性"。

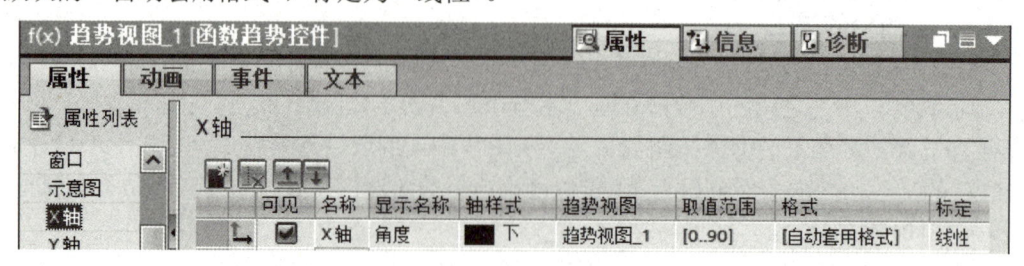

图 6-31　组态 X 轴属性

选中巡视窗口的"属性 > 属性 > Y 轴"(见图 6-32),设置显示名称为"正弦",轴的颜色为黑色,Y 轴默认的位置在趋势图的左面。"取值范围"为 0~1,单击"格式"列右边的▼按钮,取消勾选"格式"对话框中的"自动套用格式"复选框,设置小数位数为 2,趋势图中 Y 轴的刻度值为 0.00~1.00,"标定"为"线性"。

图 6-32　组态 Y 轴属性

选中巡视窗口的"属性 > 属性 > 趋势"(见图 6-33),单击"样式"列右边的▼按钮,设置样式为实心的黑线,线的中间是在采集数据时得到的坐标值画出来的矩形小黑点,矩形的宽度为 3 像素。

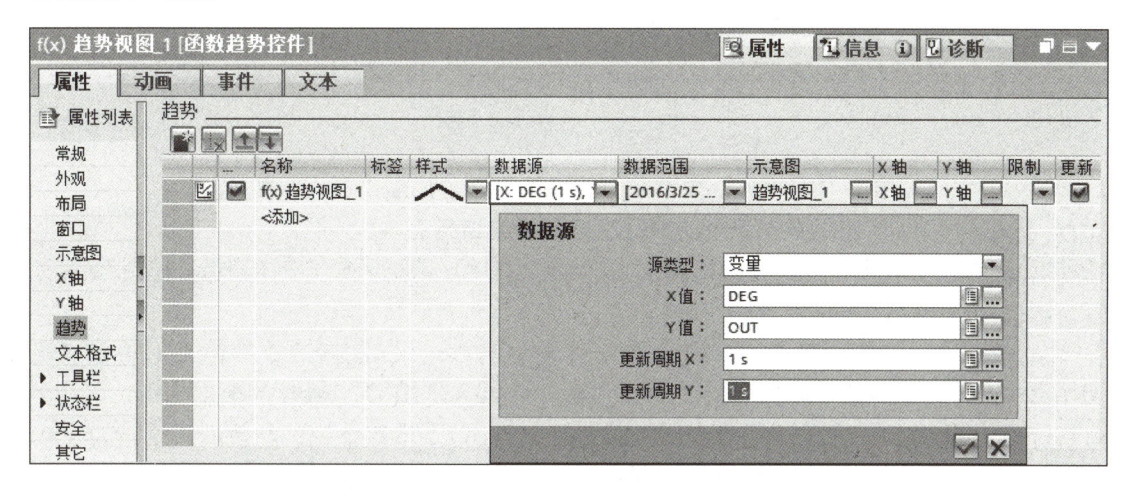

图 6-33　组态 f(x)趋势属性

单击"数据源"列右边的▼按钮,打开"数据源"对话框(见图 6-33 中的小图)。设置"源类型"为"变量",X 轴和 Y 轴的变量分别为 DEG 和 OUT,它们的"更新周期"与 OB30 的循环周期相同,均为 1s。

选中巡视窗口的"属性 > 属性 > 文本格式",将"粗体"改为"正常"。

4. f(x)实时趋势视图的仿真运行

选中项目树中的"PLC_1",单击工具栏的"启动仿真"按钮 ,启动 S7-PLCSIM,将程序下载到仿真 PLC。打开 S7-PLCSIM 的仿真视图,生成监控变量 DEG 和 OUT 的仿真表。为了避免趋势图中出现多余的线段,应在启动运行系统之前用 SIM 表将变量 DEG 和 OUT 手动清零。选中项目树中的"HMI_1",单击 按钮,编译成功后,出现仿真面板。

用 S7-PLCSIM 的仿真实例（见图 2-40）中的 ▶ 按钮，将仿真 PLC 切换到 RUN 模式，由于 PLC 程序的作用，从坐标原点开始，趋势视图中逐点出现正弦曲线的各段，图 6-34 是变量 DEG（角度值）从 0°增加到 90°时的 f(x)趋势曲线。

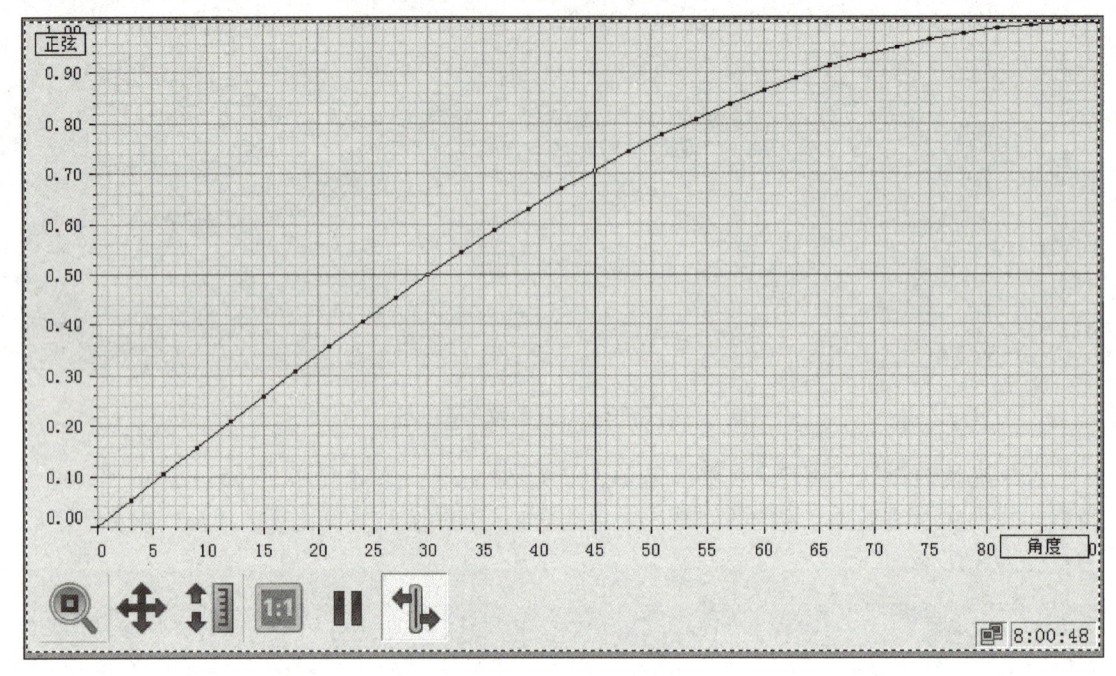

图 6-34 f(x)趋势曲线

视频"f(x)趋势视图组态与仿真"可通过扫描二维码 6-8 播放。

二维码 6-8

5. 使用数据记录的 f(x)趋势视图的组态

将项目"f(x)趋势视图"另存为项目"使用记录数据的 f(x)趋势视图"（见配套资源中的同名例程）。

双击项目树"HMI_1"文件夹中的"记录"，打开数据记录编辑器（见图 6-35）。双击编辑器中表格的第 1 行，生成一个名为"DEG 记录"的数据记录，连接的过程变量为"DEG"。"存储位置"为"TXT 文件（Unicode）"，每个记录的数据记录数为 100，"路径"为"\Storage Card SD\"，"记录方法"为"循环记录"。用同样的方法生成名为"OUT 记录"的数据记录，连接的过程变量为"OUT"。勾选 DEG 记录和 OUT 记录的"运行系统启动时启用记录"复选框（见图 6-35），设置重新启动时的处理方法为"重置记录"（将原来的记录值清零）。

	名称 ▲	存储位置	每个记录的数据记…	路径	记录方法	运行系统启动时启用	重启时记录处理…
	DEG记录	TXT文件 (Uni…	100	\Storage Card…	循环…	☑	重置记录
	OUT记录	TXT文件 (Unicode)	100	\Storage Card SD\	循环记录	☑	重置记录

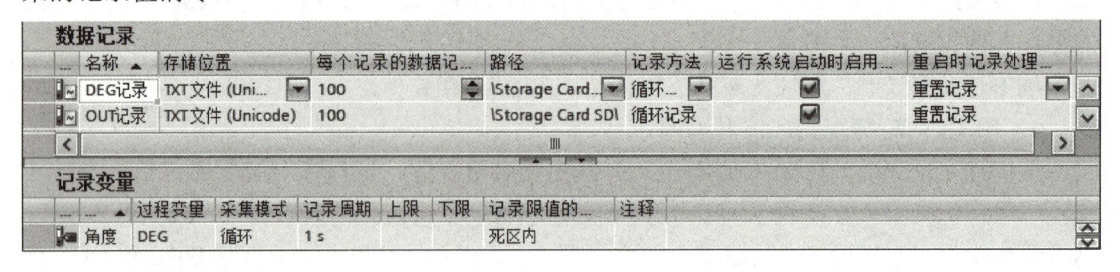

	过程变量	采集模式	记录周期	上限	下限	记录限值的…	注释
角度	DEG	循环	1 s			死区内	

图 6-35 组态数据记录

打开根画面，选中"f(x)趋势视图"，再选中巡视窗口的"属性 > 属性 > 趋势"（见图 6-36），单击"数据源"列右边的 ▼ 按钮，将打开的"数据源"对话框的"源类型"由"变量"改为"记录变量"。分别设置 X 轴和 Y 轴的记录变量为"DEG 记录\角度"和"OUT 记录\输出"，两个变量的"更新周期"与 OB30 的循环周期相同，均为 1s。

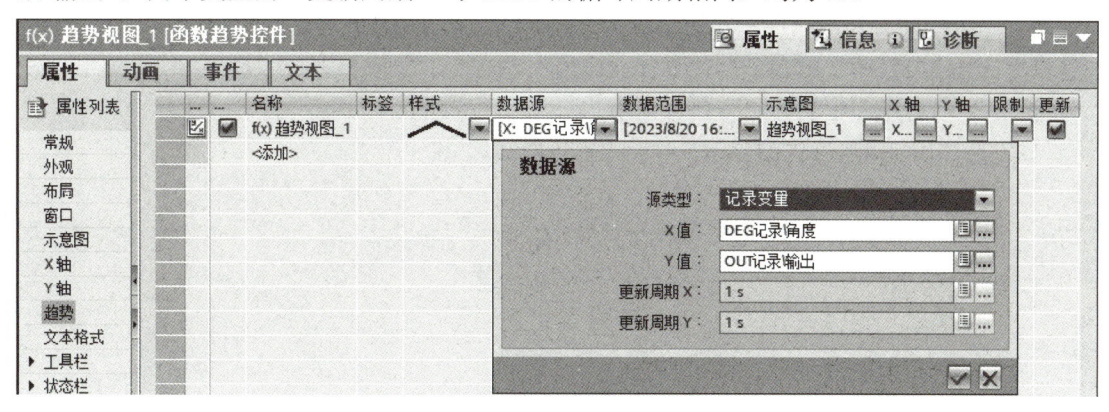

图 6-36 组态趋势的数据源属性

6. 用 f(x)趋势视图显示数据记录的仿真

选中项目树中的"PLC_1"，单击工具栏的"启动仿真"按钮，启动 S7-PLCSIM，将程序下载到仿真 PLC，不要切换到 RUN 模式。打开仿真视图，在 SIM 表中监控变量 DEG 和 OUT。在启动运行系统之前，用 SIM 表将双整数变量 DEG 和浮点数变量 OUT 的值手动清零。

选中项目树中的"HMI_1"，单击 按钮，编译成功后，出现仿真面板。

将 S7-PLCSIM 切换到 RUN 模式，逐点出现图 6-34 中的 f(x)趋势曲线。角度值等于 90°时，曲线画完后关闭仿真面板。

打开计算机 C 盘的文件夹"Storage Card SD"中的文件"DEG 记录 0.txt"和"OUT 记录 0.txt"，可以看到它们记录的角度值和对应的正弦函数值。

打开数据记录编辑器（见图 6-35），取消勾选"DEG 记录"和"OUT 记录"的"运行系统启动时启用记录"复选框，重启时记录处理方式改为"向现有记录追加数据"。下次启动运行系统时，两个数据记录中的数据保持不变。

将仿真 PLC 切换到 STOP 模式，用 SIM 表将变量 DEG 和 OUT 的值清零。选中项目树中的"HMI_1"，单击 按钮，启动运行系统，出现仿真面板，立即显示出图 6-34 中的 f(x)趋势视图，而与 PLC 的运行模式无关。

视频"用 f(x)趋势视图显示记录数据"可通过扫描二维码 6-9 播放。

二维码 6-9

6.4 习题

1. 什么是数据记录？数据记录有什么作用？
2. 记录变量有哪 3 种采集模式？
3. 怎样创建数据记录？
4. 数据记录有哪 4 种记录方法，分别有什么特点？

5．数据记录可以用哪 3 种格式的文件来保存？
6．怎样在数据记录记满 90%时发出报警消息？
7．怎样用数据记录来保存一个交流接触器状态变化的事件？
8．怎样用报警记录来保存报警消息？
9．趋势视图有什么作用？
10．f(t)趋势视图中的各个按钮有什么作用？
11．f(t)趋势视图中的标尺有什么作用？
12．怎样用 f(x)趋势视图显示 f(x)实时趋势曲线？

第 7 章　配方管理系统

7.1　配方的组态与数据传送

7.1.1　配方概述

1. 配方的概念

配方（Recipe）是与某种生产工艺过程或设备有关的所有参数的集合。以食品加工业为例，果汁厂生产不同口味的果汁，例如葡萄汁、柠檬汁、橙汁、苹果汁等。果汁的主要成分为水、糖、果汁的原汁和香精。以橙汁为例，果汁饮料、浓缩果汁和纯果汁的配料相同，只是混合比例不同（见表 7-1）。

表 7-1　橙汁产品的配方

数据记录/元素	水/L	果汁/L	糖/kg	香精/g
果汁饮料	40	20	4	100
浓缩果汁	15	25	5	60
纯果汁	10	30	6	40

如果不使用配方，在改变产品的品种时，操作员需要查表，并使用 HMI 设备画面中的 4 个输入域将这 4 个参数输入 PLC 的存储区。有些工艺过程的参数可能多达数十个，在改变工艺时如果每次都输入这些参数，既浪费时间，又容易出错。

每种果汁对应于一个配方。配方中的参数称为配方的元素（element）或条目，这些参数组成的一组数据，称为配方的一条数据记录，每种产品的参数对应于一条数据记录。表 7-1 中每一行的 4 个参数组成了配方的一条数据记录，3 种橙汁产品对应的 3 条数据记录组成了橙汁的配方。

在需要改变大量参数时可以使用配方，只需要简单的操作，便能集中地和同步地将更换品种时所需的全部参数以数据记录的形式，从 HMI 设备传送到 PLC，也可以进行反向的传送。

每个配方对应于图 7-1 中的文件柜里的一个抽屉。如果果汁厂要生产葡萄汁、柠檬汁、橙汁和苹果汁味的饮料，需要对每种口味组态一个配方。

配方具有固定的数据结构，配方的结构在组态时定义。一个配方包含多个配方数据记录，这些数据记录的结构相同，仅仅数值不同。

配方存储在 HMI 设备或外部的存储介质上。在

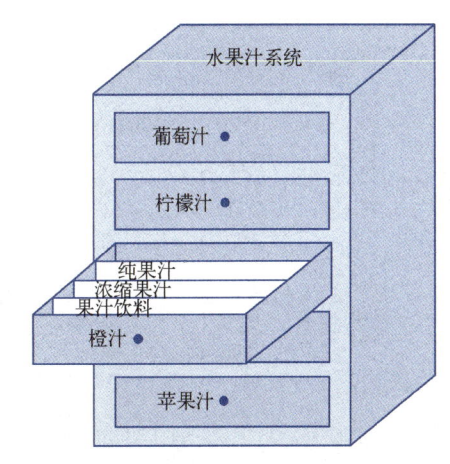

图 7-1　配方系统示意图

HMI 设备和 PLC 之间，配方数据记录作为整体进行传送。

可以直接用 HMI 设备一条一条地输入配方数据记录值，也可以在 Excel 中输入配方的参数，然后通过*.csv 文件导入 HMI 设备。

2．配方的显示

需要在 HMI 的画面中组态一个配方视图或配方画面来显示和编辑配方。

配方视图适用于简单的配方，以表格形式显示和编辑 HMI 设备内部存储器中的配方数据记录，配方视图是画面的一部分。用户可以根据自己的要求来组态配方视图的外观和功能。

配方画面是一个单独的画面，适用于大型配方，可以将配方数据分解成若干个画面。配方画面包括输入配方变量的区域和使用配方时需要的操作员控制对象。在配方画面中，配方值用配方变量保存。配方画面用于显示和编辑配方变量的值。

3．配方的存储方式

配方数据有下列存储方式。

1）存储在 HMI 设备的配方存储器中。

2）存储在外部存储介质中，例如存储卡、U 盘和硬盘。

3）配方数据的最终目的地是 PLC 的存储器，配方数据只有下载到 PLC 后，才能用它来控制工艺过程。PLC 同时只保存一条配方数据记录。

7.1.2 配方组态

1．生成配方

下面以橙汁配方为例，介绍组态配方的步骤。

在 TIA 博途中创建一个名为"配方视图"的项目（见配套资源中的同名例程）。PLC_1 为 CPU 1214C，HMI_1 为 4in 的精智面板 KTP400 Comfort。在网络视图中连接它们的 PN 接口，创建一个名为"HMI_连接_1"的连接。

打开 PLC 的默认变量表，在变量表中生成与配方元素有关的 4 个变量"水""果汁""糖""香精"（见图 7-2）。

双击项目树的"HMI_1"文件夹中的"配方"，打开配方编辑器（见图 7-3）。输入配方的名称和显示名称"橙汁"，该配方的编号被自动设置为 1。

	名称	数据类型	地址
1	水	UInt	%MW10
2	果汁	Int	%MW12
3	糖	Int	%MW14
4	香精	Int	%MW16
5	配方号	Int	%MW20
6	数据记录号	Int	%MW22
7	状态字	Int	%MW26

图 7-2 PLC 的默认变量表

	名称	显示名称	编号	版本	路径	类型	最大数据记...	通信类型	检查限值
	橙汁	橙汁	1	2006-1-28 21:05:55	\Flash\Recipes	受限	200	变量	☑

	名称	显示名称	变量	数据类型	数据长度	默认值	最小值	最大值	小数位数	工具提示
	水	水 (L)	水	Int	2	20			0	
	果汁	果汁 (L)	果汁	Int	2	20			0	天然纯果汁
	糖	糖 (kg)	糖	Int	2	5			0	
	香精	香精 (g)	香精	Int	2	50			0	

图 7-3 配方编辑器

单击"元素"选项卡中的空白行，生成配方的元素和它的默认值。输入配方元素的名称和显示名称，单击"变量"所在的列，在出现的变量列表中选择对应的变量。

2. 设置配方的属性

单击选中图 7-3 中的配方后，可以用下面的巡视窗口组态配方的属性，也可以直接在配方表格中组态。

HMI 设备一般将配方数据记录保存在内部的 Flash（闪存）中，此时采用默认的"路径""\Flash\Recipes"。如果物理存储位置为 U 盘（USB 端口）或 SD 存储卡，"路径"应选"\Storage Card USB"或"\Storage Card SD"。

单击选中图 7-3 中的配方，再选中巡视窗口的"属性 > 属性 > 工具提示"，可以输入操作员注意事项。运行时，操作员可以用配方视图中的"工具提示"按钮查看注意事项（见图 7-10）。

3. 生成配方的数据记录

配方的数据记录对应于图 7-1 中单个抽屉中的文件卡片，即对应于一个产品。对于果汁厂来说，需要在配方中为果汁饮料、浓缩果汁和纯果汁分别创建一个配方数据记录。

配方数据记录是一组在配方中定义的变量的值，可以在组态时或 HMI 设备运行时输入和编辑配方数据记录。

组态时在配方编辑器的"数据记录"选项卡中生成和编辑数据记录（见图 7-4）。输入数据记录的名称后，逐一输入各配方元素的数值。

…	名称	显示名称	编号	水	果汁	糖	香精	注释
🗎	果汁饮料	果汁饮料	1	40	20	4	80	直接饮用
🗎	浓缩果汁	浓缩果汁	2	15	25	5	60	加水饮用
🗎	纯果汁	纯果汁	3	10	30	6	40	加水饮用

图 7-4 配方数据记录

在每一行的"注释"列可以输入与配方数据记录有关的简要帮助信息。

7.1.3 配方的数据传送

1. 配方数据记录的传送

图 7-5 给出了配方数据传送的可能情况。配方以配方数据记录的形式保存在 HMI 设备的配方存储器中，可以用配方视图显示和编辑 HMI 设备内部存储器中的配方数据记录。或用配方画面显示和编辑配方变量的值。在配方画面中编辑配方时，配方值保存在配方变量中。

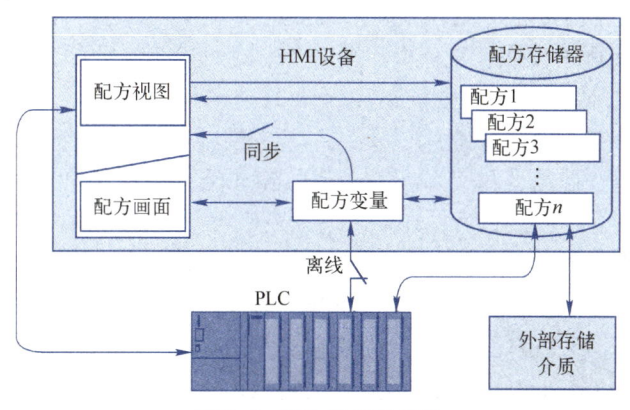

图 7-5 配方数据的传送

(1) 加载与保存配方数据

配方视图和 HMI 设备的配方存储器之间可以直接交换数据，即配方视图从配方存储器中加载完整的配方数据记录，或者将数据记录保存在配方存储器中。

配方画面从配方存储器将配方数据记录的值加载到配方变量。保存配方数据记录的值时，将配方变量的值保存到配方存储器的一个配方数据记录中。

(2) 导入或导出配方数据记录

可以从 HMI 设备的配方存储器中导出配方数据记录，并将它保存到外部存储介质的 CSV 文件中。也可以将这些记录从存储介质重新导入到配方存储器中。

2．配方数据传送的控制

在 HMI 设备运行时对配方进行操作，可能会意外地覆盖 PLC 中的配方数据。因此必须在对配方组态时采取措施，防止出现这种情况。

在组态配方时，选中图 7-3 所示配方编辑器中的配方"橙汁"，再选中巡视窗口的"属性 > 常规 > 同步"（见图 7-6），可以用"同步配方变量"和"手动传送各个修改的值（teach-in 模式）"复选框来控制配方数据的传送方式，以保证在修改 HMI 设备中的配方数据记录时不会干扰当前的系统运行。可以用复选框设置是否检查配方元素的限值。

勾选"同步配方变量"复选框，图 7-5 和图 7-7 中的"同步"开关的常开触点闭合。勾选"手动传送各个修改的值（teach-in 模式）"复选框，图 7-5 和图 7-7 中的"离线"开关的常闭触点断开，配方变量处于离线状态。图 7-7 是图 7-5 的简化图。

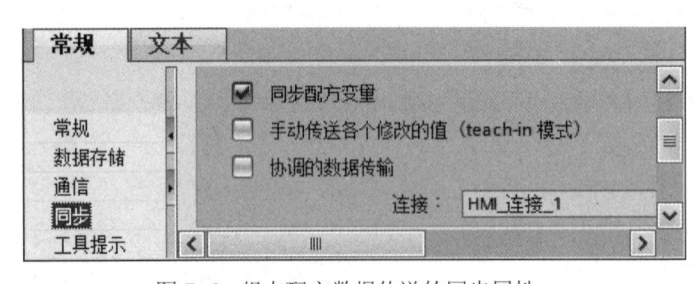

图 7-6 组态配方数据传送的同步属性　　图 7-7 配方数据传送的控制

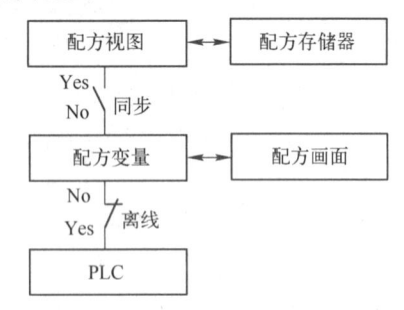

1）勾选"同步配方变量"复选框，但是未勾选其他两个复选框，图 7-7 中"同步"开关的常开触点和"离线"开关的常闭触点均闭合，配方视图、配方变量和 PLC 都是连通的，配方视图输入的数据被直接传送到配方变量和 PLC，立即影响制造过程。

2）未勾选"同步配方变量"复选框，图 7-7 中的"同步"开关触点断开。在配方视图中进行的修改不会写入对应的配方变量和 PLC。这时自动不选中"手动传送各个修改的值（teach-in 模式）"（复选框变为灰色），"离线"开关的常闭触点闭合，PLC 与配方变量之间能交换数据。单击配方视图中的"写入 PLC"按钮，配方变量和 PLC 中的配方数据会同时被更新。

3）勾选"同步配方变量"复选框，配方视图与配方变量是连通的，在配方视图中的改动会立刻对配方变量更新。同时勾选"手动传送各个修改的值（teach-in 模式）"复选框，"离线"开关的常闭触点断开，使 PLC 与配方变量的连接断开，配方视图输入的数值只保存在配方变量中，不会传送到 PLC。此时可以确保将配方视图输入的数据写入配方变量，而不是直接传送到 PLC。

配方数据记录也可以直接在 HMI 设备和 PLC 之间传送，无须在 HMI 设备上显示。

3. 协调的数据传输

在 PLC 和 HMI 设备之间传送配方数据可选非协调传输和通过"数据记录"区域指针中的状态字实现的协调传输（又称为同步传输）。协调传输用于防止数据在任意一个方向被意外覆盖。为了实现协调传输，需要完成下列操作。

1）选中配方编辑器中的配方，再选中巡视窗口的"属性 > 常规 > 同步"（见图 7-6），勾选"协调的数据传输"复选框。

2）双击项目树的"HMI_1"文件夹中的"连接"，打开连接编辑器，选中 HMI 设备与 PLC 的连接"HMI_连接_1"（见图 7-8）。在下面的"区域指针"选项卡中勾选"数据记录"复选框，它是 HMI 设备与 PLC 的共享数据区。设置其绝对地址为 MW20，数据长度为 5 个字，第 1、2 个字分别是当前配方号和当前数据记录号（见图 7-2）。第 4 个字 MW26 是传送状态字，为 0 时允许传送，为 4 时传送完成，没有错误；为 12 时传送完成，出现错误。需要将传送状态字清零后，才能再次进行传送。第 3、5 个字保留未用。

图 7-8 组态区域指针

在配方数据记录的传送中，PLC 是"主动方"，PLC 判断"数据记录"区域指针中的配方编号和数据记录的编号，通过传送状态字控制传送。这种机制可以防止对配方数据的任意改写。

7.2 配方视图的组态与仿真

配方视图是一个紧凑的画面对象，用于在 HMI 设备运行时显示和编辑配方数据记录。配方视图适用于数据记录较少的配方。配方视图的组态工作量少，可以快速、直接地处理配方和数据记录。

7.2.1 配方视图的组态

1. 生成配方视图

打开项目"配方视图"的根画面，将工具箱的"控件"窗格中的"配方视图"拖拽到画面中，用鼠标调节它的位置和大小。

选中配方视图以后，再选中巡视窗口的"属性 > 属性 > 常规"（见图 7-9），因为本项目只有一个配方，直接指定配方的名称"橙汁"，运行时只能对该配方进行操作。如果没有指定配方名称（组态时选择"无"），在运行时由操作员用配方视图选择已组态的配方。如果没有勾选图 7-9 中的"显示选择列表"复选框，将不会显示图 7-10 中的"配方名"选择框。

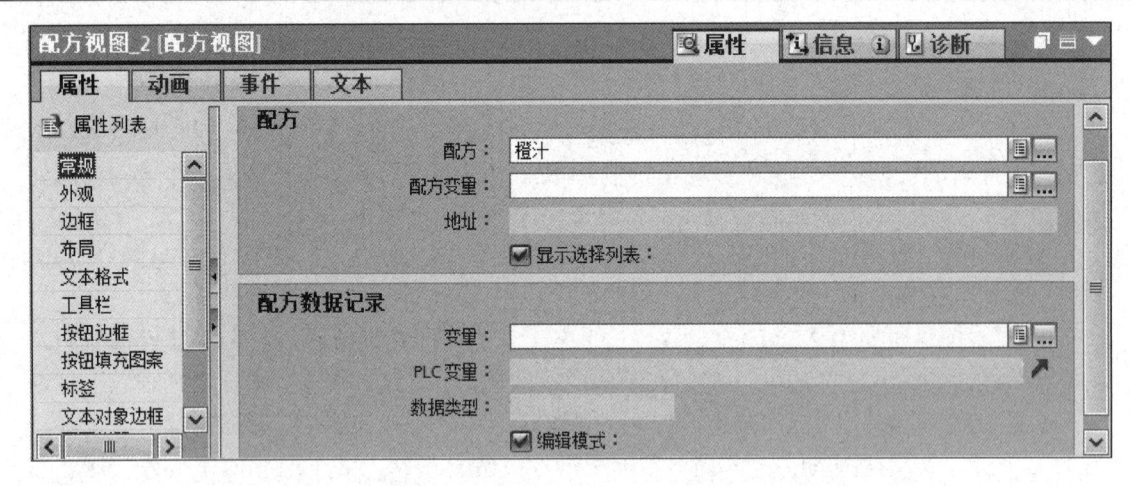

图 7-9 组态配方视图的常规属性

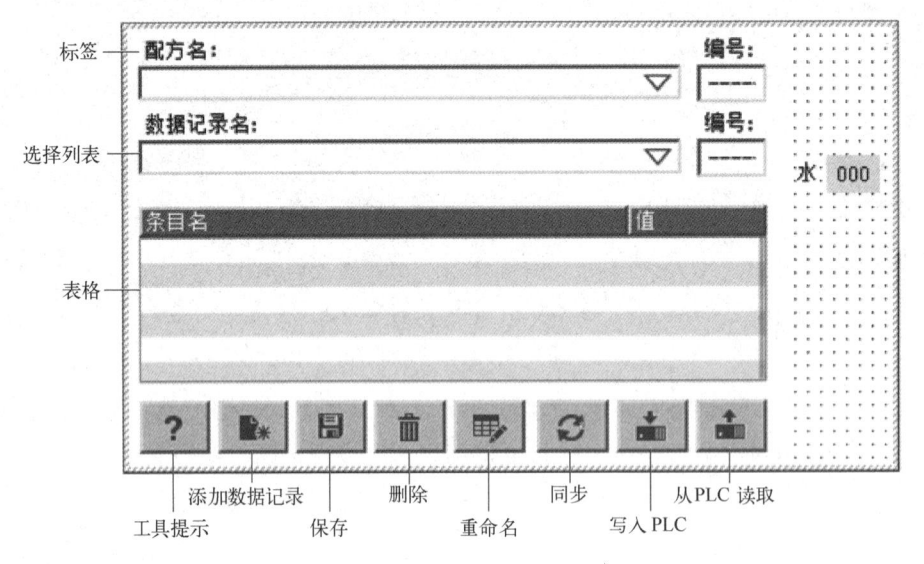

图 7-10 高级配方视图

取消勾选"编辑模式"复选框，只允许用户用配方视图查看配方数据，禁止用户修改配方数据记录。即使禁用了编辑模式，仍然可以使用工具栏上的按钮。

如果为配方和数据记录组态了图 7-9 中的"配方变量"和"变量"，在 HMI 设备上选择的配方和数据记录的编号或名称将在运行时写入这些变量。例如，可以将存储在这些变量中的配方和数据记录的编号/名称作为函数和脚本的参数，以保存当前的数据记录。反之，通过输入相应的值可以用变量选择配方或配方数据记录。由变量的数据类型决定是存储名称还是编号，如果想要存储名称，必须指定数据类型为 String（字符型）的变量。

选中配方视图以后，再选中巡视窗口的"属性 > 属性 > 外观"，可以用复选框设置是否显示配方视图中的"编号"和是否显示工具栏下面的状态栏。

选中巡视窗口的"属性 > 属性 > 工具栏"，用复选框设置是否显示工具栏上除"另存为"按钮之外的其他按钮。图 7-10 给出了各按钮的名称。

选中巡视窗口的"属性 > 属性 > 标签"（见图 7-11），可以用"显示标签"复选框设置是否显示配方视图中的标签"配方名:""数据记录名:""编号:"。可以通过修改文本框中的文本来修改标签。

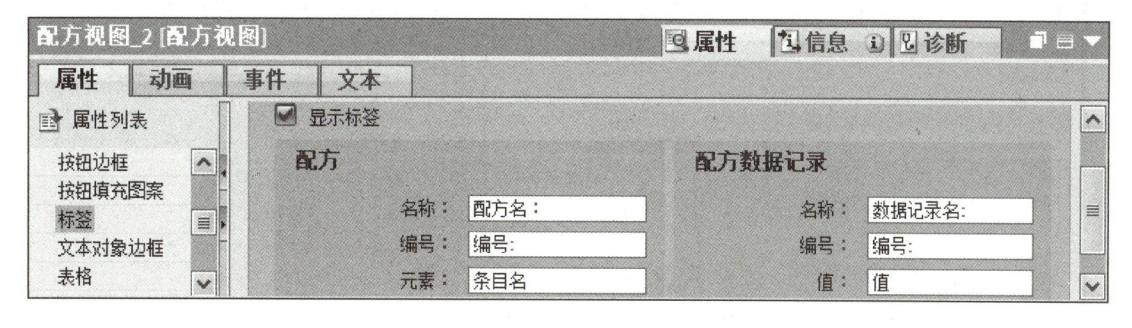

图 7-11 组态配方视图的标签属性

选中巡视窗口的"属性>属性>表格",可以用右边窗口中的"显示表格"复选框,设置是否显示"条目名"(即元素名)下面的表格。配方视图的其他参数一般可用默认的设置。

如果需要,选中巡视窗口的"属性>属性>安全",为配方视图分配访问权限,使配方视图只能由授权人员操作。

2. 配方视图中的按钮

配方视图中按钮的排列见图 7-10,该图未使用"另存为"按钮,各按钮的功能如下。

1)"工具提示"(或称信息文本)按钮 ? :显示配方视图组态时输入的操作员注意事项。

2)"添加数据记录"按钮 :创建一个新的数据记录,使用配方组态时的"默认值"(见图 7-3)预置数据记录的元素值。

3)"保存"按钮 :将配方数据记录的显示值保存到组态的存储位置。

4)"删除数据记录"按钮 :从 HMI 设备的数据介质删除显示的配方数据记录。

5)"重命名"按钮 :修改显示的配方数据记录的名称。

6)"同步配方变量"按钮 :使用此功能前,应在配方属性中勾选"同步配方变量"复选框(见图 7-6)。该按钮比较配方视图显示的值和配方变量中的值,系统将始终用最新的配方变量数值对配方视图的当前值进行更新。当配方视图显示的数值比当前的配方变量值更新时,系统将把该值写入配方变量。

7)"写入 PLC"按钮 :将当前显示在配方视图中的配方数据记录传送到 PLC。

8)"从 PLC 读取"按钮 :在配方视图中显示从 PLC 读取的配方数据记录值。

视频"配方视图组态"可通过扫描二维码 7-1 播放。

7.2.2 配方视图的仿真

二维码 7-1

选中项目树中的"PLC_1",单击工具栏的"启动仿真"按钮 ,启动 S7-PLCSIM,将程序下载到仿真 PLC,将 CPU 切换到 RUN 模式。在仿真视图中生成 SIM 表,在 SIM 表中监视保存数据记录的元素值的 MW10~MW16,数据记录号 MW22 和状态字 MW26(见图 7-12 的右图)。为了能同时看到仿真软件和仿真面板,将 S7-PLCSIM 右移。

选中项目树中的"HMI_1",单击工具栏的"启动仿真"按钮 ,编译成功后,出现图 7-12 左图所示的仿真面板中的根画面。

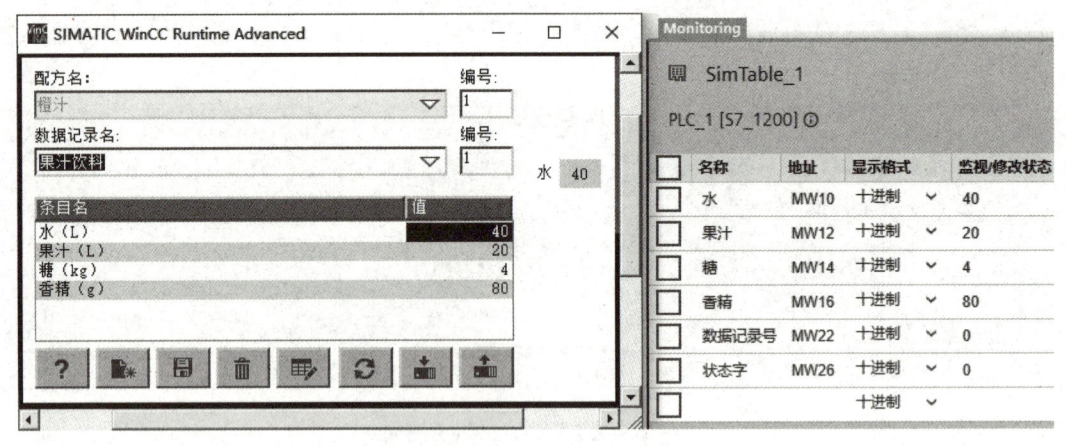

图 7-12 配方视图的集成仿真

1. 配方视图、配方变量与 PLC 直接连接的仿真

在组态时勾选了"同步配方变量"复选框（见图 7-6），但是未勾选"手动传送各个修改的值（teach-in 模式）"和"协调的数据传输"复选框。图 7-7 中的两对触点均接通，配方视图、配方变量和 PLC 都是连通的。

（1）切换数据记录

图 7-12 左图中配方视图右边的输入/输出域显示的是 HMI 设备中的配方变量"水"，它对应于 HMI 设备中的配方变量。

刚打开仿真面板时，因为还没有用配方视图选择配方数据记录，"数据记录名"和它的"编号"没有显示信息，配方视图和 S7-PLCSIM 的 SIM 表中显示的元素值是图 7-3 中配方的"元素"选项卡中的默认值。

单击"数据记录名"选择框右边的 ▽ 按钮，选中出现的下拉列表中的数据记录"果汁饮料"，显示的配方元素的值如图 7-12 所示，S7-PLCSIM 中的配方元素值与配方视图中的相同。在配方视图中将数据记录由"果汁饮料"切换为"浓缩果汁"，配方视图中的元素值、S7-PLCSIM 中的配方变量值和 I/O 域中的配方变量"水"的数值也同步变化。

（2）修改数据记录的元素值

单击配方视图"条目名"列中的元素"水"的值，将它修改为新的值以后按〈Enter〉键确认。

用配方视图修改的元素值不能直接传送到 PLC 和图 7-12 配方视图右边的 I/O 域，可以通过单击配方视图中的"保存"按钮、"写入 PLC"按钮或"同步"按钮，将修改后的值从配方视图传送到根画面中的 I/O 域和 S7-PLCSIM。可能需要单击两次按钮，第一次是激活配方视图，第二次单击时一个有闹钟图形的小正方形出现和消失后，数据被成功地传送。使用"保存"按钮时需要确认。

修改 S7-PLCSIM 中配方元素"水"（MW10）的值，修改后按〈Enter〉键确认。修改的结果立即被根画面中的 I/O 域显示出来。但是不能直接传送到配方视图，需要单击配方视图中的"保存"按钮、"从 PLC 读取"按钮或"同步"按钮，才能将修改后的值从 PLC 传送到配方视图中。

视频"配方视图仿真（A）"可通过扫描二维码 7-2 播放。

二维码 7-2   （3）新建和删除数据记录

单击配方视图中的"添加数据记录"按钮，在出现的新的数据记录中，编号被自动指定为4，各元素的值为组态时指定的默认值。从S7-PLCSIM可以看到，新的数据记录各元素的值被自动传送到PLC中。单击"数据记录名"选择框，输入新记录的名称"Juice"。

可以根据需要修改新建的数据记录各元素的值，修改完成后单击"保存"按钮 🖫，确认后新的数据记录被保存。

因为是在计算机上模拟触摸屏的运行，新的数据记录的值被保存在组态时设置的计算机C盘的文件夹"FLASH\RECIPES"中，该文件夹和其中的配方文件都是自动生成的。如果使用硬件触摸屏，新的数据记录将保存在触摸屏的Flash存储器中。

关闭运行系统后，再重新打开它，单击配方视图中"数据记录名"选择框右边的▽按钮，可以看到新建的数据记录"Juice"依然存在。

显示数据记录Juice后，单击"删除"按钮 🗑，弹出的对话框询问"确实要删除配方橙汁中的数据记录Juice吗？"，单击"是"按钮确认，该数据记录被删除。删除后单击"数据记录名"选择框右边的▽按钮，可以看到数据记录Juice已被删除。

修改图7-12根画面中的I/O域"水"的值以后，S7-PLCSIM中"水"对应的MW10的值立即变化，但是配方视图中的元素值没有改变。单击"从PLC读取"按钮 🔽 或单击"同步"按钮 🔄，I/O域中的值被传送到配方视图的"水"元素中。

2. 协调的手动传送的仿真

退出运行系统，选中配方编辑器中的"橙汁"，同时勾选图7-6中的"同步配方变量""手动传送各个修改的值（teach-in模式）""协调的数据传输"复选框。激活"手动传送各个修改的值"功能后，图7-7中"离线"开关的常闭触点断开，PLC与配方变量的连接被断开。

将程序下载到仿真PLC以后，将CPU切换到RUN模式。选中项目树中的"HMI_1"，单击工具栏上的"启动仿真"按钮 ▶，编译成功后，出现仿真面板（见图7-12）。

打开数据记录"果汁饮料"后，配方中的元素值不会自动传送到S7-PLCSIM。

因为同时勾选了图7-6中的"手动传送各个修改的值（teach-in模式）"和"协调的数据传输"复选框，配方视图与PLC之间的数据传送需要同时满足两个条件。

1）在S7-PLCSIM中，"数据记录"区域指针第4个字（传送状态字MW26）应为0，允许传送。

2）单击配方视图中的"写入PLC"按钮 🔽，将配方数据下载到PLC。或者单击配方视图中的"从PLC读取"按钮 🔼，将PLC中的配方数据上传到HMI设备。上述传送过程是通过图7-5最左边的"直通"通路完成的。

满足上述条件时，在配方视图中修改元素"水"的值后，单击配方视图的"写入PLC"按钮 🔽，配方号和数据记录号被传送到S7-PLCSIM中的MW20和MW22（"数据记录"区域指针的第1、2个字）。传送成功后，状态字MW26被PLC的CPU置为4。

在S7-PLCSIM中修改配方元素"水"（MW10）的值，将状态字MW26修改为0，按〈Enter〉键确认，才能用"从PLC读取"按钮 🔼 将PLC中的配方数据记录传送到配方视图。传送成功后，状态字MW26变为4。切换配方数据记录后，需要将状态字清零，才能用"写入PLC"按钮将切换后的数据记录的元素值写入PLC。

此时不能用"同步"按钮 🔄 实现PLC和HMI之间配方数据记录的传送。

3. 非协调的手动传送的仿真

退出运行系统，勾选图7-6中的"同步配方变量"和"手动传送各个修改的值（teach-in模式）"复选框，但是不勾选"协调的数据传输"复选框。重新启动运行系统，可以看到配方

数据记录的上传或下载与状态字 MW26 的值无关。

视频"配方视图仿真（B）"可通过扫描二维码 7-3 播放。

二维码 7-3

7.3 配方画面的组态与仿真

配方视图和配方画面都是用来在 HMI 设备上查看、编辑、创建、保存和传送配方的数据记录。与配方视图相比，使用配方画面有以下优点。

1）可以在配方画面中自定义配方的输入界面。输入界面是用 I/O 域和其他画面对象创建的，可以用图形画面对象（例如棒图）生动地显示它们。用按钮（或功能键）和系统函数实现配方功能，例如保存、装载、上载和下载配方数据记录。

2）可以根据要求将包含多个元素的大型配方的数据记录中的参数分布在多个画面中。例如，可以将制造桌面的过程分成多个过程画面，包括横切、焊缝、剪切、钻孔、打磨以及包装操作。可以将配方数据记录中的参数分散到各相关的画面中，在运行时可以避免经常切换画面。对于显示屏较小的 HMI 设备，这种处理方式使配方的组态更为方便灵活。

3）可以使用图形画面对象，在过程画面中真实地模拟机械设备。将与配方有关的 I/O 域放在机械设备的部件（例如坐标轴或导轨）旁边，可以更生动地显示有关参数的意义。

7.3.1 配方画面的组态

1. 组态精简的配方视图

将项目"配方视图"另存为"配方画面"（见配套资源中的同名例程），这两个项目具有相同的变量表和配方组态。在新项目的根画面中生成配方画面。

可以用 I/O 域、符号 I/O 域、文本域和文本列表来显示和切换配方和配方数据记录，但是组态的工作量较大，也不是很形象直观。下面组态一个精简的配方视图，来显示和切换配方数据记录。

将工具箱的"控件"窗格中的"配方视图"拖拽到画面中，用鼠标调节它的位置和大小。选中配方视图后，再选中巡视窗口的"属性 > 属性 > 常规"（见图 7-13），因为只有一个配方"橙汁"，不用切换配方，所以不勾选切换配方的"显示选择列表"复选框，配方视图不显示切换配方的选择框。不勾选"编辑模式"复选框，禁止用户用配方视图修改配方数据记录。

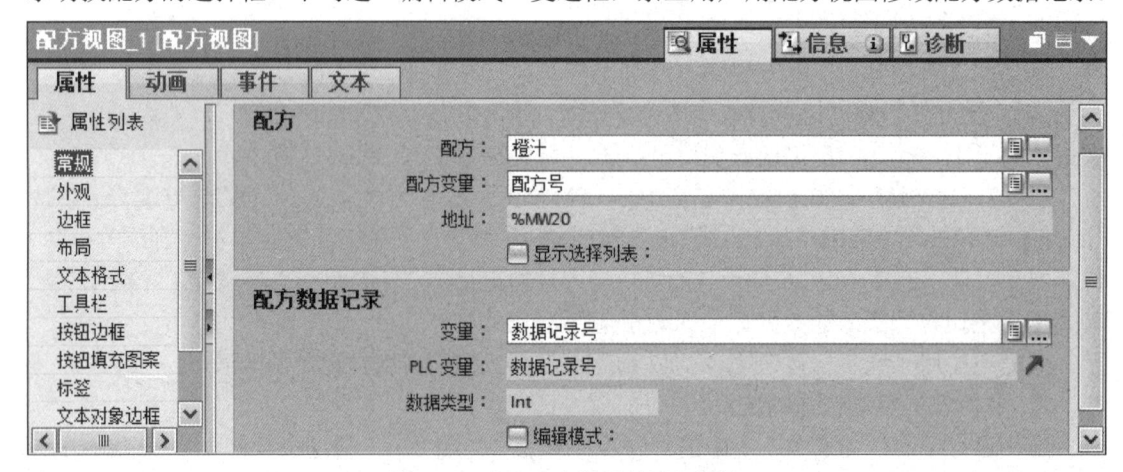

图 7-13 组态配方视图的常规属性

分别将图 7-13 中的"配方变量"和"变量"连接到 PLC 的"区域指针"（见图 7-8）中定义的变量"配方号"（MW20）和"数据记录号"（MW22），用这两个变量来传送配方编号和数据记录编号。因为不需要切换配方号，本例的"配方变量"可组态为"无"。

选中巡视窗口的"属性 > 属性 > 外观"，勾选"显示编号"复选框，不勾选"显示状态栏"复选框。选中巡视窗口的"属性 > 属性 > 文本格式"，将字形改为"正常"，大小改为 13 像素。选中巡视窗口的"属性 > 属性 > 工具栏"，禁用所有的按钮。选中巡视窗口的"属性 > 属性 > 表格"，不勾选"显示网格"复选框。其他参数采用默认的设置。

通过上述组态，配方视图仅保留了显示和切换数据记录名和数据记录编号的功能。

2. 组态显示和修改配方变量的对象

为了使配方画面更加形象，用两个不同颜色的矩形组成一个混合池。打开工具箱的"图形"窗格的"WinCC 图形文件夹\Equipment\Other equipment's [WMF]\Mixers"文件夹，将其中的一个搅拌器拖拽到混合池内（见图 7-14）。

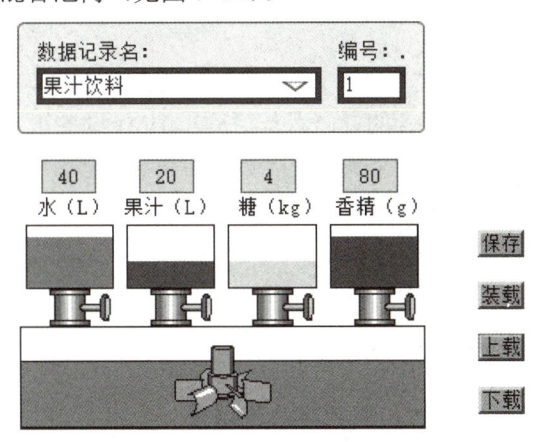

图 7-14 配方画面

为了显示配方中 4 种物料的值，在混合池的上方，放置 4 个棒图元件，各棒图元件的上方分别放置一个输入/输出域，棒图和 I/O 域分别与配方中的 4 个配方元素连接。上述 4 个 I/O 域用于显示和修改配方数据记录中配方变量的数值。

在各棒图元件的下面分别放置一个阀门元件，阀门元件来自工具箱的"图形"窗格的"WinCC 图形文件夹\Equipment\Other equipment's [WMF]\Valves"文件夹。

3. 组态操作配方的按钮功能

在配方画面中生成 4 个按钮，按钮上的文本分别为"保存""装载""上载""下载"。前两个按钮用于配方画面中的 I/O 域显示的配方变量与 HMI 设备的配方存储器中的配方数据记录之间的数据传送，后两个按钮用于配方数据记录与 PLC 存储区之间的数据传送。

选中"保存"按钮，再选中巡视窗口的"属性 > 事件 > 单击"（见图 7-15），组态单击该按钮时调用系统函数"保存数据记录"，将配方变量的当前值作为数据记录保存到 HMI 设备的存储器。参数"配方号"（MW20）和"数据记录号"（MW22）是 PLC 变量表中的变量。本例只有一个配方"橙汁"，可以将其"配方编号"设置为 1。系统函数的参数"覆盖"可选"否"（不覆盖）、"是"（不提示直接覆盖）或"确认后"（经用户确认后覆盖配方数据记录）。"输出状态消息"设置为"关"，表示不输出状态消息。可选的参数"处理状态"为 2 表示系统函数正在执行，为 4 表示已经执行完成，为 12 表示因为出现了错误，系统函数未执行。

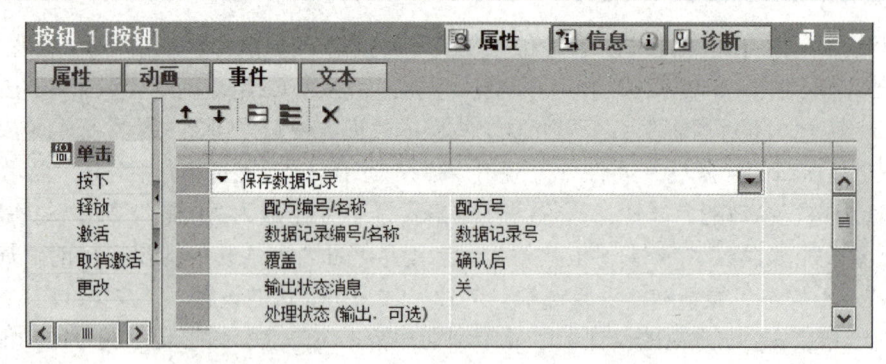

图 7-15 组态"保存"按钮的事件功能

单击"装载"按钮时调用系统函数"装载数据记录",将指定的配方数据记录从 HMI 设备的存储器装载到配方变量中,然后用画面中的 I/O 域和棒图显示出来。

单击"上载"按钮时调用系统函数"从 PLC 获取数据记录",将所选的配方数据记录从 PLC 传送到 HMI 设备的存储器中。参数"覆盖"设置为"确认后"。

单击"下载"按钮时调用系统函数"将数据记录设置为 PLC",将所选的配方数据记录从 HMI 设备的存储器传送到与 HMI 设备相连的 PLC。

上述 3 个系统函数的参数及其意义与"保存数据记录"的同名参数相同,有些函数的参数个数比"保存数据记录"要少一些。

视频"配方画面组态(A)"和"配方画面组态(B)"可通过扫描二维码 7-4 和二维码 7-5 播放。

二维码 7-4   二维码 7-5

7.3.2 配方画面的仿真

1. 配方视图、配方变量与 PLC 直接连接的仿真

在组态配方的同步属性时,勾选了"同步配方变量"复选框,但是未勾选"手动传送各个修改的值(teach-in 模式)"和"协调的数据传输"复选框(见图 7-6),配方视图、配方变量和 PLC 都是连通的。

选中项目树中的"PLC_1",单击工具栏的"启动仿真"按钮,启动 S7-PLCSIM,将程序下载到仿真 PLC,将 CPU 切换到 RUN 模式。在 SIM 表中监控配方的元素 MW10~MW16 和"数据记录"区域指针中的状态字 MW26。

选中项目树中的"HMI_1",单击工具栏的"启动仿真"按钮,编译成功后,仿真面板的根画面显示配方画面(见图 7-14)。

刚进入配方画面时,因为"配方号"(MW20)和"数据记录号"(MW22)的初始值均为 0,没有选择配方和数据记录,各配方变量的显示值均为 0。

单击配方视图中的 ▽ 按钮,在下拉列表中选择数据记录为"果汁饮料",将数据记录"果汁饮料"的元素值装载到对应的 4 个配方变量中,再用 4 个 I/O 域和 4 个棒图显示出来。棒图中前景色的高度按变量值与棒图最大刻度值的比例显示出来。

因为没有激活"手动传送各个修改的值"功能,HMI 中的变量与 PLC 是"直通"的,选择"果汁饮料"后,在配方画面的 I/O 域中的数值改变的同时,S7-PLCSIM 对应的地址值也同步变化。此时区域指针中的状态字 MW26 为 0,不会变化。

用配方画面中的 I/O 域修改配方变量"水"的值,S7-PLCSIM 中"水"的值随之而变。

在 S7-PLCSIM 中修改变量"水"的值，配方画面中"水"对应的 I/O 域和棒图的显示值也随之而变。由于配方变量与 PLC 是"直通"的，此时 PLC 和配方画面之间配方数据的传送实际上不需要使用"下载"按钮和"上载"按钮。

上述两种情况修改变量后，单击"保存"按钮，弹出的对话框询问是否需要覆盖数据记录，单击"是"按钮确认，修改后的数值才会保存到当前打开的数据记录中。如果修改后没有保存，单击"装载"按钮，将数据记录中的数据用画面中的 I/O 域和棒图显示出来，显示的是修改前的值。

2. 协调的手动传送的仿真

关闭运行系统，选中配方"橙汁"，同时勾选图 7-6 中的"同步配方变量""手动传送各个修改的值（teach-in 模式）""协调的数据传输"复选框。激活"手动传送各个修改的值"功能后，PLC 与配方变量的连接被断开，I/O 域输入的数值只是保存在 HMI 设备的配方变量中，不会直接传送到 PLC。在 TIA 博途或 S7-PLCSIM 中将 CPU 切换到 STOP 模式，然后切换到 RUN 模式，SIM 表中监控的变量被全部清零。

选中项目树中的"HMI_1"，单击工具栏的"启动仿真"按钮，出现的仿真面板显示图 7-14 所示的配方画面。

用配方视图选中"果汁饮料"，该配方记录的元素值装载到配方变量中，用 4 个 I/O 域和 4 个棒图显示出来。但是此时配方的元素值不会自动传送到 PLC 中。

因为在图 7-6 中勾选了"手动传送各个修改的值（teach-in 模式）"和"协调的数据传输"复选框，S7-PLCSIM 中的"数据记录"区域指针的第 4 个字 MW26（传送状态字）为 0 时才允许传送，单击配方画面中的"下载"按钮，才能将配方数据下载到 PLC。

数据下载到 PLC 后，状态字 MW26 被 PLC 的 CPU 置为 4，传送被禁止。

在配方画面中用 I/O 域修改配方变量"水"的值，单击"保存"按钮，确认"覆盖"当前数据记录，被修改的数值被保存到数据记录"果汁饮料"。将状态字修改为 0 后按〈Enter〉键，单击"下载"按钮，修改后的配方数据被下载到 PLC。

在 S7-PLCSIM 中修改配方变量"水"的值，修改的结果不会出现在配方画面"水"对应的 I/O 域中。将状态字 MW26 清零后，单击配方视图中的"上载"按钮，状态字 MW26 变为 2，表示系统函数正在执行。出现的对话框询问是否要覆盖数据记录，单击"是"按钮确认，状态字变为 4，表示 PLC 中的数据已经被上载到数据记录。上载后"水"对应的 I/O 域的值没有变化，需要单击"装载"按钮，上载到数据记录的数据才能用"水"对应的 I/O 域显示出来。

3. 非协调的手动传送的仿真

退出运行系统，勾选图 7-6 中的"同步配方变量"和"手动传送各个修改的值（teach-in 模式）"复选框，但是不勾选"协调的数据传输"复选框，此时配方变量和 PLC 之间是断开的，但是配方数据的上载或下载与状态字 MW26 的值无关。

重新启动运行系统，令 PLC 中的状态字 MW26 为 4 并保持不变。用配方视图切换数据记录，单击"下载"按钮，数据记录中的变量值被传送到 S7-PLCSIM。修改 S7-PLCSIM 中变量"水"的值，单击"上载"按钮，确认后变量值被传送到数据记录。单击"装载"按钮，数据记录中"水"的值传送到画面中"水"对应的 I/O 域。用 I/O 域修改配方变量"水"的值，单击"保存"按钮，保存到数据记录中去。单击"下载"按钮，数据记录中的变量值被传送到 S7-PLCSIM。即使状态字的值为 4，也不影响上述的操作。

视频"配方画面仿真（A）"和"配方画面仿真（B）"可通过扫描二维码 7-6 和二维码 7-7 播放。

7.4 习题

1. 使用配方有什么好处？
2. 配方由什么组成？配方的数据记录由什么组成？
3. 怎样组态配方的数据记录？
4. 配方数据有哪些传送方式？怎样控制配方数据的传送方式？
5. 怎样实现配方的协调数据传输？
6. 配方视图中的按钮各有什么作用？
7. 怎样组态才能使配方视图与 PLC 直接连接？直接连接时怎样将配方视图修改后的值传送到 PLC？
8. 怎样用配方视图新建和删除数据记录？
9. 配方视图和配方画面分别适用于什么场合？
10. 通过组态，显示出图 7-14 中的配方视图。
11. 怎样用配方画面实现配方的协调数据传输？

第 8 章　HMI 应用的其他问题

8.1　报表系统

8.1.1　报表系统概述

1．报表的作用

报表用于记录过程数据和处理的生产周期信息。可以创建包含生产数据的轮班报表，或者对生产过程进行归档，以便进行质量控制。

在报表编辑器中创建和编辑报表文件，组态报表布局，确定输出哪些数据。可以将用于数据输出的各种画面对象添加到报表文件中。可以在指定的时间，或者以指定的时间间隔，或者由其他事件来触发报表数据的输出。例如在轮班结束时打印出包含整个生产过程的数据和出错事件的轮班报表。

可以创建输出生产记录数据的报表，或者创建输出某一类报警消息的报表。

2．报表的结构

WinCC 的报表具有相同的基本结构，它们被分为不同的区域，各个区域用于输出不同的数据，可以包含常规对象和报表对象。

（1）标题页和封底

标题页（封面）包含有关报表内容的重要信息，用来输出项目标题和项目的常规信息。封底是报表的最后一页，用于输出报表的摘要或者报表末尾需要的其他信息。标题页和封底分别在单独的页面上输出，它们都只占一页，没有页眉和页脚。

（2）详情页面

运行系统的数据在"详情页面"（见 8-1）中输出，详情页面可以插入用于输出运行系统数据的对象。

（3）页眉和页脚

组态时页眉和页脚分别在详情页面之前和之后。它们用于输出页码、日期或者其他常规信息。

3．创建报表

将第 7 章中的项目"配方视图"另存为"组态配方报表"（见配套资源中的同名例程），双击项目树中"HMI_1\报表"文件夹中的"添加新报表"，报表编辑器被自动打开，创建的新报表的默认名称为"报表_1"。两次单击项目树中的"报表_1"，选中它以后将它更名为"配方报表"。

4．页面的快捷菜单

可以关闭或打开单个报表区域，以便在工作区域中获得更好的视图效果。单击图 8-1 中报表各区域左侧的 + 按钮，该区域被打开，打开后该按钮变为 -，单击 - 按钮，该区域被折叠（关闭）。

图 8-1 报表编辑器

用右键单击展开的详情页面的空白处，可以通过快捷菜单创建页面（见图 8-1）。页眉和页脚的快捷菜单没有图 8-1 中的"页面"选项。

执行快捷菜单中的"展开所有页面"和"隐藏所有页"命令，可以同时显示或隐藏所有的区域（见图 8-2）。

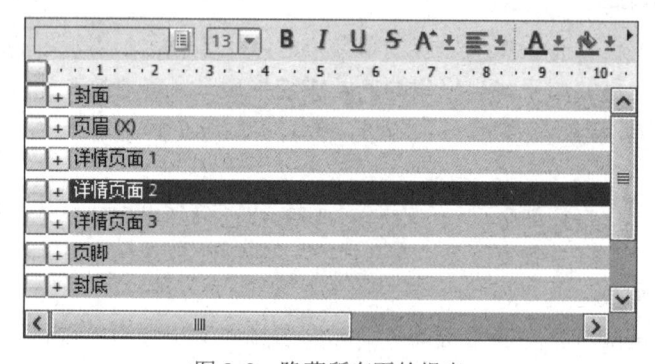

图 8-2 隐藏所有页的报表

5．组态报表的常规属性

同时隐藏所有的区域后，单击图 8-2 "封底"下面的空白处，选中了"配方报表"，再选中巡视窗口的"属性 > 常规 > 布局"（见图 8-3），可以用复选框选择是否启用页眉和页脚、是否启用报表的标题页（封面）和封底，还可以设置页眉和页脚的高度。因为没有启用页眉，图 8-2 中页眉的标题变为"页眉 (X)"。

6．组态报表的布局属性

选中巡视窗口的"属性 > 常规 > 布局"（见图 8-3），可以设置页面的格式，如果设置"页面格式"为"用户自定义"，应在"页面宽度"和"页面高度"框中输入自定义的值。

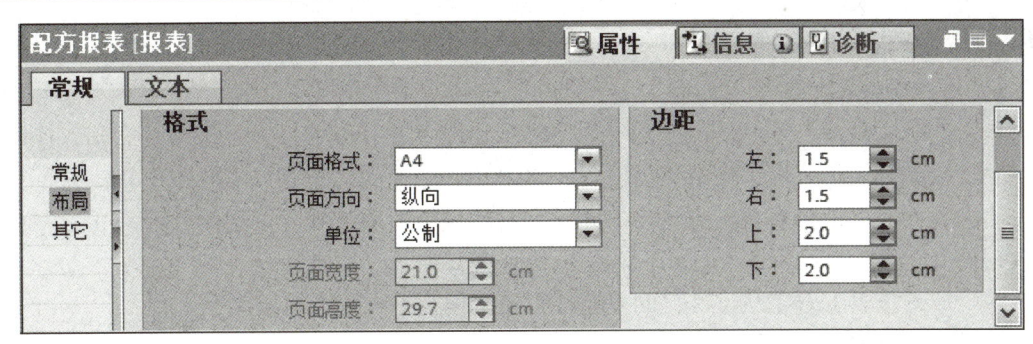

图 8-3 组态报表的布局属性

"页面方向"可以选择纵向或横向,"单位"可选公制和美制。"边距"选项组用于设置页边距的尺寸。可以修改页边距,但是设置的页边距不能小于为打印机设置的页边距,一般采用默认的页边距。

7. 插入与删除页面

新建的报表只有一个详情页面,可以在报表中插入更多页面。为此用右键单击某一打开的详情页面的空白处,执行快捷菜单中的命令"页面"→"在前面插入页面"或"页面"→"在后面插入页面",即可在被右击的页面之前或之后插入新的详情页面。

每个报表最多可以有 10 页。如果创建 10 个以上的页面,多余页面的编号会用尖括号括起(例如详情页面<11>),系统不会输出多余的页面。可用快捷菜单中的"页面"→"删除详细页面"命令删除选定的详情页面。

8. 更改页面的顺序

下面用例子来说明更改页面顺序的方法。工作区中的详情页面 1~3 按从上到下的顺序排列,在这 3 页中分别插入文本域 1、2、3。用鼠标右键单击展开的详情页面 3,执行快捷菜单中的命令"页面"→"上移一页",工作区中详情页面 1~3 的排列次序不变,但是页面 2 中的文本域变为 3,页面 3 中的文本域变为 2,说明原来的第 3 页和第 2 页被"上移一页"命令互换。

9. 使用工具箱

打开报表编辑器时,工具箱中的对象用于组态报表的输出数据。可以用拖拽功能将工具箱中的对象插入报表。某些对象在报表中使用时功能受到限制,例如,I/O 域只能用作输出域。工具箱中有哪些可用于报表的对象,与 HMI 设备的型号有关,工具箱只显示那些可以在报表中使用的对象。越高档的 HMI 设备,其工具箱中可用于报表的对象越多。

精智面板的工具箱的"元素"窗格有 I/O 域、符号 I/O 域、图形 I/O 域和日期/时间域,增加了"页码"对象。"控件"窗格中有"配方报表"和"报警报表"对象。

10. 修改报表对象的默认属性

WinCC 为工具箱中的各种对象预置了默认的属性。将对象从工具箱插入报表时,对象采用这些默认属性。

可以修改报表对象的默认属性来满足项目的要求。选中报表中的某个对象,根据项目的需要,用巡视窗口来调整对象的默认属性。

8.1.2 组态配方报表

1. 组态报表

单击页眉左侧的 + 按钮，将它打开后，插入文本域"班次配方报表"，选中它以后，选中巡视窗口的"属性 > 属性 > 文本格式"，将它的字体大小设置为 15 像素，字形为"正常"。

将工具箱的"简单对象"窗格中的"日期时间域"对象拖拽到页眉中。用相同的方法将工具箱的"元素"窗格中的"页码"对象拖拽到页脚中。

将"配方报表"对象从工具箱的"控件"窗格拖拽到报表的详情页面 1 中。

2. 配方报表的常规设置

单击选中"配方报表"对象，再选中巡视窗口的"属性 > 属性 > 常规"（见图 8-4），为报表选择要打印的配方和数据记录。

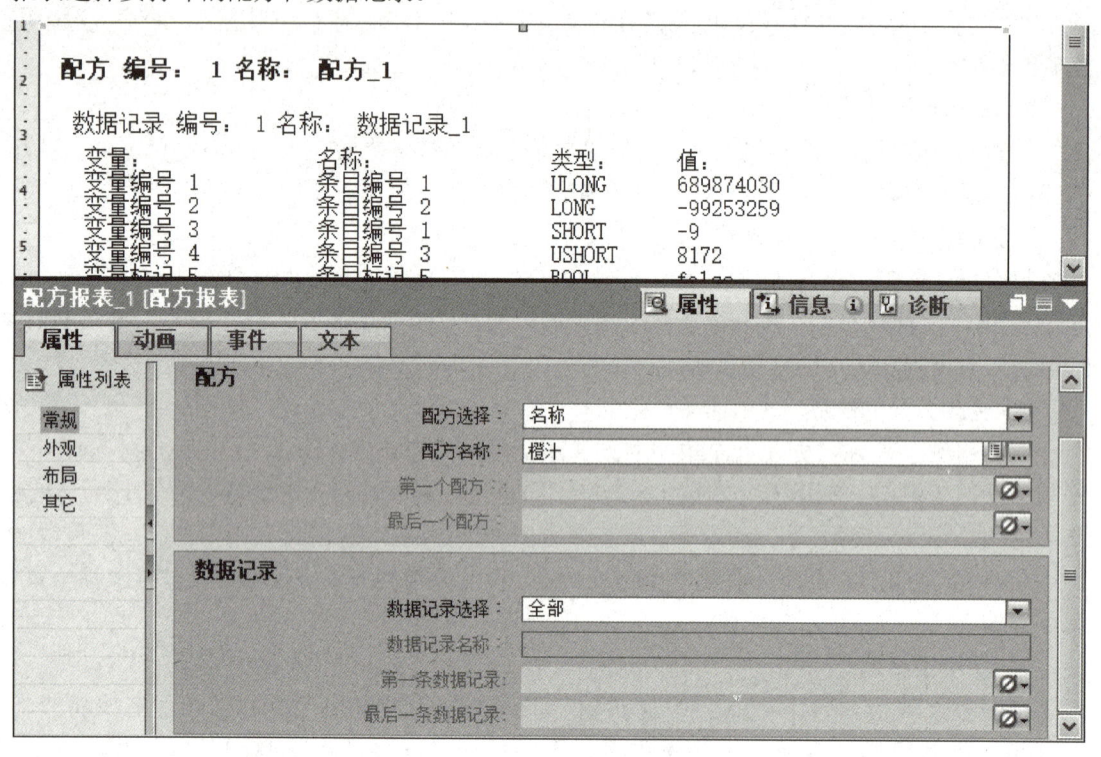

图 8-4 "列"格式的配方报表和组态配方报表的常规属性

打印配方有 3 种选择：

1）选择"名称"，只打印一个配方，需要设置配方的名称。

2）选择"全部"，打印所有的配方。

3）选择"编号"，打印连续的若干个配方，此时需要设置即将打印的第一个配方和最后一个配方。

可以用同样的方法选择需要打印的数据记录，一般选择"全部"。

3. 配方报表的外观设置

选中配方报表以后，选中巡视窗口的"属性 > 属性 > 外观"，除了设置报表文本的颜色和字体外，还可以设置背景的格式和是否采用边框等。

4. 配方报表的布局设置

选中配方报表以后，选中巡视窗口的"属性 > 属性 > 布局"（见图 8-5），用"格式"选择框选择数据是按"列"输出（以表格形式输出，见图 8-4）还是按"线"（Line，行）输出（逐行输出，见图 8-6）。如果按"列"输出，在"列宽"选项组中指定列宽的字符数，设置的宽度影响表格所有的列。图 8-4 和图 8-6 中显示的是组态时配方报表的框架，而不是实际输出的配方报表。

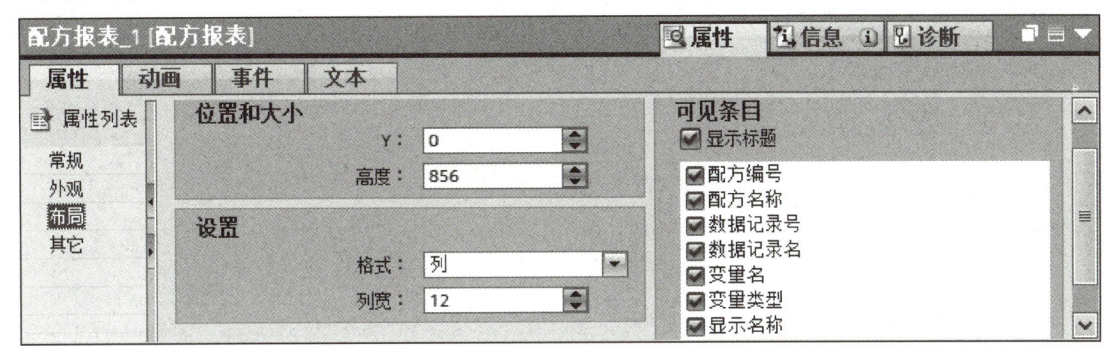

图 8-5　组态配方报表的布局属性

在"可见条目"选项组中，启用要在配方报表中显示的列。"显示标题"复选框用于启用列标题显示。

由于在报表输出期间可能会产生大量的数据，因此"打印配方"对象被动态扩展，以便可以输出产生的所有数据。如果超出页面长度，将自动分页。

5. 用事件控制报表输出

WinCC 可以用两种方法输出报表。可以在变量值改变、记录溢出、画面中组态的按钮被激活时输出报表，也可以用脚本来输出报表。

下面介绍用按钮来激活报表的输出。在根画面中添加一个按钮，按钮上的文本为"打印配方"，选中该按钮，再选中巡视窗口的"属性 > 事件 > 单击"（见图 8-7），在单击该按钮时，执行系统函数"打印报告"，打印名为"配方报表"的报表。

图 8-6　"线"格式的配方报表　　　图 8-7　组态打印配方报表的按钮的单击事件属性

如果 HMI 设备连接了一台符合要求的打印机，单击这个按钮，就能输出配方报表了。

6. 按时间控制报表输出

使用调度程序可以将任务组态为在后台独立运行，而无须画面支持。只须将系统函数或脚本连接到触发器，就可以创建任务。发生触发事件时将调用连接的函数。

通过一个任务可以自动执行以下操作：在报警缓冲区溢出时打印输出报警报表，在轮班结束时打印配方报表。

组态配方报表输出的步骤如下：双击项目树的"HMI_1"文件夹中的"计划任务"，

打开计划任务编辑器（见图 8-8），双击表格中的"<添加>"，生成一个新任务，默认的任务名称为"Task_1"。选中巡视窗口的"属性 > 属性 > 常规"，将任务名称改为"打印白班配方报表"。

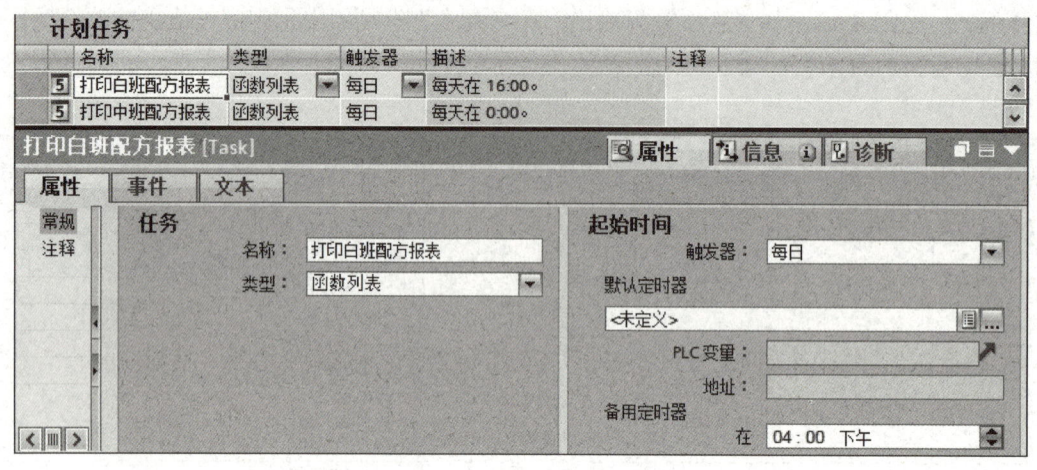

图 8-8 组态定时输出配方报表

设置每天 16 点执行一次任务。"触发器"可以选择只执行一次或每分钟、每小时、每日、每周、每月、每年执行一次。还可以选择在运行系统停止、画面更改、报警缓冲区溢出、用户更改、打开/关闭对话框时执行一次。

双击计划任务编辑器的第 2 行，自动生成一个任务，将它的名称改为"打印中班配方报表"。选择每天打印一次配方报表，执行的时间为 0:00。

将符合要求的打印机连接到 HMI 的打印机接口上，将在设定的时间启动打印机并输出配方报表。

8.1.3 组态报警报表

1. 创建报警报表

在 TIA 博途中打开第 5 章的项目"精智面板报警"，将它另存为"组态报警报表"（见配套资源中的同名例程）。双击项目树的文件夹"HMI_1\报表"中的"添加新报表"，报表编辑器被自动打开，创建的新报表的默认名称为"报表_1"。两次单击"报表_1"，选中它以后将它更名为"报警报表"。

双击"报警报表"打开它，用鼠标右键单击打开的页眉，执行快捷菜单命令"报表属性"，出现报表的巡视窗口，选中"属性 > 常规 > 常规"，勾选"页眉""页脚""标题页"（封面）和"封底"复选框，启用它们。

单击封面左侧的 + 按钮，打开封面后，插入文本域"报警报表"。选中它以后，再选中巡视窗口中的"属性 > 属性 > 文本格式"，将字体大小设置为 27 像素，字形为"粗体"（Bold）。

单击页眉左侧的 + 按钮，打开页眉，添加一个日期时间域，在页脚中添加一个页码对象。

将"报警报表"对象从工具箱的"控件"窗格拖拽到报表的详情页面 1 中（见图 8-9），用它输出来自报警缓冲区或报警记录中的报警消息。图中显示的是报警报表的框架，而不是实际输出的报警报表。

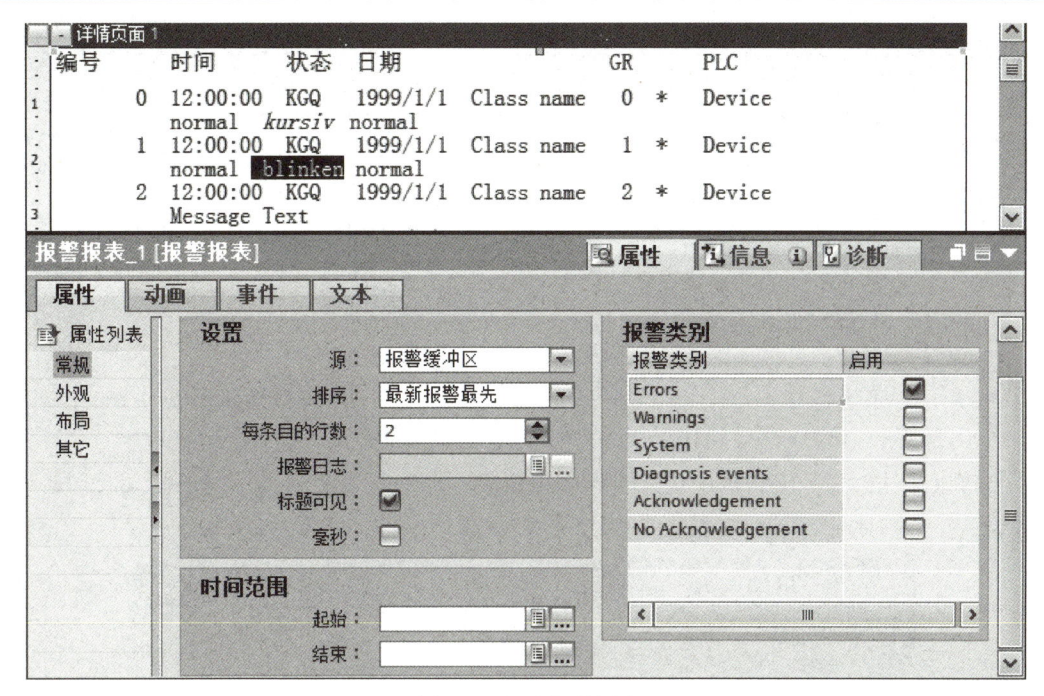

图 8-9 组态报警报表

如果在一个实际的项目中同时组态了配方和报警，可以在同一个报表中组态"配方报表"和"报警报表"对象。

2．组态报警报表的常规属性

用鼠标单击报警报表的详情页面，再选中巡视窗口中的"属性 > 属性 > 常规"（见图 8-9），用"源"选择框选择在报表中输出下列报警信息之一。

1）报警缓冲区：报警缓冲区中的当前报警。

2）报警记录：来自报警记录的报警。

使用"排序"选择框，可以选择"最新报警最先"或"最早报警最先"。

在"每条目的行数"框中输入 2，即每个报警使用的行数为 2。需要的行数与输出时选择的列的数目和宽度，以及使用的字体和打印机的纸张格式有关。

可以用"报警类别"选项组中的复选框指定要输出哪些报警类别。图 8-9 只启用了"Errors"（错误）类别的报警。为了将报警输出限制在特定的时间范围内，可以在"时间范围"选项组中设置指定时间范围的起始和结束的日期时间变量。

3．组态报警报表的外观与布局属性

报警报表与配方报表的外观属性基本相同，可以组态报表的文本颜色、背景的格式、是否采用边框，以及设置字体。

选中巡视窗口中的"属性 > 属性 > 布局"（见图 8-10），组态"报警报表"对象的位置和大小。在"可见列"选项组中，选择要在报表中输出的列。

4．输出报警报表

输出报警报表与输出配方报表的组态方法相同，在根画面中添加一个按钮，按钮上的文本为"打印报警报表"，选中该按钮后，再选中巡视窗口中的"属性 > 事件 > 单击"，组态单击该按钮时执行系统函数"打印报告"，要打印的报表的名称为"报警报表"。

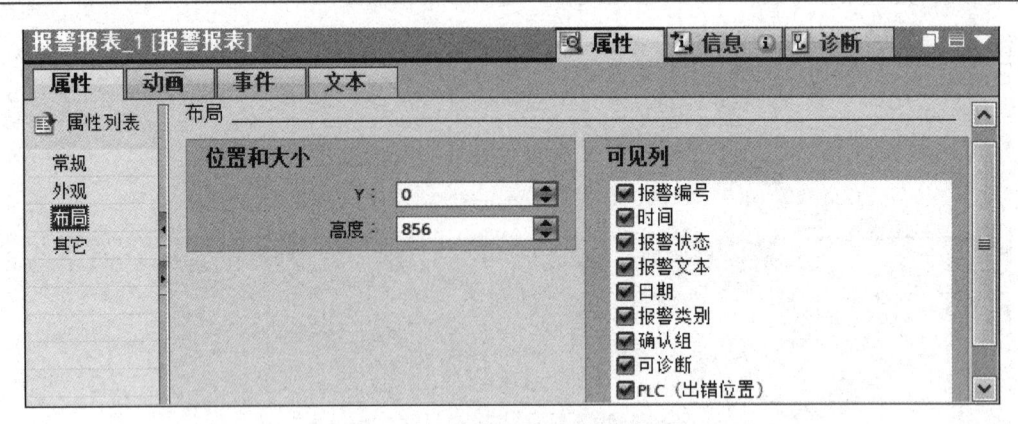

图 8-10　组态报警报表的布局属性

也可以在计划任务编辑器中组态打印报警报表，图 8-11 指定在报警缓冲区溢出时打印报警报表。

图 8-11　组态报警报表的打印

8.2　运行脚本

8.2.1　创建与调用运行脚本

1．运行脚本的基本概念

WinCC 提供了预定义的系统函数，用于常规的组态任务。可以用它们在运行系统中完成许多任务，前面各章已经给出了一些使用系统函数的例子。此外，可以用运行脚本来解决更复杂的问题。

微软的 Visual Basic（VB）是一种广泛应用的可视化程序设计语言。WinCC 支持 VB 脚本（Visual Basic Script，VBS）功能，VBS 又称为运行脚本，实际上就是用户自定义的函数，VBS 用来在 HMI 设备需要附加功能时创建脚本。运行脚本具有编程接口，可以在运行时访问部分项目数据。运行脚本功能是针对具有 VB 和 VBS 知识的项目设计者开发的。

可以在脚本中保存自己的 VB 脚本代码。可以像调用系统函数一样，在项目中直接调用脚本。在脚本中可以访问项目变量和 WinCC 运行时的对象模块。

可以在脚本中使用脚本编辑器提供的所有标准的 VBS 函数，在脚本中可以调用其他脚本和系统函数。可以根据条件执行脚本中的系统函数和脚本。

脚本存储在项目数据库中，在系统函数列表中列出了可以使用的脚本，在项目树的"脚本"文件夹中也列出了项目中的脚本。

如果在脚本中使用了组态的 HMI 设备不能使用的系统函数，将出现一条警告消息，脚本中对应的系统函数将以蓝色的波浪下画线标出。

脚本的使用方法与系统函数相同，可以为脚本定义调用参数和返回值。与系统函数的执行相同,在运行时,当组态的事件(例如单击按钮)发生时,就会执行脚本。

如果在运行时需要额外的功能,可以创建以下两种运行脚本。

1)数值转换:可以在不同的度量单位之间使用脚本来转换数值。

2)生产过程的自动化:脚本可以通过将生产数据传送到 PLC,控制生产过程。如果需要,可以使用返回值检查过程状态和启动相应的措施。

WinCC RT Advanced 和面板能使用的脚本只有自定义 VB 函数,WinCC RT Professional 还可以使用自定义 C 函数、局部 VB 脚本和局部 C 脚本。本书只介绍自定义 VB 函数。

2. 组态函数类型的脚本

某温度变送器的输入信号范围为 $-10 \sim 100$ ℃,输出信号为 $4 \sim 20$ mA,模拟量输入模块将 $4 \sim 20$ mA 的电流转换为 $0 \sim 27648$ 的数字量,设转换后得到的数字为 N,希望求出以 0.1℃为单位的温度值 T。

$4 \sim 20$ mA 的模拟量对应于数字量 $0 \sim 27648$,即温度值 $-100 \sim 1000$(单位为 0.1℃)对应于数字量 $0 \sim 27648$,根据比例关系,得出温度 T 的计算公式为

$$\frac{T-(-100)}{N} = \frac{1000-(-100)}{27648} \tag{8-1}$$

$$T = \frac{(1000-(-100)) \times N}{27648} + (-100) \quad (0.1℃) \tag{8-2}$$

为了使编写的脚本具有通用性,可以用于解决同类问题,用 4 个变量来表示式(8-2)中的输入量 N(AD 转换值)、输出量 T(温度值)和温度的上、下限值(温度的单位为 0.1℃),式(8-2)可以改写为

$$温度值 = \frac{(温度上限 - 温度下限) \times AD转换值}{27648} + 温度下限 \tag{8-3}$$

(1)创建脚本和生成变量

在 TIA 博途中创建一个名为"脚本应用"的项目(见配套资源中的同名例程),PLC_1 为 CPU 1214C,HMI_1 为 4in 的精智面板 KTP400 Comfort。

图 8-12 是 HMI 默认变量表中的 6 个变量,其中的"AD 转换 1"和"AD 转换 2"是 AI 模块输出的转换值,"Temp1"和"Temp2"分别是计算出的温度值,温度的单位为 0.1℃。

名称	数据类型	地址	连接	PLC 名称	PLC 变量	访问模式	采集周期
AD转换1	Int	%IW64	HMI_连接_1	PLC_1	AD转换1	<绝对访问>	1 s
AD转换2	Int	%IW66	HMI_连接_1	PLC_1	AD转换2	<绝对访问>	1 s
温度上限	Int	%MW0	HMI_连接_1	PLC_1	温度上限	<绝对访问>	1 s
温度下限	Int	%MW2	HMI_连接_1	PLC_1	温度下限	<绝对访问>	1 s
Temp1	Int	%MW4	HMI_连接_1	PLC_1	Temp1	<绝对访问>	1 s
Temp2	Int	%MW6	HMI_连接_1	PLC_1	Temp2	<绝对访问>	1 s

图 8-12 HMI 默认变量表

可以通过创建一个新脚本或者打开一个现有的脚本来自动打开脚本编辑器。

双击项目树的文件夹"HMI_1\脚本\VB 脚本"中的"添加新 VB 函数",生成一个新的脚本,同时脚本编辑器被打开。在脚本编辑器中编写脚本的程序代码。

选中脚本以后,选中巡视窗口的"属性 > 常规 > 常规"(见图 8-13),设置生成的脚本的名称为"GetAnalogValue1"(求模拟量值)。脚本名称和脚本参数名称的第一个字符必须是英文字母,后面的字符必须是英文字母、数字或下画线,不能使用汉字。

图 8-13 脚本编辑器

脚本有两种类型：函数（Function）和子程序（Sub）。二者唯一的区别在于函数有一个返回值，而子程序类型脚本作为"过程"引用，没有返回值。选择脚本"GetAnalogValue1"的类型为"Function"。输入脚本的名称和类型后，工作区的第一行出现"Function GetAnalogValue1()"。

（2）组态脚本的接口参数和编写脚本的代码

单击常规属性的"参数"列表中的"<添加>"，输入脚本函数的参数"UpValue"（量程上限值），参数类型为默认的"ByRef"（按地址方式传送）。为脚本函数设置的其他两个参数"DownValue"和"AD_Value"分别对应于量程的下限值和 A-D 转换得到的数值。此外，该函数还有一个自动生成的返回值，不需要在"参数"列表中对它组态。输入参数后，工作区第一行的括号中自动出现用逗号分隔的参数的类型和名称，例如"ByRef UpValue"等。

根据式（8-3）和为脚本设置的参数名称，在工作区编写出计算温度值的语句：

GetAnalogValue1 =(UpValue−DownValue)*AD_Value/27648+DownValue

（3）检查语法错误

编程时在后台进行代码测试，语法错误将被标记上红色波浪线。在脚本编辑器中检查语法，以识别出代码中的所有错误并输出相应的错误消息。

也可以单击工具栏上的"检查脚本的语法错误"按钮，或者用右键单击工作区，执行快捷菜单命令"检查语法"。检查结果用巡视窗口的"信息 > 编译"选项卡显示，输出的语法错误带有行号。需要更正检查出来的错误。

3．组态子程序类型的脚本

脚本"GetAnalogValue2"和"GetAnalogValue1"都使用式（8-3）中的计算公式。

双击项目树中的"脚本"文件夹中的"新建脚本"，生成一个新的脚本，在巡视窗口（见图 8-14）中，设置生成的脚本的名称为"GetAnalogValue2"，选择脚本的类型为"Sub"。

在图 8-14 的"参数"选项组中，输入与脚本"GetAnalogValue1"相同的参数"UpValue"（量程上限值）、"DownValue"（量程下限值）和过程输入变量"AD_Value"。

因为脚本类型为 Sub，它没有返回值，与函数类型的脚本相比，需要将计算出来的温度值直接赋值给调用脚本时使用的输出变量 Temp2：

Temp2 = (UpValue−DownValue)*AD_Value/27648+DownValue

Temp2 的单位为 0.1℃。

```
1 Sub GetAnalogValue2(ByRef UpValue, ByRef DownValue, ByRef AD_Value)
2 Temp2 = (UpValue-DownValue)*AD_Value/27648+DownValue
3 End Sub
```

图 8-14 组态子程序类型的脚本的常规属性

脚本组态结束后，在系统函数列表中将会看到新生成的脚本"GetAnalogValue2"（见图 8-18）。

4．组态检验脚本运行结果的画面

在根画面中生成下列 I/O 域（见图 8-15）。

1）标有"量程上限"和"量程下限"的输入域，它们分别与图 8-12 中的变量"温度上限"和"温度下限"连接，显示格式为 3 位整数和 1 位小数。小数点也要占一个字符的位置，所以格式样式为 99999。

2）标有"A-D 转换 1"和"A-D 转换 2"的输入域，分别与变量"AD 转换 1"和"AD 转换 2"连接。显示格式为 5 位整数。

3）标有"温度值 1"和"温度值 2"的输出域分别与变量"Temp1"和"Temp2"连接。显示格式为 3 位整数和 1 位小数。

5．组态触发脚本执行的事件

打开 HMI 默认变量表，单击选中变量"AD 转换 1"。选中巡视窗口的"属性 > 事件 > 数值更改"（见图 8-16），组态在脚本的输入变量"AD 转换 1"的值发生变化时，调用脚本函数"GetAnalogValue1"。

图 8-15 验证脚本运行的画面　　图 8-16 组态调用脚本的事件属性

单击第一行的"添加函数"，再单击右边出现的按钮，打开系统函数列表，选中新生成的脚本函数"GetAnalogValue1"。单击第 2 行的右端，在出现的变量列表中设置变量"Temp1"为参数"返回值"（即脚本函数的返回值）的实参（实际参数）。

单击"UpValue"这一行，单击最右边的按钮，选中"HMI_Tag"。单击与它相邻的按钮，选中变量"温度上限"。用同样的方法，按图 8-16 设置"DownValue"和"AD_Value"

的实参分别为"温度下限"和"AD 转换 1"。

视频"脚本组态"可通过扫描二维码 8-1 播放。

6. 仿真运行

选中项目树中的 HMI_1 站点后，执行菜单命令"在线"→"仿真"→"使用变量仿真器"，开始仿真运行。在仿真器中生成变量温度上限、温度下限、AD 转换 1、Temp1、AD 转换 2 和 Temp2。勾选输入变量"开始"列的复选框。

分别用根画面中的输入域"量程上限"和"量程下限"输入数值 100 和-10，按〈Enter〉键确认后，显示值为 100.0℃和 -10.0℃。仿真器中的变量"温度上限"和"温度下限"的值分别是整数 1000 和 -100，单位为 0.1℃。它们被送给脚本函数参与计算。

用输入域"A-D 转换 1"输入数值 27648，因为它的值由 0 变为 27648，触发了为它组态的"更改数值"事件，脚本函数 GetAnalogValue1 被调用，运算的结果（100.0℃）用输出域"温度值 1"显示出来（见图 8-15）。

用输入域将变量"AD 转换 1"的值修改为 0，按〈Enter〉键后，输出域"温度值 1"显示出脚本函数的运算结果为-10.0℃。用输入域将变量"AD 转换 1"的值改为 10000，输入结束后，显示出脚本函数的运算结果为 29.8℃，与用计算器计算的结果相符。

用输入域给变量"AD 转换 2"分别输入数值 27648、0 和 10000，可以看到，输入结束后，输出域"温度值 2"显示的脚本函数的运算结果 Temp2 与 GetAnalogValue1 的运算结果 Temp1 的对应值相同。

上述仿真运行验证了这两个脚本函数的设计是成功的。

视频"脚本仿真"可通过扫描二维码 8-2 播放。

8.2.2 脚本组态与应用的深入讨论

1. 工具栏

脚本编辑器中的工具栏各按钮的意义见图 8-17。高级编辑工具栏包括代码缩进的增大和减小、跳转到代码某一行以及与书签和注释有关的按钮。脚本的创建得到语法强调和"智能感知"的支持。图 8-17 右边的 8 个按钮组成了智能感知工具栏，用于显示选择列表，例如某对象模型下所有对象的列表、可以使用的系统函数列表或 VBS 常数列表。打开某个选择列表，单击表中的某个条目，该条目将插入工作区内光标所在的位置。

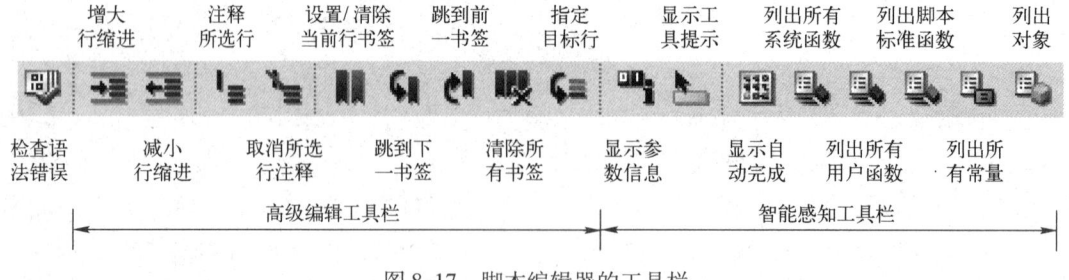

图 8-17 脚本编辑器的工具栏

在访问 VBS 对象模型的对象（Object）、方法（Method）或属性（Property）时，由智能感知工具栏提供支持，对象具有的方法和属性可以在选择列表中选择。

2. 代码模板与函数列表

打开脚本编辑器后，单击 TIA 博途最右边垂直条上的"指令"按钮，打开"指令"任务卡。其中的"代码模板"窗格列出了常用的 VB 语句。双击某条语句，该语句的框架将出现在工作区的光标所在处，用户可以在语句框架中填写自己的代码。例如双击代码模板向导中的"If…Then"，工作区光标所在处将会出现下面的语句：

    If _condition_ Then
      'statements
    End If

用户在编程时将上述的"condition"修改为实际的条件表达式，在注释"'statements"之前输入满足条件时要执行的语句，用实际的注释代替"statements"。

打开任务卡中的"函数列表"窗格，单击第一行的"<添加函数>"右边的▼按钮（见图 8-18），在列表的最下面是生成的脚本。可以像调用系统函数一样调用它们。

3．对象列表

使用〈Ctrl+J〉键可以打开对象列表。例如选中函数列表

图 8-18　任务卡中的函数列表

窗格中的系统函数"画面"文件夹中的"激活屏幕"，单击"应用"按钮，在脚本编辑器中光标所在处出现系统函数"ActivateScreen，0"后，想通过画面列表引用现有的过程画面，将光标放在"ActivateScreen"（激活屏幕）的后面，按组合键〈Ctrl+J〉后打开画面列表，表中将列出项目中所有的过程画面，双击其中的"画面_1"，在 ActivateScreen 的后面自动出现"画面_1"，最后得到的系统函数为"ActivateScreen"画面_1",0"。

4．帮助功能

在编程过程中将自动显示对方法和系统函数的参数的简短描述。此外，在脚本编辑器中还有下列帮助功能。

1）工具提示：未知或写入不正确的关键字将用波浪下画线标出。将鼠标移动到一个关键字上，单击"显示工具提示"按钮（见图 8-17），将显示出提示信息。对于已知关键字，工具提示显示出关键字的类型。

2）参数信息：单击智能感知工具栏上的"显示参数信息"按钮，将显示出光标处对象的参数信息，提供关于系统函数或 VBS 标准函数的语法和参数的信息。

3）上下文关联帮助：提供有关系统函数、VBS 语言元素、对象等信息。

如果需要关于对象、方法或属性的信息，将鼠标指针移动到相应的关键字，按下〈F1〉键，就可以从在线帮助中找到相应的参考描述。

5．设置脚本编辑器的显示属性

在脚本编辑器中，关键字用不同的颜色着重标记。可以自定义脚本编辑器的显示属性。执行"选项"菜单中的"设置"命令，打开"设置"视图，选中左边窗口的"常规"文件夹中的"脚本/文本编辑器"，可以设置字体和以像素为单位的字的大小、各种用途的字体的颜色和制表符（Tab）的宽度。缩进的方式可选"无""段落""智能"单选按钮。

6．设置专有技术保护

右键单击项目树的"脚本"文件夹中要设置专有技术保护的用户自定义函数，执行快捷菜单中的"专有技术保护"命令。打开"专有技术保护"对话框，单击"定义"按钮，两次输入密码后，单击"确定"按钮。项目树中被保护的函数图标上有一把小锁，双击打开它时

需要输入密码。

用鼠标右键单击设置了专有技术保护的用户自定义函数,执行快捷菜单中的"专有技术保护"命令,打开"专有技术保护"对话框。取消勾选"隐藏代码(专有技术保护)"复选框,输入密码后,单击"确定"按钮,专有技术保护被解除。

8.3 用 ProSave 传送数据

1. ProSave

安装 TIA 博途占用的存储空间非常大,对计算机的硬件要求较高。为了方便在工业现场实现计算机和 HMI 设备之间的项目数据传送,可以安装只有 500 多 MB 的软件 SIMATIC_ProSave_V18_Upd1。ProSave 提供了计算机和 HMI 设备之间传送数据所需的全部功能,包括数据备份和恢复、传送授权、安装及移除驱动程序和组件,以及更新操作系统。

安装了 ProSave 以后,可以用桌面上的图标启动它。安装了 TIA 博途中的 WinCC 后,单击 Windows 界面左下角的"开始"按钮![],打开文件夹"Siemens Automation",单击其中的 SIMATIC ProSave,也可以打开 ProSave。

作者做实验的 HMI 为 Smart 700 IE,在它的控制面板中设置其 IP 地址为 192.168.2.2(见图 10-15)。设置计算机的以太网接口的 IP 地址中的子网地址为 192.168.2。IP 地址的第 4 个字节不能与子网中其他设备的 IP 地址重复。打开 ProSave 后,在"常规"选项卡中设置设备类型和 HMI 的通信参数(见图 8-19)。

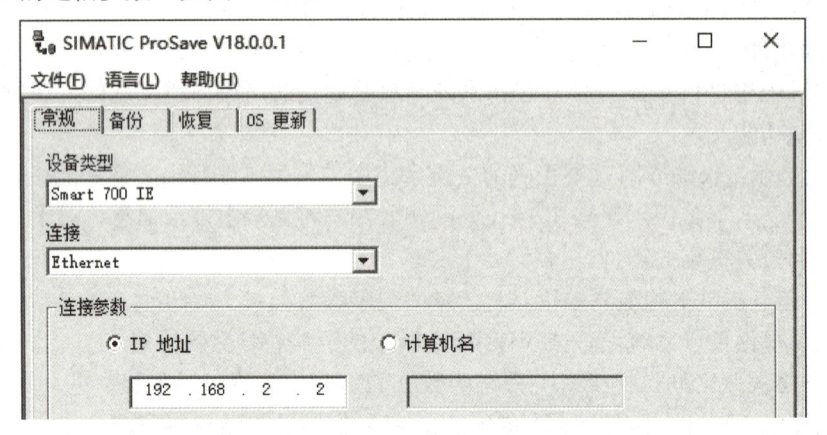

图 8-19 ProSave 的"常规"选项卡

2. 备份数据

备份数据操作将 HMI 设备中的组态数据和操作系统保存为 Temp.psb 文件。在更换 HMI 设备时,将备份的数据传送到 HMI,称为恢复数据。Temp.psb 文件只能下载到同型号的 HMI 设备,并且不能用组态软件打开和编辑它。

用以太网电缆连接计算机和 HMI 设备的以太网接口,将 ProSave 切换到"备份"选项卡(见图 8-20),"数据类型"可选"完全备份""配方""用户管理"。输入保存备份文件的路径,图 8-20 采用的是默认的路径。单击 ![] 按钮,可以设置用户选择的路径。单击"开始备份"按钮,在弹出的对话框中依次显示数据传送的状态、内容和进度。传送结束后,对话框消失,显示"传送成功"。

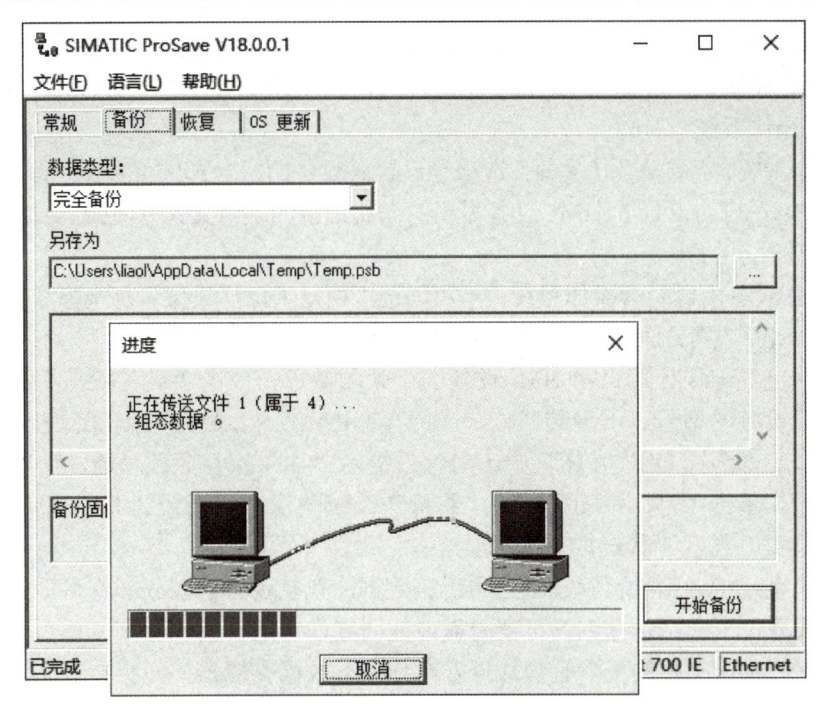

图 8-20 用 ProSave 备份数据

组态 HMI 时，如果在精简面板的操作系统的"Transfer Settings"（传输设置）对话框中将"Automatic"设为"ON"（见图 2-53，采用自动传输模式），或者勾选了精彩面板的"Remote Control"（远程控制）复选框（见图 10-16），在项目运行期间做备份或恢复操作时，将会自动关闭正在运行的项目，切换到"Transfer"模式，开始数据传输。传输结束以后会自动返回运行模式。

3. 恢复数据

在更换 HMI 设备之后，需要恢复数据。用以太网电缆连接计算机和 HMI 设备的以太网接口，用 ProSave 的"常规"选项卡设置好通信参数后，切换到"恢复"选项卡，单击 按钮，设置好保存的同型号 HMI 的备份文件 Temp.psb 的路径（见图 8-21），单击"开始恢复"按钮，将备份文件下载到 HMI 设备。

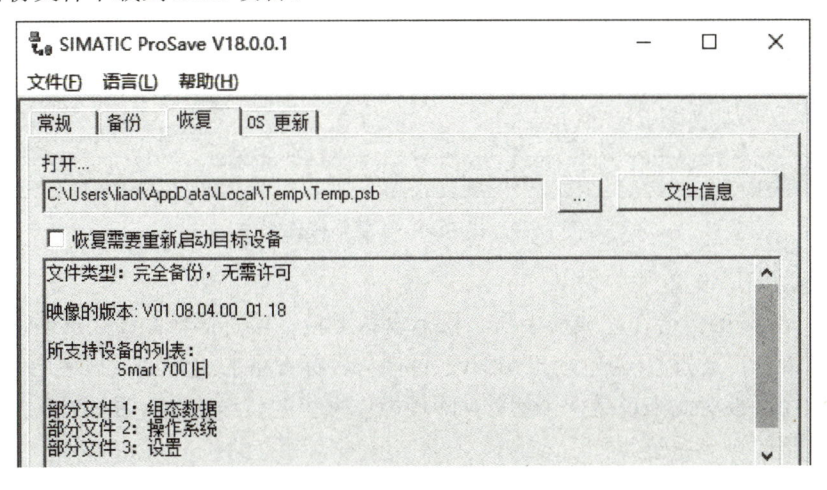

图 8-21 用 ProSave 恢复数据

和备份数据时一样，在弹出的对话框中依次显示数据传送的状态、内容和传送的进度。传送结束后，小对话框消失，显示"传送成功"。传输结束后画面的显示过程与 HMI 上电时相同。

4. 更新操作系统

更新操作系统时，首先用"常规"选项卡设置好设备的型号和通信参数，打开"OS 更新"选项卡，ProSave 自动设置了 HMI 设备需要的操作系统的映像文件（见图 8-22），并显示映像的版本和支持的设备。

如果 HMI 设备上已经有操作系统，不用勾选"恢复为出厂设置"复选框。更新操作系统时，计算机与目标设备之间的通信通过目标设备的操作系统实现。

用以太网电缆连接计算机和 HMI 设备的以太网接口，单击"设备状态"按钮，将会读取和显示目标设备的型号、引导装载程序、闪存、RAM 的参数和操作系统的当前版本（见图 8-22）。单击"更新 OS"按钮，弹出对话框提示"如果执行此项功能，所有安装的数据将彻底丢失！"。单击"是"按钮确认后，将操作系统映像文件下载到 HMI 设备。传送结束后，对话框消失，显示"传送成功"。

传送操作系统将会删除目标设备上的所有数据，包括现有的授权和许可证密钥。因此应首先将授权或许可证密钥保存到许可证磁盘或返回到许可证密钥的存储位置。将保存的配方数据和保存在内部闪存中的用户管理数据导出到外部数据存储器中，待传送完操作系统后再将它们重新装载到 HMI 设备中。

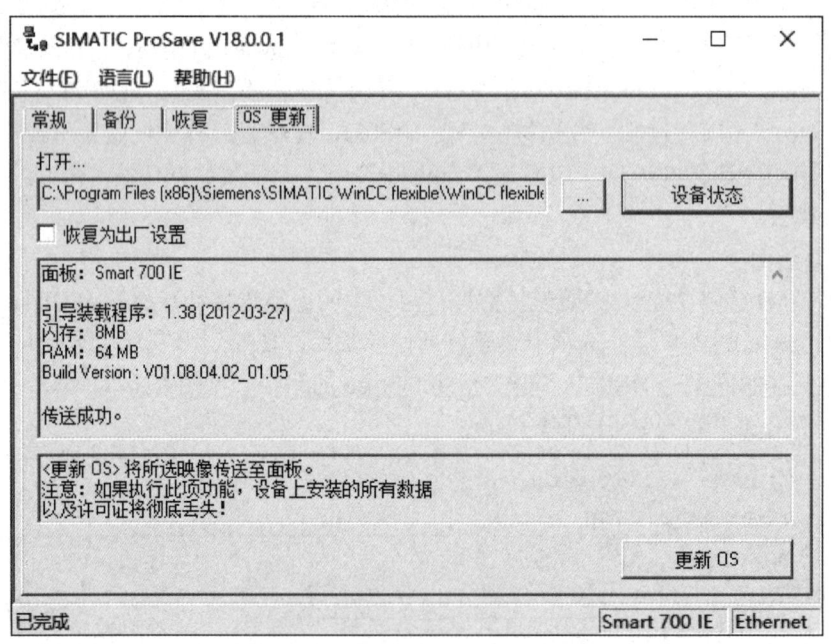

图 8-22 用 ProSave 更新操作系统

5. 恢复为出厂设置

如果操作系统的传送在完成前中断，目标设备上将不再有操作系统。此时应勾选"恢复为出厂设置"复选框，ProSave 直接与目标设备的引导加载程序通信。第二代精简面板对此来说是一个例外，即使操作系统的传送中断，目标设备上也加载有完整的操作系统。

视频"用 ProSave 传送数据"可通过扫描二维码 8-3 播放。

6. 用 TIA 博途实现数据传送

执行 TIA 博途的"在线"→"设备维护"菜单命令,或执行 WinCC flexible SMART 的"项目"→"触摸屏设备维护"菜单命令,可实现 ProSave 相应的功能。具体的操作见这两个软件的帮助文件。

8.4 习题

1. 报表有什么作用?
2. 报表由哪些部分组成?怎样组态报表的结构?
3. 怎样添加报表的详情页?怎样添加"页码"对象?
4. 怎样组态用按钮来打印配方报表?
5. 怎样组态每周星期五 17 点打印一次报表?
6. 运行脚本有哪两种类型?它们有什么区别?
7. 怎样调用运行脚本?
8. ProSave 有什么功能和特点?
9. 怎样用 ProSave 备份数据和恢复数据?

第 9 章　人机界面应用实例

9.1　控制系统功能简介与 PLC 程序设计

1. 系统功能与机械结构

某物料混合系统按一定的比例将 2~4 种颗粒状的物料混合在一起，物料的流动性较好。4 种物料分别放在 4 个金属仓内（见图 9-1），每个仓的底部安装了一个气缸控制的插板阀，气缸杆带动阀杆左右移动，产生开、关阀的动作。控制气缸的电磁阀线圈通电时插板阀打开，物料流出。电磁阀线圈断电时插板阀关闭，物料停止流出。

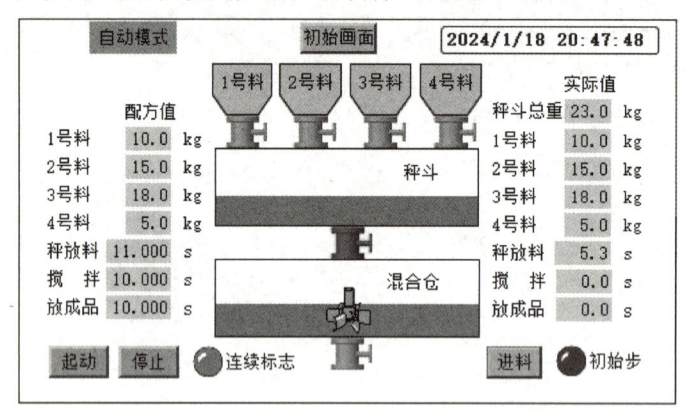

图 9-1　运行时的主画面

秤斗是一个底部为圆锥形的金属料斗，用称重传感器测量物料和秤斗的总重量。

秤斗的下面是混合仓，它也是一个底部为圆锥形的金属料斗，混合仓外的电动机带动仓内的搅拌器的搅桨，搅动混合仓内的物料颗粒。秤斗和混合仓底部的插板阀用于放出物料，它们也用气缸和电磁阀来控制。

2. 创建项目

在 TIA 博途中创建一个名为"HMI 综合应用"的项目（见配套资源中的同名例程）。PLC_1 为 CPU 1214C，HMI_1 为 4in 的精智面板 KTP400 Comfort。在网络视图中创建一个名为"HMI_连接_1"的连接。

3. 主程序的设计

因为 PLC 的程序较长，本章仅给出程序设计的主要思路和部分程序，以及仿真调试 PLC 和触摸屏的方法。

根据自动/手动开关 I0.0 的状态，在 OB1 中调用自动程序 FC2 或手动程序 FC1（见图 9-2）。

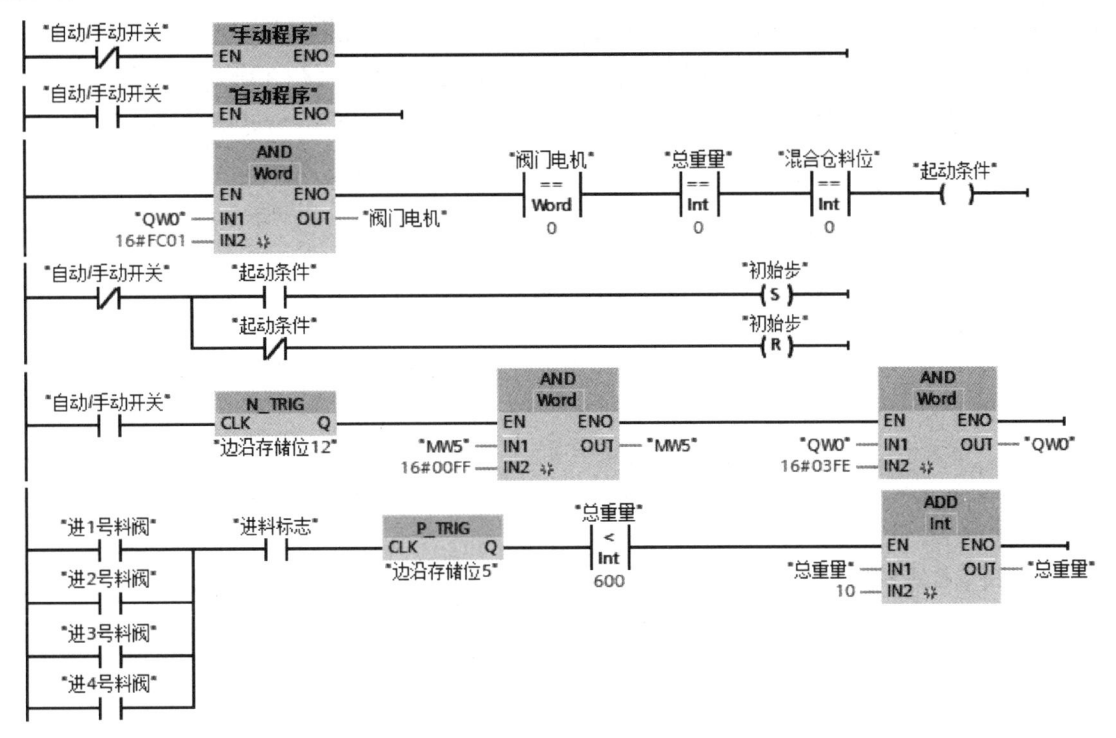

图 9-2 主程序 OB1（程序段 1~6）

起动自动运行的条件如下：各电磁阀关闭和搅拌器电动机停机（Q0.2~Q1.0 均为 0）；秤斗和混合仓中的物料均被排空（"总重量"MW60 和"混合仓料位"MW44 为 0）。满足上述条件时，变量"起动条件"（M1.2）为 1。在手动模式时，如果满足自动运行的起动条件，将顺序功能图（见图 9-3）的初始步对应的变量"初始步"（M5.0）置位为 1，允许起动自动运行。反之，将 M5.0 复位为 0，禁止起动自动运行。

从自动模式切换到手动模式时（即自动/手动开关的下降沿），用字逻辑与指令（AND）将顺序功能图中各步对应的 M5.0~M5.7 清零，同时用 AND 指令将 Q0.2~Q1.0 清零，关闭各电磁阀，令搅拌器电动机停机。

为了在仿真调试时模拟进料过程，在程序中用名为"总重量"的变量 MW60 来代替实际系统来自电子秤的物料总重量值。主画面和手动画面中临时增设一个仅用于调试的"进料"按钮（见图 9-1 和图 9-4），每按下一次"进料"按钮，变量"进料标志"（M6.7）被置位，释放该按钮时 M6.7 被复位。打开任意一个进料阀时，每单击一次该按钮，变量"总重量"的值如果小于 600（其单位为 0.1kg），它将增大 1kg（见图 9-2）。

从手动模式切换到自动模式时，程序段 7 产生一个脉冲，将手动模式用于显示秤放料时

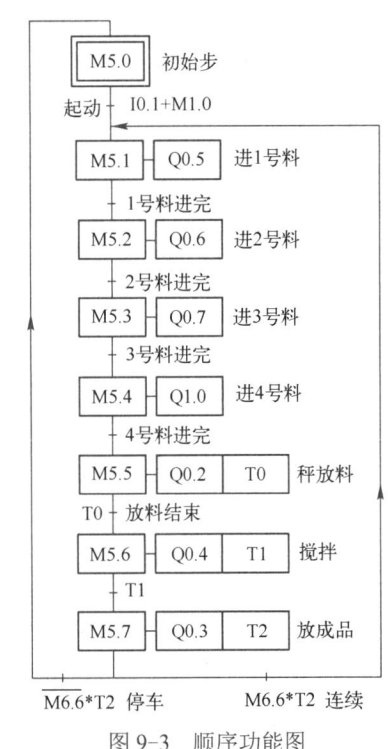

图 9-3 顺序功能图

间、搅拌时间和放成品时间的计数器当前值清零。

在出现缺料信号、外部故障信息（"事故信息"MW2 的第 0～4 位非零）和搅拌器电动机转速过高的故障时，OB1 的程序段 8 用字逻辑与指令（AND）将 Q0.2～Q1.0 清零（关闭各阀门和电动机），将 MB5 清零（复位图 9-3 中的活动步），将 M6.6（连续标志）清零，并通过报警窗口发出报警信号。

4. 实际的物料总重量的计算

图 9-2 中的变量"总重量"仅用于程序的模拟调试。实际的程序应删除图 9-2 中"总重量"MW60 的控制电路。

假设电子秤的量程为 0～60kg，AI 模块的量程为 0～10V。将 AI 模块输出的数字值 N 转换为秤斗总重量（单位为 0.1kg）的公式为

$$秤斗总重量 = 600 \times N / 27648$$

秤斗总重量减去秤斗本身的重量，得到物料总重量。当前物料总重量减去进上一种物料结束时的物料总重量，得到正在进的物料的重量。

5. 自动程序的设计

物料混合系统的自动控制程序是根据图 9-3 中的顺序功能图，用基于置位复位指令的顺序控制设计法来设计的。具体的设计方法见作者编写的 PLC 教材。

满足起动条件时，初始步 M5.0 为 1。单击主画面中的"起动"按钮 M1.0 或外接的起动按钮 I0.1，"连续标志"M6.6 变为 1，从初始步切换到步 M5.1。主画面中的 1 号进料阀打开。进料达到配方设定的值时，1 号进料阀关闭，2 号进料阀自动打开。进完所有的料之后，秤斗底部的秤放料阀自动打开，将物料放入秤斗下面的混合仓。

与此同时，定时器"秤放料 TON"（图 9-3 中简称为 T0）开始定时，其当前值不断增大。当前值等于预设值时定时结束，"秤放料 TON".Q 的常开触点闭合，切换到步 M5.6，T0 的当前值被清零，秤放料阀关闭，搅拌器开始搅拌混合仓内的物料。经过定时器"搅拌 TON"（简称为 T1）设定的时间后，切换到步 M5.7。搅拌器停止运行，混合仓底部的放成品阀打开，放出混合好的物料。经过定时器"放成品 TON"（简称为 T2）设定的时间后，关闭放成品阀。因为变量"连续标志"M6.6 为 1，转换条件 M6.6*T2 满足，返回步 M5.1，开始下一个工作周期的工作。

单击触摸屏上的"停止"按钮或外部的停止按钮后正常停机，"连续标志"M6.6 变为 0，但是不会马上停止运行，要等到完成最后一次的流程（包括进料、秤斗放料、搅拌和放成品），在步 M5.7 后面的转换条件 $\overline{M6.6}$*T2 满足时，返回初始步 M5.0 后停机。

在关闭放成品阀时，将 4 种物料的重量值清零。

视频"HMI 综合应用项目简介"可通过扫描二维码 9-1 播放。

6. 显示秤斗与搅拌仓中料位的程序

秤斗与搅拌仓中的物料料位用棒图功能来显示，秤斗中的料位与变量"总重量"成正比。因为没有检测混合仓中的料位，所以需要通过程序来计算混合仓的料位。

二维码 9-1

在组态 PLC 硬件时，双击项目树的文件夹"PLC_1"中的"设备组态"，打开 PLC 的设备视图，选中 CPU 模块后，再选中巡视窗口中的"属性 > 常规 > 系统和时钟存储器"，勾选"启用时钟存储器字节"复选框，设置其地址为 MB4。其中的 M4.0、M4.1 和 M4.5 的周期分

别为 100ms、200ms 和 1s。

主画面中秤斗和混合仓的高度相同，棒图满量程对应的物料重量为 60kg。仿真时在秤斗向混合仓放料的过程中，秤斗中物料大于等于 1kg 时，每 200ms 令秤斗中的物料减少 1kg，混合仓中的物料增加 1kg，就能保持两个仓料位之间的协调变化。应使各配方数据记录中的秤放料时间和放成品时间（预设值），略大于实际需要的时间。

设计实际的程序时，可以实测混合仓进料时料位增加的速度和放料时料位减少的速度，通过程序来改变混合仓料位的显示值。使用循环中断组织块可以方便地设置改变混合仓料位的时间间隔。

7．手动程序的设计

在主程序 OB1 中，用变量"自动/手动开关"的常闭触点调用手动程序 FC1。在手动模式时单击手动画面中的"进 1 号料"按钮（见图 9-4），手动程序中的变量"进 1 号料按钮 2"变为 1（见图 9-5），"进 1 号料阀"的线圈通电并自保持，该阀门打开，画面中该阀门变为红色。单击"停止"按钮，变量"停止按钮 2"的常闭触点断开，"进 1 号料阀"的线圈断电，画面中的进 1 号料阀门变为灰色。4 个进料阀和秤放料阀之间有连锁，同一时刻只能打开一个阀门。

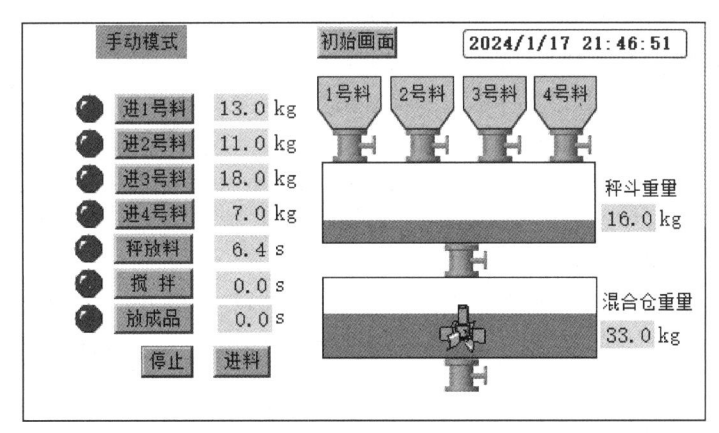

图 9-4 运行时的手动画面

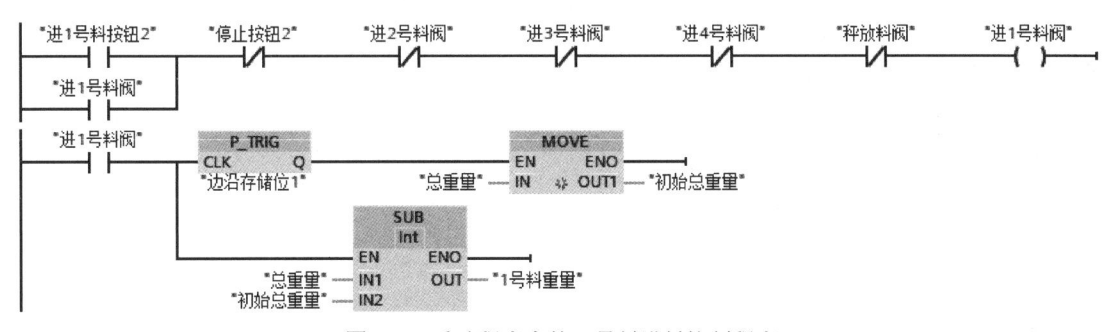

图 9-5 手动程序中的 1 号料进料控制程序

刚打开进 1 号料阀时，用 MOVE 指令将当时的物料总重量保存在变量"初始总重量"中。在进 1 号料的过程中，用减法指令 SUB 计算出来的当前总重量与初始总重量之差即为 1 号料的重量。其余 3 种料的进料控制程序与 1 号料进料控制程序类似。

为了显示手动时各段时间从零逐渐增大的值，分别用 3 个计数器和 10Hz 时钟脉冲来累计 3 段时间，它们使用加计数器指令 CTU，符号地址分别为"秤放料 CTU"（见图 9-6）、"搅拌

CTU"和"放成品 CTU"。

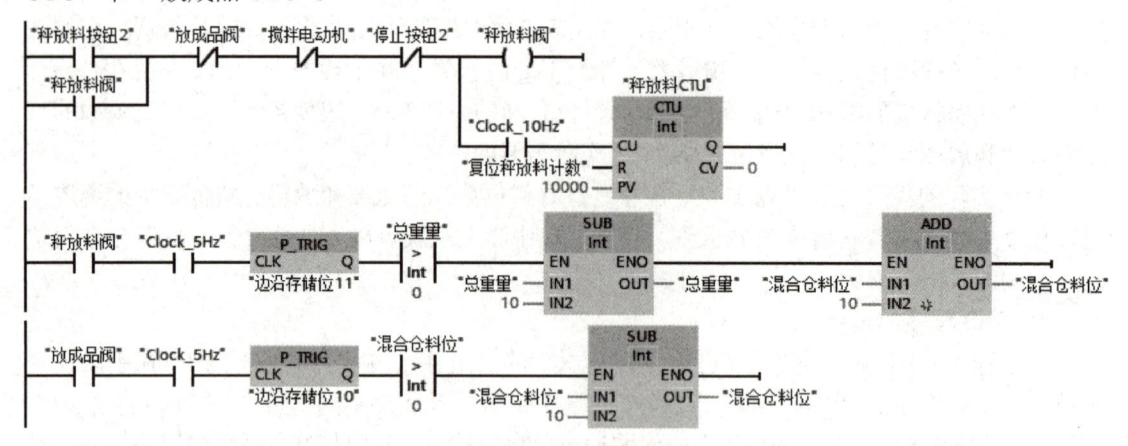

图 9-6 手动程序中的秤放料和放成品控制程序

单击画面中的"秤放料"按钮,"秤放料阀"的线圈通电(见图 9-6)。两个放料阀和搅拌电动机之间设置了连锁。

"Clock_10Hz"(M4.0)的常开触点每 100ms 通、断各一次,使"秤放料 CTU"的当前值加 1。在手动画面中,以 100ms 为单位用输出域显示加计数器"秤放料 CTU"的当前值(即秤放料经过的时间)。它的设定值 PV 在 1000s 的时候才起作用,所以没有什么实际的意义。

在秤放料阀打开时,"Clock_5Hz"每 200ms 将秤斗中物料的总重量减 1kg,将混合仓中物料的重量加 1kg,这样能使两个仓中的物料协调变化。程序中重量的单位为 0.1kg。

单击"放成品"按钮,"放成品阀"的线圈通电并自保持。"Clock_5Hz"每 200ms 将混合仓中物料的总重量减 1kg。

打开放成品阀时,将各种料的重量清零。打开秤放料阀时,将各操作时间值(即各 CTU 的计数值)清零。

9.2 触摸屏画面组态

9.2.1 画面的总体规划

1. 确定需要设置的画面

根据系统的要求,需要设置下列画面:
- 开机时显示的初始画面。
- 自动运行画面(主画面)。
- 进行手动操作的手动画面。
- 设备状态画面用于显示各主要变量的当前值和 4 种物料的累加值。
- 用户管理画面用于用户的登录、注销和用户的管理。
- 配方画面用于选择配方的数据记录,用户可以修改配方的元素值,增、减配方数据记录和打印配方报表。
- 报警画面用于查看报警的历史记录和打印报警报表。
- 趋势视图画面用于显示搅拌器电动机转速的趋势曲线。

2. 画面切换关系与初始画面

因为画面个数不多，以初始画面为中心，采用"单线联系"的星形切换方式。开机后显示初始画面，在初始画面中设置切换到其他画面的画面切换按钮（见图 9-7），从初始画面可以切换到其他所有的画面，其他画面只能用永久性区域的"初始画面"切换按钮返回初始画面。

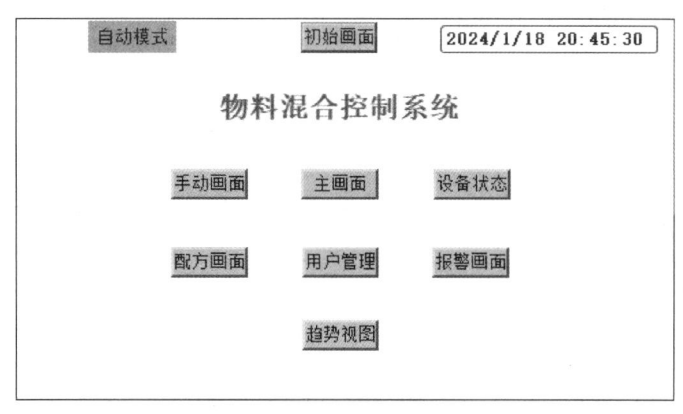

图 9-7　初始画面

初始画面之外的画面不能相互切换，需要经过初始画面的"中转"来切换。这种画面组织方式的层次少，除初始画面外，其他画面使用的画面切换按钮少，操作简单。如果需要，也可以建立初始画面之外的其他画面之间的切换关系。

生成主画面后，只需要将项目树中的"主画面"拖拽到初始画面，就可以在初始画面中生成切换到"主画面"的画面切换按钮，按钮上的文本"主画面"是自动生成的。用鼠标调节按钮的位置和大小。选中多个按钮后，可以在巡视窗口批量修改按钮的背景色和文本的参数。

3. 组态永久性区域

将画面中边沿隐藏的水平线往下拖动，水平线上面为永久性区域（见 3.1.2 节）。在永久性区域中放置各画面共享的日期时间域、切换到初始画面的按钮和一个符号 I/O 域。其中，符号 I/O 域与变量"自动/手动开关"连接（见图 9-8），用于显示系统的工作模式。设置符号 I/O 域的模式为"双状态"，自动/手动开关为 1 时显示"自动模式"，为 0 时显示"手动模式"。

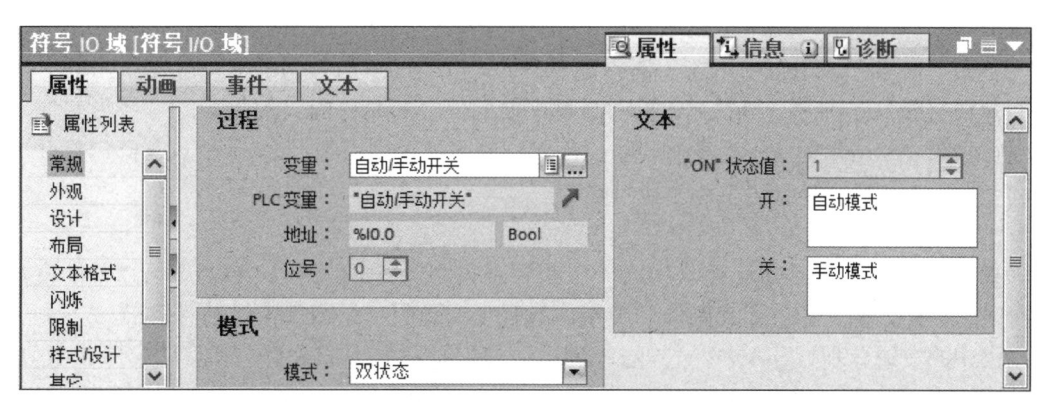

图 9-8　组态符号 I/O 域的常规属性

9.2.2 画面组态

1. 自动画面

系统有自动和手动两种运行方式，运行方式由外接的自动/手动开关来选择。监控自动模式运行的画面称为自动画面，它是使用得最多的画面，所以又称为主画面（见图9-1）。

开机后进入初始画面，单击"主画面"按钮，进入主画面。主画面给出了系统的示意图，用两种颜色显示各插板阀的通断状态，用棒图显示秤斗内和混合仓内物料的高度，画面中的I/O域均为输出模式。

在画面中显示来自配方的各物料的设定值和定时时间的设定值。"秤斗总重量"是电子秤秤斗内物料的总重量。

"起动"和"停止"按钮用于起动和停止自动运行，"进料"按钮仅用于仿真调试。

2. 生成阀门的图形 I/O 域

用组成图形 I/O 域的两种颜色的图形分别表示阀门的开/关状态，对应的位变量为 1 时，阀门为红色，反之为灰色。

将工具箱的"图形"窗格的"WinCC 图形文件夹\Equipment\Automation [EMF]\Valves"文件夹中的灰色阀门拖拽到画面中适当的地方。选中并复制它，再粘贴到 Visio 的"画面"中。选中它以后将它另存为 JPEG 格式的图形文件"阀门 OFF"。用同样的方法，将"Valves"文件夹中红色的相同形状的阀门另存为 JPEG 格式的文件"阀门 ON"。

将工具箱的"元素"窗格中的"图形 I/O 域"拖拽到主画面中。单击选中它以后，再选中巡视窗口的"属性 > 属性 > 常规"，设置它的模式为"双状态"（见图9-9）。

图 9-9 组态图形 I/O 域的常规属性

单击"内容"选项组中"关"选择框右侧的▼按钮，单击弹出的对话框左下角的"从文件创建新图形"按钮，双击弹出的对话框中前面保存的灰色的"阀门 OFF"图形文件，它被保存到图 9-9 所示的图形对象列表中。用同样的方法，用"开："选择框设置阀门打开（对应的变量为 1）时的图形文件为"阀门 ON"。

3. 手动画面

自动/手动开关在手动位置（I0.0 为 0）时，永久性区域中的符号 I/O 域显示"手动模式"。运行时单击初始画面的"手动画面"按钮，打开手动画面（见图9-4）。在手动模式下，用手动画面中的按钮分别打开 1~4 号料的进料阀、秤斗放料阀、放成品阀，和启动搅拌器电动机，用 PLC 的程序实现操作的保持功能。单击"停止"按钮将停止当前被起动的操作。

各按钮左侧的指示灯用来显示 PLC 对应的输出信号的状态，按钮右侧的输出域是进料的重量和各段运行时间的当前值，操作人员用这些输出域的值来判断应该在什么时候用"停止"

按钮停止当前正在执行的操作。"进料"按钮仅用于仿真调试。

4．设备状态画面

运行时单击初始画面的"设备状态"按钮,打开设备状态画面(见图9-10)。除了显示4种物料的当前重量和3段运行时间的值之外,还显示4种物料的累加值、搅拌器的转速和秤斗总重量。物料的累加是在自动模式放成品结束时进行的。

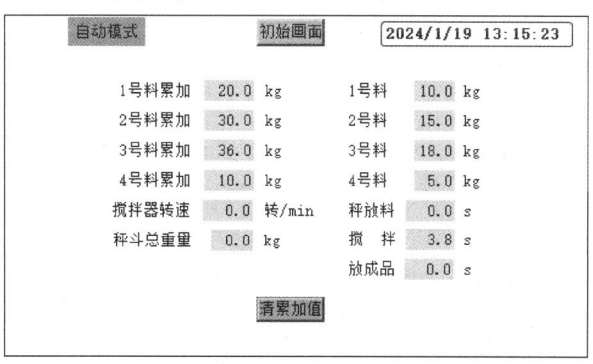

图9-10　运行时的设备状态画面

"清累加值"按钮用于清除4种物料的累加值。在单击该按钮时,用系统函数"设置变量"分别将4种物料的累加值清零。

5．用户管理画面

运行时单击初始画面的"用户管理"按钮,打开用户管理画面(见图9-11),在用户管理画面中组态了用户视图和"登录用户""注销用户"按钮。

图9-11　运行时的用户管理画面

本系统中需要权限的操作是对配方的操作和清除4种物料的累加值。在组态用户组时,设置了"访问配方画面"和"清累加值"权限(见图9-12)。

图9-12　组态用户组的权限

在组编辑器中，设置各组用户的权限。管理员组拥有所有的权限，操作员组仅有清累加值的权限，班组长组有访问配方画面和清累加值权限。在组态用户时，设置操作员组的 LiMing 的密码为 1000，班组长组的 WangLan 的密码为 2000，管理员组的 Admin 的密码为 9000。

为了防止未经授权的人访问配方画面，在组态初始画面时，选中"配方画面"按钮，再选中巡视窗口的"属性 > 属性 > 安全"，将访问配方画面的权限"Monitor"分配给该按钮。

在组态"设备状态"画面时（见图 9-10），选中"清累加值"按钮，将清累加值的权限"Operate"分配给该按钮。

6. 组态配方和配方画面

物料混合系统用配方来提供生产工艺参数，图 9-13 是 1 号产品配方的数据记录的元素，该配方有 3 个数据记录（见图 9-14）。每个数据记录包含 4 种物料的重量，重量为 0 表示产品不使用该物料。除此之外，配方中还有单位为 ms 的秤放料、搅拌和放成品的预设时间值。

图 9-13　组态配方的元素

图 9-14　组态配方的数据记录

选中图 9-13 上面的配方"1 号产品"，再选中巡视窗口的"属性 > 常规 > 同步"（见图 7-6），仅选中了"同步配方变量"复选框。图 9-15 是运行时的配方画面，在配方画面中组态了配方视图和"打印配方报表"按钮。

图 9-15　运行时的配方画面

7. 组态报警画面与报警窗口

秤斗上的 1~4 号料的料斗无料时，PLC 发出缺料报警消息，变量"事故信息"（MW2）的第 0~3 位的对应位被置 1。为了检测是否缺料，可以安装料位传感器。也可以设置延时，如果在设定的时间内流入秤斗的物料不能达到设定的重量，可以间接判断该料斗缺料。在出现外部故障时，变量"事故信息"的第 4 位被置 1。

双击项目树的"HMI_1"文件夹中的"HMI 报警"，打开 HMI 报警编辑器。图 9-16 是在"离散量报警"选项卡中组态的离散量报警。

离散量报警					
ID ▲	报警文本	报警类别	触发变量	触发位	触发器地址
1	缺1号料	Errors	事故信息	0	%MB.0
2	缺2号料	Errors	事故信息	1	%MB.1
3	缺3号料	Errors	事故信息	2	%MB.2
4	缺4号料	Errors	事故信息	3	%MB.3
5	外部故障	Errors	事故信息	4	%MB.4

图 9-16 组态离散量报警

搅拌器电动机用变频器驱动，用模拟量输入模块检测搅拌器电动机的转速，变量"搅拌转速测量值"大于 1500r/min 时发出"转速过高"报警。在 HMI 报警编辑器的"模拟量报警"选项卡组态"转速过高"报警。

运行时报警画面用于查看报警的历史记录和打印报警报表。在报警画面组态报警视图，选中它以后再选中巡视窗口的"属性 > 属性 > 常规"，选中"报警缓冲区"单选按钮（见图 5-9），仅启用报警类别"Errors"（错误）和"System"（系统）。

在全局画面中放置一个报警窗口和一个报警指示器，选中报警窗口后再选中巡视窗口的"属性 > 属性 > 常规"，选中"当前报警状态"单选按钮（见图 5-9），勾选"未决报警"复选框（报警消失时报警窗口就会消失），仅启用报警类别"Errors"。报警指示器被组态用于显示需要确认和未离开的"Errors"报警类别。

9.3 系统的仿真调试

9.3.1 使用变量仿真器调试

比较复杂的系统可以首先使用变量仿真器进行调试，检查 HMI 设备的某些功能。例如在变量仿真器中生成 Bool 变量"进1号料阀"，将它的值设为 1 或 0，观察画面中对应的阀门颜色的变化情况。

1. 检查画面切换功能

选中项目树中的 HMI_1 站点，执行菜单命令"在线"→"仿真"→"使用变量仿真器"，打开仿真面板。在初始画面单击各画面切换按钮（见图 9-7），观察是否能切换到对应的画面。在非初始画面单击上面的永久性区域中的"初始画面"按钮，观察是否能返回初始画面。

2. 检查用户管理功能

单击初始画面的"用户管理"按钮，打开用户管理画面（见图 9-11）。单击"登录用户"按钮，在"用户登录"对话框中，输入管理员 Admin 的用户名和密码 9000，单击"确定"按钮确认。如果登录成功，用户视图中将会出现所有用户的信息。观察管理员此时是否能修改其他用户的名称和密码，修改后的密码是否起作用，是否能生成新的用户和删除用户。

在管理员退出登录后，检查"设备状态"画面的"清累加值"按钮的保护功能，具有"清累加值"权限的用户登录成功后，才能对该按钮进行操作。

3. 检查配方功能

具有相应权限的用户登录成功后，单击初始画面的"配方画面"按钮，打开配方画面（见图9-15）。用"数据记录名"选择框选择某一条配方数据记录，返回初始画面后切换到主画面，观察主画面左边的I/O域中是否是选中的配方数据记录的元素值。

视频"用变量仿真器调试HMI综合应用项目"可通过扫描二维码9-2播放。

二维码9-2

4. 检查趋势视图

趋势视图画面用来记录搅拌机转速的测量值，它大于1500r/min时，将会出现报警窗口，影响对趋势曲线的观察。在变量仿真器中生成变量"搅拌转速测量值"，"模拟"方式设置为"增量"，最小值和最大值分别为1200r/min和1300r/min，周期为10s，勾选"开始"复选框，转速曲线的波形为锯齿波（见图9-17）。

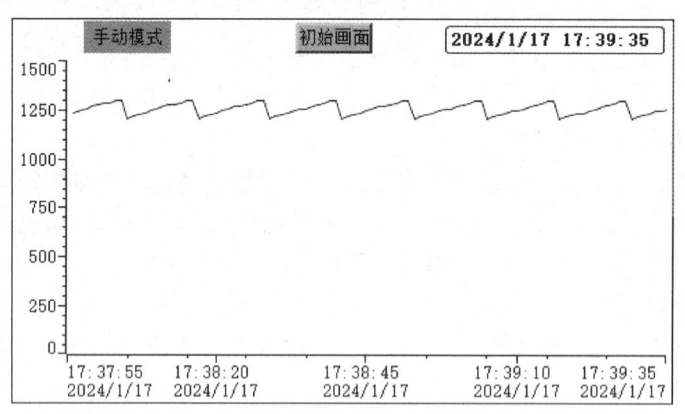

图9-17 运行时的趋势视图

9.3.2 集成仿真调试

使用集成仿真，可以调试与PLC的用户程序有关的功能。打开Windows的控制面板（见图2-37），切换到"所有控制面板项"显示方式。双击打开"设置PG/PC接口"对话框，设置应用程序访问点为"S7ONLINE (STEP 7) →PLCSIM.TCPIP.1"。

选中项目树中的"PLC_1"，单击工具栏上的"启动仿真"按钮，启动S7-PLCSIM，将程序下载到仿真PLC，将CPU切换到RUN模式。单击S7-PLCSIM左边的按钮，切换到仿真视图，生成一个SIM表。在SIM表中生成变量I0.0（自动/手动开关，见图9-18右图）、MW10（搅拌转速测量值）、MW2（事故信息）和MW28（1号料配方值）。单击SIM表中的"监视"按钮，启动SIM表的监控功能。

选中项目树中的"HMI_1"，单击工具栏的"启动仿真"按钮，编译成功后，出现的仿真面板显示图9-7中的初始画面。此时I0.0为0，系统处于手动模式。单击初始画面中的"主画面"按钮，打开主画面。因为满足了起动条件，顺序功能图的初始步M5.0为1，主画面中的"初始步"指示灯亮。

图 9-18 报警的集成仿真

1. 配方画面的仿真调试

单击 S7-PLCSIM 中 I0.0 对应的小方框，令变量"自动/手动开关"为 1，系统处于自动模式，首先调试自动程序。主画面各配方元素的值是控制系统的给定值，开机时它们均为 0。此时单击主画面的"起动"按钮将会出错，不能实现系统的自动运行。为了解决这个问题，操作人员应打开配方画面，选中要生产的产品对应的配方数据记录，并将它的元素值传送到 PLC。

单击初始画面中的"配方画面"按钮，出现登录对话框，输入用户名"WangLan"和她的密码 2000，单击"确定"按钮，返回初始画面。再次单击"配方画面"按钮，打开配方画面，选择一个配方数据记录。

在组态配方的同步属性时（见图 7-6），因为勾选了"同步配方变量"复选框，未勾选其他两个复选框，所以运行时配方视图、配方变量和 PLC 都是直接连通的。用配方视图选中某个配方数据记录后，它的各配方元素的值马上传送到 PLC 对应的地址中。返回初始画面后打开主画面，可以看到画面左边"配方值"区域的输出域中的各配方元素的值。

修改配方视图中 1 号料的值以后，需要单击配方视图的"写入 PLC"按钮 ，才能将它传送到 S7-PLCSIM。修改 S7-PLCSIM 中的 1 号料的值以后，需要单击配方视图的"从 PLC 读取"按钮 ，才能将它传送到配方视图。

2. 主画面的仿真调试

如果调试时使用硬件 PLC，可以在检测总重量的模拟量输入端外接一个电位器，输入 DC 0~10V 的电压，来模拟称重时秤斗中物料总重量的变化。

如果用 S7-PLCSIM 来对 PLC 仿真，为了模拟调试自动程序，在程序中用变量名为"总重量"的 MW60 来代替实际的秤斗总重量值，在主画面和手动画面中临时增设"进料"按钮（见图 9-1 和图 9-4），每单击一次该按钮，变量"总重量"增加 1kg。

单击画面中的"起动"按钮，"连续标志"（M6.6）指示灯亮，1 号进料阀打开（变为红色）。多次单击"进料"按钮，变量"总重量"和"1 号料"的值不断增大。1 号料进入料斗的重量大于等于配方给出的设定值时，1 号进料阀自动关闭（变为灰色），2 号进料阀自动打开。2 号配方数据记录中的 4 号原料的值为 0kg，在进料时将会跳过进 4 号料。4 种料都按配方提供的设定值进完后，秤斗放料阀自动打开，"秤放料"定时器开始定时，其当前时间值不断增大。程序中的"200ms 时钟"（M4.1）使变量"总重量"的值每 200ms 减 1kg，混合仓中

181

的物料每 200ms 加 1kg，画面中秤斗中的物料"流入"混合仓。"秤放料"定时器的当前时间值不断增大，其增量值为 0.1s。

"秤放料"定时器的当前时间值等于配方给定的预设时间值时，定时时间到，其当前时间值被清零，秤放料阀关闭，开始搅拌。

"搅拌"定时器的定时时间到时，其当前时间值被清零，停止搅拌；打开放成品阀，"放成品"定时器开始定时。程序中的"200ms 时钟"使变量"混合仓料位"的值每 200ms 减 1kg，画面中混合仓的物料不断减少。放成品定时器的定时时间到时，其当前时间值被清零，混合仓的物料放完，关闭放成品阀，又开始进 1 号料。

单击画面中的"停止"按钮后正常停机，"连续标志"（M6.6）指示灯熄灭。但是不会马上停止运行，要等到完成最后一次的流程（包括进料、秤斗放料、搅拌和混合仓放料）后停机。最后返回初始步，"初始步"指示灯亮。

在调试时应逐一检查是否能实现上述的顺序控制过程。

视频"HMI 综合应用项目自动程序仿真（A）"和"HMI 综合应用项目自动程序仿真（B）"可通过扫描二维码 9-3 和二维码 9-4 播放。

3. 手动运行的仿真调试

令自动/手动开关 I0.0 为 0，系统处于手动模式。为了模拟物料进入秤斗的过程，与调试主画面相同，在手动画面中临时添加一个增加物料总重量的"进料"按钮（见图 9-4）。

单击画面中的"进 1 号料"按钮，按钮左边的指示灯亮并且保持点亮，1 号进料阀变红，表示它被打开。单击一次"进料"按钮，按钮右边的输出域显示的 1 号料的重量增加 1kg。重量达到期望值时，单击"停止"按钮，关闭 1 号料进料阀，进 1 号料指示灯熄灭。

进 4 种料后，关闭进料阀，单击"秤放料"按钮，它左边的指示灯亮，秤斗下面的放料阀变红。程序中的 200ms 时钟脉冲每 200ms 将秤斗中的物料减 1kg，将混合仓中的物料加 1kg。"秤放料"按钮右侧的输出域显示秤放料经过的时间值，时间增量值为 0.1s。秤斗中的物料放完后，单击"停止"按钮，点亮的指示灯熄灭，秤放料阀关闭，阀门变为灰色，秤放料时间值停止加 1。

单击"搅拌"按钮，按钮左侧的指示灯亮，按钮右侧的输出域显示搅拌过程的时间值。单击"停止"按钮，停止搅拌。

单击"放成品"按钮，按钮左侧的指示灯亮，混合仓下面的放成品阀变红，混合仓中的物料每 200ms 减少 1kg，放成品时间值不断增大。成品放完后，单击"停止"按钮，放成品阀关闭。

打开放成品阀时，显示的各种料的重量被清零。打开秤放料阀时，原有的各操作时间值被清零。

4. 报警功能的仿真调试

返回初始画面后切换到报警画面，可以看到报警视图中的"已建立连接……"等系统报警消息。返回初始画面后切换到主画面。

令 S7-PLCSIM 的 SIM 表中 MW2（事故信息）的值为 16#0001，按〈Enter〉键确认后，当前打开的画面中出现报警窗口和闪动的报警指示器（见图 9-19），报警消息为"到达 缺 1 号料"。

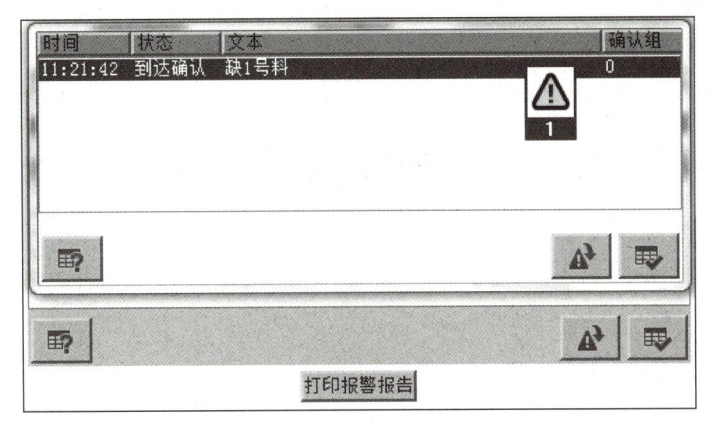

图 9-19 运行时的报警窗口

单击报警窗口右下角的"确认"按钮，报警指示器停止闪动，报警状态变为"到达确认"。令 SIM 表中 MW2 的值为 16#0000，报警窗口和报警指示器同时消失。

返回初始画面后切换到报警画面（见图 9-18 左图），可以看到"缺 1 号料"的事件出现（到达）、被确认（（到达）确认）和消失（（到达确认）离开）的报警消息。

在 SIM 表中将变量"搅拌转速测量值"MW10 的值设置为 1501r/min，出现的报警窗口显示报警消息"到达 转速过高"。将转速值改为 1500r/min，报警窗口消失，报警指示器继续闪动，其中的数字变为 0。报警视图出现状态为"（到达）离开"的报警消息。单击"确认"按钮，报警指示器消失。图 9-18 左图中的报警画面中的报警视图显示上述报警事件的信息。

正在自动运行时，如果出现事故报警，可以看到当前被驱动的阀门或搅拌电动机关闭，连续标志 M6.6 和 MB5 中当前的活动步对应的位（见图 9-3）被清零，同时出现报警窗口。调试时应检查是否能满足上述的要求。

出现故障后，应切换到手动模式，用手动完成当前剩余的操作，满足自动运行的起动条件后，主画面中的"初始步"指示灯亮，再切换到自动模式。

视频"HMI 综合应用项目手动运行和报警的仿真"可通过扫描二维码 9-5 播放。

二维码 9-5

9.4 习题

1．程序中为什么需要设置起动自动运行的条件？
2．"HMI 综合应用"例程采用什么样的画面切换方式？有什么优点？
3．在秤斗向混合仓放料的过程中，怎样实现两个仓的料位显示之间的协调变化？
4．怎样组态永久性区域？
5．怎样组态显示"自动模式"和"手动模式"的符号 I/O 域？
6．为什么需要为"配方画面"按钮设置访问权限？
7．可以用变量仿真器调试 HMI 的哪些功能？
8．怎样用集成仿真调试自动程序的功能？
9．怎样用集成仿真调试手动程序的功能？
10．怎样调试报警功能？

第10章 精彩面板的组态与应用

10.1 精彩面板

1. Smart Panel V4 精彩面板

Smart Panel V4 精彩面板包括 Smart 700 IE V4 和 Smart 1000 IE V4（见图 10-1），它们是专门与 S7-200 SMART 配套的触摸屏。宽屏显示器的对角线尺寸分别为 7in 和 10in。其分辨率分别为 800×480dpi 和 1024×600dpi，16M 色真彩色显示；节能的 LED 背光，高速外部总线；数据存储器和程序存储器分别为 256MB，电源电压为 DC 24V；支持硬件实时时钟、趋势视图、配方管理、报警功能、数据记录和报警记录功能；支持 32 种语言，其中 5 种可以在线转换。

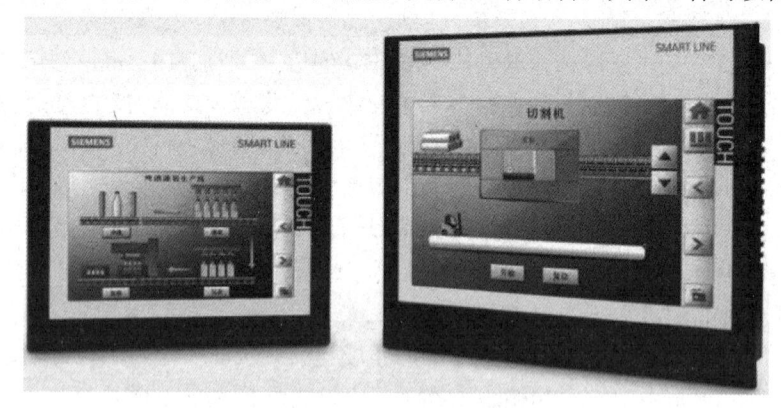

图 10-1 Smart Panel V4

集成的以太网端口和串口（RS-422/485）可以自适应切换，用以太网下载项目文件方便快捷。串口通信速率最高 187.5kbit/s，通过串口可以连接 S7-200 和 S7-200 SMART，串口还支持三菱、欧姆龙和 Modicon 的 PLC。

Smart Panel V4 集成了一个 USB 2.0 host 接口，可连接鼠标、键盘、Hub 和 U 盘，可以通过 U 盘对人机界面的数据记录和报警记录进行归档。

Smart 700 IE V4 经济实用，具有很高的性能价格比，是 S7-200 SMART 首选的人机界面。

Smart Panel V4 的组态软件为 WinCC flexible SMART V4。

2. 安装 WinCC flexible SMART V4 SP1

WinCC flexible SMART V4 SP1 可以在 32 位或 64 位的 Windows 7 SP1、Windows 10 和 Windows 11 操作系统下安装。

建议在安装 WinCC flexible SMART 之前关闭或卸载杀毒软件和 360 卫士之类的软件。双击文件"WinCC_flexible_SMART_V4SP1.exe"开始安装，采用"安装语言"对话框默认的安装语言（简体中文）。单击各对话框的"下一步"按钮，进入下一个对话框。

首先对软件包解压，解压完成后，单击"完成"按钮，如果出现显示"安装新程序之前，请重新启动计算机"的对话框，重新启动计算机后再安装软件，还是出现上述信息，解决的方法见 2.1.1 节。

在"许可证协议"对话框中，勾选"我接受本许可证协议的条款……"复选框。

在"要安装的程序"对话框中，建议采用默认的"完整安装"和 C 盘中默认的安装路径。单击"浏览"按钮，可以设置安装软件的目标文件夹。

在"系统设置"对话框，勾选"我接受对系统设置的更改"复选框。单击"下一步"按钮，开始安装，出现显示安装过程的对话框。

首先安装微软的 Microsoft .Net Framework 4.8 和 SQL 数据库，然后安装 WinCC flexible SMART V4 SP1。最后出现提示"安装程序已在计算机上成功安装了软件"的对话框，要求重新启动系统。单击"完成"按钮，重新启动系统。

10.2 精彩面板使用入门

10.2.1 WinCC flexible SMART 的用户界面

双击打开配套资源中的例程"精彩面板以太网通信"中后缀为 hmismart 的文件，图 10-2 是 WinCC flexible SMART V4 的界面。

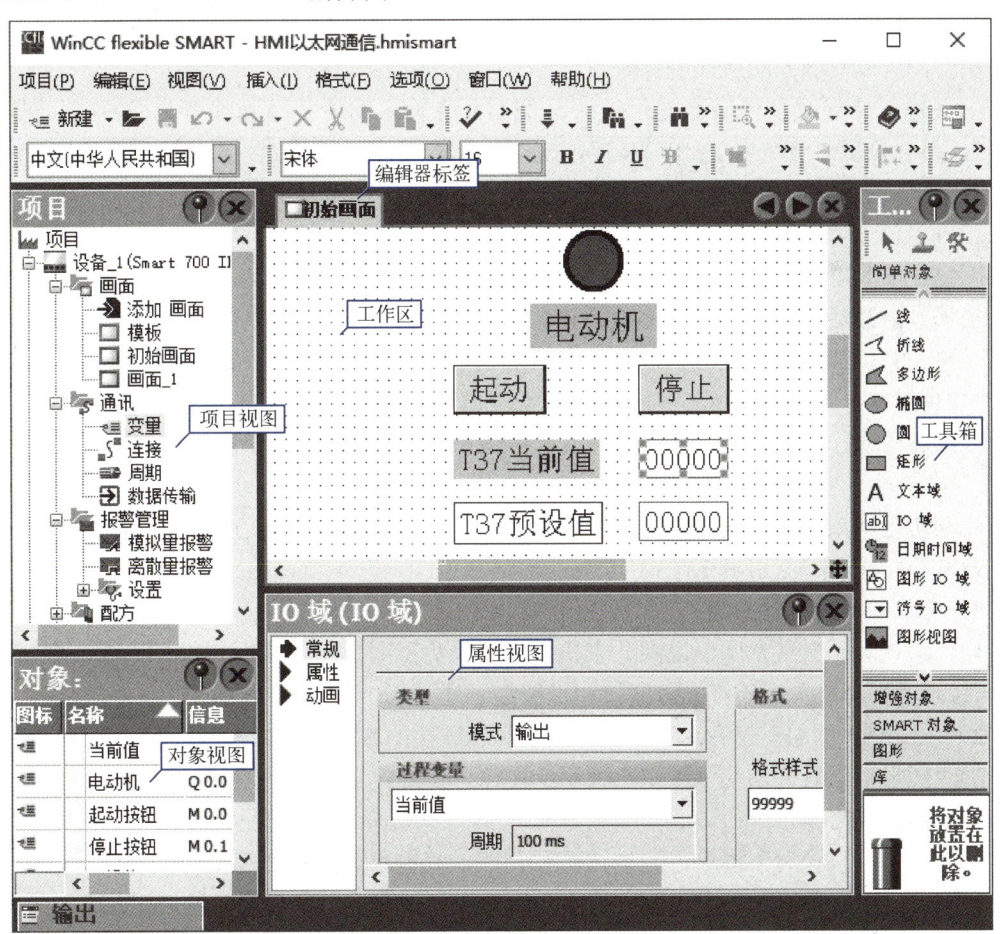

图 10-2 WinCC flexible SMART V4 的界面

1. 项目视图

图 10-2 左边的窗口是项目视图，项目中的各组成部分在项目视图中以树形结构显示，分为 4 个层次：项目、HMI 设备、文件夹和对象。项目视图的使用方法与 Windows 的资源管理器相似。作为每个编辑器的子元件，用文件夹以结构化的方式保存对象。生成项目时自动创建了一些元件，例如名为"画面_1"的画面和模板等。

双击项目视图中的某个对象，将会在中间的工作区打开对应的编辑器。

2. 工作区

用户在工作区编辑项目对象，可以对工作区之外的其他窗口（例如项目视图和工具箱等）进行移动、改变大小和隐藏等操作。单击工作区右上角的 ⊗ 按钮，将会关闭当前显示的编辑器。同时打开多个编辑器时，单击工作区上面的编辑器标签，将会在工作区显示对应的编辑器。如果不能全部显示被同时打开的编辑器标签，可以用 ◀ 和 ▶ 按钮来切换编辑器。

3. 属性视图

属性视图用来设置选中的工作区中对象的属性，输入参数后按〈Enter〉键生效。属性视图一般在工作区的下面。双击某个画面对象，将会关闭或打开它的属性视图。

属性视图的左侧区域有多个类别，可以从中选择各种子类别。属性视图的右侧区域显示用于对选中的属性类别或子类别进行组态的参数。

在编辑画面时，如果未激活画面中的对象或者单击画面的空白处，属性视图将显示该画面的属性，可以对画面的属性进行编辑。

出现输入错误时，将显示提示信息。例如允许输入的最大画面编号为 32767，若超出 32767，将会显示"值域为 1 到 32767"。按〈Enter〉键，输入的数字将自动变为 32767。

4. 工具箱中的简单对象

工具箱包含可以添加到画面中的对象，例如图形对象或操作元件，工具箱还提供很多库，这些库包含很多对象模板和各种不同的面板。

根据当前激活的编辑器，"工具箱"包含不同的对象组。工具箱提供的对象组有简单对象、增强对象、SMART 对象、图形和库。不同的人机界面可以使用的对象也不同。

"简单对象"中的对象及其使用方法与 TIA 博途中 WinCC 的工具箱的"基本对象"基本相同（见 2.1.3 节）。可以使用的简单对象包括线、折线、多边形、椭圆、圆、矩形、文本域、IO 域、日期时间域、图形 IO 域、符号 IO 域、图形视图、按钮、开关、棒图和流动块。

流动块是用来展示流动动画的一个开放式对象。可以设置流动方向、流动速度、滑块，以及管道的样式、颜色和填充样式。

5. 工具箱中的其他对象

1）"增强对象"组有用户视图、表格视图、趋势视图、配方视图和报警视图，打开模板画面后，"增强对象"组还有报警窗口和报警指示器。

2）"SMART 对象"仅有诊断视图，用于显示连接的 S7-200 SMART 的状态和事件记录。

3）"图形"组有大量的可供用户使用的图形，例如机器和设备组件、测量设备、控制元件、国旗和建筑物等。

4）"库"组包含对象模板，例如按钮和开关，管道和泵的图形等。可以将库对象中的实例集成到项目中，也可以在用户生成的库文件夹中存储用户自定义的对象。

6. 输出视图

输出视图用来显示在项目测试运行或项目一致性检查期间生成的系统报警，例如组态中存在的错误。

7. 对象视图

对象视图一般在项目视图的下面（见图 10-2）。单击选中项目视图中的"画面"文件夹或"变量"，它们的内容将在对象视图中显示。双击"对象"视图中的某个对象，将打开对应的编辑器。

8. 对窗口和工具栏的操作

WinCC flexible SMART 允许自定义窗口的布局。单击某个窗口右上角的 ✖ 按钮，将会关闭该窗口，以扩大工作区。单击"视图"菜单中的"输出""对象""属性""项目""工具"命令，可以显示或隐藏对应的窗口。

用鼠标左键按住工作区之外的某个窗口的标题栏，移动鼠标，使该窗口浮动，可以将它拖拽到画面中任意的位置，或者用鼠标改变它的大小。

单击输出视图右上角的按钮，按钮中的"操作杆"的方向将会变化。当其位于竖直方向时，窗口不会隐藏；位于水平方向时，单击输出视图之外的其他区域，该视图被隐藏，同时在屏幕左下角出现标有"输出"的矩形（见图 10-2）。单击它将会重新出现输出视图。

执行"视图"菜单中的"重新设置布局"命令，窗口的排列将会恢复到生成项目时的初始状态。

9. 帮助功能的使用

当鼠标指针移动到 WinCC flexible SMART 中的某个对象（例如工具栏上的某个按钮）上时，将会出现该对象最重要的提示信息。如果提示信息中有一个 ❔ 图标，单击提示信息，或者使光标在该对象上多停留几秒钟，将会自动出现该对象的帮助信息。可以用这种方法来快速了解该对象的功能。

也可以通过"帮助"菜单中的命令获取帮助信息。

10. 组态界面设置

执行菜单命令"选项"→"设置"，打开"设置"对话框（见图10-3），可以设置 WinCC flexible SMART 的用户界面。如果安装了几种语言，可以切换用户界面语言。选中左边窗口中的"工作台"文件夹中的"项目视图设置"，可选项目视图显示主要项或显示所有项。

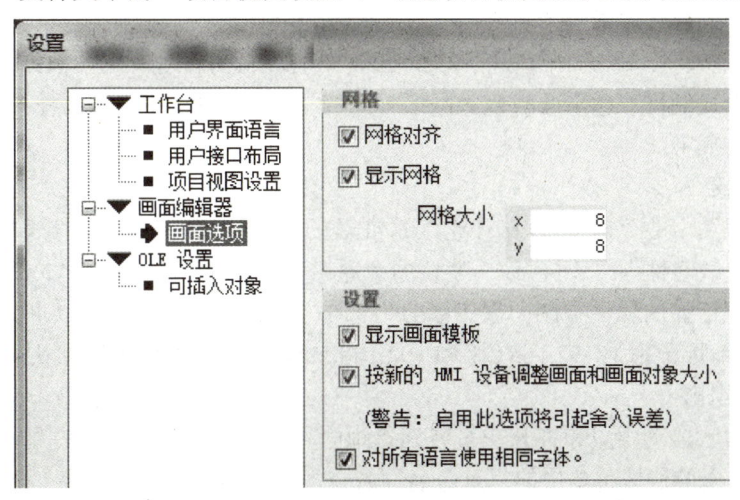

图 10-3 "设置"对话框

10.2.2 生成项目与组态变量

1. PLC 的程序

HMI 的初始画面见图 10-2，图 10-4 的左边是配套资源的 S7-200 SMART 例程"HMI 例程"中的程序，右边是符号表"表格 1"中的变量。首次扫描时 SM0.1 的常开触点接通，将 T37 的预设值的初始值 100（单位为 100ms）传送给 VW2。起动按钮 M0.0 和停止按钮 M0.1 的信号由画面中的按钮提供，用它们控制电动机 Q0.0，Q0.0 的状态用画面中的指示灯显示。T37 和它的常闭触点组成了一个锯齿波发生器，运行时 T37 的当前值在 0 到预设值之间反复变化。用 MOVE 指令将 T37 的当前值传送给 VW0，以便在画面中显示，SM0.0 的常开触点一直闭合。

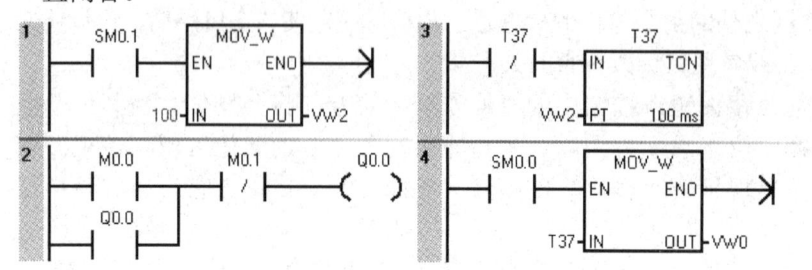

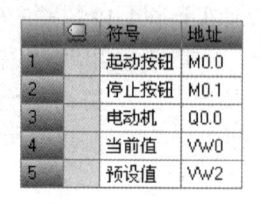

图 10-4　S7-200 SMART 的梯形图与符号表

用 S7-200 SMART 编程软件的系统块设置 PLC 的 IP 地址和子网掩码分别为 192.168.2.1 和 255.255.255.0，设置"CPU 启动后的模式"为 RUN。

2. 创建 WinCC flexible SMART 的项目

安装好 WinCC flexible SMART V4 后，双击桌面上的图标，打开 WinCC flexible SMART V4 的首页，单击其中的选项"创建一个空项目"。在出现的"设备选择"对话框中，双击"设备类型"列表中"7""文件夹的 Smart 700 IE V4（见图 10-5），创建一个名为"项目.hmismart"的文件。

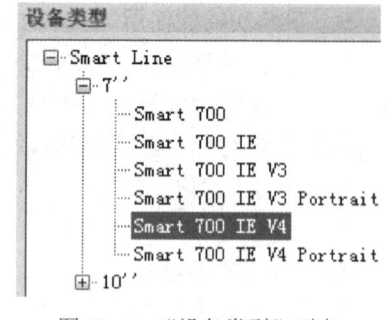

图 10-5　"设备类型"列表

在某个指定的位置生成一个名为"精彩面板以太网通信"的文件夹。执行 WinCC flexible SMART 的菜单命令"项目"→"另存为"，出现"将项目另存为"对话框，打开预先生成的文件夹，键入项目名称"精彩面板以太网通信"（见配套资源中的同名例程），将项目文件保存到生成的文件夹中。

3. 组态连接

双击项目视图中的"连接"，打开连接编辑器（见图 10-6），双击连接表的第一行，自动生成的连接的默认名称为"连接_1"，默认的通讯驱动程序"为"SIMATIC S7 200 Smart"。连接表的下面是连接的属性视图，用"参数"选项卡设置"接口"为以太网，设置 PLC 和 HMI 设备的 IP 地址分别为 192.168.2.1 和 192.168.2.2，其余的参数使用默认值。

4. 画面的组态

生成项目后，自动生成和打开一个名为"画面_1"的空白画面。右键单击项目视图中的该画面，执行出现的快捷菜单中的"重命名"命令，将该画面的名称改为"初始画面"。打开画面后，可以使用工具栏上的按钮 🔍 和 🔍 来放大和缩小画面。

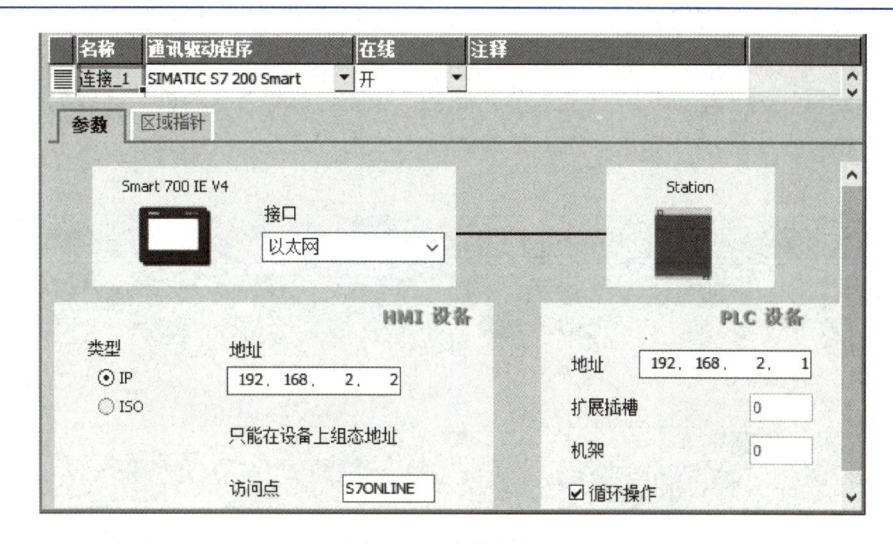

图 10-6 连接编辑器

选中画面编辑器下面的属性视图左边的"常规",可以设置画面的名称和编号。单击"背景色"选择框的▼按钮,用出现的颜色列表将画面的背景色改为白色。

5. 变量的组态

HMI 的变量分为外部变量和内部变量。外部变量是 PLC 的存储单元的映像,用于 HMI 设备与 PLC 之间的数据交换,HMI 设备和 PLC 都可以访问外部变量。内部变量存储在人机界面的存储器中,与 PLC 没有连接关系,只有人机界面能访问内部变量。内部变量用名称来区分,没有地址。

双击项目视图中的"变量"图标,打开变量编辑器(见图 10-7)。双击变量表的第一行,自动生成一个新的变量,将变量名称改为"起动按钮","连接"列为"连接_1",表示该变量是与 HMI 连接的 S7-200 SMART 中的变量。单击"数据类型"列单元右侧的▼按钮,在出现的列表中选择变量的数据类型。

图 10-7 变量表

双击下面的空白行,自动生成一个新的变量,新变量的参数与上一行变量的参数基本相同,其地址与上面一行的地址按顺序排列。图 10-7 是项目"精彩面板以太网通信"的变量编辑器中的变量,与 S7-200 SMART 的符号表中的变量相同。为了减少运行时的响应延迟时间,设置"电动机"和"当前值"的采集周期为 100ms。

视频"生成精彩面板的项目与组态变量"可通过扫描二维码 10-1 播放。

二维码 10-1

10.2.3 组态指示灯与按钮

1. 组态指示灯

指示灯用来显示 Bool 变量"电动机"的状态(见图 10-2)。单击打开右边工具箱中的"简单对象"组,单击选中其中的"圆",按住鼠标左键并移动鼠标,将它拖拽到画面中,用鼠标调节它的位置和大小。

选中圆以后,选中画面下面的属性视图左边窗口的"外观"(见图 10-8 上面的图),设置圆的边框为黑色,填充色为深绿色,边框宽度为 4 像素(与指示灯的大小有关)。

选中"动画"类别中的"外观"子类别，启用动画功能（见图 10-8 下面的图）。设置圆连接的"变量"为"电动机"，"类型"为"位"，在位变量"电动机"的值为 0 时的填充颜色为深绿色，表示指示灯熄灭；为 1 时的填充颜色为浅绿色，表示指示灯点亮。不启用闪烁功能。

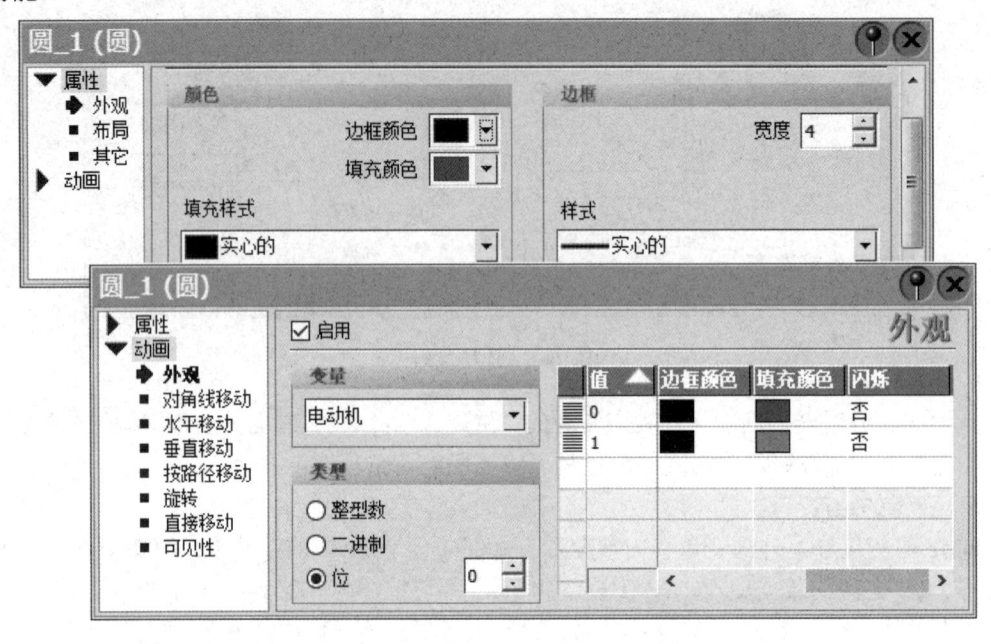

图 10-8 组态指示灯的外观与动画属性

2. 生成按钮

画面中的按钮用来将各种操作命令发送给 PLC，通过 PLC 的用户程序来控制生产过程。将工具箱的"简单对象"组中的"按钮"拖拽到画面中，用鼠标调整它的位置和大小。

3. 设置按钮的属性

单击生成的按钮，自动选中属性视图左边窗口的"常规"，选中"按钮模式"选项组和"文本"选项组中的"文本"单选按钮（见图 10-9）。将"按钮'未按下'时显示的文本"文本框中的"Text"改为"起动"。

图 10-9 组态按钮的常规属性

如果勾选了"按钮'按下'时显示的文本"复选框，可以分别设置按下和未按下按钮时按钮上面的文本。一般不勾选该复选框，按钮按下和未按下时显示的文本相同。

选中属性视图左边窗口的"属性"类别中的"外观",可以在右边窗口修改它的文本颜色和背景色。还可以用复选框设置按钮是否有三维效果。

选中属性视图左边窗口的"属性"类别中的"文本"子类别,设置按钮上文本的字体为默认的宋体、16 像素,水平对齐方式为"居中",垂直对齐方式为"中间","方向"为"0°"(不旋转)。

4. 按钮"事件"功能的组态

选中属性视图的"事件"类别中的"按下"子类别(见图 10-10),单击右边窗口最上面一行右侧的▼按钮,再单击出现的系统函数列表的"编辑位"文件夹中的函数"SetBit"(置位)。

单击表中第 2 行右侧的▼按钮,打开出现的对话框中的变量表(见图 10-10 右边的小图),双击其中的变量"起动按钮"(M0.0)。在运行时按下该按钮,将变量"起动按钮"置位为 1。

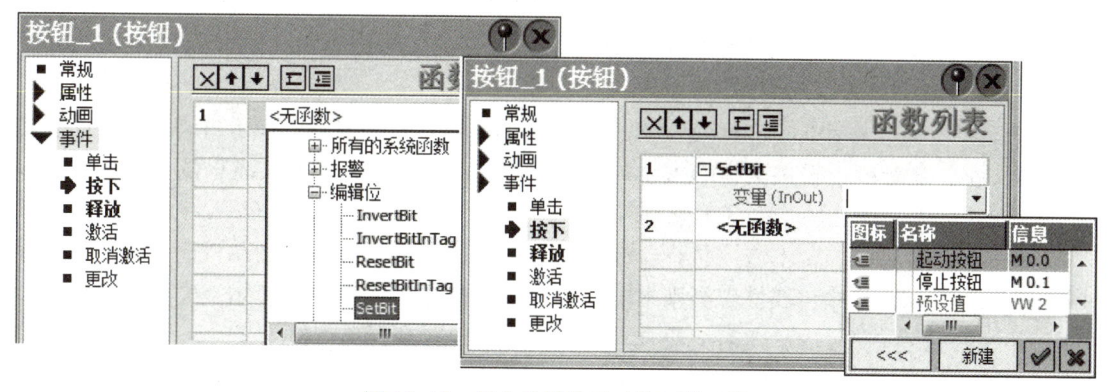

图 10-10　组态按钮按下时执行的函数

用同样的方法,设置在释放该按钮时调用系统函数"ResetBit",将变量"起动按钮"复位为 0。该按钮具有点动按钮的功能,按下按钮时 PLC 中的变量"起动按钮"被置位,放开按钮时它被复位。

单击画面中组态好的起动按钮,先后执行"编辑"菜单中的"复制"和"粘贴"命令,生成一个相同的按钮。用鼠标调节它在画面中的位置,选中属性视图的"常规"类别,将按钮上的文本修改为"停止"。打开"事件"类别,组态在按下和释放按钮时分别将外部变量"停止按钮"置位和复位。

视频"精彩面板的指示灯和按钮组态"可通过扫描二维码 10-2 播放。

二维码 10-2

10.2.4　组态文本域与 IO 域

1. 生成与组态文本域

将工具箱中的"文本域"(见图 10-2)拖拽到画面中,默认的文本为"Text"。单击生成的文本域,选中属性视图的"常规"类别,将右边窗口的文本框中的"Text"修改为"T37 当前值"。选中属性视图左边窗口"属性"类别中的"外观"子类别(见图 10-11 上面的图),在右边窗口中设置填充样式为"实心的",背景色为浅蓝色,"边框"选项组中的"样式"为默认的"无",即没有边框。

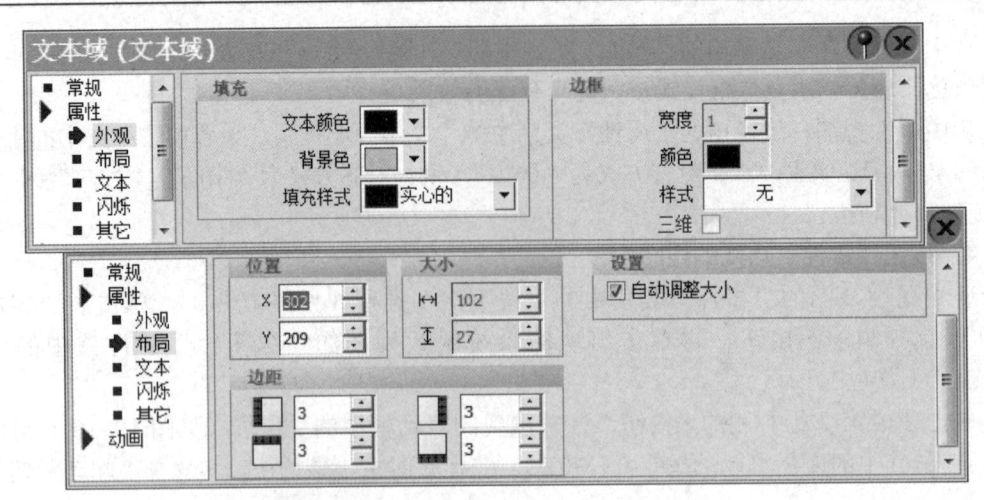

图 10-11 组态文本域的外观和布局属性

选中"文本"子类别,打开"字体"对话框,文字的大小改为 16 像素,水平对齐方式改为"居中",垂直对齐方式改为"中间"。

单击"属性"类别中的"布局"(见图 10-11 下面的图),因为选中了右边窗口中的"自动调整大小"复选框,将按文字的大小、字数和四周的边距自动调整文本框的大小。设置以像素为单位的四周的边距均为 3 像素。

选中画面中生成的文本域,执行"编辑"菜单中的"复制"和"粘贴"命令,生成文本域"T37 预设值"。选中"属性"类别中的"外观"子类别,设置背景色为白色,边框"样式"为"实心的"(有边框),宽度为 1 像素,可用复选框设置是否有三维效果。

选中文本域"T37 当前值",执行复制和粘贴操作,生成文本域"电动机"(见图 10-2),设置背景色为浅绿色,没有边框。

2. 生成与组态 IO 域

将工具箱中的"IO 域"(见图 10-2)拖拽到画面中,自动选中属性视图的"常规"类别(见图 10-12),用"模式"选择框设置 IO 域为输出域,连接的过程变量为"当前值"。采用默认的格式类型"十进制",设置"格式样式"为 99999(5 位数字),不移动小数点(即 5 位整数)。选中属性类别中的"外观"子类别,背景色为默认的白色,有灰色的边框。

图 10-12 组态 IO 域的常规属性

IO 域属性视图的"属性"类别的"布局"和"文本"子类别的参数设置与上述文本域的设置基本相同。文本的水平对齐方式为居中。

选中画面中生成的 IO 域,执行"编辑"菜单中的"复制"和"粘贴"命令。将新生成的 IO 域放置在原 IO 域的下面,选中它以后,单击属性视图的"常规"类别,设置该 IO 域连接的变量为"预设值",模式为输入/输出,其他参数不变。

视频"精彩面板的文本域和 IO 域组态"可通过扫描二维码 10-3 播放。

10.3 精彩面板与 PLC 通信的组态与实验

10.3.1 用精彩面板的控制面板设置通信参数

1. 启动触摸屏

接通电源后,Smart 700 IE V4 的屏幕点亮,几秒后显示进度条。启动后出现装载程序的"Loader"对话框(见图 10-13)。按下"Transfer"(传输)按钮,进入传输模式。"Start"(启动)按钮用于打开保存在触摸屏中的项目,显示初始画面。如果触摸屏已经装载了项目,弹出装载对话框后并经过设置的延时时间,将会自动打开项目。按下"Recalibrate"按钮,可以校准 HMI 设备。

2. 控制面板

Smart 700 IE V4 用控制面板设置触摸屏的各种参数。按下图 10-13 中的"Control Panel"按钮,打开触摸屏的控制面板(见图 10-14)。

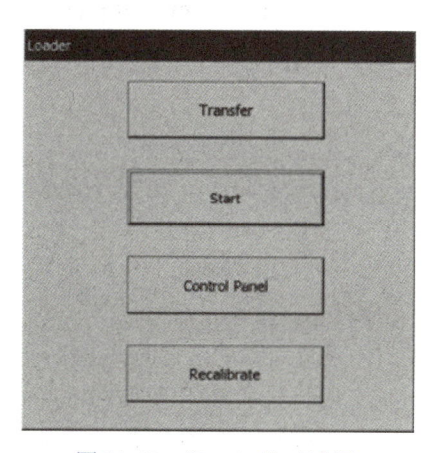

图 10-13 "Loader"对话框 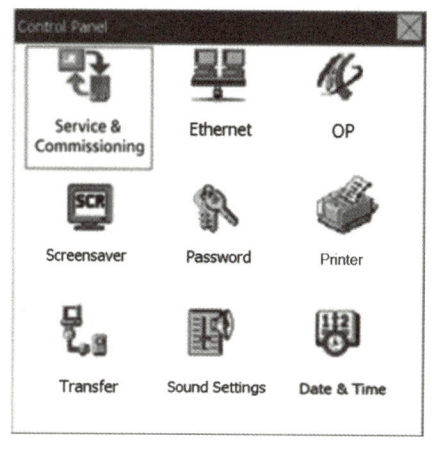　　　　图 10-14 触摸屏的控制面板

3. 设置以太网端口的通信参数

按下控制面板中的"Ethernet"按钮,打开"Ethernet Settings"(以太网设置)对话框(见图 10-15)。选中"Specify an IP address"(用户指定 IP 地址)单选按钮,在"IP address"文本框中输入 IP 地址 192.168.2.2,在"Subnet Mask"(子网掩码)文本框中输入 255.255.255.0(应与 WinCC flexible SMART 的连接表中设置的相同)。如果没有使用网关,不用输入"Def. Gateway"(网关)。

选择"Mode"(模式)选项卡,用"Speed"文本框指定以太网的传输速率,有效值为 10Mbit/s 和 100Mbit/s。可以用单选按钮选择"Communication Link"(通信链接)为"Half-Duplex"(半双工)或"Full-duplex"(全双工)。如果选中了"Auto Negotiation"复选框(复选框中出现×),将自动检测和设置以太网的传输类型和传输速率。

选择"Device"(设备)选项卡,可以用"Station Name"(站名称)文本框输入 HMI 设备的网络名称。该名称可以包含字符"a"~"z"、数字"0"~"9"、特殊字符"-"和"."。

按下"OK"按钮,关闭对话框并保存设置。

4. 启用传送通道

必须启用一个数据通道才能将项目传送到 HMI 设备。按下控制面板中的"Transfer",打开图 10-16 中的"Transfer Settings"(传输设置)对话框,勾选"Ethernet"(以太网)的"Enable Channel"(激活通道)复选框。如果勾选了"Remote Control"(远程控制)复选框,自动传输被激活,下载时自动关闭正在运行的项目,传送新的项目。传送结束后新项目被自动启动。按下"Advance"按钮,可以切换到"Ethernet Settings"对话框。

图 10-15 "Ethernet Settings"对话框　　　　图 10-16 传输设置对话框

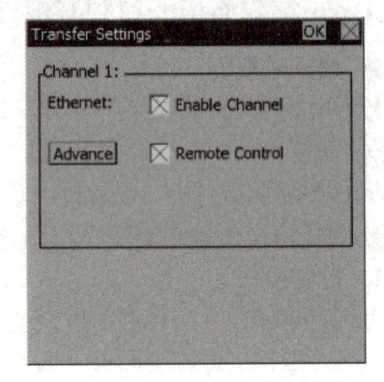

完成项目传送后,可以通过锁定所有的数据通道来保护 HMI 设备,以免无意中覆盖项目数据和 HMI 设备的操作系统。

5. 控制面板的其他功能

1)按下图 10-14 中的"Service & Commissioning"(服务与调试),在打开的对话框的"Backup"(备份)选项卡中,可以将设备数据保存到 USB 存储设备(即 U 盘)中。在"Restore"(恢复)选项卡中,可以从 USB 存储设备中加载备份文件。在"OS Update"选项卡中,可以更新操作系统。在"Project"选项卡中,可以从 USB 存储设备下载项目。

2)按下"OP",可以选择画面的方向为横向或纵向,设置启动的延迟时间(0~60s),显示 HMI 设备的特定信息和校准触摸屏。"Device"选项卡用于显示 HMI 设备的特定信息。

3)按下"Password",可以设置控制面板的密码保护。密码至少 8 个字符,应包含大写字母、小写字母、数字和特殊字符,此外还有一些特定的要求。

4)按下"Screensaver",可以设置屏幕保护程序的等待时间(5~360min)。输入"0"将禁用屏幕保护。屏幕保护程序有助于防止出现残影滞留,建议使用屏幕保护程序。

5)按下"Sound Settings",可以设置在触摸屏幕时是否产生声音反馈。

6)按下"Date & Time",可以设置日期和时间。

10.3.2 PLC 与精彩面板通信的实验

本节介绍 PLC 与 HMI 使用以太网通信的实现方法。

1. 设置 WinCC flexible SMART 与触摸屏通信的参数

用 WinCC flexible SMART 打开例程"精彩面板以太网通信",单击工具栏上的按钮,打开"下载和通讯设置"对话框,设置通信模式为默认的"以太网",触摸屏的 IP 地址为 192.168.2.2,应与 Smart 700 IE V4 的控制面板和 WinCC flexible SMART 的连接编辑器中设置的相同。

2. 将项目文件下载到 HMI

用以太网电缆连接计算机和 Smart 700 IE V4 的以太网接口,单击"下载和通讯设置"对话框中的"下载"按钮,首先自动编译项目,如果没有编译错误和通信错误,该项目将被传送到触摸屏。如果勾选了图 10-16 中的"Remote Control"(远程控制)复选框,触摸屏正在运行时,将会自动切换到传输模式,出现"Transfer"对话框,显示下载的进程。下载成功后,触摸屏自动返回运行状态,显示下载项目的初始画面。

3. 将程序下载到 PLC

用 S7-200 SMART 的编程软件打开例程"HMI 例程",主程序和符号表见图 10-4。用以太网将程序和用于组态硬件信息的系统块下载到 S7-200 SMART。

4. 系统运行实验

用电缆直接连接或通过交换机、路由器连接 S7-200 SMART 和触摸屏的以太网接口,接通它们的电源,令 PLC 运行在 RUN 模式。

触摸屏上电后显示出初始画面(见图 10-17),可以看到因为图 10-4 中 PLC 程序的运行,画面中 T37 的当前值不断增大,达到预设值 100(10s)时又从 0 开始增大。

按下画面中"T37 预设值"右侧的输入/输出域,画面中出现一个数字键盘(见图 10-18)。其中的"ESC"是取消键,单击它以后数字键盘消失,退出键入过程,键入的数字无效。"BSP"是退格键,与计算机键盘上的〈Backspace〉键的功能相同,按下该键,将删除光标左侧的数字。"+/−"键用于改变键入的数字的符号。 ← 和 → 分别是光标左移键和光标右移键, ← 是确认键(〈Enter〉键),按下它确认键入的数字,并在输入/输出域中显示出来,同时关闭键盘。

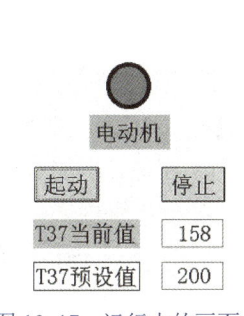

图 10-17 运行中的画面　　　　　　　　　　图 10-18 数字键盘

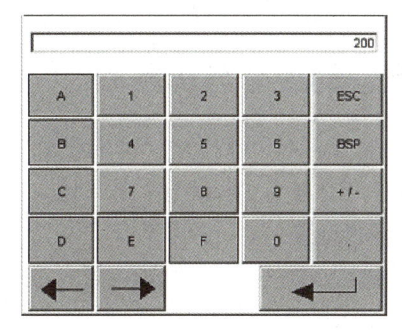

用弹出的小键盘键入"200",按确认键后传送给 PLC 中保存 T37 预设值的 VW2。屏幕显示的 T37 当前值将在 0~200(20s)之间变化。

按下画面中的"起动"按钮,PLC 的 M0.0(起动按钮)变为 1 后又变为 0,由于 PLC 程序的运行,变量"电动机"(Q0.0)变为 1,画面中与该变量连接的指示灯点亮。按下画面中的"停止"按钮,PLC 的 M0.1(停止按钮)变为 1 后又变为 0,其常闭触点断开后又接通,由于 PLC 程序的运行,变量"电动机"变为 0,画面中的指示灯熄灭。

5. 使用仿真器的仿真实验

S7-200 SMART 没有 PLCSIM 那样的仿真软件,因此不能像 S7-300/400/1200/1500 那样做 PLC 和 HMI 的集成仿真实验。但是可以用仿真器来检查人机界面的部分功能。

单击工具栏的"使用仿真器启动运行系统"按钮 ,首先对项目文件进行编译,并用输出视图提供编译的结果。如果有错误,将用输出视图中红色的行显示错误的原因和位置。应消除所有的错误后才能启动仿真器。仿真之前,一定要确保输出视图是打开的。如果启动运行系统后没有出现仿真器和输出视图,应执行"视图"菜单的"输出"命令,打开输出视图。使用仿真器的仿真方法可以参考 2.3.2 节。

6. 连接硬件 PLC 的精彩面板仿真实验

如果有 S7-200 SMART 的 CPU，在建立起计算机和 PLC 通信连接的情况下，可以用 WinCC flexible SMART V4 的运行系统对 Smart Panel V4 的功能进行仿真。这种仿真的效果与实际的 PLC-HMI 硬件系统基本相同。

用以太网电缆连接 S7-200 SMART 和计算机的以太网接口。计算机的操作系统是 Windows 10，先后单击屏幕左下角的"开始"按钮和"设置"按钮，打开"Windows 设置"窗口，查找"控制面板"。两次按计算机的〈Enter〉键，打开控制面板，改为显示所有的控制面板项（见图 2-37）。双击"设置 PG/PC 接口"，打开对应的对话框（见图 2-46），在"为使用的接口分配参数"列表框中选择实际使用的计算机网卡（作者使用的是 Realtek PCIe GbE Family Controller）和 TCP/IP 协议。单击"确定"按钮，设置生效。

设置计算机网卡的 IP 地址为 192.168.2.×（参见图 2-47），其中的×不能与 PLC 和 HMI 的 IP 地址的最后一个字节相同。

用以太网将图 10-4 中的程序下载到 S7-200 SMART，令 PLC 运行在 RUN 模式。单击 WinCC flexible SMART 工具栏的"启动运行系统"按钮 ，打开仿真面板，可以看到 T37 当前值在 0～100 之间不断反复增大，可以用画面中的按钮控制连接了 Q0.0 的指示灯，用输入/输出域修改 T37 的预设值。

二维码 10-4　视频"连接硬件 PLC 的精彩面板仿真"可通过扫描二维码 10-4 播放。

10.4　报警的组态与仿真

在 WinCC flexible SMART V4 中创建一个名为"精彩面板报警"的项目（见配套资源中的同名例程），HMI 为 Smart 700 IE V4。在连接编辑器中生成名为"连接_1"的连接。

1. 报警的设置

双击项目视图的"报警管理\设置"文件夹中的"报警设置"，在打开的报警设置编辑器中可以设置与报警有关的参数，一般使用默认的设置。

双击项目视图的"报警管理\设置"文件夹中的"报警类别"（见图 10-19），打开报警类别编辑器。可以在表格单元中或在属性视图中编辑各类别报警的属性。

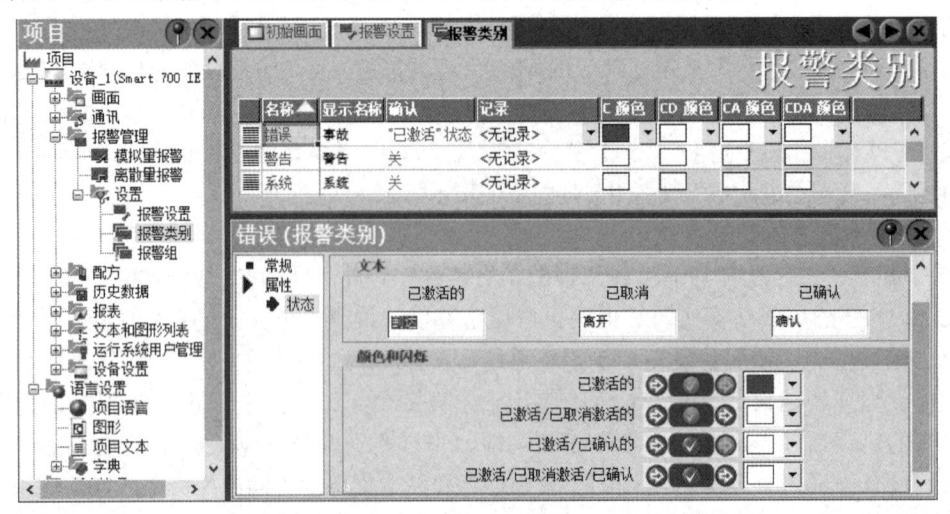

图 10-19　报警类别编辑器

在运行时报警视图使用各报警类别的显示名称。系统默认的"错误"和"系统"类别的"显示名称"分别为字符"!"和"$",不太直观,图 10-19 中将它们改为"事故"和"系统"。"警告"类没有显示名称,设置"警告"类别的显示名称为"警告"。将"CD 颜色"(到达离开的背景色)改为白色。

分别选中表格中的"错误""警告""系统"类别,再选中下面的属性视图左边窗口中的"状态"(见图 10-19),将"已激活的"文本框中的 C 改为"到达","已取消"文本框中的 D 改为"离开","已确认"文本框中的 A 改为"确认"。不能更改灰色的文本框中的内容。

在报警类别编辑器中,还可以设置报警在不同状态时的背景色。

双击项目视图的"报警管理\设置"文件夹中的"报警组",在打开的报警组编辑器中,有软件生成的"确认组 1"~"确认组 16"。

2. 组态离散量报警

离散量报警用指定的字变量中的某一位来触发。在变量表中创建变量"事故信息"(见图 10-20),数据类型为 Word,绝对地址为 VW10。一个字有 16 位,可以组态 16 个离散量报警。在变量表中,变量"事故信息"的"采集模式"为"循环连续"。

双击项目视图中的"离散量报警",单击离散量报警编辑器中表格的第 1 行,输入报警文本"机组过速"(见图 10-21)。报警的编号用于识别报警,是自动生成的。用下拉列表设置报警类别为"错误","触发变量"为 PLC 的符号表中定义的变量"事故信息","触发器位"为 0,即用 V11.0 触发错误报警"机组过速"。

名称	连接	数据类型	地址
事故信息	连接_1	Word	VW 10
温度	连接_1	Int	VW 12
转速	连接_1	Int	VW 4

图 10-20　变量表

文本	编号	报警类别	触发变量	触发器位	触发器…	报警组
机组过速<tag 转速>	1	错误	事故信息	0	V 11.0	确认组 1
过流保护	2	错误	事故信息	1	V 11.1	确认组 1
过压保护	3	错误	事故信息	2	V 11.2	<无组>
差压保护	4	错误	事故信息	3	V 11.3	<无组>
失磁保护	5	错误	事故信息	4	V 11.4	<无组>
调速器故障	6	错误	事故信息	5	V 11.5	<无组>

图 10-21　离散量报警编辑器

发电机的机组过速、过流保护、过压保护、差压保护、失磁保护和调速器故障这 6 种事故分别使用变量"事故信息"的第 0~5 位来触发。单击"机组过速"和"过流保护"的"报警组"列右边的 ▼ 按钮,设置这两条报警属于"确认组 1"。

3. 组态模拟量报警

模拟量报警用变量的限制值来触发。变量"温度"(VW12)为 PLC 的符号表中定义的变量,在 HMI 的变量表中,"温度"的"采集模式"为"循环连续"。某设备的正常温度范围为 650~750℃,750~800℃之间应发出警告消息"温度升高",600~650℃之间应发出警告消息"温度降低"。大于 800℃为温度过高,小于 600℃为温度过低,均应发出错误(或称事故)消息。

双击项目视图中的"模拟量报警",单击模拟量报警编辑器中表格的第 1 行(见图 10-22),输入报警"温度降低"的参数。用下拉列表设置报警类别为"警告","触发变量"为"温度","触发模式"为"上升沿时"。为了和离散量报警的"错误"类别统一编号,将"温度过高"和"温度过低"的编号由 3 和 4 改为 7 和 8。

选中"温度过高",再选中属性视图左边窗口中的"触发"(见图 10-22)。"滞后"选项组中的参数用于防止因产生报警的物理量的微小振荡,在交界点附近多次发出报警消息。滞后模式可以选择"'已激活'状态""'已取消激活'状态"或"'已激活'和'已取消激活'状态",也可以设置没有滞后。

图 10-22 模拟量报警编辑器与属性视图

图 10-22 中选择报警"温度过高"在"'已激活'状态"滞后 5%,温度值大于 840℃(800×105%)时才能触发"温度过高"报警,温度小于等于 800℃时"温度过高"报警消失。"温度过高"的"延迟"时间为 2ms,触发条件持续 2ms 之后,才触发报警。

4．组态报警视图

报警视图用于显示当前出现的报警。单击工具箱中的"增强对象",将报警视图拖拽到初始画面中(见图 10-23)。用鼠标调节它的位置和大小。

图 10-23 简单的报警视图

选中报警视图的属性视图左边窗口中的"常规",图 10-24 中,设置显示"报警缓冲区",要显示的报警类别为"错误"和"警告"。

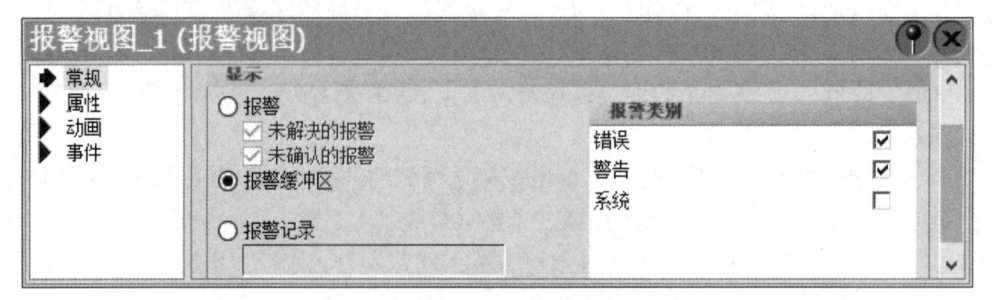

图 10-24 组态报警视图的常规属性

选中属性视图左边窗口的"外观",可以设置报警消息的文本颜色和报警视图的背景色。

选中属性视图左边窗口的"布局"(见图 10-25),只能选择视图的类型为"简单"。如果勾选了"自动调整大小"复选框,将会根据"每个报警的行数"的设置值,自动调整报警视图的高度。

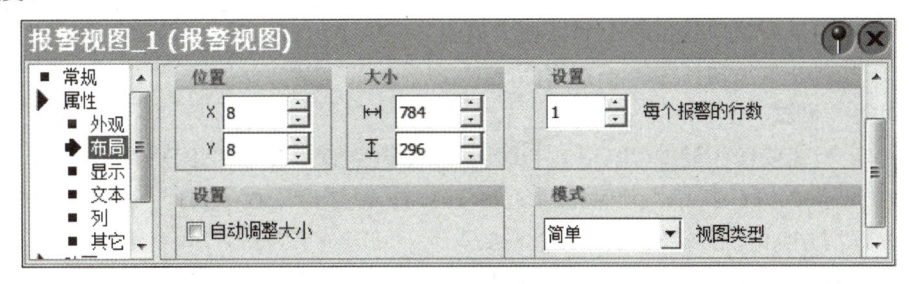

图 10-25 组态报警视图的布局属性

选中属性视图左边窗口中的"显示",启用报警视图的垂直滚动条、垂直滚动和 3 个按钮的显示。

选中属性视图左边窗口中的"列"(见图 10-26),设置报警视图显示哪些列,应勾选"状态"复选框。"列属性"中的"时间(毫秒)"复选框用于指定显示的事件是否精确到毫秒。一般选中"最新的报警最先"单选按钮,最后出现的报警消息在报警视图的最上面显示。

图 10-26 组态报警视图的列属性

5. 在报警文本中插入变量

两次单击离散量报警编辑器中"机组过速"的"文本"列的右端,单击出现的按钮(见图 10-27),在弹出的对话框中插入一个名为"转速"的变量。

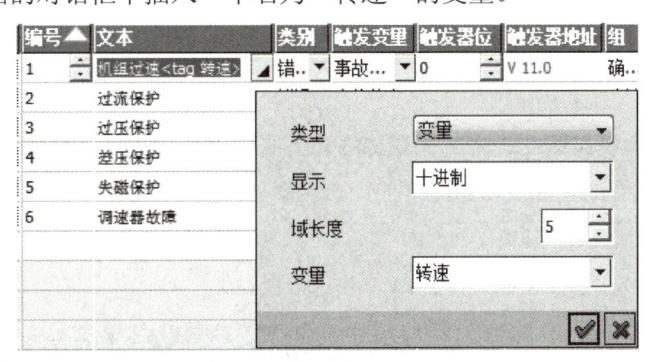

图 10-27 在报警文本中插入变量

6. 用"报警回路"按钮触发事件

运行时单击报警视图中的"报警回路"按钮(见图 10-23),可以执行设置的系统函数。

生成"画面_1",选中离散量报警编辑器中的报警"机组过速",选中它的属性视图左边窗口的"报警回路"(见图10-28),设置在运行时单击"报警回路"按钮,将执行系统函数列表的"画面"文件夹中的系统函数"ActivateScreen"(激活画面),要激活的画面为"画面_1"。

精彩面板的报警窗口和报警指示器在"模板"(相当于 TIA 博途 WinCC 中的全局画面)中组态,其组态方法与精智面板基本相同。

7. 报警的调试

下面的实验需要使用硬件 PLC,用以太网电缆连接 S7-200 SMART 和计算机的以太网接口。打开"设置 PG/PC 接口"对话框(见图2-46),设置应用程序访问点。设置计算机的以太网接口的 IP 地址和子网掩码(参见图2-47)。

将配套资源中的 S7-200 SMART 的项目"报警"的程序下载到 PLC,令 PLC 运行在 RUN 模式。打开该项目的状态图表(见图10-29,相当于 TIA 博途中的监控表),在"新值"列设置变量"转速"(VW4)的值为 500 r/min,"温度"(VW12)的值为正常范围中的 700℃,单击工具栏中的"全部写入"按钮，将新值写入 PLC。

图 10-28 组态单击"报警回路"按钮的事件　　图 10-29 PLC 编程软件的状态图表

单击 WinCC flexible SMART 工具栏上的"启动运行系统"按钮，打开仿真面板(见图10-30)。用状态图表设置变量"事故信息"(VW10)的值为十六进制数 16#0003,在报警视图中出现"事故 1 到达 机组过速 500"和"事故 2 到达 过流保护",其中的"500"是报警文本中插入的变量"转速"的值。单击报警视图右下角的"确认"按钮，因为事故 1 和事故 2 同属于确认组 1,它们被同时确认,出现状态均为"到达确认"的事故 1 和事故 2 的报警消息。令变量"事故信息"的"当前值"为 16#0000,出现状态均为"到达确认离开"的事故 1 和事故 2 的报警消息。事故到达报警的背景色为红色,这是在报警类别编辑器中组态的。在报警文本中,用"QGR:1"表示报警属于确认组 1,用"QGR:0"表示报警不属于任何确认组。如果在组态"列"的时候没有勾选图10-26中的"确认组"复选框,报警文本不显示上述确认组的信息。

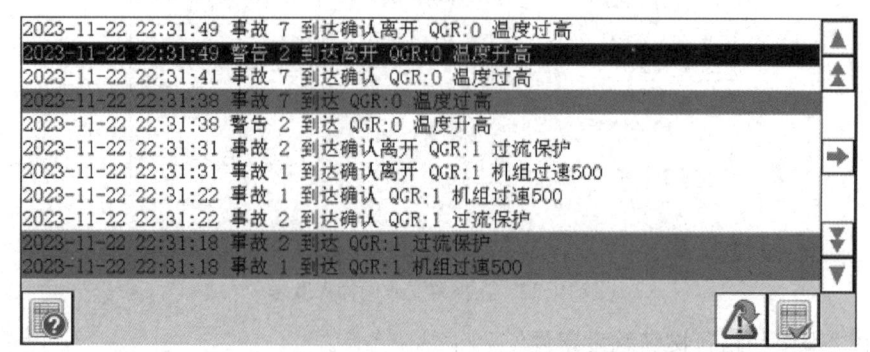

图 10-30 运行中的报警视图

将变量"温度"的值设为 880，出现"警告 2 到达 温度升高"和"事故 7 到达 温度过高"。单击"确认"按钮，出现"事故 7 到达确认 温度过高"。警告不需要确认。

将温度值设为 720，出现"警告 2 到达离开 温度升高"和"事故 7 到达确认离开 温度过高"。

选中一条包含"机组过速"的报警消息，单击报警视图中的"报警回路"按钮，将会切换到设置的"画面_1"。返回报警视图所在的初始画面，如果"机组过速"报警没有被确认，可以看到在切换画面的同时该报警被确认。

也可以用仿真器做上述的实验，用仿真器来设置有关变量的值。但是不能正确显示机组过速的事故信息中的转速值，该转速值用"#####"来代替。

在图 10-24 的"显示"选项组中选中"报警"单选按钮，启动运行系统，可以清除报警视图中的历史报警数据。

视频"精彩面板报警组态与仿真"可通过扫描二维码 10-5 播放。

二维码 10-5

10.5 用户管理的组态与仿真

在 WinCC flexible SMART V4 中创建一个名为"精彩面板用户管理"的项目（见配套资源中的同名例程），HMI 为 Smart 700 IE V4。在连接编辑器中生成连接。

在用户管理中，权限不是直接分配给用户，而是分配给用户组。组态时在组编辑器中为各用户组分配特定的访问权限。在用户编辑器中，将各用户分配到用户组，从而获得不同的权限。

1. 用户组的组态

双击项目视图中的"运行系统用户管理"文件夹中的"组"（见图 10-31），打开组编辑器。可以在组编辑器的表格或属性视图中改变组的名称和"组权限"表的权限名称。

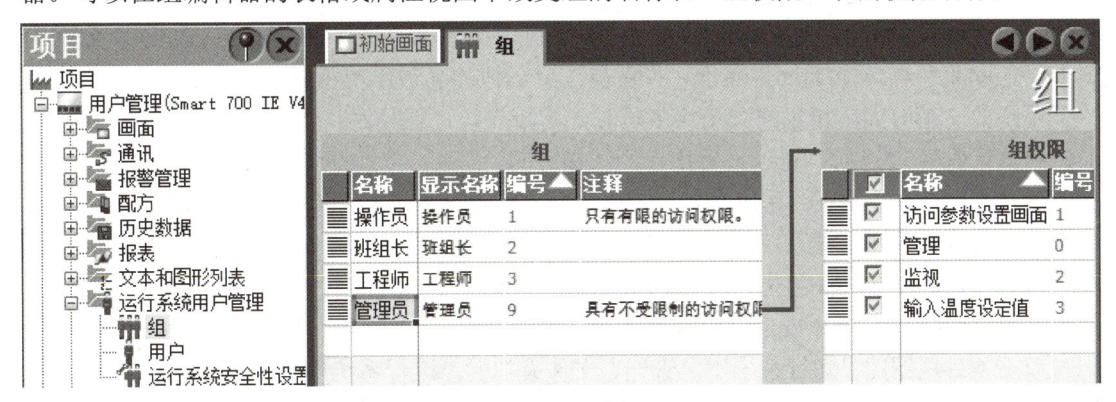

图 10-31 组编辑器

操作员用户组和管理员用户组是自动生成的。用户组和组权限的编号由用户管理器自动指定，名称和注释则由组态者指定。

双击"组"表格下面的空白行，将生成一个新的组，其名称是自动生成的，可以修改生成的组的参数。组的编号越大，权限越高。

选择某个用户组以后，通过勾选"组权限"表中的复选框，为该用户组分配权限。"操作""管理""监视"权限是自动生成的，将"操作"改为"访问参数设置画面"，同时增加"输入温度设定值"权限。

在图 10-31 中,"管理员"组的权限最高,拥有所有的操作权限。"工程师"组拥有"管理"之外的权限。"班组长"组只有"监视"和"输入温度设定值"的权限。"操作员"组的权限最低,只有"监视"权限。

用户在登录时,或者没有登录但要进行需要权限的操作时,需要输入用户名和密码。

2. 用户的组态

在用户编辑器中(见图 10-32)管理用户,将他们分配给用户组,以便在运行时控制对数据和函数的访问。

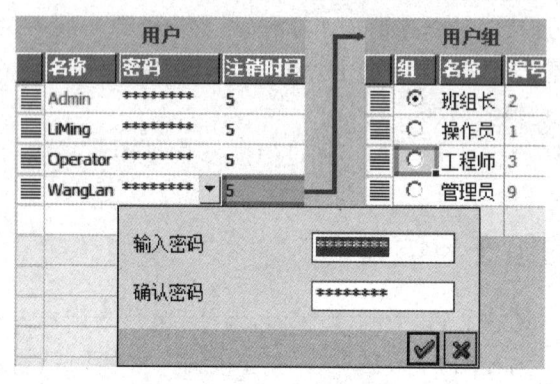

图 10-32 用户编辑器

双击项目视图的"运行系统用户管理"文件夹中的"用户",打开用户编辑器。它用于确定已存在的用户属于哪个用户组,一个用户只能分配给一个用户组,一个组可以有多个用户。用户的名称只能使用数字和字符,不能使用汉字,但是可以使用汉语拼音。选中"用户"表中的某一用户,在"用户组"表用单选按钮将该用户分配给某个用户组。

在用户编辑器中创建和选中用户"WangLan"(王兰),出现中间的深绿色箭头线,选中"班组长"组。用同样的方法设置"Operator"(操作员)属于"操作员"组,"LiMing"(李明)属于"工程师"组。"Admin"属于"管理员"组,他的名称用灰色显示,表示不可更改。

用户的注销时间是指用户登录后多长时间内没有访问操作时,用户权限被自动注销。一般使用默认值(5 分钟)。可以设置用户的注销时间。

两次单击某个用户的"密码"列,在弹出的对话框中输入密码和确认密码(见图 10-32),两次输入的值相同才会被系统接收。

密码可以包含数字和字母,设置"Operator"(操作员)的密码为 1000,"WangLan"(王兰)的密码为 2000,"LiMing"(李明)的密码为 3000,"Admin"(管理员)的密码为 9000。

双击项目视图的"运行系统用户管理"文件夹中的"运行系统安全性设置",可以设置密码的时效和对密码安全的要求,例如密码的最小长度、是否包含特殊字符等。

3. 组态用户视图

将工具箱的"增强对象"组中的"用户视图"拖放到初始画面(见图 10-33),用鼠标调整它的位置和大小。

选中属性视图左边窗口中的"常规",视图的类型只能选"简单的",设置行数为 6,还可以设置表头和表格的颜色和字体。

在初始画面中生成与用户视图配套的"登录用户"和"注销用户"按钮(见图 10-33)。

图 10-33 初始画面

运行时单击"登录用户"按钮，执行系统函数"ShowLogonDailog"（显示登录对话框）。运行时单击"注销用户"按钮，执行系统函数"Logoff"，当前登录的用户被注销，以防止其他人利用当前登录的用户的权限进行操作。在文本域"当前登录用户"的右边生成了一个 IO 域，它不是运行时必需的。选中它的属性视图左边窗口的"常规"，设置它的"模式"为输入/输出域，连接的过程变量为内部变量"用户名"。此外还生成了带有访问权限的"温度设定值"输入/输出域和画面切换按钮"参数设置"。

4. 访问保护的组态

访问保护用于控制对数据和函数的访问。将组态传送到 HMI 设备后，所有组态了访问权限的画面对象会得到保护，以避免在运行时受到未经授权的访问。

选中图 10-33 的"温度设定值"右边的输入/输出域，再选中它的属性视图左边窗口中的"安全"（见图 10-34），单击"权限"选择框右边的▼按钮，在出现的权限列表中（见图 10-35），选择"输入温度设定值"权限。如果没有勾选"启用"复选框，将不能在运行系统中对该输入域进行操作。如果勾选了"隐藏输入"复选框，IO 域中输入的数字或字符将用星号显示。

图 10-34 组态安全属性

图 10-35 权限列表

图 10-33 中的"参数设置"按钮用于切换到"参数设置"画面。在该画面中设置 PID 控制器的参数。为了防止未经授权的人员任意更改 PID 参数，在该按钮的安全属性视图中为它设置了"访问参数设置画面"权限。

在运行时用户单击画面中的对象，软件首先确认该对象是否受到访问保护。如果没有访问保护，执行为该对象组态的功能。如果该对象受到保护，软件首先确认当前登录的用户属于哪一个用户组，将该用户组组态的权限分配给该用户。

如果已登录的用户有访问该对象的授权，立即执行为该对象组态的功能。如果用户没有登录，或者已登录的用户没有必需的授权，则显示登录对话框，登录后运行系统检查用户是否有必需的授权。如果有，再一次单击该对象时立即执行组态的功能。如果登录不成功（用户名或密码输入错误），或者登录的用户没有访问该对象的权限，退出登录对话框后，用户还是不能访问该对象。

5. 组态调度器作业

在更改用户后，需要单击一下"当前登录用户"右边的 IO 域，才能显示新的用户名。为了解决这一问题，双击项目视图的"设备设置"文件夹中的"调度器"，打开图 10-36 中的调度器。双击表格的第一行，新建一个名为"作业_1"的作业，用下拉列表设置"事件"为"更改用户"。在出现更改用户事件时，调用系统函数"GetUserName"（获取用户名），并用名为"用户名"的内部变量保存。初始画面中文本域"当前登录用户"右边的 IO 域用变量"用户名"来显示登录的用户。

图 10-36 组态调度器作业

视频"精彩面板用户管理组态"可通过扫描二维码 10-6 播放。

6. 用户管理的仿真运行

单击工具栏上的"使用仿真器启动运行系统"按钮，出现仿真面板和仿真器。

二维码 10-6

单击图 10-37 初始画面中的"温度设定值"右边的 IO 域，出现"登录"对话框（见图 10-38），单击"用户"输入域，用出现的键盘输入用户名"WangLan"。单击"密码"输入域，输入密码 2000。输入用户名时不区分大小写，密码要区分大小写。单击"确定"按钮，登录对话框消失，输入过程结束。画面中"当前登录用户"IO 域中出现登录的用户名 WangLan，登录成功后可以用 IO 域修改"温度设定值"。双击用户视图第一行隐藏的 WangLan，可以用出现的对话框修改她的密码和注销时间。

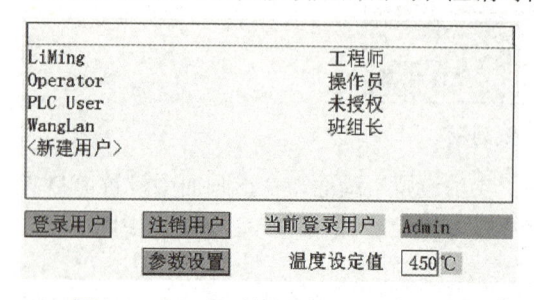

图 10-37 运行时的初始画面与用户视图

图 10-38 "登录"对话框

如果因为输入了错误的密码，登录没有成功，或者登录的用户没有输入温度设定值的权限，例如属于操作员组的用户，都不能修改温度设定值。

单击"参数设置"按钮，因为 WangLan 没有操作该按钮的权限，出现登录对话框。在登录对话框中输入拥有该权限的用户名"LiMing"和他的密码 3000。登录成功后，单击"参数设置"按钮，才能进入"参数设置"画面。参数修改完毕后，单击该画面中的"初始画面"按钮，返回初始画面。

单击"注销用户"按钮，当前登录的用户被注销。用户视图中 LiMing 的信息消失。图 10-37 文本域"当前登录用户"右边的 IO 域中的用户名 LiMing 同时消失。

7. 在运行系统中管理用户

在运行时可以用用户视图管理用户和用户组。拥有管理权限的管理员用户 Admin 可以不受限制地访问用户视图，管理所有的用户和添加新的用户。

单击"登录用户"按钮，在登录对话框中输入用户"Admin"和密码"9000"，单击"确定"按钮后，用户视图中出现所有用户的名称及其所属的用户组（见图 10-37，第一行的 Admin 被虚线方框遮住），此时可以对所有的用户进行操作（不包括 Admin 用户）。单击用户 LiMing，再单击出现的对话框中的某个参数（见图 10-39），可以用弹出的键盘来修改名称、密码和注销时间。单击"组"选择框，再单击选中出现的"组"列表中的"班组长"，按 ← 按钮返回用户视图，LiMing 被组态为属于"班组长"组。

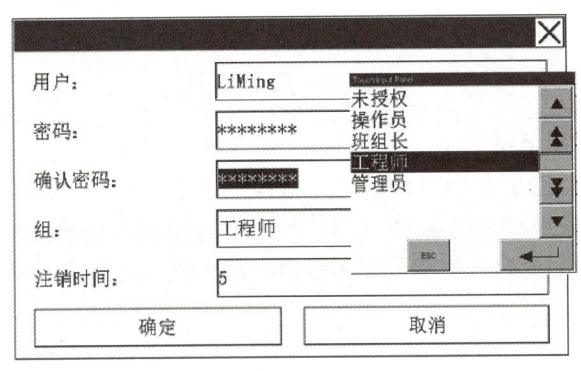

图 10-39 在运行时修改用户的参数

双击图 10-37 中的"〈新建用户〉"，在打开的对话框中设置好它的参数，可以生成一个新的用户。单击某个用户，在出现的对话框中单击他的用户名，在出现的字符键盘中，用 BSP（Backspace）按钮清除用户名，单击"确定"按钮，该用户被删除。

在用户视图中对用户管理进行的更改，在运行系统中立即生效。这种更改不会更新到工程组态系统中。

视频"精彩面板用户管理仿真"可通过扫描二维码 10-7 播放。

二维码 10-7

10.6 配方的组态与仿真

WinCC flexible SMART 与 TIA 博途中的配方组态方法基本相同，其主要区别在于 WinCC flexible SMART 只能使用简单的配方视图。

1. 生成配方变量

打开 S7-200 SMART 的编程软件，生成名为"配方"的项目，其 IP 地址为 192.168.2.1。

在符号表"表格1"中生成与配方有关的4个变量（见图10-40）。

在WinCC flexible SMART中创建一个名为"精彩面板配方管理"的项目（见配套资源中的同名例程），HMI为Smart 700 IE V4。在连接编辑器中生成名为"连接_1"的连接，在变量编辑器中生成配方使用的变量。

2. 生成配方的元素

单击项目视图的"配方"文件夹中的"添加配方"，在配方编辑器中生成名为"橙汁"的配方（见图10-41）。单击"元素"选项卡中的空白行，生成配方的元素。输入配方元素的名称和显示名称，单击"变量"列，在出现的变量列表中选择对应的变量。

图10-40 PLC的符号表

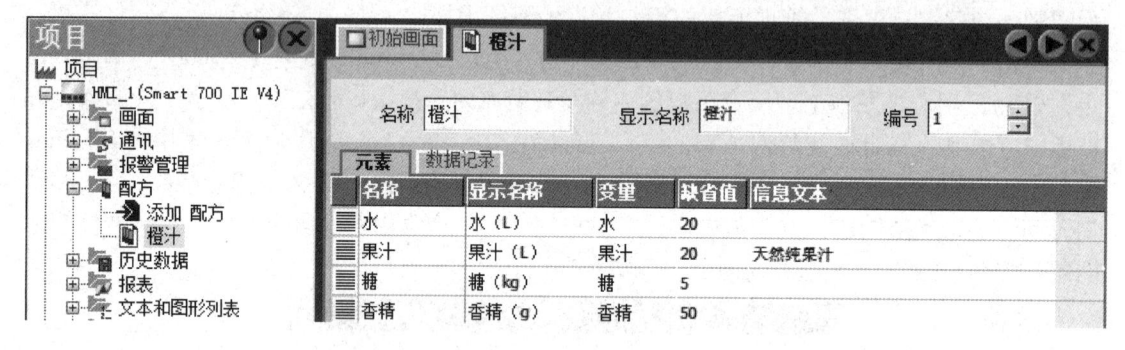

图10-41 配方的元素

3. 生成配方的数据记录

配方的数据记录对应于某个产品，对于果汁厂来说，需要在配方中为果汁饮料、浓缩果汁和纯果汁分别创建一个配方数据记录。单击配方编辑器中的"数据记录"选项卡（见图10-42），输入数据记录的名称和显示名称后，逐一输入各配方元素的数值。可以在HMI设备运行时新建和编辑配方数据记录。

图10-42 配方的数据记录

4. 设置配方的属性

单击图10-41最上面"橙汁"所在的行，在配方编辑器下面的配方属性视图（见图10-43的左图）中，设置配方的属性。选中左边窗口的"下载"，"与PLC同步配方数据"复选框相当于图7-6中的"协调的数据传输"复选框。勾选该复选框，选中连接编辑器中的"连接_1"，在"区域指针"选项卡（见图10-43的右图）设置"数据记录"区域指针的起始地址为VW20，并将"激活的"列设置为"开"。运行时"数据记录"区域指针中的状态字VW26为0时HMI和PLC才能传输数据。

5. 配方视图的组态

将工具箱的"增强对象"组中的"配方视图"拖拽到初始画面中。选中属性视图左边窗口的"常规","视图类型"只能选"简单视图"(见图10-44)。勾选"激活编辑模式"复选框,才能在运行时修改配方视图中配方元素的值。

图10-44 组态配方视图的常规属性

选中左边窗口的"文本",设置表格的文本为16像素。

选中左边窗口的"按钮",在右边窗口中设置图10-45中的菜单条目。右边窗口"简单视图"选项组中的"命令菜单"和"'返回'按钮"(如图10-46所示)分别对应于图10-45中的→和←按钮。

图10-45 运行时的简单配方视图

图10-46 组态配方视图的按钮属性

选中图10-47左边窗口的"简单视图",设置"每个配方项的行数"为1。"域长度"是指以字符为单位的配方元素值的列宽。

图 10-47 组态配方视图的简单视图属性

6. 配方数据传送的实验

配方实验需要使用硬件 PLC。用以太网电缆连接 S7-200 SMART 和计算机的以太网接口。将名为"配方"的程序下载到 S7-200 SMART，令 PLC 运行在 RUN 模式。打开监控各配方元素的状态图表，启动监控功能。单击 WinCC flexible SMART 工具栏上的"启动运行系统"按钮，打开仿真面板。

组态时未勾选图 10-43 中的"与 PLC 同步配方数据"复选框，配方视图与 PLC 的数据传输是"直通"的。HMI 开机后，简单配方视图显示出配方数据记录列表（见图 10-45a）。单击图 10-45a 中的"果汁饮料"，显示出该配方数据记录各元素的参数（见图 10-45b），单击按钮，将返回图 10-45a。

打开数据记录后单击按钮，进入图 10-45d。两次单击"至 PLC"，数据记录中各配方元素的值传送给 PLC 中对应的地址（见图 10-40），自动返回图 10-45b。在状态图表中修改PLC 中某配方元素的值，切换到图 10-45d，两次单击"从 PLC 读取"按钮，PLC 中各配方元素的值被上传，并在自动打开的图 10-45b 中显示出来。

如果想修改配方记录中的配方条目，单击图 10-45b 中的某个配方条目，例如"水"，用出现的键盘输入新的数值后单击按钮，返回图 10-45b。各条目修改完毕后，单击按钮，将出现询问是否保存被修改的数据记录的对话框，确认后返回图 10-45a。

在图 10-45a 中单击按钮，将进入图 10-45c。单击"新建"所在的行，出现新的数据记录，它的各元素的数值为图 10-41 中的配方元素的缺省值（即默认值）。用前述的方法修改配方元素的值，单击按钮，将进入图 10-45d，单击"保存"所在的行，单击出现的"另存为"对话框的"名称"输入域，用出现的键盘输入新的数据记录的名称，单击"确定"按钮后返回图 10-45b。单击按钮返回图 10-45a，可以看到新生成的配方数据记录。

在图 10-45a 中选中某个数据记录，单击按钮，进入图 10-45c。两次单击"删除"所在的行，单击出现的对话框中的"是"按钮后返回图 10-45a，选中的数据记录被删除。

10.7 数据记录、报警记录与趋势视图的组态与仿真

10.7.1 数据记录

数据记录的基本概念见 6.1.1 节。Smart Panel V4 只能使用一个数据记录和一个报警记录，每个数据记录最多可以有 40 个变量。

创建一个名为"精彩面板数据记录"的项目（见配套资源中的同名例程），HMI 为 Smart 700 IE V4。在连接编辑器中生成名为"连接_1"的连接。

1. 组态数据记录

双击项目视图"历史数据"文件夹中的"数据记录"，打开数据记录编辑器（见图 10-48 上图）。双击编辑器的第 1 行，自动生成一个数据记录，系统自动指定新的数据记录的默认值，然后可以对默认值进行修改和编辑，数据记录的名称不能使用汉字。可以用数据记录编辑器的表格或数据记录的属性视图定义数据记录的属性。

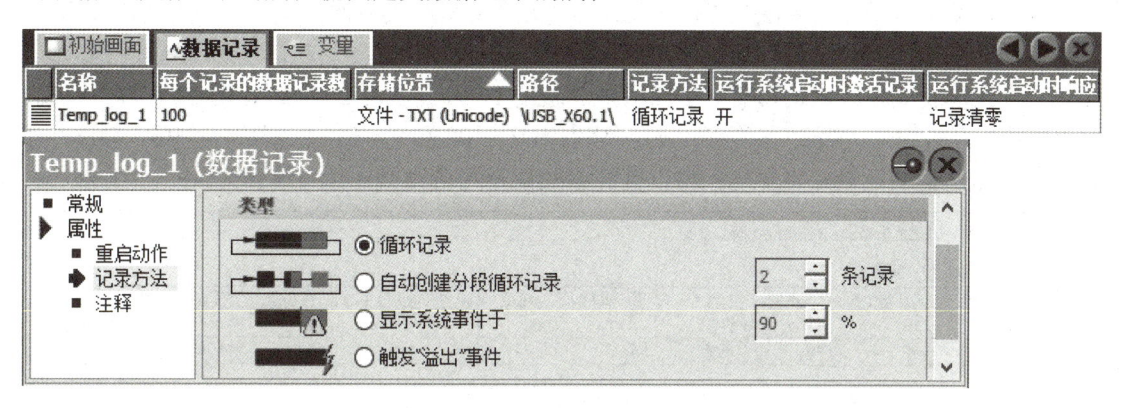

图 10-48　数据记录编辑器与属性视图

WinCC flexible SMART Runtime 使用 U 盘（USB 设备）作为存储介质，最多可连接 4 个 USB 设备的 USB 集线器，在"路径"列选择"USB_X60.1"，表示使用第一个 USB 设备。支持的存储类型为 TXT 文件（Unicode），可用于亚洲语言。

图 10-48 上图中"每个记录的数据记录数"是可以存储在数据记录中的最大数据条目数。"记录方法"为"循环记录"。"运行系统启动时激活记录"列设置为"开"，在运行系统启动时开始进行记录。在"运行系统启动时响应"列，可以选择"记录清零"或"添加数据到现有记录的后面"。

数据记录的"记录方法"列有以下 4 个选项（见图 10-48 下图）。

1)"循环记录"：当记录记满时，最早的条目将被覆盖。

2)"自动创建分段循环记录"：创建具有相同大小的指定记录数的记录，并逐个进行填充。当各段的记录被完全填满时，最早的记录将被覆盖。记录的最大编号的默认值为 2，最小编号为 0。

3)"显示系统事件于"：达到定义的填充比例（默认值为 90%）时，将触发系统报警。

4)"触发'溢出'事件"：记录一旦填满，将触发"溢出"事件，执行组态的系统函数。达到组态的记录数时，不再记录新的变量值。

2. 变量的记录属性

在变量编辑器中创建 Int 型变量"温度 1"和"温度 2"（见图 10-49），指定用数据记录"Temp_log_1"来记录这两个变量。有以下 3 种"记录采集模式"可供选择。

1)"变化时"：HMI 设备检测到变量值改变（例如断路器的状态改变）时记录变量值。

2)"根据命令"：通过调用系统函数"LogTag"（记录变量）来记录变量值。

3)"循环连续"：根据设置的记录周期记录变量值。

名称	连接	数据类型	地址	采集周期	数据记录	记录采集模式	记录周期
温度1	连接_1	Int	VW 10	1 s	Temp_log_1	循环连续	1 s
温度2	连接_1	Int	VW 12	1 s	Temp_log_1	循环连续	1 s
溢出灯	连接_1	Bool	Q 0.0	1 s	<未定义>	循环连续	<未定义>

图 10-49　变量表

3. 数据记录的仿真运行

（1）循环记录

图 10-48 设置的记录方法为“循环记录”，“运行系统启动时激活记录”列为“开”，运行系统启动时的响应为“记录清零”。单击工具栏上的“使用仿真器启动运行系统”按钮，出现仿真面板和仿真器。在仿真器中生成变量“温度 1”和“温度 2”（见图 10-50），设置它们的“模拟”方式均为“Sine”（正弦），范围分别为 0～100 和 0～50，“周期”为 50s。勾选“开始”列的复选框，变量开始变化。将设置的参数保存为仿真器文件“精彩记录”。

无标题 - WinCC flexible Runtime Simulator

文件(F)　编辑(E)　查看(V)　?

变量	数据类型	当前值	格式	写周期 (s)	模拟	设置数值	最小值	最大值	周期	开始
温度1	INT	92	十进制	1.0	Sine		0	100	50.000	☑
温度2	INT	46	十进制	1.0	Sine		0	50	50.000	☑

图 10-50　变量仿真器

记录一定的数据后关闭仿真器，图 10-51 是计算机的文件夹“C:\USB_X60.1\Temp_log_1\”中的文本文件“Temp_log_10.txt”中的数据记录。“VarName”为变量的名称，“TimeString”为字符串格式的时间标记，“VarValue”为变量的值，“Validity”（有效性）为 1 表示数值有效，为 0 为表示出错。“Time_ms”是以 ms（毫秒）为单位的时间标志。

*Temp_log_10 - 记事本

文件(F)　编辑(E)　格式(O)　查看(V)　帮助(H)

"VarName"	"TimeString"	"VarValue"	"Validity"	"Time_ms"
"温度2"	"2023-12-01 21:40:04"	0	1	45261902831.435188
"温度1"	"2023-12-01 21:40:04"	0	1	45261902831.435188
"温度2"	"2023-12-01 21:40:05"	0	1	45261902843.043983
"温度1"	"2023-12-01 21:40:05"	0	1	45261902843.043983
"温度2"	"2023-12-01 21:40:06"	25	1	45261902854.687500
"温度1"	"2023-12-01 21:40:06"	50	1	45261902854.699074
"温度2"	"2023-12-01 21:40:07"	28	1	45261902866.388893
"温度1"	"2023-12-01 21:40:07"	56	1	45261902866.388893
"温度2"	"2023-12-01 21:40:08"	28	1	45261902878.043983
"温度1"	"2023-12-01 21:40:08"	56	1	45261902878.043983
"RT_OFF"	"2023-12-01 21:40:09"	0	2	45261902890.844910
"RT_COUNT"	11			

图 10-51　数据记录文件

将“运行系统启动时响应”列由“记录清零”改为“添加数据到现有记录的后面”，记录结束后打开记录文件，可以看到新记录的数据在上一次运行时记录的数据下面。

（2）自动创建分段循环记录

将数据记录 Temp_log_1 的“每个记录的数据记录数”改为 10，“记录方法”改为“自动创建分段循环记录”。Temp_log_1 表格中的“记录数”为 2，将会生成 3 个记录文件，运行系统启动时的响应为“记录清零”。单击工具栏上的“使用仿真器启动运行系统”按钮，打开仿真器文件“精彩记录”，超过 30s 后退出运行系统。

打开计算机的文件夹"C:\USB_X60.1\Temp_log_1",其中的文件为"Temp_log_10.txt""Temp_log_11.txt"和"Temp_log_12.txt"。每个文件最多记录 10 个数据,3 个记录文件组成一个"环形"。某个记录文件记满后,将新数据存储在下一个文件中。

(3)显示系统报警

将数据记录 Temp_log_1 的数据记录数改为 30,重启时"记录清零"。记录方法改为"显示系统报警"(属性视图中为"显示系统事件于"),"填充量"为默认的 90%。

在初始画面中组态一个报警视图(见图 10-52)。选中报警视图的属性视图左边窗口中的"常规",选中"报警缓冲区"单选按钮(见图 10-24),仅启用"报警类别"选项组中的"系统"类别。

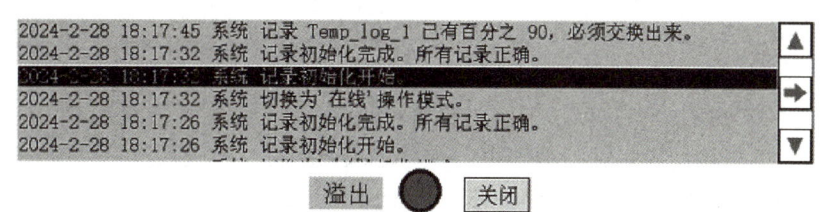

图 10-52 初始画面中的报警视图

选中属性视图左边窗口中的"布局"(见图 10-25),设置"每个报警的行数"为 1。"视图类型"只能选"简单"。

选中属性视图左边窗口中的"文本",设置字体为 14 像素。

选中属性视图左边窗口中的"显示",设置报警视图不显示按钮(见图 10-52)。

选中属性视图左边窗口中的"列"(见图 10-26),设置只显示"时间""日期""报警文本""类别名"列。选中"最新的报警最先"单选按钮。

单击工具栏上的"使用仿真器启动运行系统"按钮,打开仿真器文件"精彩记录",开始仿真运行。记录了 27 个数据时,出现报警消息"记录 Temp_log_1 已有百分之 90,必须交换出来"(见图 10-52)。

打开计算机的文件夹"C:\USB_X60.1\Temp_log_1"中的文件"Temp_log_10.txt",可以看到该文件记录了 30 个数据(文件一共有 31 行)。

(4)触发事件

设置数据记录 Temp_log_1 的数据记录数为 30,"记录方法"为"触发事件"(属性视图中为"触发'溢出'事件")。选中数据记录的属性视图左边窗口的"溢出"(见图 10-53),设置有溢出事件时将变量"溢出灯"(Q0.0)置位,点亮初始画面中的溢出指示灯。

图 10-53 组态溢出事件

单击工具栏上的"使用仿真器启动运行系统"按钮,打开仿真器文件"精彩记录",开始仿真运行。在记录文件 Temp_log_1 记满设置的 30 个数据时,出现溢出,初始画面的"溢出"指示灯亮（见图 10-52）。单击画面中的"关闭"按钮，"溢出"指示灯熄灭。

打开文件夹"C:\USB_X60.1\Temp_log_1\"中的文件"Temp_log_10.txt"，可以看到该文件记录了 30 个数据。

视频"精彩面板数据记录（A）"和"精彩面板数据记录（B）"可通过扫描二维码 10-8 和二维码 10-9 播放。

二维码 10-8　二维码 10-9

10.7.2 报警记录

报警记录的基本原理见 6.2 节，Smart Panel V4 只能使用一个报警记录。

创建一个名为"精彩面板报警记录"的项目（见配套资源中的同名例程），HMI 为 Smart 700 IE V4。在连接编辑器中生成名为"连接_1"的连接。

1. 组态报警记录

双击项目视图的"历史数据"中的"报警记录"，在报警记录编辑器中生成默认名称为"Alarm_log_1"的报警记录（见图 10-54），报警记录的名称不能使用汉字。"每个记录的数据记录数"为 500，在"路径"列中选择第一个 USB 设备作为存储介质。记录方法为"循环记录"。

名称	每个记录的数…	存储位置	路径	记录方法	记录数	填充量	运行系统启动时激活记录	运行系统启动时响应
Alarm_log_1	500	文件 - TXT (Unicode)	\USB_X60.1\	循环记录	10	90	开	记录清零

图 10-54　报警记录编辑器

双击项目视图的"报警管理\设置"文件夹中的"报警类别"，将报警记录"Alarm_log_1"指定给报警类别"错误"（见图 10-55）。修改报警的"显示名称"和各类别 3 种状态的名称（见图 10-19）。将"CD 颜色"（到达离开的背景色）修改为白色。

名称	显示名称	确认	记录	C 颜色	CD 颜色	CA 颜色	CDA 颜色
错误	事故	"已激活"状态	Alarm_log_1				
警告	警告	关	<无记录>				
系统	系统	关	<无记录>				

图 10-55　组态报警类别

2. 组态报警和报警视图

双击项目视图中的"离散量报警"，在离散量报警编辑器中生成用变量"事故信息"（MW10）最低 3 位触发的 3 个报警（见图 10-56）。

编号	文本	报警类别	触发变量	触发器位	触发器地址	报警组
1	机组过速	错误	事故信息	0	M 11.0	<无组>
2	机组过流	错误	事故信息	1	M 11.1	<无组>
3	机组过压	错误	事故信息	2	M 11.2	<无组>

图 10-56　离散量报警编辑器

将工具箱的"增强对象"组中的报警视图拖放到初始画面。选中报警视图的属性视图左边窗口的"常规"，选中"报警缓冲区"单选按钮（见图 10-24）。勾选"报警类别"选项组中的"错误"复选框。

选中属性视图左边窗口中的"布局"（见图 10-25），设置"每个报警的行数"为 1，"视图类型"只能选"简单"。

选中属性视图左边窗口中的"显示"，设置报警视图显示滚动条和所有的按钮。

选中属性视图左边窗口中的“列”，设置报警视图显示哪些列，与图 10-26 的区别在于未勾选“确认组”。选中“最新的报警最先”单选按钮。

3. 仿真调试

单击工具栏的“使用仿真器启动运行系统”按钮，出现仿真器和仿真面板（见图 10-57）。在仿真器中生成变量“事故信息”，在“设置数值”列中输入 0001 或 1，按〈Enter〉键后将它写入变量“事故信息”。MW10 的第 0 位（M11.0）变为 1，报警视图显示报警消息“事故 1 到达 机组过速”。单击报警视图右下角的“确认”按钮，出现报警消息“事故 1 到达确认 机组过速”。将 0 写入“设置数值”列，按〈Enter〉键后 M11.0 变为 0，出现报警消息“事故 1 到达确认离开 机组过速”。先后将 2 和 0 写入“设置数值”列，M11.1 变为 1 然后变为 0，出现报警消息“事故 2 到达 机组过流”和“事故 2 到达离开 机组过流”。单击“确认”按钮，出现报警消息“事故 2 到达离开确认 机组过流”。

	变量	数据类型	当前值	格式	写周期 (s)	模拟	设置数值	最小值	最大值	周期	开始
	事故信息	UINT	0001	十六进制	1.0	<显示>	0001	0000	FFFF		
*	—										

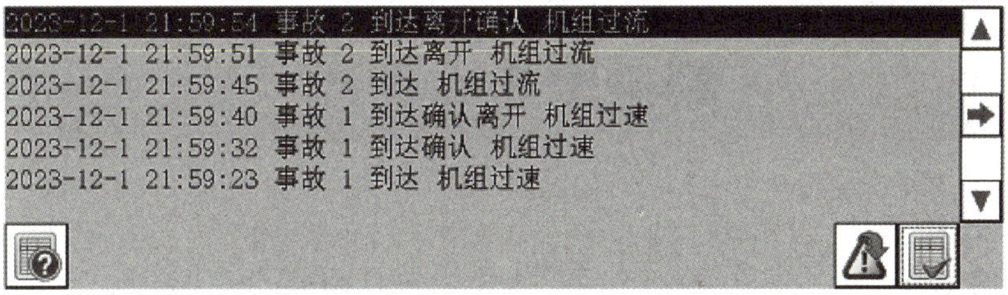

图 10-57　仿真器和运行时的报警视图

根据报警记录的组态，在运行系统启动时，数据记录清零后开始进行记录（见图 10-54）。关闭仿真器后，打开计算机的文件夹“C:\USB_X60.1\Alarm _log_1”中的“Alarm_log_10.txt”，可以看到该文件记录的 6 条报警消息，图 10-58 是经过适当调整的报警记录文件。该文件各列的意义与图 6-17 的相同。

*Alarm_log_10 - 记事本

文件(F)　编辑(E)　格式(O)　查看(V)　帮助(H)

"Time_ms"	"MsgProc"	"StateAfter"	"MsgClass"	"MsgNumber"	"Var1"~"Var8"	"TimeString"	"MsgText"	"PLC"
45261916245.196762	2	1	1	1		"2023-12-01 21:59:23"	"机组过速"	连接_1
45261916347.638885	2	3	1	1		"2023-12-01 21:59:32"	"机组过速"	连接_1
45261916439.282410	2	2	1	1		"2023-12-01 21:59:40"	"机组过速"	连接_1
45261916501.435188	2	1	1	2		"2023-12-01 21:59:45"	"机组过流"	连接_1
45261916567.071762	2	0	1	2		"2023-12-01 21:59:51"	"机组过流"	连接_1
45261916597.824074	2	6	1	2		"2023-12-01 21:59:54"	"机组过流"	连接_1

图 10-58　报警记录文件

如果有硬件 PLC，可以用 S7-200 SMART 的项目“报警”的状态图表中的变量“事故信息”触发离散量报警来调试报警记录功能。具体的方法可参考 10.4 节中的“7.报警的调试”。

10.7.3 趋势视图

1. 生成趋势视图

WinCC flexible SMART 和 TIA 博途中的趋势视图的组态和使用的方法基本相同。WinCC flexible SMART 的趋势视图相当于 TIA 博途中的 f(t)趋势视图，它没有 TIA 博途的 f(x)趋势视图。

创建一个名为"精彩面板趋势视图"的项目（见配套资源中的同名例程），HMI 为 Smart 700 IE V4。在连接编辑器中生成名为"连接_1"的连接。

将工具箱的"增强对象"中的"趋势视图"拖拽到初始画面中（见图 10-59），用鼠标调节它的大小和位置。

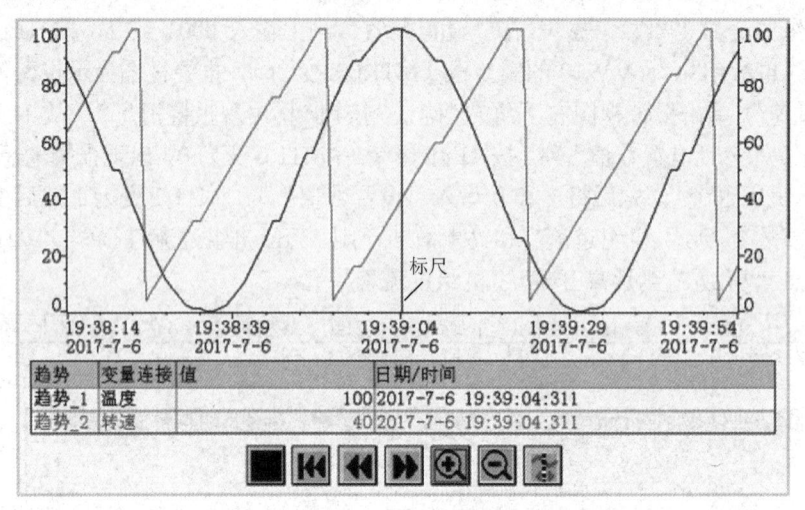

图 10-59　运行时的趋势视图

2．趋势视图组态

趋势视图的组态方法可以参考 6.3.1 节 TIA 博途中的 f(t)趋势视图的组态方法。选中属性视图左边窗口中的"常规"（见图 10-60），"行数"是数值表的行数。可组态字体的样式和大小，设置是否显示数值表、标尺和表格线。

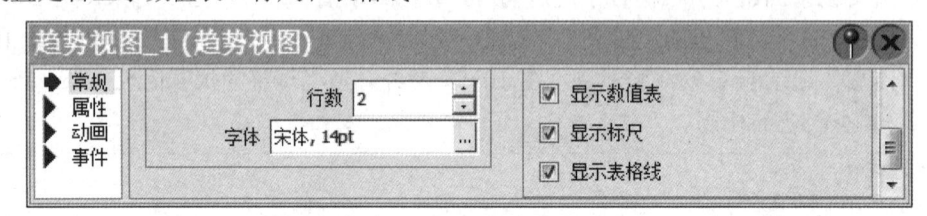

图 10-60　组态趋势视图的常规属性

选中属性视图左边窗口"属性"类别中的"轴"，勾选 x 轴和左、右侧数值轴选项组中的"坐标轴标签"复选框，才能显示坐标轴刻度旁边的数字。

选中属性视图左边窗口中的"表格"，设置表格和表头的字体为 14 像素。

选中属性视图左边窗口中的"趋势"（见图 10-61），生成用来显示 PLC 变量"温度"和"转速"的两个趋势。"趋势类型"为"周期性实时"，"边"列用于设置趋势使用左边或右边的数值轴。

图 10-61　组态趋势视图的趋势属性

3．生成和组态启停按钮

生成趋势视图后，发现没有图 6-20 那样的趋势视图自带的按钮。图 10-59 中的按钮是编者生成的，读者可以将例程"精彩面板趋势视图"的趋势视图按钮复制到其他项目的趋势视图中使用。下面首先介绍启停按钮的生成方法。

将工具箱的简单对象组中的"开关"拖拽到趋势视图的下面，选中属性视图左边窗口的"属性"类别中的"布局"，设置它的高度和宽度均为 40，调节好它的位置。选中属性视图左边窗口中的"常规"（见图 10-62），设置"类型"为"通过图形切换"。它连接的变量"启停变量"是 HMI 的内部变量。

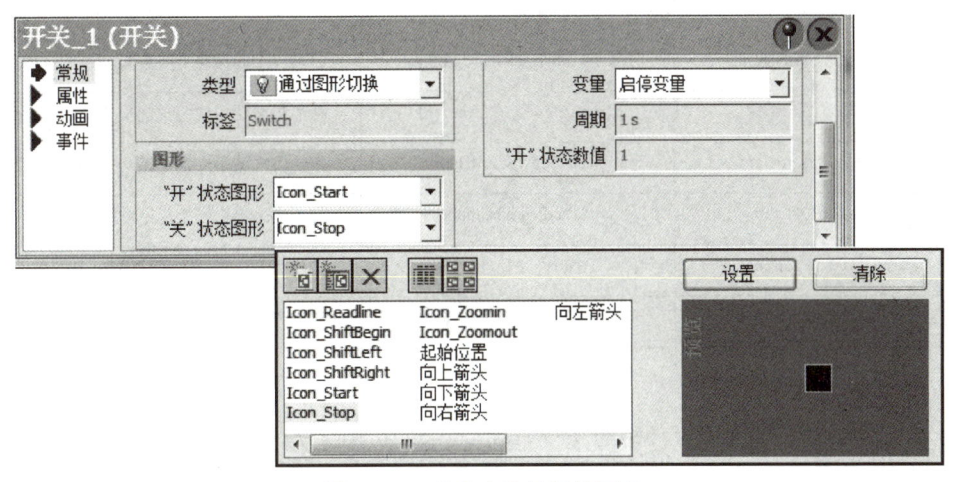

图 10-62　组态启停按钮的图形

保存各按钮上的图形符号的压缩文件"Graphics.zip"在文件夹"C:\Program Files (x86)\Siemens\SIMATIC WinCC flexible\WinCC flexible SMART Support\Graphics"中，将该压缩文件解压，解压后的子文件夹"RuntimeControl Icons\Trend View"中有需要的图形文件。

单击"'关'状态图形"选择框右侧的 ▼ 按钮，再单击图 10-62 下图左上角的"从文件创建新图形"按钮，在"打开"对话框中打开上述保存待用文件的文件夹，双击其中后缀为 bmp 或 wmf 的文件"Icon_Stop"（黑色的小正方形），返回属性视图，"Icon_Stop"出现在"'关'状态图形"选择框中，同时"Icon_Stop"出现在图 10-62 下图的图形预览器中。用同样的方法设置"'开'状态图形"为"Icon_Start"（向右的黑色三角形）。

选中属性视图左边窗口的"事件"类别中的"更改"（见图 10-63），设置单击它时调用系统函数"用于图形对象的键盘操作"文件夹中的"TrendViewStartStop"，画面对象为"趋势视图_1"。运行时单击该按钮，趋势视图停止运行，按钮上的图形变为 ▶。再次单击该按钮，趋势视图重新启动，按钮上的图形变为 ■。

图 10-63　组态开关切换的事件

4．生成和组态其他按钮

将工具箱中的"按钮"拖拽到趋势视图下面，选中属性视图左边窗口中的"属性"类的

"布局",设置它的高度和宽度均为40,放在启停按钮的右边。选中属性视图左边窗口中的"常规",选中"按钮模式"和"图形"选项组中的"图形"单选按钮。"按钮'未按下'时显示的图形"为"Icon_ShiftBegin"(见表 10-1)。选中属性视图左边窗口的"事件"类别的"单击",设置单击该按钮时调用系统函数 TrendViewBackToBeginning,画面对象为"趋势视图_1"。运行时单击该按钮,趋势视图向后翻页到趋势记录的开始处。

各按钮上的图形和图形文件、调用的系统函数和按钮的功能见表 10-1。

表 10-1 按钮的图形文件和调用的系统函数

图形	图形文件	系统函数	功能
◄◄	Icon_ShiftBegin	TrendViewBackToBeginning	趋势视图向后翻页到趋势记录的开始处
◄◄	Icon_ShiftLeft	TrendViewScrollForward	在趋势视图中向右滚动一个显示宽度
►►	Icon_ShiftRight	TrendViewScrollBack	在趋势视图中向左滚动一个显示宽度
⊕	Icon_Zoomin	TrendViewExtend	减少在趋势视图中显示的时间段
⊖	Icon_Zoomout	TrendViewCompress	增加在趋势视图中显示的时间段
⋮	Icon_Readline	TrendViewSetRulerMode	在趋势视图中隐藏或显示标尺

5. 仿真调试

单击工具栏上的"使用仿真器启动运行系统"按钮,在图 10-64 的仿真器中生成趋势中的变量"温度"和"转速",设置好它们的模拟方式、最大值、最小值和周期,写周期为默认的1s。用"开始"列的复选框启动这两个变量,用仿真器文件"精彩趋势"保存仿真参数。运行一段时间后得到的趋势曲线如图 10-59 所示。

变量	数据类型	当前值	格式	写周期(s)	模拟	设置数值	最小值	最大值	周期	开始
温度	INT	100	十进制	1.0	Sine		0	100	50.000	✓
转速	INT	28	十进制	1.0	增量		0	100	25.000	✓

图 10-64 仿真器

单击启动/停止趋势图按钮,可以启动或停止趋势视图的动态显示过程。

单击图 10-59 中的 ⊖ 按钮,趋势曲线被压缩;单击 ⊕ 按钮,趋势曲线被扩展。

曲线被扩展后单击 ◄◄ 按钮或 ►► 按钮,趋势曲线向右或向左滚动一个显示宽度。用这样的方法可以显示记录的历史数据。单击 ◄◄ 按钮,趋势曲线向后翻页到趋势记录的开始处,最右边是当前的时间值。

趋势视图下面的数值表动态显示趋势曲线与标尺交点处的变量值和时间值。单击 ⋮ 按钮,可以显示或隐藏标尺。用鼠标左键按住图 10-59 中的标尺并移动鼠标,可以使标尺右移或左移。

二维码 10-10　　视频"精彩面板趋势视图组态与仿真"可通过扫描二维码 10-10 播放。

10.8 习题

1. 简述精彩面板的主要性能指标。
2. Smart Panel V4 有哪些通信接口?

3．怎样关闭和重新显示工具箱？

4．属性视图右上角的 按钮有什么作用？

5．怎样使 WinCC flexible SMART 窗口的排列恢复到图 10-2 的初始状态？

6．怎样快速打开和关闭画面中某对象的属性视图？

7．在 WinCC flexible SMART 中新建一个名为"电动机控制"的项目，HMI 为 Smart 700 IE V4，组态它与 S7-200 SMART 的以太网连接。

8．在项目"电动机控制"的变量表中，生成 Bool 变量"正转接触器"、"反转接触器"（Q0.0 和 Q0.1）、"正转按钮"、"反转按钮"和"停车按钮"（M0.0～M0.2），以及 Int 型变量"转速测量值"（VW0）和"转速预设值"（VW2）。编写 S7-200 SMART 的异步电动机正反转控制的梯形图程序。

9．在项目"电动机控制"的初始画面中，生成显示电动机"正转"和"反转"的两个指示灯。在指示灯下面生成显示它们的名称的文本域。

10．在项目"电动机控制"的初始画面中，生成控制电动机的"正转""反转""停车"的按钮。

11．在项目"电动机控制"的初始画面中，生成显示"转速测量值"的输出域和对应的文本域，以及连接变量"转速预设值"的输入/输出域和对应的文本域。

12．用仿真器检查项目"电动机控制"初始画面中的指示灯、按钮和 IO 域的功能。

13．怎样用 Smart 700 IE V4 的控制面板设置以太网通信的参数？

14．按 10.4 节的要求组态一个用于报警的项目。

15．按 10.5 节的要求组态一个用于用户管理的项目。

16．按 10.6 节的要求组态一个用于配方管理的项目。

17．按 10.7.1 节的要求组态一个用于数据记录的项目。

18．按 10.7.2 节的要求组态一个用于报警记录的项目。

第 11 章　Unified 精智面板的组态与仿真

11.1　Unified 精智面板

1. Unified 精智面板的特点

2020 年西门子发布的 Unified 精智面板是精智面板的新一代产品。其宽屏显示器采用工业级电容式多点触摸屏，6 个型号的触摸屏的尺寸分别为 7in、10in、12in、15in、19in 和 22in。

与智能手机或平板电脑一样，Unified 精智面板支持多点触控和手势操作，例如用滑动手势切换屏幕，对趋势控件和网页控件进行放大和平移，对报警控件和文本列表进行滚动操作。此外，用户甚至可以戴着手套进行操作。

Unified 精智面板显著地提高了面板的硬件性能，提升了 CPU 的主频，扩大了内存，使面板能够胜任更大、更为复杂的 HMI 任务。面板背面有 RS-485/422 接口、两个以太网接口和 4 个 USB 3.0 接口。两个 SD 插槽用于系统备份和数据存储。采用无风扇设计，可以用于比较恶劣的环境。

Unified 精智面板由 TIA 博途中的新型可视化软件 SIMATIC WinCC Unified 提供支持。该软件也可以用于组态精简面板、精智面板、移动面板和 WinCC 高级版运行系统。

面板预装了网页浏览器、办公软件、PDF 阅读器和媒体播放器等应用程序，可以处理多媒体文件和不同格式的文档。

Unified 精智面板支持工业边缘（Industrial Edge）计算功能，边缘计算是一种使计算机数据存储更接近需要的位置的分布式计算模式。用户可以通过 TIA 博途自己编写 App（应用程序），下载安装到面板后运行这些 App，直接在机器上处理和分析数据，以实现项目特定的要求。

Unified 精智面板可以自定义 Web 控件，支持动态和静态 SVG 图形，增加了物体旋转等功能；支持 JavaScript 和 HTML5（超文本标记语言），不再支持 VBScript。

启动 WinCC Unified 运行系统后，可以通过计算机或移动设备的 Web 浏览器访问可视化画面。这些设备的操作系统可以是 Windows、Android 或 macOS、iOS。

2. 软件的安装

SIMATIC WinCC Unified 是 TIA 博途中支持 Unified 精智面板的全新可视化系统。从 TIA 博途 V16 开始支持该软件，计算机的操作系统应为 Windows 10 或 Windows 11 专业版、企业版或某些服务器的操作系统。

安装了配套资源中的软件 TIA_Portal_STEP7_Prof_Safety_WINCC_Adv_Unified_V18 之后，需要安装 WinCC Unified 设备的仿真软件 SIMATIC_WinCC_Unified_PC_V18。S7-PLCSIM_V18_SP2 包含 S7-PLCSIM Advanced V5 Upd2，后者是用于 S7-1500 的仿真软件。

11.2 生成项目与组态画面

11.2.1 生成项目

1. 生成 PLC 站点

打开 TIA 博途，单击工具栏上最左边的"新建项目"按钮，创建一个名为"1500_unified PC"的项目。PLC 与 WinCC Unified 的运行系统组合仿真时，PLC 的仿真软件是 S7-PLCSIM Advanced，这个软件不支持 S7-1200，PLC 只能选 S7-1500、分布式 IO 系统 ET 200SP 和 ET 200pro 的 CPU。

双击项目树中的"添加新设备"，自动选中对话框中的"控制器"按钮，双击要添加的 CPU 1511-1 PN 的订货号，生成一个名为"PLC_1"的 PLC 站点。在出现的"PLC 安全设置"对话框中，取消勾选"保护 TIA Portal 项目和 PLC 中的 PLC 组态数据安全"复选框。单击"下一步"按钮，"仅支持 PG/PC 和 HMI 的安全通信"复选框被自动勾选。单击"下一步"按钮，将访问等级设置为"完全访问权限"，访问 PLC 无需密码。CPU 的以太网接口的 IP 地址为默认的 192.168.0.1，子网掩码为默认的 255.255.255.0。设置系统存储器字节为 MB1。

2. 生成 PC 系统站点

双击项目树中的"添加新设备"，选中对话框中的"PC 系统"按钮，PC 系统站点是基于 PC 的人机界面。单击项目树中的"添加新设备"，单击"PC 系统"按钮，打开设备列表中的文件夹"PC 系统\SIMATIC HMI 应用软件"，双击其中的"SIMATIC WinCC Unified PC"，生成默认名称为"PC-System_1"的 PC 站点，该站点自带 WinCC Unified PC RT（RT 为运行系统）。PC 站点的设备视图被打开，将右边的硬件目录窗口的"通信模块\PROFINET/ Ethernet"文件夹中的"常规 IE"通信模块拖拽到 PC 站点的插槽中。其以太网接口的默认 IP 地址为 192.168.0.1，需要将它改为 192.168.0.2。

3. 组态 HMI 连接

单击网络视图左上角的"连接"按钮，采用默认的"HMI 连接"。用拖拽的方法在网络视图中生成图 11-1 所示的"HMI_连接_1"和网络线。

图 11-1 网络视图

打开 PLC 的默认变量表，生成图 2-14 中的 5 个变量。在 OB1 中生成图 2-38 中的程序。

视频"生成 WinCC Unified 的项目与组态通信"可通过扫描二维码 11-1 播放。

二维码 11-1

11.2.2 组态画面

1. 工具箱的新增功能

单击"画面"文件夹中的"添加新画面",生成一个名为"画面_1"的画面,在最右边的任务卡窗口中打开工具箱。与精智面板相比,"基本对象"窗格中新增了椭圆扇形、椭圆弧、扇形和圆弧。"元素"窗格中新增了单选按钮、复选框、列表框和触摸板区域。

新增的"我的控件"窗格中的"Audit Viewer"(跟踪查看器)用于以表格形式评估运行系统中审计跟踪的所有数据。"报表"对象在运行系统中创建和管理报表任务,可访问通过报表作业生成的报表。可以使用"Plant overview"(设备概况)对象在运行系统中显示组态的设备视图。用它导航至工厂结构内的设备对象,使工厂概况一目了然。"我的控件"窗格还可以保存自定义的 Web 控件和更新自定义的 Web 控件。

新增的"动态部件"窗格支持动态 SVG(可缩放的矢量图形),并提供了大量实例,用户可以将变量关联到其动态接口上,轻松地实现图形动态化显示。

2. 巡视窗口中属性的两种排序方式

SIMATIC WinCC Unified 的画面对象的巡视窗口的属性设置界面(见图 11-2)与图 2-19 中相同对象的设置界面有较大的差异。图 11-2 中左边窗口的属性按属性类别排序,此时按钮 ⊟ 用于显示属性列表中所有的详细信息,按钮 ⊟ 用于隐藏属性列表中的详细信息。

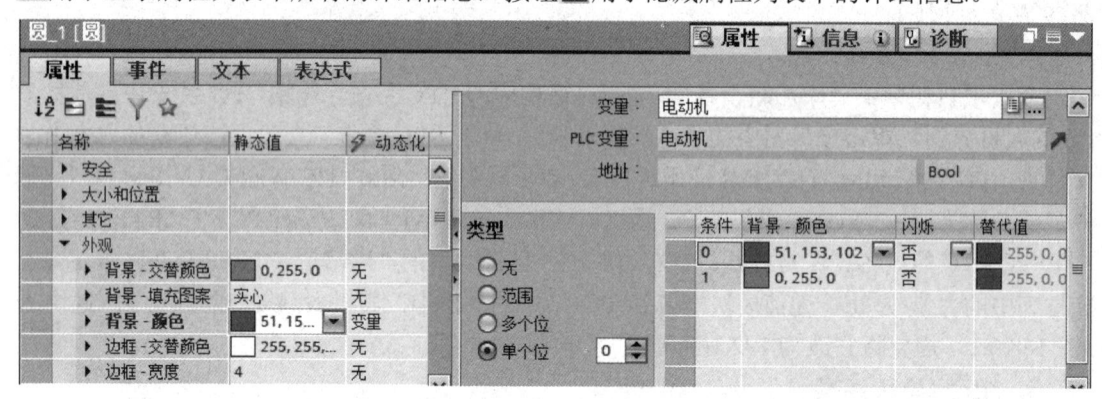

图 11-2 组态指示灯的属性

单击巡视窗口左上角工具栏上的 ↕ 按钮,改为按字母顺序对属性排序,再单击一次返回按属性类别排序。

3. 设置画面的属性

单击工作区中的画面空白处,选中画面,可以设置它的属性。打开巡视窗口的"属性 > 属性"选项卡的"大小和位置"文件夹,默认的画面高度和宽度(1080 像素和 1920 像素)太大。因为组态的画面中的对象不多(见图 11-3),将画面的高度和宽度的"静态值"分别修改为 480 像素和 800 像素,该画面与 7in 的 Unified 精智面板的画面大小相同。

打开"外观"文件夹,单击其中的"背景–颜色"行"静态值"列的 ▼ 按钮,用出现的颜色列表设置画面的背景色为白色。

4. 组态指示灯的属性

将工具箱的"基本对象"窗格中的"圆"拖拽到画面中希望的位置(见图 11-3),用鼠标调节圆的位置和大小。单击选中生成的圆,打开巡视窗口的"属性 > 属性"选项卡的"外观"文件夹(见图 11-2),设置圆的边框为黑色,宽度为 4 像素;背景色为深绿色,背景的填充图案为默认的"实心"。本节未提及的参数一般采用默认的设置。

单击"背景–颜色"行的"动态化"列,选中列表中的"变量"。在巡视窗口的右边窗口中,设置用 PLC 变量"电动机"(Q0.0)来控制指示灯的背景色。变量类型为"单个位",变量的值为 0 和 1 时,圆的背景色分别为深绿色和浅绿色,对应于指示灯的熄灭和点亮。

5. 组态按钮的属性

将工具箱的"元素"窗格中的"按钮"拖拽到画面中,自动生成的字符"文本"被选中,将它改为"起动"。选中整个按钮,用鼠标调节它的位置和大小。

单击选中按钮,打开巡视窗口的"属性 > 属性"选项卡的"外观\字体"文件夹,单击最下面一行(字体)右边的 ... 按钮,在出现的"字体"对话框中将字体大小改为 18 像素。

选中巡视窗口的"属性 > 事件 > 按下"(见图 11-4),在右边窗口中设置按下该按钮时,执行系统函数列表的"变量"文件夹中的函数"置位变量中的位",将 PLC 中的 Bool 变量"起动按钮"置位为 1。用同样的方法设置在释放该按钮时,将变量"起动按钮"复位为 0。该按钮具有点动按钮的功能。

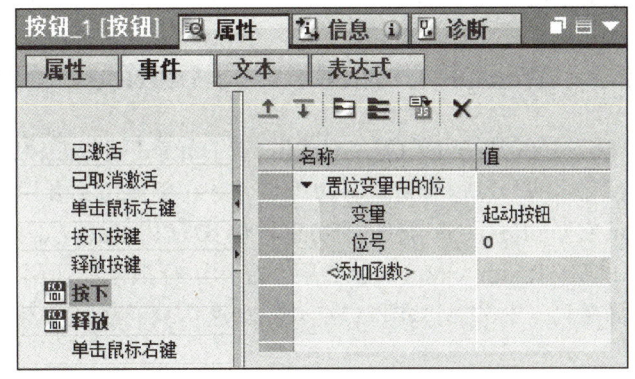

图 11-3 组态的画面　　　　图 11-4 组态按钮的事件属性

选中组态好的按钮,执行复制和粘贴操作。放置好新生成的按钮后选中它,设置其文本为"停止",按下该按钮时将 PLC 变量"停止按钮"置位,释放该按钮时将该变量复位。

视频"WinCC Unified 的指示灯和按钮组态"可通过扫描二维码 11-2 播放。　二维码 11-2

6. 组态文本框的属性

将工具箱中的文本框拖拽到画面中,将默认的文字"文本"修改为"定时器当前值"。打开巡视窗口的"属性 > 属性"选项卡的"外观"文件夹,将"边框-宽度"由 0 改为 1,"背景–颜色"改为浅绿色。打开"常规\字体"文件夹,将字体大小改为 18 像素。适当调整文本框的宽度。

单击选中生成的文本框,执行复制和粘贴操作。放置好新生成的文本框后选中它,设置其文本为"定时器预设值",其他属性不变。

7. 组态 IO 域的属性

将工具箱中的 IO 域拖拽到画面中,打开巡视窗口的"属性 > 属性"选项卡的"外观"文件夹,将"背景–颜色"改为浅黄色。

打开"常规"文件夹,设置 IO 域的"模式"为"输出"(见图 11-5),连接的"过程值"为 PLC 变量的"当前值"。该变量的数据类型为"Time","输出格式"设置为"持续时间"文件夹中的"自动",其静态值用"{P}"表示,即"日:时:分:秒.毫秒"的格式。

单击选中生成的 IO 域,执行复制和粘贴操作。放置好新生成的 IO 域后选中它,设置其过程值为 PLC 变量"预设值",模式为"输入/输出",其他属性不变。

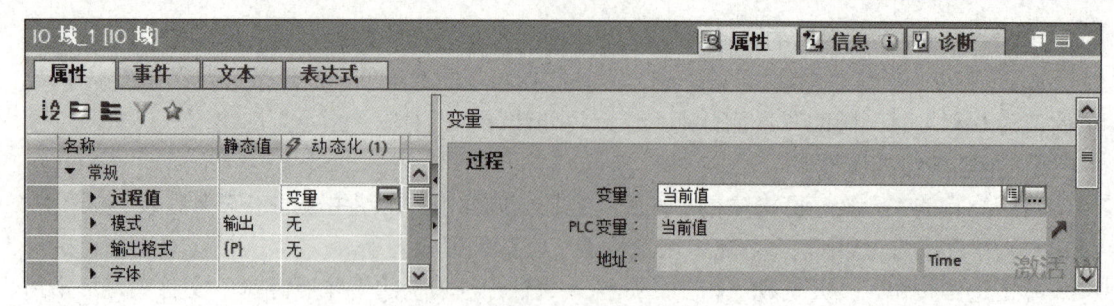

图 11-5 组态 IO 域的常规属性

HMI 的默认变量表中的变量是在组态画面对象连接的 PLC 变量时自动生成的。为了减少运行时的延迟时间，将变量"当前值"和"电动机"的采集周期由默认的 1s 修改为 100ms。

视频"WinCC Unified 的文本框和 IO 域组态"可通过扫描二维码 11-3 播放。

二维码 11-3

11.3 WinCC Unified PC 与 Unified 精智面板的仿真

S7-1500 与 WinCC Unified PC 或 Unified 精智面板的集成仿真是学习 Unified 精智面板组态和应用的基础，也是学习的难点之一。集成仿真要用到下列软件：TIA 博途中的 SIMATIC WinCC Unified、S7-1500 的仿真软件 S7-PLCSIM Advanced、WinCC Unified Configuration、SIMATIC Runtime Manager 和用于显示运行系统的通用浏览器。需要设置大量的参数，在多处设置密码。本节通过实例详细介绍集成仿真的实现方法。

11.3.1 仿真运行的准备工作

1. 设置 PG/PC 接口和下载组态文件的接口

单击 Windows 系统的"开始"按钮，再单击"设置"按钮，在"Windows 设置"窗口中查找"控制面板"。打开控制面板后，切换到显示所有控制面板项的显示方式（见图 2-37）。打开"设置 PG/PC 接口"对话框，设置"应用程序访问点"为"S7ONLINE (STEP 7)→Siemens PLCSIM Virtual Ethernet Adapter TCPIP.1"。

关闭控制面板，单击"Windows 设置"窗口中的"网络和 Internet"，单击"以太网"，再单击"更改适配器选项"，"网络连接"对话框中的"以太网 2"下面是"Siemens PLCSIM Virtual Ethernet Adapter"。双击"以太网 2"，打开"以太网 2 状态"对话框。单击"属性"按钮，打开与图 2-47 左图基本相同的"以太网 2 属性"对话框。双击列表中的"Internet 协议版本 4 (TCP/IPv4)"，在打开的对话框中设置 IP 地址为 192.168.0.241，它用于下载 WinCC Unified PC 的组态信息和打开显示运行系统的浏览器。最后逐级关闭各对话框。

2. 组态 WinCC Unified

双击桌面上的 WinCC Unified Configuration 按钮，打开 WinCC Unified 组态软件。在"网站设置"页（见图 11-6），勾选"使用 IP 地址而不是计算机名称"复选框，选中列表框中的 IP 地址 192.168.0.241，选中"创建新证书"单选按钮。

单击"下一步"按钮，在"用户管理"页，选中"在 TIA Portal 中选择本地或中央用户管理"。在"归档设置"页，采用默认的归档数据库的存储位置。在"报表"页，采用默认的报表的存储位置，自动选中了"请勿组态"单选按钮。设置好参数后，将会自动生成保存归档数据和报表的文件。

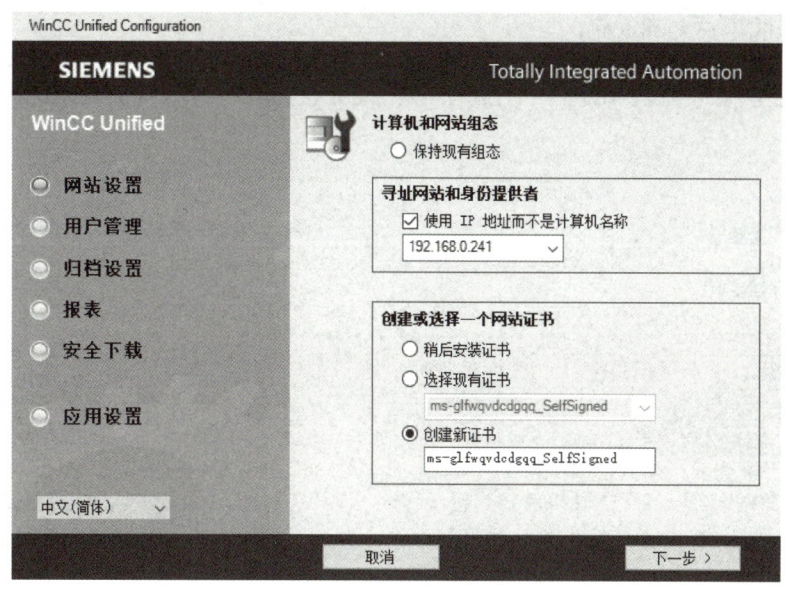

图 11-6 组态 WinCC Unified 的网站设置

在"安全下载"页(见图 11-7),勾选"激活安全下载"复选框,设置不少于 8 个字符的安全下载的密码。密码应包含英文大小写字母、特殊字符和数字(例如 Liao_1234)。

单击"应用设置"页的"接受"按钮,开始生成组态,生成过程中显示生成各页组态时的状态("进行中"和"完成")。如果安装了 360 卫士或杀毒软件,在生成组态的过程中将会出现报警信息。为了保证软件的正常运行,不要安装这些软件。

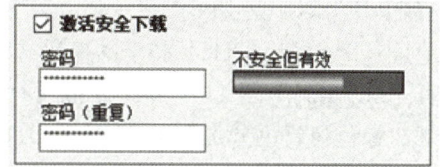

图 11-7 设置安全下载的密码

生成组态完成后,出现"注销以完成组态"对话框,单击"是"按钮确认。

3. 设置 TIA 博途中的参数

打开 TIA 博途的项目"1500_unified PC",右键单击项目名称,执行快捷菜单中的"属性"命令,打开属性对话框的"保护"选项卡,勾选"块编译时支持仿真"复选框。

双击项目树中的"运行系统设置",选中"运行系统设置"视图左边窗口的"常规",勾选"激活加密传送"复选框,设置与图 11-7 中的密码相同的密码。如果未勾选该复选框或者输入了错误的密码,在启动 HMI 仿真后下载时要求输入密码,输入后单击"刷新"按钮确认。

选中"选项"菜单中的"设置",打开"设置"视图,选中左边窗口"仿真"文件夹中的"HMI 仿真",勾选"激活加密密码"复选框,设置与图 11-7 中的密码相同的密码。如果未勾选该复选框或输入了错误的密码,启动 WinCC Unified PC 或 Unified 精智面板的仿真时要求输入图 11-7 中的传输密码。输入密码后单击"刷新"按钮确认。

4. 生成用户和设置密码

用浏览器打开 WinCC Unified 的运行系统时,需要输入用户名和密码。下面介绍怎样生成用户名和密码。

双击 TIA 博途项目树的"安全设置"文件夹中的"用户与角色",生成名为"User"的用户(见图 11-8),密码至少 8 个字符,应包含英文大小写字母和数字(例如 Liao1234)。

为该用户分配的角色为"HMI 操作员"或"HMI 管理员"。在浏览器中打开运行系统时需要输入用户的用户名和密码。

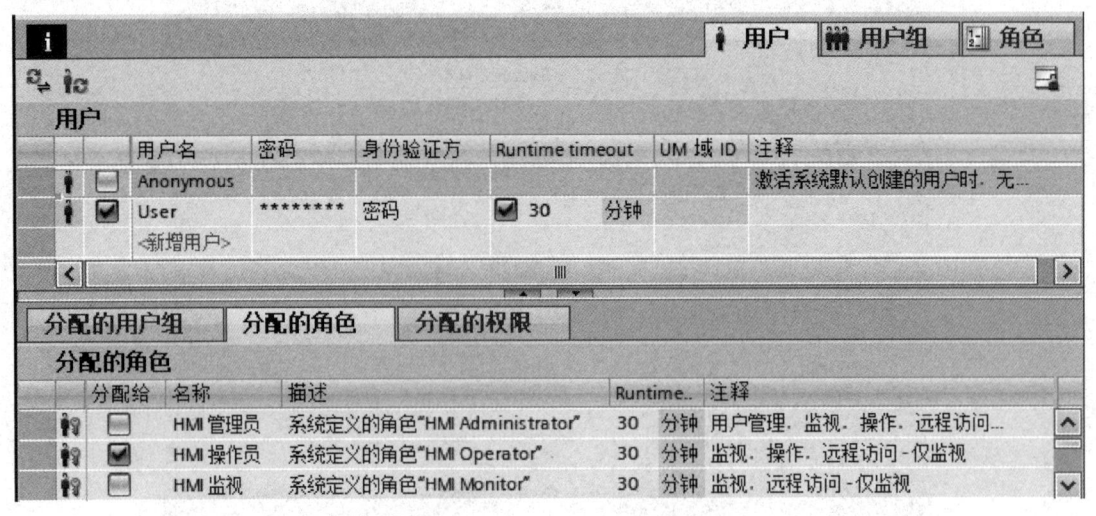

图 11-8 生成用户和分配角色

5. 生成仿真 PLC

双击桌面上的 ![] 按钮，打开 S7-PLCSIM Advanced（见图 11-9）。将最上面的开关切换到"TCP/IP"侧。单击 ⊙ 按钮（单击后变为 ⊙），设置仿真 PLC 的实例名称（Instance name）、IP 地址（IP address[X1]）和子网掩码（Subnet mask），单击"Start"按钮，生成名为 Test1 的仿真 PLC 实例。图 11-9 中最下面一行最左边的小方框是被激活的实例 Test1 的运行模式指示灯，绿色和黄色分别表示 RUN 和 STOP 模式。单击该行最右边的按钮 ⊗，可以删除它。

图 11-9 S7-PLCSIM Advanced

单击⌃按钮，可以隐藏 IP 地址等参数。下次使用该仿真 PLC 时，只需要输入实例名称和单击"Start"按钮。

视频"WinCC Unified PC 与 PLC 集成仿真的准备工作"可通过扫描二维码 11-4 播放。

二维码 11-4

11.3.2 下载程序与下载组态文件

1. 下载 PLC 的程序

打开生成的 S7-PLCSIM Advanced 的实例 Test1，打开项目 1500_unified PC，选中项目树中的 PLC_1，单击工具栏上的"下载到设备"按钮，将用户程序下载到仿真 PLC，设置"PG/PC 接口"和"接口/子网的连接"（见图 11-10）。单击"开始搜索"按钮，找到可访问的 1500 仿真 PLC 后，单击"下载"按钮，下载程序。选中"下载结果"对话框中下拉列表的"启动模块"，将 CPU 切换到 RUN 模式（见图 2-43）。

如果找不到可访问的设备，关闭对话框后，单击工具栏上的"启动 CPU"按钮或"停止 CPU"按钮，改变 CPU 的运行模式，出现"转至在线"对话框。检索到设备信息后，单击出现的"与设备建立连接"对话框中的"连接"按钮，对话框自动关闭，然后再下载程序。

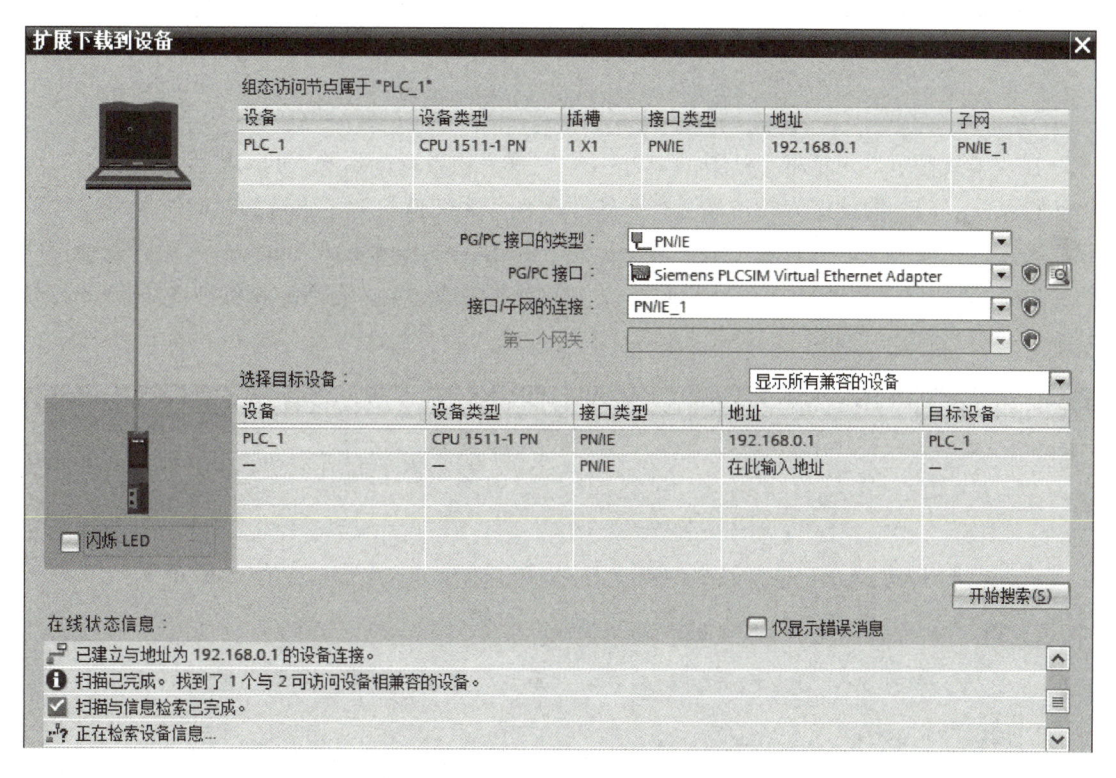

图 11-10 "扩展下载到设备"对话框

2. 下载 PC 站的组态文件

选中项目树中的 PC-System_1，单击工具栏上的"下载到设备"按钮，将组态信息下载到 PC 站。选中"使用其它 IP"单选按钮（见图 11-11），输入图 11-6 中设置的 IP 地址

225

192.168.0.241。单击"连接"按钮,连接成功后单击"下载"按钮。

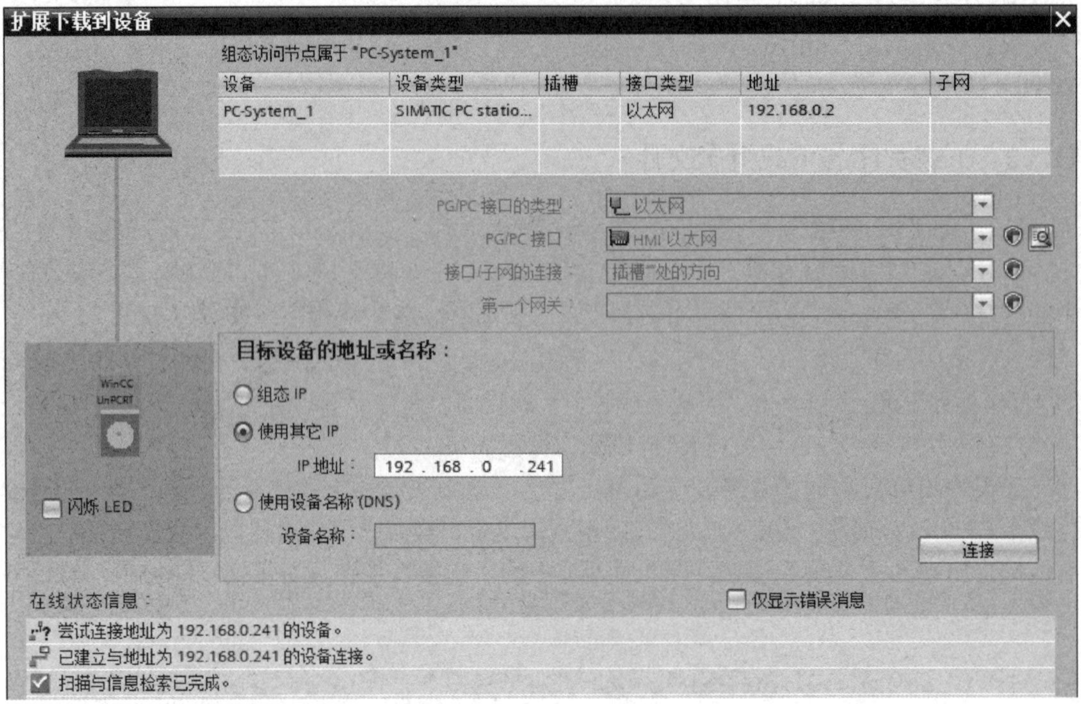

图 11-11　下载 PC 站的组态数据

在"下载预览"对话框(见图 11-12)中,设置"加载运行系统"的动作为"完整下载","运行系统启动"的动作为"启动运行系统","运行系统值"为"重置为起始值"。单击"装载"按钮,完成下载。下载后,双击桌面上的"SIMATIC Runtime Manager"(运行系统管理器)图标,在打开的管理器中(见图 11-13),可以看到生成的类型为 Project 的项目处于 Running 状态。

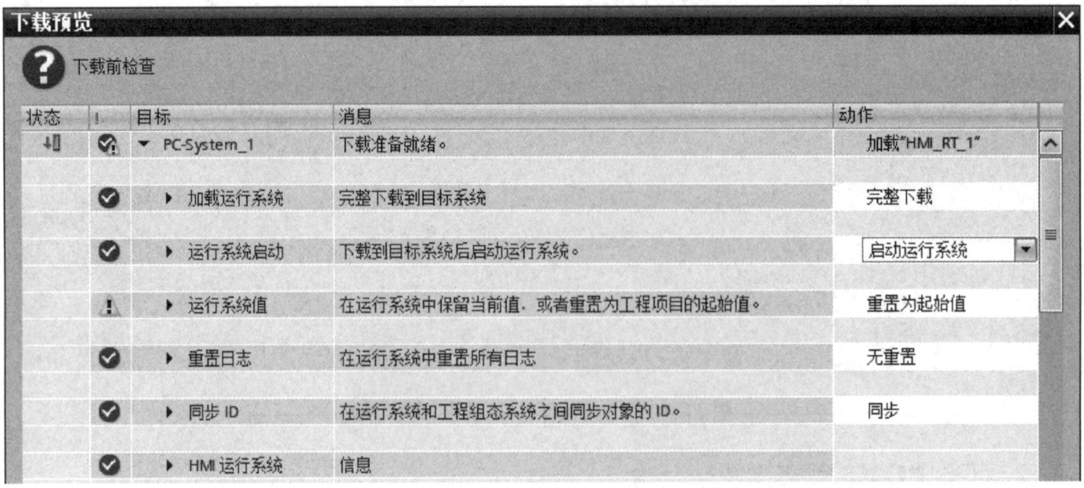

图 11-12　"下载预览"对话框

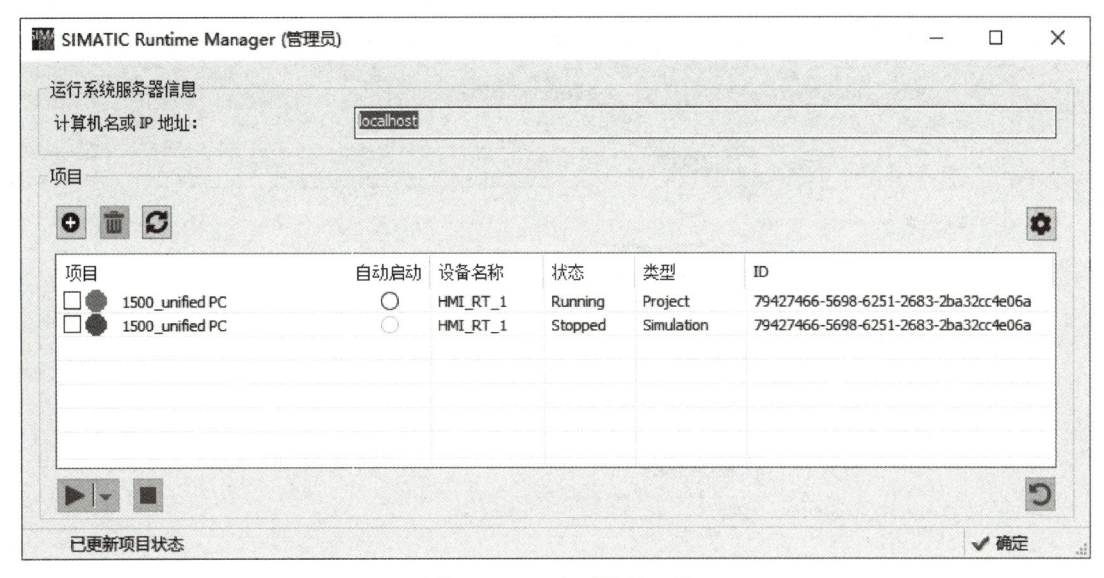

图 11-13　运行系统管理器

这个项目也可以仿真，此时可以不在"运行系统设置"视图中组态加密传送的密码。选中项目树中的 PC-System_1，单击工具栏上的"启动仿真"按钮，将组态信息下载到 PC-System_1 站点。下载后，在运行系统管理器中，可以看到生成的类型为 Simulation（仿真）的项目处于 Running 状态（见图 11-13）。

视频"WinCC Unified PC 与 PLC 集成仿真的下载"可通过扫描二维码 11-5 播放。

二维码 11-5

11.3.3　S7-1500 与 WinCC Unified PC 的集成仿真

1. 运行系统管理器的操作

完成了上述的准备工作，将程序和组态数据分别下载到仿真 PLC 和 PC 站后，双击桌面上的图标，打开运行系统管理器（见图 11-13）。第一次打开时，出现的对话框显示"访问被拒绝，安全下载已组态，输入密码以确保安全通信"。单击"确定"按钮后，出现的运行系统管理器的右下角显示"错误"，旁边还有一个带惊叹号的红色小圆。

单击管理器右边的"设置"按钮，打开运行系统管理器的"设置"对话框（见图 11-14）。在"安全连接"选项组中输入图 11-7 中设置的安全下载密码，只须输入一次，输入后密码被自动保存。如果是英语界面，可用"选择语言"选择框将语言设置为"中文（简体）"。单击"确定"按钮，返回运行系统管理器，右下角的"错误"变为"确定"（见图 11-13），红色小圆变为绿色的勾，表示已完成安全下载。

运行系统的项目和 TIA 博途中的项目名称相同，"类型"是指运行系统服务的类型，"Project"为运行系统模式，"Simulation"为仿真模式。

项目左边的绿灯和红灯分别表示项目处于 RUN 模式和 STOP 模式。勾选某个项目左边的复选框后，可用按钮从运行系统管理器中删除所选项目。

如果运行系统管理器中没有出现刚下载的项目，或者项目左边的红、绿灯没有点亮，单击"更新可用项目列表"按钮，可解决上述问题。

图 11-14 运行系统管理器的"设置"对话框

勾选图 11-14 中的"启用自动登录"复选框，输入图 11-8 中设置的用户名 User 和它的密码。用户名和密码下面的红色字符提示"仅在运行系统中重新启动项目后更改才能生效"。单击"确定"按钮，返回图 11-13 中运行系统管理器的主界面，勾选类型为 Project 的项目 1500_unified PC，用左下角的■按钮停止该项目的运行，再用▶▼按钮启动该项目的运行，使上述的更改生效。以后在浏览器中启动运行系统时，将会自动登录，不会出现登录对话框。

视频"WinCC Unified 运行系统管理器与画面显示"可通过扫描二维码 11-6 播放。

2. 用互联网的浏览器显示运行系统

WinCC Unified 使用互联网的浏览器来显示运行系统，可以使用的浏览器有 Chrome（Windows 和 Android）、Edge（Windows）和 Safari（macOS 和 iOS）。西门子认为 Chrome 比其他浏览器更稳定。

将程序和组态信息下载到 PLC 和 PC-System_1，设置好运行系统管理器的参数，令 Project 类型的项目 1500_unified PC 处于 RUN 模式。打开 Chrome 浏览器，在网页的网址栏中输入图 11-6 中设置的 IP 地址 https://192.168.0.241，按〈Enter〉键确认后出现图 11-15 所示的运行系统的起始页。

图 11-15 WinCC Unified 运行系统的起始页

单击"WinCC Unified RT"按钮，如果没有在运行系统管理器中组态自动登录，会出现图 11-16 中的用户登录对话框。输入用户名 User 和密码，单击"登录"按钮确认后，出现图 11-17 所示的初始画面，定时器的当前值应周期性变化。

图 11-16　用户登录对话框　　　　　图 11-17　运行系统的画面

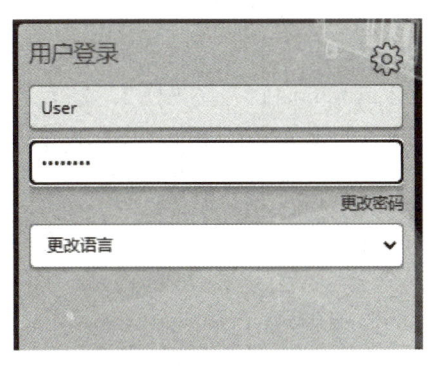

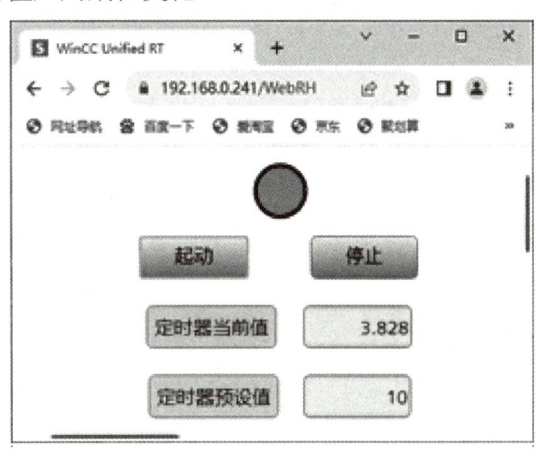

打开运行系统之前和运行一段时间之后，可能出现显示"检索许可证时出错""USB 加密狗缺失"的对话框（见 11-18）。单击"关闭"按钮关闭该对话框后，运行系统还是可以继续运行，但是这个提示出错的对话框会定期出现。

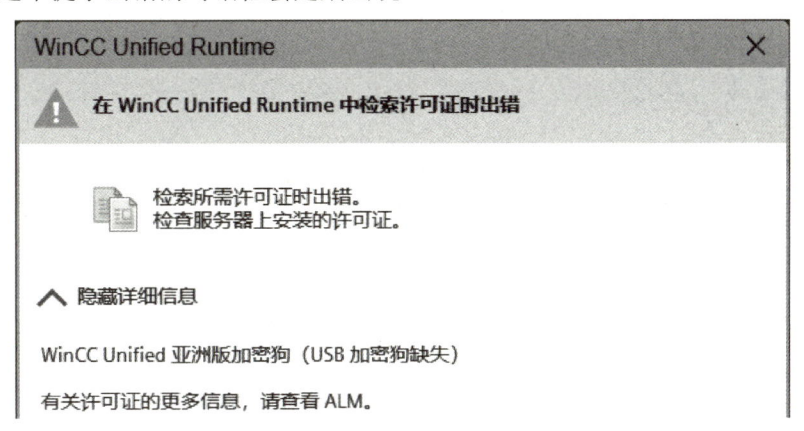

图 11-18　检索许可证时出错的对话框

图 11-17 中的运行画面的检测方法与第 2 章的集成仿真的检测方法相同。可用两个按钮来改变指示灯的状态。单击输入/输出域，出现图 11-19 所示的修改时间值的对话框。可以用其中的 ︿、﹀ 按钮分别修改各级时间的值，也可以直接修改各级的数值。单击"提交"按钮，结束修改操作。

11.3.4　S7–1500 与 Unified 精智面板的集成仿真

将项目 1500_unified PC 另存为项目"1500_unifiedHMI"，用 7in 的 Unified 精智面板 MTP700 Unified Comfort 替换

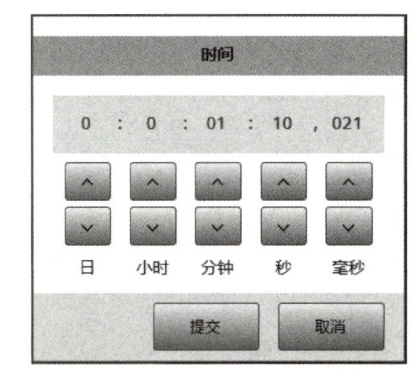

图 11-19　修改时间值

原项目中的 PC-System_1，两个项目的 PLC 程序、HMI 的画面和有关参数的组态基本相同。"HMI_1" 的以太网接口 X1 的 IP 地址为 192.168.0.2。用拖拽的方法在网络视图中生成 PLC 和 HMI_1 之间的 "HMI_连接_1"。

仿真时打开 S7-PLCSIM Advanced 的仿真实例，将程序下载到仿真 PLC。

选中 TIA 博途项目树中的 "HMI_1"，单击工具栏上的 "启动仿真" 按钮，将组态信息下载到 HMI。此时可以不在 "运行系统设置" 视图中组态加密传送的密码。

打开运行系统管理器，如果没有出现刚下载的项目，单击 "更新可用项目列表" 按钮，仿真（Simulation）类型的 1500_unifiedHMI 项目处于 Running 状态（见图 11-20）。用浏览器显示运行系统的画面，仿真画面见图 11-17，其调试方法与项目 1500_unified PC 的调试方法相同。

项目	自动启动	设备名称	状态	类型	ID
1500_unified PC	○	HMI_RT_1	Stopped	Project	79427466-5698-6251-2683-2ba32cc4e06a
1500_unified PC	○	HMI_RT_1	Stopped	Simulation	79427466-5698-6251-2683-2ba32cc4e06a
1500_unifiedHMI	○	HMI_RT_1	Running	Simulation	574343d5-235f-8e2f-2f18-4a39cd94d1df

图 11-20　运行系统管理器

视频 "WinCC Unified 运行系统的仿真模式运行" 可通过扫描二维码 11-7 播放。

二维码 11-7　**11.4** 习题

1. Unified 精智面板有什么特点？
2. 需要为 Unified 精智面板安装哪些软件？
3. 怎样生成 Unified PC 系统站点？
4. 怎样组态指示灯背景色的动态化属性？
5. 怎样组态按钮的事件属性？
6. 怎样组态输入/输出域的常规属性？
7. 新建一个项目，添加一个 PLC 和一个 7in 的 Unified 精智面板，在它们之间建立 HMI 连接。将 PG/PC 接口分配参数设置为 "Siemens PLCSIM Virtual Ethernet Adapter TCPIP.1"。
8. 为了实现安全下载，需要在哪 3 个地方设置相同的密码？写出一个符合要求的密码。
9. 为了在浏览器中打开运行系统，在 "用户与角色" 编辑器中生成一个名为 LiMing 的用户，分配的角色为 HMI 操作员。写出一个符合要求的密码。
10. 打开 S7-PLCSIM Advanced，生成一个仿真 PLC 的实例，设置它的 IP 地址和子网掩码。

附　　录

附录 A　实验指导书

实验指导书中的实验绝大多数可以仿真，使用本书的教师可以根据本校的实际条件安排一些使用硬件的实验。

A.1　TIA 博途入门实验

1. 实验目的

了解创建 TIA 博途的项目和组态硬件的方法，了解 TIA 博途的用户界面和使用方法。

2. 实验内容

1）打开 TIA 博途，在 Portal 视图和项目视图之间切换。在项目视图中创建一个名为"电动机控制"的项目，指定保存项目的路径。

2）单击项目树中的"添加新设备"，生成的 PLC_1 为 CPU 1214C，固件版本为 V4.6。设置不保护 PLC 组态数据安全，仅支持 PG/PC 和 HMI 的安全通信，具有完全访问权限。

添加的 HMI_1 为 KTP400 Basic PN，订货号为 6AV2 123-2DB03-0AX0。添加 HMI 时取消勾选"启动设备向导"复选框。

3）在网络视图中生成"HMI_连接_1"。观察 PLC 和 HMI 默认的 IP 地址和子网掩码。打开和关闭图 2-12 中的网络概览视图。打开"连接"选项卡，观察连接的参数。

4）打开和关闭项目树，调节项目树的宽度。用项目树标题栏上的"自动折叠"按钮启用和取消自动折叠功能。打开和关闭详细视图，用详细视图显示项目树的 PLC_1 文件夹中的内容。打开"画面_1"，隐藏和显示巡视窗口，调节巡视窗口的高度。

5）打开多个编辑器，用编辑器栏中的按钮切换打开的编辑器。最大化工作区后将其还原。使工作区浮动，将工作区拖到画面中希望的位置，将工作区恢复原状。

竖直或水平拆分工作区，在工作区中同时显示两个窗口，最后取消窗口的拆分。

6）打开程序编辑器，打开任务区中的指令列表，打开画面编辑器，打开工具箱和库，观察它们的窗格中的对象。打开库以后，打开全局库"Buttons-and-Switches\模板副本"文件夹中的"PilotLights"库，将其中的"PlotLight_Round_G"（绿色指示灯）拖拽到画面中。

7）保存项目后退出 TIA 博途，然后打开保存的项目。

A.2　使用变量仿真器的仿真实验

1. 实验目的

熟练使用变量仿真器的仿真方法。

2. 实验内容

1）打开配套资源中的项目"1200_精简面板"，选中项目树中的"HMI_1"，执行菜单命令"在线"→"仿真"→"使用变量仿真器"，启动变量仿真器。

2)编译成功后,在仿真器中生成图 2-34 中的变量。勾选"起动按钮""停止按钮""预设值"的"开始"列中的复选框。

3)按下和松开画面中的起动按钮或停止按钮,观察仿真器中对应的变量当前值的变化。

4)在仿真器的变量"电动机"的"设置数值"列分别输入 1 和 0,按计算机的〈Enter〉键确认后,观察画面中的指示灯状态的变化。

5)在仿真器的变量"当前值"的"设置数值"列输入一个单位为 ms 的常数,按计算机的〈Enter〉键后,观察仿真器中该变量的"当前值"列和画面中的"当前值"输出域显示的值。

6)单击画面中的"预设值"输入/输出域,用出现的数字键盘输入一个以 s 为单位的时间值,按〈Enter〉键后观察仿真器中变量"预设值"以 ms 为单位的当前值。

A.3 集成仿真实验

1. 实验目的

熟练使用 S7-PLCSIM 和 HMI 的运行系统的集成仿真方法。

2. 实验内容

1)打开"设置 PG/PC 接口"对话框,设置应用程序访问点为"S7ONLINE (STEP 7)→PLCSIM.TCPIP.1"(见图 2-37)。

2)打开配套资源中的项目"1200_精简面板",右键单击项目名称,执行快捷菜单中的"属性"命令,勾选属性对话框的"保护"选项卡中的"块编译时支持仿真"复选框。

选中项目树中的 PLC_1 站点,单击工具栏上的"启动仿真"按钮,启动 S7-PLCSIM,将 S7-PLCSIM 最小化,返回 TIA 博途,将用户程序下载到仿真 PLC,将 CPU 切换到 RUN 模式。

打开 S7-PLCSIM,切换到实例视图(见图 2-40),观察自动生成的 S7-1200 的仿真实例。切换到仿真视图(见图 2-44),生成一个 SIM 表(即仿真表)。在 SIM 表中生成仿真需要的 5 个变量,启动 SIM 表的监控功能。应能看到表中以 ms 为单位的"当前值"在动态变化。

3)选中项目树中的 HMI_1 站点,单击工具栏上的"启动仿真"按钮,单击仿真面板上的起动按钮和停止按钮,观察是否能通过 PLC 的程序控制电动机(Q0.0),从而改变指示灯的状态。观察在单击画面中的按钮时,SIM 表中 M2.0 和 M2.1 的状态是否随之而变。

组态起动按钮时,设置它的热键为功能键〈F2〉。在运行时单击 KTP 400 的功能键〈F2〉,观察它是否具有起动按钮的功能。

4)观察因为 PLC 程序的运行,画面中的当前值是否从预设值 0ms 开始不断增大,增大到预设值 10000ms 时又从 0ms 开始增大(见图 2-45)。

5)单击画面中"预设值"右侧的输入/输出域,用画面中出现的键盘输入以 s 为单位的预设值,按〈Enter〉键后,观察输入/输出域显示的值,以及定时器的当前值是否能在 0s 和新的预设值之间反复变化。

6)关闭仿真面板和 TIA 博途,关闭 S7-PLCSIM,保存当前的工作区。然后用桌面上的图标打开 S7-PLCSIM V18,双击首页工作区列表中的"1200_精简面板",打开该工作区,单击左边的■按钮,切换到实例视图,将仿真 PLC 切换到 RUN 模式。单击左边的■按钮,切换到仿真视图,启动 SIM 表的仿真,用 M2.0 和 M2.1 对应的小方框控制变量电动机(Q0.0)。修改变量"预设值"的值,观察修改的效果。

A.4 画面组态实验

1．实验目的

熟悉画面组态的基本方法和技巧。

2．实验内容

（1）用图形 I/O 域生成指示灯

1）新建一个名为"实验 A4_A5"的项目，PLC_1 为 CPU 1214C，HMI_1 为 KTP400 Basic PN。在网络视图中生成基于以太网的 HMI 连接。

2）在默认变量表中生成一个名为"红灯"的位变量 Q0.0。打开 Windows 附件中的"画图"软件，画一个圆，边框为黑色，中间的填充色为红色。将它保存到剪贴板后，将画面缩到比画的圆小，然后将圆粘贴上去。将它保存为名为"红灯 ON"的 JPEG 格式的文件。将该图形的填充色改为暗红色，另存为名为"红灯 OFF"的 JPEG 格式的文件。

3）将"画面_1"改为"初始画面"，将它的背景色改为白色。

4）将工具箱的"简单对象"窗格中的"图形 I/O 域"拖拽到画面工作区，调节它的位置和大小。选中它以后，选中巡视窗口左边的"常规"，设置图形 I/O 域的模式为"双状态"，连接的 Bool 变量为"红灯"。单击"开："选择框右侧的▼按钮，单击出现的图形对象列表对话框左下角的"从文件创建新图形"按钮，在"打开"对话框中，打开保存的图形文件"红灯 ON"。用"关："选择框设置变量"红灯"为 0 时指示灯的图形为"红灯 OFF"。

5）执行菜单命令"在线"→"仿真"→"使用变量仿真器"，打开变量仿真器，出现仿真面板。在仿真器中生成 Bool 变量"红灯"，在"设置数值"列中先后设置该变量的值为 1 和 0，观察指示灯外观的变化。

（2）画面切换的组态

1）生成默认名称为"画面_1"的新画面。将项目树中的"初始画面"拖拽到"画面_1"中，生成画面切换按钮，修改该按钮的颜色、大小和位置。用同样的方法，在初始画面中生成切换到"画面_1"的画面切换按钮。

2）执行菜单命令"在线"→"仿真"→"使用变量仿真器"，打开变量仿真器。单击画面中的画面切换按钮，观察两个画面是否能相互切换。

（3）表格编辑器的使用练习

1）打开项目"HMI 综合应用"的 HMI 默认变量表。

2）用右键单击表格的表头，用弹出的对话框中的复选框显示或隐藏表格中的某些列，观察修改后的效果。

3）用鼠标改变列的宽度和排列顺序，用快捷菜单命令调整某一列的宽度以及优化所有列的宽度。

4）改变各行的排列顺序，例如按地址或名称递增或递减的顺序排列变量。

5）复制、删除与粘贴指定的行。

6）复制与粘贴表格的单个单元。

（4）动画功能的仿真

打开配套资源中名为"动画"的项目，执行菜单命令"在线"→"仿真"→"使用变量仿真器"，启动变量仿真器。在仿真器中创建变量"X 位置"和"Y 位置"，按图 3-29 设置它们的参数。勾选"开始"列的复选框，变量开始变化，观察小车和白色矩形的运动是否满足组态的要求，白色矩形是否在变量"X位置"大于300时不可见，I/O域是否以变量"X位置"等于100和260为界改变颜色，是否在100～260之间闪烁。

关闭仿真器后，选中项目树中的"PLC_1"，单击工具栏上的"启动仿真"按钮，将程序下载到PLC。选中项目树中的"HMI_1"，单击"启动仿真"按钮，打开仿真面板，查看小车和白色矩形的运动是否流畅。

A.5 I/O域、按钮和开关的组态实验

1．实验目的

通过实验，了解I/O域和按钮的特性，熟悉它们的组态和仿真的方法。

2．实验内容

（1）组态I/O域

打开A.4节创建的项目"实验A4_A5"，在初始画面中创建两个I/O域（见图A-1），分别组态它们的模式为"输入"和"输出"，它们与同一个Int型变量"变量1"连接。输入域的格式为5位整数，输出域的格式为3位整数和两位小数。在输入域和输出域下面分别生成文本域"输入"和"输出"。

创建一个输入/输出域，与数据类型为Wstring的内部变量"字符串变量"连接，最多可以显示10个字符。在输出域下面生成文本域"输入/输出"。

选中巡视窗口的"属性>属性>外观"，修改I/O域的文本颜色、背景色和填充样式，设置或取消边框，修改边框的属性。激活或取消激活"布局"属性中的"使对象适合内容"复选框，选中巡视窗口的"属性>属性>文本格式"，修改文本的属性和对齐方式，观察各参数修改的效果。

执行菜单命令"在线"→"仿真"→"使用变量仿真器"，启动变量仿真器。在仿真器中生成"变量1"和"字符串变量"，勾选后者的"开始"列的复选框。用画面中的输入域输入数值，观察输出域和仿真器中的显示。在仿真器中"字符串变量"的"设置数值"列输入最多10个字符，按〈Enter〉键后观察是否能用画面中的输入/输出域显示出来。然后用输入/输出域输入字符串，观察仿真器中"字符串变量"当前值的变化。

（2）组态文本模式的按钮

在画面中生成两个文本模式的按钮，各按钮在按下和弹起时显示的文本均相同。设置两个按钮的文本分别为"+1"和"-1"（见图A-2）。选中HMI变量表中的Int型变量"变量2"，在巡视窗口设置它的上限2和下限2分别为5和-5。对两个按钮的"单击"事件组态，每单击一次按钮，分别用"计算脚本"文件夹中的系统函数将"变量2"加1和减1。在两个按钮的上面添加一个与"变量2"连接的输出域，其格式为3位整数。

图A-1 I/O域

图A-2 按钮和开关

执行菜单命令"在线"→"仿真"→"使用变量仿真器"，启动变量仿真器。分别多次单击两个按钮，观察它们的作用和变量限制值的作用。

(3) 组态图形模式的按钮

在画面中生成一个按钮，选中巡视窗口的"属性 > 属性 > 常规"，选中"模式"和"图形"选项组中的"图形"单选按钮。

单击"按钮'未按下'时显示的图形"选择框右侧的▼按钮，在下拉列表中选择"Up_Arrow"（向上箭头）。用同样的方法添加和组态一个按钮，按钮上的图形为图形对象列表中的"Down_Arrow"（向下箭头）。对两个按钮的"单击"事件组态，每单击一次按钮，分别用"计算脚本"文件夹中的系统函数将"变量3"加2和减2。设置变量3的上限和下限。

执行菜单命令"在线"→"仿真"→"使用变量仿真器"，启动变量仿真器。分别多次单击两个按钮，观察它们的作用。

(4) 组态通过文本切换的开关

将工具箱的"元素"窗格的"开关"拖拽到画面中（见图 A-2），选中巡视窗口的"属性 > 属性 > 常规"；设置开关的模式为"通过文本切换"，将它与变量"红灯"（Q0.0）连接。设置"ON："的文本为"停机"，"OFF："的文本为"起动"。

将 A.4 节生成的红灯拖拽到开关上面，连接的位变量为"红灯"。

执行菜单命令"在线"→"仿真"→"使用变量仿真器"，启动变量仿真器。多次单击组态的开关，观察开关上的文本和指示灯状态的变化情况。

A.6 棒图和日期时间域的组态实验

1. 实验目的

通过实验，了解棒图和日期时间域的特性，熟悉它们的组态和仿真的方法。

2. 实验内容

创建名为"实验 A6"的项目，HMI_1 为 KTP400 Comfort。

(1) 组态棒图

在 HMI 变量表中设置 Int 型变量"变量 1"（MW10）的"范围"属性中的上限2、下限2分别为160和40。将自动生成的"画面_1"重命名为"起始画面"。将工具箱中的棒图对象拖拽到起始画面中（见图 A-3），用鼠标调整它的位置和大小。选中巡视窗口的"属性 > 属性 > 常规"，设置棒图连接的变量为"变量 1"，棒图的最大和最小刻度值为200和0。

选中巡视窗口的"属性 > 属性 > 外观"，勾选"含内部棒图的布局"复选框，修改棒图的前景色、背景色和棒图整体的背景颜色，修改限制值的显示方式，观察修改的效果。

图 A-3 棒图

选中巡视窗口的"属性 > 属性 > 布局"，修改刻度位置和棒图方向，观察修改的效果。

选中巡视窗口的"属性 > 属性 > 刻度"，修改参数，观察各参数对棒图刻度的影响。

选中巡视窗口的"属性 > 属性 > 限制/范围"，设置高于上限2和低于下限2时棒图的前景色。

执行菜单命令"在线"→"仿真"→"使用变量仿真器"，在仿真器中设置棒图连接的"变量 1"为"增量"型，最大值为200，最小值为0，增量变化的周期为30s。勾选仿真器中的"开始"复选框，观察"变量 1"的值低于下限2或超出上限2时棒图前景色的变化。

关闭仿真器后，改变棒图的"外观"属性中"颜色梯度"的设置（见图 4-33），启动变量仿真器，观察"颜色梯度"对棒图前景色的影响。

(2) 组态日期时间域

将工具箱的"元素"窗格中的日期时间域拖拽到画面中。选中巡视窗口的"属性 > 属性 > 常规",组态为"输出"模式。分别勾选或取消勾选"显示日期""显示时间""长日期/时间格式"复选框,观察对日期时间域显示方式的影响。分别选中巡视窗口左边的"外观"和"文本格式",修改其中的参数,观察这些参数对显示的影响。

执行"在线"菜单中的命令,启动变量仿真器,观察日期时间域的运行情况。

A.7 符号 I/O 域和图形 I/O 域的组态实验

1. 实验目的

熟悉符号 I/O 域与图形 I/O 域的组态和仿真的方法。

2. 实验内容

(1) 组态双状态符号 I/O 域

1) 生成项目"实验 A7",在变量表中生成 Bool 变量"位变量 2"。将自动生成的"画面_1"重命名为"起始画面"。将工具箱中的符号 I/O 域拖拽到画面中(见图 A-4 最上面一行),它的左边是文本域"双状态符号 I/O 域"。选中它以后,选中巡视窗口的"属性 > 属性 > 常规",组态模式为"双状态",与变量"位变量 2"(M0.0)连接。在"内容"选项组中,组态"开:"和"关:"的文本分别为"接通"和"断开"。

2) 执行菜单命令"在线"→"仿真"→"使用变量仿真器",启动变量仿真器。在仿真器中生成变量"位变量 2",在"设置数值"列分别将它设置为 1 和 0,观察符号 I/O 域显示文本的变化情况。

(2) 组态多状态符号 I/O 域

要求用符号 I/O 域和变量的间接寻址来分时显示 5 台电动机的转速值。在变量表中生成 5 个内部 Int 变量"转速 1"~"转速 5"以及 2 个内部 Int 变量"转速值"和"转速指针","转速指针"是索引变量。

在文本列表编辑器中,创建一个名为"转速值"的文本列表,它的 5 个条目分别为"转速 1"~"转速 5",它们的索引号分别为 0~4。选中 HMI 变量表中的变量"转速值",选中巡视窗口的"属性 > 属性 > 指针化",设置索引变量为"转速指针",图右侧变量列表中的变量依次为"转速 1"~"转速 5"。

在文本域"转速选择"右边创建一个符号 I/O 域(见图 A-4)。模式为"输入/输出",使用文本列表"转速值",它的"可见条目"为 5,将它与索引变量"转速指针"连接。

在文本域"转速显示"的右边创建一个 I/O 域,模式为输出,显示 4 位十进制整数,与变量"转速值"连接,I/O 域右边的"rpm"是转速的单位。

执行"在线"菜单中的命令,启动变量仿真器。在仿真器中添加变量"转速 1"~"转速 5",分别给它们设置任意的数值(见图 A-5)。

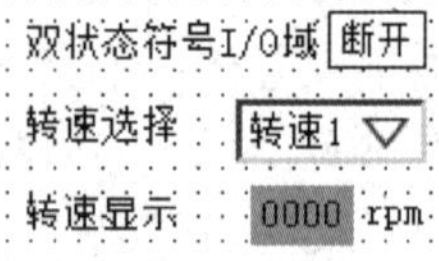

图 A-4 符号 I/O 域

变量	数据类型	当前值	格式	写周期 (s)	模拟	设置数值
转速1	INT	11	十进制	1.0	<显示>	
转速2	INT	22	十进制	1.0	<显示>	
转速3	INT	33	十进制	1.0	<显示>	
转速4	INT	44	十进制	1.0	<显示>	
转速5	INT	55	十进制	1.0	<显示>	55

图 A-5 仿真器

检查是否能用符号 I/O 域下面的输出域，正确地显示用符号 I/O 域选中的变量的值。

（3）组态图形 I/O 域

图 A-6 是钟摆运动的示意图，它由 7 个在 Visio 中绘制的图形组成。为了保证在钟摆运动时其悬挂点的位置固定不变，用一个固定大小的矩形作背景，矩形的边框为浅绿色。钟摆的悬挂点在矩形上沿的中点。7 个图形被分别保存为配套资源的 Project 文件夹中的 "*.wmf" 格式的文件待用，文件名为"钟摆 0"～"钟摆 6"。

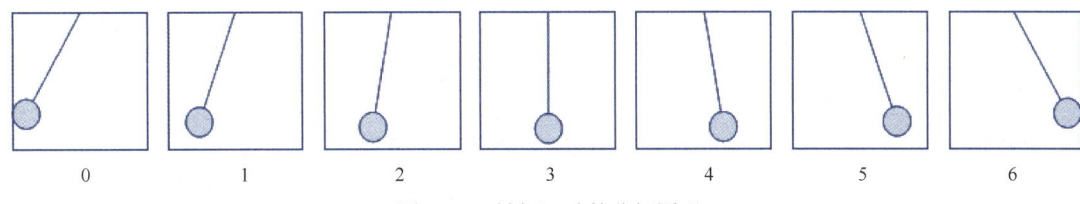

图 A-6 钟摆运动的分解图形

1）双击项目树中的"文本和图形列表"，打开文本和图形列表编辑器，在"图形列表"选项卡中创建一个名为"钟摆"的图形列表。按图 A-6 的顺序在"钟摆"图形列表中创建 7 个列表条目，条目的编号为 0～6，与图 A-6 中图形的编号相同。

2）在变量编辑器中生成一个名为"钟摆指针"的 Int 型内部变量，其"上限 2"为 6，"下限 2"为 0。

3）将工具箱中的"图形 I/O 域"对象拖拽到画面工作区（见图 A-7），在它的巡视窗口中将它设置为输出模式，连接的过程变量为"钟摆指针"，用于显示名为"钟摆"的图形列表。用鼠标调节图形 I/O 域的大小，调节时应保证图中的小球的形状为圆形。

4）将工具箱的"元素"窗格中的"按钮"对象拖拽到画面中。用巡视窗口设置按钮的模式为"文本"，显示的文本为"+1"。组态在单击事件出现时，将 Int 型变量"钟摆指针"加 1。用同样的方法生成一个标有"-1"的按钮，单击它时将变量"钟摆指针"减 1。

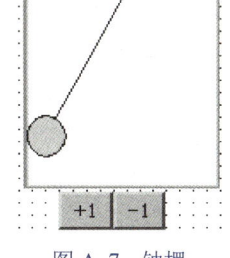

图 A-7 钟摆

5）执行"在线"菜单中的命令，启动变量仿真器。连续快速地单击"+1"按钮或"-1"按钮，观察钟摆的运动是否满足要求。

A.8 报警的仿真实验

1. 实验目的

熟悉报警的仿真方法。

2. 实验内容

打开配套资源中的项目"精智面板报警"，将用户程序下载到仿真 PLC，将 CPU 切换到 RUN 模式。打开 S7-PLCSIM，在 SIM 表中生成变量"事故信息""转速""报警确认""温度"（见图 5-15），启动 SIM 表的监控功能。温度设置为 650～750℃之间的正常值，设置转速的值为 500。

选中项目树中的"HMI_1"，单击工具栏上的"启动仿真"按钮，观察出现的系统报警消息。

按 5.1.5 节的仿真要求，检查报警窗口、报警指示器和报警视图的功能。

通过设置变量"温度"的值,使图 5-8 中的警告和事故报警到达和离开,出现对应的报警消息。检查在变量"温度"值大于 840℃时是否出现报警消息"到达 温度过高",以及在变量"温度"值小于等于 800℃时是否出现报警消息"(到达)离开 温度过高"。

令 SIM 表中的 MW10 为 16#0001,出现报警消息"到达 机组过速"。单击"确认"按钮 ![], 观察 MW2 是否变为 1,表示报警被确认。将 MW10 先后设置为 16#0000 和 16#0001,令"机组过速"事故离开和到达,观察 MW2 是否被清零。

选中报警视图中的"机组过速"报警消息,单击"报警循环"按钮 ![], 应切换到"画面 1"。返回报警视图所在的根画面,在"机组过速"报警没有被确认的情况下,观察画面切换时"机组过速"报警是否被确认。

"机组过速"事故到达时,令 MW10 为 16#0041,组态的 PLC 报警确认位(MW10 的第 6 位,见图 5-7)变为 1,观察是否出现"机组过速"被确认的消息,同时 MW2 应变为 1。

关闭 PLCSIM,执行菜单命令"在线"→"仿真"→"使用变量仿真器",用仿真器做上述的实验,观察机组过速的报警消息中是否可以正确地显示 VW4 中的转速值。

A.9 报警的组态与仿真实验

1. 实验目的

熟悉报警的组态和仿真的方法。

2. 实验内容

(1) 组态报警

1) 创建一个名为"实验 A9 报警"的项目,PLC_1 为 CPU 1214C,HMI_1 为 KTP400 Comfort。在连接编辑器中创建 HMI 与 S7-1200 的以太网连接。

2) 按图 5-2 设置报警类别的属性,按图 5-3 设置报警状态的文本。

3) 在 PLC 变量表中创建变量"事故信息",数据类型为 Word(无符号字),绝对地址为 MW10。创建变量"压力",数据类型为 Int,绝对地址为 MW12,压力单位为 kPa。在 HMI 变量表中生成同样的变量。在"离散量报警"选项卡中组态 4 个报警(见图 A-8)。在"模拟量报警"选项卡中组态两个报警(见图 A-9)。

ID	报警文本	报警类别	触发变量	触发位	报表
1	1号设备故障	Errors	事故信息	0	
2	2号设备故障	Errors	事故信息	1	
3	3号设备故障	Errors	事故信息	2	
4	4号设备故障	Errors	事故信息	3	

图 A-8 离散量报警

ID	报警文本	报警类别	触发变量	限制	限制模式
5	压力过高	Errors	压力	500	大于
1	压力升高	Warnings	压力	400	大于

图 A-9 模拟量报警

(2) 组态报警视图

将工具箱中的"报警视图"对象拖拽到自动生成的"画面_1"中。按 5.1.3 节的要求组态报警视图的属性。

(3) 报警视图的模拟运行

1) 执行菜单命令"在线"→"仿真"→"使用变量仿真器",启动变量仿真器。在仿真器中创建变量"事故信息"和"压力"(见图 A-10),前者的显示格式为"十六进制"。用鼠标调节报警视图各列的宽度。

变量	数据	当前值	格式	写周期(s)	模拟	设置数值	最小值	最大值	周期	开始
事故信息	UINT	0002	十六进制	1.0	<显示>	2	0000	FFFF		
压力	INT	501	十进制	1.0	<显示>		-32768	32767		
—										

图 A-10 仿真器

2）在仿真器中将"事故信息"的值分别设置为 1、0、2、0、4、0 和 8，观察在报警视图中出现的离散量报警消息。选中未确认的事故报警消息，单击报警视图中的"确认"按钮，观察出现的事故被确认的报警消息。

3）根据图 A-9 中模拟量报警的数值范围，在仿真器中设置变量"压力"的值，使模拟量事故报警消息或警告报警消息出现或消失。确认事故报警，观察出现的事故确认报警消息。

A.10 故障诊断的实验

1. 实验目的

熟悉故障诊断的实验方法。

2. 实验内容

设置好 PG/PC 接口和计算机的网卡的 IP 地址。用电缆连接计算机和 S7-1200 CPU 的以太网接口，使它们在同一个子网中。打开配套资源中的项目"系统诊断"。

（1）模块缺失故障的诊断

在设备视图中组态一块并不存在的 I/O 模块，下载后 CPU 的错误指示灯闪烁。选中项目树中的"HMI_1"，启动 HMI 仿真。

用系统诊断视图找到有故障符号的并不存在的 I/O 模块（见图 5-19），双击它，查看该模块的详细信息。单击 按钮，打开诊断缓冲区视图，查看与故障有关的事件和故障的状态（出现或消失）。有故障时系统诊断指示器的背景色应变为红色。

在 TIA 博途的设备视图中删除实际上并不存在的 I/O 模块，下载组态数据后，CPU 的故障灯熄灭。观察系统诊断视图中各级的故障符号是否消失，诊断缓冲区视图是否出现了"硬件组件已移除或缺失"故障已消失的事件，系统诊断指示器的背景色是否变为绿色。

（2）模拟量输入超上限的故障诊断

在 CPU 集成的模拟量通道 0 输入一个大于 10V 的直流电压，出现模拟量输入超上限的故障，CPU 的错误指示灯闪烁。选中项目树中的"HMI_1"，启动 HMI 仿真。观察系统诊断视图中出现的各级故障符号，双击 CPU 详细视图中的 AI_2_1 子模块，在它的详细视图中查看错误文本，以及超上限的定义和解决的方法。CPU 调用了一次 OB82，根画面显示的中断次数应为 1。

令模拟量输入小于 10V，或者断开输入电压，故障"超出上限"消失，CPU 上的故障指示灯熄灭，观察系统诊断视图中的各级故障符号是否消失。诊断缓冲区视图应出现"超出上限"故障已消失的事件，系统诊断指示器的背景色应变为绿色，根画面显示的中断次数应为 2。

A.11 用户管理的仿真实验

1. 实验目的

熟悉用户管理的组态和仿真的方法。

2. 实验内容

打开配套资源中的项目"用户管理"，打开用户编辑器中的"用户组"选项卡，观察各用户组拥有的权限。打开"用户"选项卡,观察各用户分别属于哪个用户组。

分别选中根画面中"温度设定值"右边的 I/O 域和"参数设置"按钮,再选中它们的巡视窗口的"属性 > 属性 > 安全",观察操作它们需要的权限,以及是否勾选了"允许操作"复选框。选中项目树中的"HMI_1",执行菜单命令"在线"→"仿真"→"使用变量仿真器",启动变量仿真器。

1) 在初始画面中,单击与变量"温度设定值"连接的输入域,出现登录对话框。单击"用户"输入域,输入用户名 WangLan 和密码 2000 后,单击"确定"按钮。观察用户视图中是否出现 WangLan 的登录信息,文本域"已登录用户"右边的 I/O 域是否显示 "WangLan"。同时观察是否能用 I/O 域输入温度设定值。

2) 单击"参数设置"按钮,出现登录对话框。输入用户名 LiMing 和密码 3000 后,单击"确定"按钮。登录成功后,单击"参数设置"按钮,观察是否能进入"参数设置"画面。返回根画面后注销登录的用户。

3) 单击"登录用户"按钮,在登录对话框中输入用户名"Admin"和密码 9000,单击"确定"按钮后,用户视图中应出现所有用户的名称和密码。修改 Admin 之外的某个用户的参数。双击表内的空白行,生成一个新的用户。单击"注销用户"按钮后,观察是否能用新的用户名或修改了参数的用户名登录。注销后以"Admin"身份登录,观察是否能删除新生成的用户。

A.12 数据记录的仿真实验

1. 实验目的

熟悉数据记录的组态和仿真的方法。

2. 实验内容

打开配套资源中的项目"数据记录",按 6.1.2 节的要求和步骤,依次进行循环记录、分段循环记录、显示系统事件、触发器事件、变化时记录数据和必要时记录数据的仿真实验。观察生成的记录文件是否正确;"显示系统事件"的记录方式是否出现了正确的报警消息;记录方式为"触发器事件"且出现溢出时"溢出"指示灯是否点亮。

A.13 报警记录的仿真实验

1. 实验目的

熟悉报警记录的组态和仿真的方法。

2. 实验内容

打开配套资源中的项目"报警记录",打开数据记录编辑器中的"报警记录"选项卡,查看报警记录的组态。打开报警编辑器中的"离散量报警"选项卡,查看其中的离散量报警。

双击打开项目树中的"根画面",选中报警视图,查看报警视图的主要组态参数。

选中项目树中的"HMI_1",执行菜单命令"在线"→"仿真"→"使用变量仿真器"。在仿真器中生成变量"事故信息",格式为十六进制,其他参数采用默认值。

通过给"事故信息"MW12 赋值,先后令"机组过压"事故到达、确认和离开,令"机组过速"事故到达、离开和确认,观察报警视图中出现的报警消息。

打开文件夹"C:\Storage Card SD\报警记录"中的文件"报警记录 0.txt",根据本书对图 6-17 中的 txt 文件的说明,对照报警视图中的报警消息,解读文件中各条报警记录的意义。

A.14　f(t)趋势视图的仿真实验

1．实验目的

熟悉 f(t)趋势视图的组态和仿真的方法。

2．实验内容

（1）用趋势视图显示实时数据

打开配套资源中的项目"f(t)趋势视图"，选中项目树中的"HMI_1"，执行菜单命令"在线"→"仿真"→"使用变量仿真器"，出现仿真面板。在仿真器中生成变量"正弦变量"和"递增变量"，按图 6-25 的要求设置参数。用"开始"列的复选框启动这两个变量。

经过一段时间后，单击趋势视图上的各个按钮，检查它们的功能。用鼠标选中标尺，按住鼠标左键并移动鼠标，使标尺右移或左移。停止趋势视图的动态显示过程后，观察趋势视图下面的数值表显示的是否是趋势曲线与标尺交点处的变量值和时间值。

（2）显示数据记录中的历史数据

打开配套资源中的项目"使用记录数据的 f(t)趋势视图"，启动变量仿真器，设置变量"温度"按正弦规律变化（见图 6-28），用"开始"列的复选框启动变量。用鼠标左键按住趋势画面，将画面中的曲线往左边拖拽。运行一段时间后，关闭仿真器。

打开计算机的文件夹"C:\Storage Card SD 温度记录"中的文件"温度记录 0.txt"，查看其中保存的变量值。记住记录的起始时间和结束时间。

为了查看数据记录中的数据，打开数据记录编辑器，取消勾选"温度记录"的"运行系统启动时启用记录"复选框（见图 6-26），将"重启时记录处理方法"改为"向现有记录追加数据"。启动运行系统，温度记录文件中原来的数据保持不变。

用"在线"菜单中的命令打开仿真面板。多次单击或按住 按钮，时间轴显示的时间值将会减少。将趋势视图显示的时间调节到记录数据的时间段，查看数据记录中保存的数据显示出来的曲线。

A.15　f(x)趋势视图的仿真实验

1．实验目的

熟悉 f(x)趋势视图的组态和仿真的方法。

2．实验内容

（1）用趋势视图显示实时数据

打开配套资源中的项目"f(x)趋势视图"，查看初始化组织块 OB100 和循环中断组织块 OB30 中的程序以及 OB30 的参数"循环时间"。选中根画面中的 f(x)趋势视图，再选中巡视窗口的"属性＞属性＞趋势"，单击"数据源"列右边的 按钮，查看打开的"数据源"对话框（见图 6-33）。

选中项目树中的"PLC_1"，单击工具栏上的"启动仿真"按钮 ，启动 S7-PLCSIM，将程序下载到仿真 PLC，不要切换到 RUN 模式。打开仿真视图，生成监控变量 DEG 和 OUT 的 SIM 表，将这两个变量清零。

选中项目树中的"HMI_1"，单击 按钮，出现仿真面板。将仿真 PLC 切换到 RUN 模式。观察是否从坐标原点开始，逐点出现图 6-34 中趋势曲线的各线段。

(2) 使用数据记录的 f(x)趋势视图的仿真

打开配套资源中的项目"使用记录数据的 f(x)趋势视图",打开数据记录编辑器,查看其中的数据记录"DEG 记录"和"OUT 记录"。打开根画面,选中"f(x)趋势视图",再选中巡视窗口的"属性 > 属性 > 趋势"。单击"数据源"列右边的▼按钮,查看"数据源"对话框(见图 6-36)。

选中项目树中的"PLC_1",单击工具栏上的"启动仿真"按钮█,启动 S7-PLCSIM,将程序下载到仿真 PLC,不要切换到 RUN 模式。用 SIM 表将变量 DEG 和 OUT 清零。选中项目树中的"HMI_1",单击█按钮,编译成功后,出现仿真面板。

将 S7-PLCSIM 切换到 RUN 模式,应逐点出现 f(x)趋势曲线。曲线画完后关闭仿真面板。打开计算机的文件夹"C:\Storage Card SD"中的文件"DEG 记录 0.txt"和"OUT 记录 0.txt",查看它们记录的角度值和对应的正弦函数值。

取消勾选数据记录编辑器中的"DEG 记录"和"OUT 记录"的"运行系统启动时启用记录"复选框,将重启时的记录处理改为"向现有记录追加数据"。启动运行系统,两个记录中原来的数据保持不变。

选中项目树中的"HMI_1",单击"启动仿真"按钮█,启动运行系统,出现仿真面板,应立即显示出图 6-34 中的 f(x)趋势视图。

A.16 配方视图的仿真实验

1. 实验目的

熟悉配方和配方视图的组态和仿真调试的方法。

2. 实验内容

打开配套资源中的例程"配方视图",双击项目树"HMI_1"文件夹中的"配方",打开配方编辑器,查看配方"橙汁"的"元素"选项卡和"数据记录"选项卡,了解配方的结构。按 7.2.2 节的要求和步骤进行下述的仿真。

(1) 配方视图与 PLC 直接连接的仿真

选中配方"橙汁",再选中巡视窗口的"属性 > 常规 > 同步",只勾选"同步配方变量"复选框。配方视图、配方变量和 PLC 都是连通的。

选中项目树中的"PLC_1",单击工具栏上的"启动仿真"按钮█,启动 S7-PLCSIM,将程序下载到仿真 PLC,将 CPU 切换到 RUN 模式。用 SIM 表监控保存数据记录的元素值 MW10~MW16、数据记录号 MW22 和传送状态字 MW26(见图 7-12)。

选中项目树中的"HMI_1",单击工具栏上的"启动仿真"按钮█,编译成功后,出现仿真面板和根画面。

1) 切换配方的数据记录,观察配方视图中的"水"、I/O 域中的配方变量"水"和 S7-PLCSIM 中的"水"是否同步变化。

2) 修改配方视图元素"水"的值,修改后单击"写入 PLC"按钮█,将修改后的值传送到画面中的 I/O 域和 S7-PLCSIM。

3) 修改 S7-PLCSIM 中配方元素"水"的值,按〈Enter〉键确认。观察修改的结果是否立即被画面中的 I/O 域显示出来。修改后单击"从 PLC 读取"按钮█,将修改后的值传送到配方视图中。

4）新建和删除数据记录

单击配方视图中的"添加数据记录"按钮![]，出现新的数据记录，设置新记录的名称和各元素的值，单击"保存"按钮![]。

关闭运行系统后，又重新打开它，查看新建的数据记录是否还在。显示出新建的数据记录后，单击"删除"按钮![]，确认后删除它。删除后打开"数据记录名"选择框，确认它是否被删除。

（2）协调的手动传送的仿真

退出运行系统，选中配方编辑器中的"橙汁"，同时勾选图 7-6 中的 3 个复选框。PLC 与配方变量的连接被断开。选中项目树中的"HMI_1"，用"启动仿真"按钮![]启动运行系统。

打开某个数据记录，观察配方中的元素值是否能自动传送到 S7-PLCSIM。单击配方视图中的"写入 PLC"按钮![]，将配方数据下载到 PLC。"数据记录"区域指针中的传送状态字 MW26 应变为 4。观察 MW26 为 4 和为 0 时是否可以将数据传送到 S7-PLCSIM。

修改 S7-PLCSIM 中"水"的值以后，单击配方视图中的"从 PLC 读取"按钮![]，观察"数据记录"区域指针中的传送状态字 MW26 为 4 和为 0 时是否可以将 PLC 中的数据传送到配方视图。

（3）非协调的手动传送的仿真

退出运行系统，勾选图 7-6 中的"同步配方变量"和"手动传送各个修改的值（teach-in 模式）"复选框，但是不勾选"协调的数据传输"复选框。重新启动运行系统，观察配方数据记录的上传或下载是否与状态字 MW26 的值有关。

A.17 配方画面的仿真实验

1．实验目的

熟悉配方画面的组态和仿真调试的方法。

2．实验内容

（1）配方变量与 PLC 直接连接的仿真

打开配套资源中的例程"配方画面"，选中配方"橙汁"，再选中巡视窗口的"属性 > 常规 > 同步"，只勾选"同步配方变量"复选框。配方视图、配方变量和 PLC 都是连通的。

选中项目树中的"PLC_1"，单击工具栏上的"启动仿真"按钮![]，启动 S7-PLCSIM，将程序下载到仿真 PLC，将 CPU 切换到 RUN 模式。用 SIM 表监控保存数据记录的元素值的 MW10～MW16、数据记录号 MW22 和和"数据记录"区域指针中的传送状态字 MW26。

选中项目树中的"HMI_1"，单击工具栏上的"启动仿真"按钮![]，编译成功后，出现仿真面板和根画面。

1）用配方视图先后选择不同的配方数据记录，观察它们的元素值是否被画面中的 I/O 域和棒图显示出来，同时数据被传送到 S7-PLCSIM 对应的地址中。

2）在 S7-PLCSIM 中修改变量"水"的值，按〈Enter〉键确认。配方画面中"水"的值是否同时变化？单击"装载"按钮，I/O 域和 S7-PLCSIM 中"水"的值为什么恢复到修改前的值？在 S7-PLCSIM 中再次修改变量"水"的值，修改后单击画面中的"保存"按钮，确认后单击"装载"按钮，检查修改后的值是否被保存到数据记录中。

3）修改画面中"水"对应的 I/O 域的值，S7-PLCSIM 中"水"的值是否随之而变？修改后单击"保存"按钮，然后单击"装载"按钮，检查修改后的值是否被保存到数据记录中。

(2) 协调的手动传送的仿真

退出运行系统,选中配方编辑器中的"橙汁",同时勾选图 7-6 中的 3 个复选框。PLC 与配方变量的连接被断开。选中项目树中的"HMI_1",用"启动仿真"按钮启动运行系统。

打开某个数据记录,观察配方中的元素值是否能传送到 S7-PLCSIM。令 S7-PLCSIM 中的状态字为 0,单击配方画面中的"下载"按钮,观察配方数据是否被下载到 PLC,以及下载后状态字 MW26 是否变为 4。观察此时是否可以下载数据。

修改 S7-PLCSIM 中"水"的值,将 MW26 修改为 0,单击配方视图中的"上载"按钮,确认后状态字 MW26 应变为 4,PLC 中的配方数据被成功传送到数据记录。单击"装载"按钮,观察传送到数据记录的"水"的值是否被画面中"水"对应的 I/O 域显示出来。

(3) 非协调的手动传送的仿真

退出运行系统,勾选图 7-6 中的"同步配方变量"和"手动传送各个修改的值(teach-in 模式)"复选框,但是不勾选"协调的数据传输"复选框。重新启动运行系统,令状态字 MW26 的值一直为 4,用配方视图选中某个数据记录,单击"下载"按钮,观察下载是否成功。修改 S7-PLCSIM 中变量"水"的值,单击"上载"按钮,确认后变量值被传送到数据记录。单击"装载"按钮,观察数据上载是否成功。观察数据的传送是否与状态字的值有关。

A.18 精彩面板的画面组态实验

1. 实验目的

熟悉精彩面板的画面组态方法和调试方法。

2. 实验内容

在 S7-200 SMART 的编程软件中新建一个名为"电动机控制"的项目,在符号表中生成 Bool 变量"正转接触器"(Q0.0)、"反转接触器"(Q0.1)、"正转按钮"(M0.0)、"反转按钮"(M0.1) 和"停车按钮"(M0.2),Int 变量"转速测量值"和"转速预设值"。编写异步电动机正反转控制程序。如果符号表中的 Q0.0 和 Q0.1 下面出现红色波浪线,它们被重复定义,应删除 I/O 符号表。

在 WinCC flexible SMART 中新建一个名为"电动机控制"的项目,HMI 为 Smart 700 IE V4,组态它与 S7-200 SMART 的以太网连接。在变量表中生成和 PLC 的符号表中相同的变量。

在初始画面中生成显示电动机正转运行和反转运行的两个指示灯(见图 A-11)。在指示灯的下面生成文本域"正转"和"反转"。生成文本为"正转""反转""停车"的三个按钮。生成文本域"转速测量值"和"转速预设值",在它们的右边分别生成一个输出域和一个输入/输出域,它们的显示格式为 5 位整数。

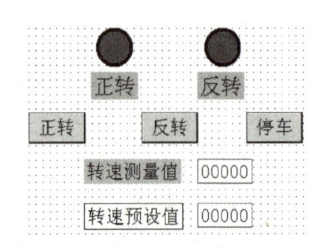

图 A-11 初始画面

单击工具栏上的"使用仿真器启动运行系统"按钮,在仿真器中生成变量表中的变量,用仿真器检查画面中的指示灯、按钮和 I/O 域的功能。

按 10.3.2 节的要求,在"设置 PG/PC 接口"对话框中设置应用程序访问点,设置计算机的以太网接口的 IP 地址和子网掩码。将程序下载到 S7-200 SMART 的标准型 CPU。用 WinCC flexible SMART 的"启动仿真"按钮启动运行系统,检查是否能用按钮控制正反转接触器。

用编程软件的状态图表监控变量"转速测量值"和"转速预设值"。将数值写入"转速测量值",观察画面中的输出域是否能显示出写入的数值。用画面中的输入/输出域写入一个数值，观察写入的数值是否能传送给状态图表中的变量"转速预设值"。

A.19 精彩面板的报警仿真实验

1. 实验目的

熟悉精彩面板报警管理的仿真实验方法。

2. 实验内容

打开配套资源中的项目"精彩面板报警"，双击项目视图中的"离散量报警"和"模拟量报警"，观察组态的 6 个离散量报警和 4 个模拟量报警。

将配套资源中 S7-200 SMART 的项目"报警"的程序下载到 PLC，令 PLC 运行在 RUN 模式。打开该项目的状态图表（见图 10-29），设置变量"转速"值为 500 r/min，"温度"值为正常范围（650～750℃）中的值。

单击 WinCC flexible SMART 工具栏上的"启动运行系统"按钮，出现仿真面板。

用状态图表设置变量"事故信息"的值为 16#0003，观察报警视图中出现的事故消息。单击"确认"按钮，观察出现的确认消息，理解报警组的作用。令"事故信息"为 16#0000，观察出现的事故离开的报警消息。

选中报警视图中的某条"机组过速"报警消息，单击报警视图中的"报警回路"按钮，应切换到"画面_1"。如果此时"机组过速"报警没有被确认，观察画面切换时"机组过速"报警是否被确认。

用状态图表设置变量"温度"的值，使图 10-22 中的警告和错误到达和离开，出现对应的报警消息。检查在变量"温度"值大于 840℃时是否出现报警消息"到达 温度过高"，在变量"温度"值小于等于 800℃时是否出现报警消息"（到达）离开 温度过高"。

断开计算机和 PLC 的网络连接，改用仿真器做上述的实验，观察机组过速的消息中是否可以正确地显示 VW4 中的转速值。

A.20 精彩面板的用户管理仿真实验

1. 实验目的

熟悉精彩面板用户管理的组态和仿真的方法。

2. 实验内容

打开配套资源中的项目"精彩面板用户管理"，双击项目视图中的"运行系统用户管理"文件夹中的"组"，打开组编辑器，观察各用户组拥有的权限。双击项目视图中的"用户"，打开用户编辑器，观察各用户属于哪个用户组。

选中初始画面中"温度设定值"右边的 IO 域和"参数设置"按钮，再选中它们的属性视图左边窗口中的"安全"，观察操作它们需要的权限，以及是否勾选了"启用"复选框。

（1）对需要权限的画面对象的操作

单击工具栏上的按钮，出现仿真面板和仿真器。单击初始画面中的"温度设定值" IO 域，出现登录对话框，输入用户名 WangLan 和密码 2000，单击"确定"按钮确认。观察文本域"当前登录用户"右边的 IO 域是否出现用户名 WangLan。登录成功后用 IO 域修改"温度设定值"。

单击"参数设置"按钮，在登录对话框中输入用户名"LiMing"和密码 3000，登录成功后，单击"参数设置"按钮，观察是否能打开"参数设置"画面。参数设置好以后，返回初始画面。单击"注销用户"按钮,注销当前登录的用户。

(2) 在运行系统中管理用户

单击"登录用户"按钮,在登录对话框中输入用户名"Admin"和密码 9000,单击"确定"按钮后,用户视图中应出现所有用户的名称及所属的用户组。双击用户 WangLan,修改密码,将所属的组改为"工程师"。

双击最下面的"〈新建用户〉"行,在打开的对话框中设置新用户的参数,生成一个属于"班组长"组的新用户,然后删除新生成的用户。注销 Admin 用户后检验 WangLan 被修改的用户密码和权限是否生效。

A.21 精彩面板的数据记录仿真实验

1. 实验目的

熟悉精彩面板数据记录的组态和仿真的方法。

2. 实验内容

(1) 循环记录

打开配套资源中的项目"精彩面板数据记录",双击打开项目视图的"历史数据"文件夹中的"数据记录",记录方法为"循环记录"。单击工具栏上的■按钮,出现仿真面板和仿真器。在仿真器中生成变量"温度 1"和"温度 2",按图 10-50 的要求设置它们的参数。勾选"开始"列中的复选框,变量的值开始变化。将仿真器的参数设置保存在名为"精彩记录"的文件中。

经过一段时间之后关闭仿真器,双击打开文件夹"C:\USB_X60.1\Temp_log_1\"中的文本文件"Temp_log_10.txt",观察记录的数据,了解各列数据的意义。分别设置"运行系统启动时响应"为"记录清零"和"添加数据到现有记录的后面"。启动运行系统,打开仿真器文件"精彩记录",启用它保存的仿真器参数,观察"运行系统启动时响应"对数据记录的影响。

(2) 自动创建分段循环记录

将数据记录 Temp_log_1 的最大数据记录条目数改为 10。记录方法改为"自动创建分段循环记录","记录数"为默认值 2,将会生成 3 个记录文件,"运行系统启动时响应"为"记录清零"。单击工具栏上的■按钮,启动仿真器,打开仿真器文件"精彩记录",等待 30s 之后退出运行系统。打开文件夹"C:\USB_X60.1\Temp_log_1",观察其中的 3 个文本文件记录的数据和它们之间的时间关系。

(3) 显示系统报警

将 Temp_log_1 的最大数据记录条目数改为 30,重启时清空记录。记录方法为"显示系统事件于","填充量"为默认的 90%。单击工具栏上的■按钮,启动仿真器,打开仿真器文件"精彩记录",观察报警视图在接近 30s 时是否出现系统消息"记录 Temp_log_1 已有百分之 90,必须交换出来"。打开文件"Temp_log_10.txt",观察它是否记录了 30 个数据(文件一共有 31 行)。

(4) 触发事件

设置 Temp_log_1 的最大数据记录条目数为 30,记录方法为"触发'溢出'事件"。单击工具栏上的■按钮,启动仿真器,打开仿真器文件"精彩记录",观察 30s 后初始画面中的"溢出"指示灯是否亮,是否能用画面中的按钮关闭"溢出"灯。打开文件"Temp_log_10.txt",观察它是否记录了 30 个数据。

A.22 精彩面板的趋势视图仿真实验

1. 实验目的

熟悉精彩面板趋势视图的组态和仿真的方法。

2. 实验内容

打开配套资源中的项目"精彩面板趋势视图",单击工具栏上"的 按钮,出现仿真器和仿真面板。在仿真器中生成变量"温度"和"转速"(见图 10-64)。用"开始"列的复选框启动这两个变量。

经过一段时间后,单击趋势视图中的各个按钮,检查它们的下述功能:启动/停止趋势图、压缩/扩展趋势曲线、趋势曲线向右或向左滚动一个显示宽度、趋势曲线向后翻页到趋势记录的开始处、显示或隐藏标尺和移动标尺。停止趋势视图的动态显示过程后,观察趋势视图下面的数值表显示的是否是趋势曲线与标尺交点处的变量值和时间值。

A.23 PLC 与 WinCC Unified PC 集成仿真的准备工作

1. 实验目的

熟悉 PLC 与 WinCC Unified PC 的集成仿真的实现方法。

2. 实验内容

本节和下一节的实验需要安装软件 TIA_Portal_STEP7_Prof_Safety_WINCC_Adv_Unified_V18、SIMATIC_WinCC_Unified_PC_V18 和 S7-PLCSIM_V18_SP2。

打开"设置 PG/PC 接口"对话框,设置"应用程序访问点"为"S7ONLINE (STEP 7) →Siemens PLCSIM Virtual Ethernet Adapter TCPIP.1"。(参见图 2-37)。设置 WinCC Unified PC 在以太网 2 中的 IP 地址为 192.168.0.241(参见图 2-47)。

双击桌面上的 WinCC Unified Configuration 按钮 ,参考 11.3.1 节,组态 WinCC Unified 的参数,在"安全下载"页设置图 11-7 中的下载密码。

在 TIA 博途中打开项目"1500_unified PC",双击项目树中的"运行系统设置",选中打开的视图左边窗口的"常规",勾选"激活加密传送"复选框,设置与图 11-7 中的密码相同的密码。

双击项目树的"安全设置"文件夹中的"用户与角色",生成用户 User,设置它的密码(见图 11-8),该用户的角色为"HMI 操作员"。

右键单击项目名称,在项目的属性对话框中检查是否勾选了"块编译时支持仿真"复选框。

双击桌面上的"S7-PLCSIM Advanced",打开该软件,按图 11-9 设置仿真 PLC 的参数,单击"Start"按钮,生成仿真 PLC 的实例。将 PLC 的用户程序下载到仿真 PLC(见图 11-10)。将组态数据下载到 PC 站(见图 11-11 和图 11-12)。

A.24 PLC 与 WinCC Unified PC 的集成仿真实验

1. 实验目的

熟悉 PLC 与 WinCC Unified PC 的集成仿真的实现方法。

2. 实验内容

(1) 设置运行系统管理器

双击桌面上的 SIMATIC Runtime Manager 图标 ,打开运行系统管理器。单击右边的"设置"按钮 ,打开"设置"对话框(见图 11-14)。在"安全连接"域输入图 11-7 中设置的安全下载密码，将语言改为"中文（简体）"。单击"确定"按钮，运行系统管理器右下角的"错误"应变为"确定"。

（2）用浏览器显示运行系统

在运行系统管理器中，令 Project 类型的项目 1500_unified PC 处于 Running 状态。打开 Chrome 浏览器，在网页的网址栏输入图 11-6 中设置的 IP 地址 https://192.168.0.241，按〈Enter〉键确认后出现图 11-15 中的运行系统的起始页。

单击"WinCC Unified RT"按钮，在登录对话框中输入用户名 User 和密码，单击"登录"按钮确认后，出现初始画面，定时器的当前值应周期性变化。检查是否能用两个按钮来改变指示灯的状态。单击输入/输出域，修改预设时间值后，观察修改的效果。

如果出现显示"检索所需许可证时出错"的对话框，用"关闭"按钮关闭它，运行系统继续运行。

（3）启用自动登录功能

打开运行系统管理器的"设置"对话框（见图 11-14），勾选"启用自动登录"复选框，输入图 11-8 中的用户名 User 和密码。单击"确定"按钮，勾选图 11-13 中项目左边的复选框，用■按钮停止所选项目的运行系统，然后用▶|▼按钮启动所选项目的运行系统，上述的更改才会生效。

重新打开浏览器，检查是否实现了不需要输入密码的自动登录。

（4）PC-System_1 的仿真运行

将程序下载到仿真 PLC，将 PLC 切换到 RUN 模式。选中 TIA 博途"选项"菜单中的"设置"，打开"设置"视图，选中左边窗口"仿真"文件夹中的"HMI 仿真"，勾选"激活加密密码"复选框，设置与图 11-7 中的密码相同的密码。

选中项目树中的 PC-System_1，单击工具栏上的"启动仿真"按钮，将组态信息下载到 PC-System_1 站点。下载后，打开运行系统管理器，可以看到类型为 Simulation（仿真）的项目处于 Running 状态。用浏览器显示运行系统，检查系统是否实现了要求的功能。

A.25 PLC 与 Unified 精智面板的集成仿真实验

1．实验目的

熟悉 PLC 与 Unified 精智面板的集成仿真方法。

2．实验内容

实验的准备工作和运行系统管理器的设置与 A.23、A.24 节相同。

打开项目"1500_unifiedHMI"，Unified 精智面板为 7in 的 MTP700 Unified Comfort。

按图 11-9 设置仿真 PLC 的参数，单击"Start"按钮，生成仿真 PLC 的实例，将程序下载到仿真 PLC。

选中 TIA 博途"选项"菜单中的"设置"，打开"设置"视图，选中左边窗口"仿真"文件夹中的"HMI 仿真"，勾选"激活加密密码"复选框，设置与图 11-7 中的密码相同的密码。

选中项目树中的"HMI_1"，单击工具栏上的"启动仿真"按钮，将组态信息下载到 HMI。

打开运行系统管理器，如果没有出现刚下载的项目，单击"更新可用项目列表"按钮，应出现处于 Running 状态的 1500_unifiedHMI 的仿真类型。用浏览器显示运行系统，检查系统是否实现了要求的功能。

附录 B　随书资源简介

本书配有 70 多个视频教程、40 多个例程、20 多本用户手册和配套的软件，读者扫描本书封底"工控有得聊"字样的二维码，输入本书书号中的 5 位数字（　　　），就可以获取下载链接。

1. 软件

TIA_Portal_STEP7_Prof_Safety_WINCC_Adv_Unified_V18.iso：包含 STEP 7 和 WinCC Unified。

Totally_Integrated_Automation_Portal_V18_Upd2.iso：STEP 7 V18、S7-PLCSIM V18 和 WinCC V18 的更新软件。

S7-PLCSIM_V18_SP2.iso：PLC 的仿真软件，包含 PLCSIM_Advanced_V5_Upd2。

SIMATIC_WinCC_Unified_PC_V18.iso：用于 WinCC Unified Comfort 和 WinCC PC Runtime 设备的仿真软件。

WinCC_flexible_SMART_V4SP1.exe：Smart Panel V4 的组态软件。

SIMATIC_ProSave_V18_Upd1：用于计算机和 HMI 设备之间传送数据的软件。

2. 多媒体视频教程

（1）第 2 章视频教程

TIA 博途使用入门（A），TIA 博途使用入门（B），生成项目与组态通信，组态指示灯，组态按钮，组态文本域和 IO 域，使用变量仿真器仿真，S7-1200 与 HMI 的集成仿真（A），S7-1200 与 HMI 的集成仿真（B），S7-300 与 HMI 的集成仿真，连接硬件 PLC 的精简面板仿真。

（2）第 3 章视频教程

画面的分类介绍，库的应用，组态技巧（A），组态技巧（B），动画功能的实现。

（3）第 4 章视频教程

按钮组态与仿真，通过文本切换的开关组态与仿真，通过图形切换的开关组态与仿真，棒图组态与仿真，图形输入输出组态与仿真，符号 I/O 域组态与仿真，图形 I/O 域组态与仿真，旋转物体的动画显示。

（4）第 5 章视频教程

精智面板报警组态（A），精智面板报警组态（B），组态报警视图与报警窗口，精智面板报警仿真，系统诊断组态，系统诊断实验（A），系统诊断实验（B），用户管理组态，用户管理仿真。

（5）第 6 章视频教程

数据记录组态，数据记录仿真（A），数据记录仿真（B），报警记录组态与仿真，f(t)趋势视图组态，f(t)趋势视图仿真，用 f(t)趋势视图显示记录数据，f(x)趋势视图组态与仿真，用 f(x)趋势视图显示记录数据。

（6）第 7 章视频教程

配方视图组态，配方视图仿真（A），配方视图仿真（B），配方画面组态（A），配方画面组态（B），配方画面仿真（A），配方画面仿真（B）。

（7）第 8、9 章视频教程

脚本组态，脚本仿真，用 ProSave 传送数据，HMI 综合应用项目简介，用变量仿真器调试 HMI 综合应用项目，HMI 综合应用项目自动程序仿真（A），HMI 综合应用项目自动程序仿真（B），HMI 综合应用项目手动运行和报警的仿真。

（8）第 10 章视频教程

生成精彩面板的项目与组态变量，精彩面板的指示灯和按钮组态，精彩面板的文本域和 IO 域组态，连接硬件 PLC 的精彩面板仿真，精彩面板报警组态与仿真，精彩面板用户管理组态，精彩面板用户管理仿真，精彩面板数据记录（A），精彩面板数据记录（B），精彩面板趋势视图组态与仿真。

（9）第 11 章视频教程

生成 WinCC Unified 的项目与组态通信，WinCC Unified 的指示灯和按钮组态，WinCC Unified 的文本框和 IO 域组态，WinCC Unified PC 与 PLC 集成仿真的准备工作，WinCC Unified PC 与 PLC 集成仿真的下载，WinCC Unified 运行系统管理器与画面显示，WinCC Unified 运行系统的仿真模式运行。

3．例程

与正文配套的例程在文件夹 Project 中。

第 2 章例程：1200_精简面板，1200_精智面板，1500_精智面板，315_精简面板。

第 3 章例程：HMI 设备向导应用，滑入画面与弹出画面，库的生成与应用，动画。

第 4 章例程：按钮组态，开关与 IO 域组态，图形输入输出组态，日期时间域符号 IO 域组态，图形 IO 域组态，面板组态。

第 5 章例程：精智面板报警，精简面板报警，系统诊断，用户管理。

第 6 章例程：数据记录，报警记录，f(t)趋势视图，使用记录数据的 f(t)趋势视图，f(x)趋势视图，使用记录数据的 f(x)趋势视图。

第 7~9 章例程：配方视图，配方画面，组态配方报表，组态报警报表，脚本应用，HMI 综合应用。

第 10 章例程：精彩面板以太网通信，精彩面板报警，精彩面板用户管理，精彩面板配方管理，精彩面板数据记录，精彩面板报警记录，精彩面板趋势视图。

第 11 章例程：1500_unified PC，1500_unifiedHMI。

S7-200 SMART 程序：HMI 例程，报警，配方。

组态用的图形：阀门 OFF.jpg，阀门 ON.jpg，开关闭合.wmf，开关断开.wmf，小人 1.GIF~小人 5.GIF，钟摆 0.wmf~钟摆 6.wmf。

4．用户手册

包括与西门子 HMI 和 S7-1200/1500 有关的硬件、软件和通信的用户手册 20 多本。

参 考 文 献

[1] 廖常初. S7-300/400 PLC 应用技术 [M]. 4 版. 北京：机械工业出版社，2016.

[2] 廖常初. S7-1200 PLC 编程及应用 [M]. 4 版. 北京：机械工业出版社，2021.

[3] 廖常初. S7-1200/1500 PLC 应用技术 [M]. 2 版. 北京：机械工业出版社，2021.

[4] 廖常初. S7-1200 PLC 应用教程 [M]. 2 版. 北京：机械工业出版社，2020.

[5] 廖常初，祖正容. 西门子工业通信网络组态编程与故障诊断 [M]. 北京：机械工业出版社，2009.

[6] 廖常初. S7-300/400 PLC 应用教程 [M]. 3 版. 北京：机械工业出版社，2016.

[7] 廖常初. 跟我动手学 S7-300/400 PLC [M]. 2 版. 北京：机械工业出版社，2016.

[8] 廖常初. PLC 编程及应用 [M]. 5 版. 北京：机械工业出版社，2019.

[9] 廖常初. S7-200 PLC 编程及应用 [M]. 3 版. 北京：机械工业出版社，2019

[10] 廖常初. S7-200 PLC 基础教程 [M]. 4 版. 北京：机械工业出版社，2019

[11] 廖常初. S7-200 SMART PLC 编程及应用 [M]. 4 版. 北京：机械工业出版社，2023.

[12] 廖常初. S7-200 SMART PLC 应用教程 [M]. 3 版. 北京：机械工业出版社，2022.

[13] 廖常初. FX 系列 PLC 编程及应用 [M]. 3 版. 北京：机械工业出版社，2020.

[14] 廖常初. PLC 基础及应用 [M]. 4 版. 北京：机械工业出版社，2019.

[15] Siemens AG. 第二代精简系列面板操作说明，2021.

[16] Siemens AG. 精智面板操作说明，2022.

[17] Siemens AG. HMI 设备 Unified 精智面板操作说明，2022.

[18] Siemens AG. WinCC Unified Runtime 系统手册，2021.

[19] Siemens AG. HMI 设备 Smart 700 IE V4，Smart 1000 IE V4 操作说明，2022.